新版・咖啡學

COFFEEOLOGY EXTRA

秘史、精品豆、
北歐技法與烘焙概論

韓懷宗/著

二版自序

　　全球咖啡產業年年有新內容，《咖啡學：秘史精品豆與烘焙入門》二〇〇八年出版迄今已近九載，曾於二〇一四年推出增修的《新版咖啡學：秘史、精品豆、北歐技法與烘焙概論》並加寫三章北歐淺焙新時尚，為精品咖啡的興奮度加分。二〇一五年我又出版《台灣咖啡萬歲》詳述台灣咖啡農困知勉行，戮力提升品質的成果。

　　然而，近五年來中國咖啡市場快速崛起，二〇一五年雲南阿拉比卡產量已突破10萬公噸，超出了肯亞、哥斯大黎加、薩爾瓦多、尼加拉瓜和巴拿馬等知名產國。大陸即溶與三合一咖啡市場，二〇一四年以來，開始下滑，據專家分析，即溶咖啡的市佔率是被時興的現泡鮮咖啡市場瓜分了。這與台灣熱血咖啡職人，絡繹於途，前進大陸一線城市授課，點燃精品咖啡火苗有很大關係。

　　台灣不能再對大陸咖啡市場的崛起，視而不見，二〇一六年我又為《新版咖啡學》增修二版，加寫一章二萬多字的「中國咖啡史與雲南咖啡展望」，補述滿清末年至改革開放後，大陸咖啡市場的進化歷程，並演繹「咖啡」一語，如何從晚清的「磕肥」、「高馡」、「考非」、「加啡茶」、「黑酒」等奇名怪語，演進到今日兩岸統一的譯名「咖啡」。

　　我在考證過程，發覺中國最早出現「咖啡」字語的官方文獻，很可能是一八七七年福建巡撫丁日昌頒定的《撫番開山善後章程》，目前仍珍藏在台北二二八公園內的國立台灣博物館人類組，這比上海市歷史博物館考證的竹詩詞還早了十年。出版社還花一筆小錢取得《撫番開山善後章程》的真跡版權，以饗讀者。

　　雲南咖啡品種以染有羅巴斯塔基因的混血品種卡蒂姆為主，迥異於台灣以傳統鐵比卡為主，但有趣的是，惡名昭彰的卡蒂姆在美國CQI主導幾屆雲南生豆賽，均囊

括前十名金榜，反而是量少質精的美味品種鐵比卡與藝伎，雙雙敗下陣來，雲南卡蒂姆不容小覷。美國 CQI 資深顧問 Ted Lingle 的說法是，雲南卡蒂姆種在 1500 米以上高海拔，得以增香提醇，加上適切的後製加工，味譜的精彩度不會輸給傳統老品種。

我在增修二版也更新各產國的產量數據，甚至重寫牙買加藍山咖啡的最新現況。另外，二〇一六年適逢美國重量級畢茲咖啡開業 50 周年慶，我也補入最新店照。同時補入二〇一二年畢茲被德國 JAB Holding Co. 購併，以及二〇一五年畢茲鯨吞第三波淺焙雙星 Stumptown Coffee Roasters 和 Intelligentsia Coffee 的內容。全球咖啡界瞬息萬變，資料永遠補充不完。

老話一句：「咖啡之學，博大精深，仰之彌高，鑽之彌堅。咖啡界沒有達人，也沒有專家，更沒有大師和教父，只有終生學習的學生，活到老學到老，學海無涯，唯勤是岸。咖啡萬歲，多喝無醉！」吾等共勉之。

謹誌於台北內湖
2016 年 9 月 1 日

● 目 · 錄 ───────────────────────

Contents

079　Chapter. 3　香蹤傳奇：鐵比卡與波旁

231   Chapter. 8   咖啡烘焙概論（上）

281　Chapter. 9　**咖啡烘焙概論（下）**

327　Chapter. 10 咖啡萃取與健康

355　Chapter. 11 北歐烈火輕焙，煉出水果炸彈

381 Chapter. 12 臺灣新銳烘豆師：
　　　　　　　陳志煌──北歐烘焙者杯冠軍

405　Chapter. 13 臺灣新銳烘豆師： 江承哲——世界盃烘豆賽亞軍

421　Chapter. 14 中國咖啡史與雲南咖啡展望

● 目‧錄

Chapter
— 1 —

裂解牧羊童説，尋找咖啡教父
——咖啡史演繹（上）

香醇咖啡入口，真理豁然浮現。

　　——阿拉伯咖啡史學家，賈吉里

對十八、十九世紀歐洲史影響深遠、被封為女人玩家的法國「外交王子」達雷杭（Charles Mauricede Talleyrand-Perigord，1754–1838）曾以「黑黝如惡魔，滾燙如地獄，純潔如天使，甜蜜如戀愛」來形容咖啡令人愛恨交加的魅力。一杯杯似魔又似仙的咖啡下肚，亢奮難眠到天明；但人間若少了咖啡，惡果不小：世人恐怕欣賞不到巴哈《咖啡清唱劇》、貝多芬《命運交響曲》、巴爾札克《人間喜劇》、伏爾泰《憨第德》以及義大利喜劇泰斗高多尼的《咖啡館人生百態》……這些都是咖啡因作用下，福至心靈的曠世巨作。

　　咖啡館在十五至十六世紀濫觴於中東，而在十七、十八世紀爆紅於歐洲至今，全球咖啡生豆年產量已突破一億一千萬袋（約六百六十萬公噸），星巴克迄今全球總店數超出兩萬家，豪飲咖啡風氣大開之際，世人對咖啡起源的認知，百年來仍跳不出「牧童卡狄與跳舞羊群」的迷思。根據牧童說，衣索匹亞牧羊童卡狄（Kaldi）與他的羊群最早發現咖啡提神助興的妙效：

　　西元六至八世紀，衣索匹亞牧羊童卡狄在山麓照料一群山羊。有一天，卡狄發現羊群興奮莫名，活蹦亂跳，連病羊和老羊也恢復元氣，飛奔亂舞起來。他仔細觀察，原來羊兒吃了山坡上不知名植物的紅果子，他索性摘幾顆試吃，酸甜可口，沒多久他的倦意全消，身輕體暢。此後，每天就跟著羊兒吃紅果子自娛，與羊群共舞嬉戲。一天，附近清真寺的長老經過山麓，看到卡狄與羊群中邪似共舞狂奔，趨前看究竟，卡狄告以紅果子神效，長老半信半疑摘幾顆吞下，頃刻間老骨頭似有股真氣貫穿，元氣百倍。回教長老返回寺院，深夜晚禱，瞌睡蟲來報到，默罕穆德突然託夢，指示他快以白天所見的紅果子，煮水來喝，即可回神。紅果子醒腦奇效不脛而走，此後，回教

徒夜間敬拜前，都會先喝紅果子熬煮的熱果汁「咖瓦」[註1]。

　　牧童卡狄因此被公認為發現咖啡的「小祖宗」。此說在歐美強勢文化主導下，積非成是，甚至連衣索匹亞也不能免俗地採納了牧童說。衣索匹亞官方資料還加油添醋，為此編寫完美的續集：「那位回教長老後來就把咖啡種籽栽於衣索匹亞西北部風光明媚的塔納湖畔，也就是藍尼羅河發源地……」令人不禁懷疑衣國當局囫圇吞棗採信牧童說，意在借用咖啡傳奇增加觀光收益。

　　但卡狄果真是咖啡始祖嗎？牧羊童說背後是否暗藏陰謀？咖啡之父另有其人？這些問題值得我們仔細推敲考證。誠如十六世紀阿拉伯咖啡史學家賈吉里（Abdal-Qadiral-Jaziri，1505–1569）的名言：「香醇咖啡入口，真理豁然浮現。」二十一世紀的現代人喝咖啡聊是非之餘，不妨思考辯證一下牧羊童傳說之真偽，以免真相被矇蔽數百年而不知，豈不失去喝咖啡尋真理的美意！

　　根據阿拉伯史料，咖啡教父另有其人：葉門摩卡港守護神夏狄利（AliibnUmaral-Shadhili）和葉門亞丁港德高望重的法律編審達巴尼（al-Dhabhani），兩人都是十四至十五世紀回教蘇非教派（Sufi）的重要人物。但牧羊童卡狄卻在歐洲強勢造神下，成為舉世皆知最早發現咖啡的「神童」，真人真事的夏狄利、達巴尼二佬對咖啡飲料的貢獻反而被抹滅了，委實諷刺。

註1：咖瓦（Qahwa）乃咖啡的前身。咖瓦的阿拉伯文為「美酒」之意，後來被借用來稱呼咖啡，是個同音異義字。

牧童說的杜撰與發揚

照邏輯推論，牧童傳奇應出自衣索匹亞或葉門，但筆者追溯此傳說的源頭，發覺始作俑者竟然是兩名撈過界的歐洲人。不可思議的是，衣索匹亞和葉門的所有本土傳說中，居然找不到牧童說。光憑這一點，就足以讓牧童說蒙羞。

據筆者考證，牧羊童卡狄充其量只是十七至十八世紀在歐洲文人較勁、爭奪咖啡起源解釋權下捏造出的人物。卡狄絕非咖啡小祖宗，史上也沒這號人物。上述的牧童說最早出現於一六七一年，羅馬的東方語言學教授奈龍所寫的一篇拉丁文咖啡論述 [註2] 中。這是西方最早的咖啡論文，揭櫫牧童卡狄和羊群無意中發現咖啡神效。但法國知名東方學者兼考古學家，同時也是《一千零一夜》的翻譯家伽蘭（Antoine Galland）於一六九九年重炮抨擊奈龍的牧童說荒誕不經，牧童說因此未成氣候。接著在一七一五年，法國知名旅遊作家尚德拉侯克（Jeande LaRoque，1661–1743）寫了一本法文版的《航向葉門》（*Voyagedel' Arabie Heureuse*），書中除介紹葉門風土民情外，還專章探討咖啡起源，並大方引用奈龍的牧童說。在遊記的包裝下，該書大受歐洲讀者歡迎，成為暢銷書，英文版於一七二六年在倫敦發行，成功宣揚奈龍的牧童說。卡狄就在眾口鑠金下，成了全球公認的咖啡始祖。

歐洲文人爭奪咖啡詮釋權

羅馬學者奈龍與法國作家拉侯克為何急著宣揚牧童說？這得先分析當時的歐洲與阿拉伯到底發生了什麼事。十五至十六世紀，是回教世界咖啡普及化的關鍵時期，咖啡館在中東各大城市如雨後春筍冒出，咖啡幾乎成了阿拉伯的可口可樂，是回教徒每日必喝的飲料。而歐洲殖民主義也興起於十五至十六世紀，葡萄牙、西班牙、英國、法國和荷蘭的列強勢力，開始染指中東。歐洲人對中東的異國風情大感興趣，尤其是阿拉伯人常喝的新奇飲料咖啡與街頭林立的咖啡館，最讓歐人大開眼界。義大利、英

國、法國和荷蘭在十六世紀末至十七世紀開始進口咖啡，歐洲旅遊作家和探險家相繼探訪中東和非洲，試圖揭開咖啡的神祕面紗。好奇的歐洲人探索咖啡的起源，卻發現無史可考，連當時獨占咖啡市場的葉門和衣索匹亞商人也無言以對，索性以「土產」傳說來搪塞。阿拉伯人最常唬弄歐人的咖啡神話包括：

傳說中，一隻五彩繽紛的咖啡鳥，大嘴銜著咖啡種籽從天堂飛到葉門，咖啡開始飄香人間……

要不就是援引葉門史學家卡吉（Abual-Tayyibal-Ghazzi，1570–1651）所述的一則神話，直指西元前十世紀的以色列索羅門國王是泡煮咖啡的始祖：

史前的羅門王造訪一座小鎮，發覺百姓染上不知名怪病，天使加百列現身，指點所羅門王取用葉門烘焙好的咖啡豆，搗碎後加水泡煮飲用，即可治病。所羅門王行禮如儀，果然醫好了鎮民怪病，但此偏方並未流傳下來，咖啡也被人遺忘了兩千年，直到西元十六世紀才重現葉門……

除了上述的五彩咖啡鳥、索羅門國王之外，還有一則與衣索匹亞麝香貓有關：

非洲中部的麝香貓最先把咖啡種籽帶到東非的衣索匹亞山區，也就是驍勇善戰的蓋拉族人地盤，人們開始在那裡栽培。後來阿拉伯人又把咖啡種籽帶到葉門栽種，小魔豆的祕密才廣為世人知曉。

註2：奈龍（Antoine Faustus Nairon）是黎巴嫩天主教馬龍教派信徒。他以拉丁文寫的咖啡益處論述，筆者只查到葡萄牙文的譯本《De salvberrima potione cahve sev cafe nuncupata discvrsvs》，尚無法找到英譯版。牧童說最早出現在此文章。

這是個有趣的傳說，卻有幾分根據。衣索匹亞確實有麝香貓，那兒也是阿拉比卡咖啡發源地，而蓋拉族也是最早利用咖啡提高戰力的民族。此神話旨在凸顯麝香貓協助蓋拉族種咖啡，因為麝香貓喜歡吃咖啡果子，種籽消化不了，隨著糞便入土而長出新樹苗。這則非洲咖啡傳說於一八六〇年被英國傳教士醫生克洛普（John Lewis Krapf）編進他的《旅遊、研究與傳教：東非十八載紀實》（ *Travels, Researches and Missionary Labours during an Eighteen Years' Residence in Eastern Africa* ）著作中。閱讀至此，不難發現一個有趣現象：阿拉伯的古老咖啡傳說不乏飛鳥走獸和國王，就是沒提到跳舞的羊兒和卡狄。

歐人並不欣賞阿拉伯咖啡神話，諸多學者、作家開始越俎代庖，替咖啡編織浪漫動聽的傳奇，以饗歐洲廣大咖啡饕客，除了奈龍與拉侯克外，大名鼎鼎的義大利旅遊作家同時也是歐洲引進波斯貓功臣的瓦雷（Pietrodella Valle，1586–1652）一頭栽進希臘史料尋找使力點。瓦雷直指西元前九世紀，希臘大詩人荷馬時代已出現咖啡。他的論點由來是荷馬作品中曾提到一種又黑又苦的飲料，可抑制瞌睡蟲，據此認定荷馬在創作《奧狄塞》時就喝過咖啡，稱得上咖啡之父。但此說法未獲學界認同，因為荷馬作品中不曾明言黑色飲料就叫咖啡，且希臘古字、歷史和古羅馬傳說中也沒有任何近似咖啡的語音，「荷馬說」難獲共鳴。

就連晚輩拉侯克，也曾多次跳出來駁斥瓦雷前輩所持的「荷馬說」。可能是為了爭奪咖啡的詮釋權，拉侯克情急下才引用奈龍的創意，再藉著《航向葉門》遊記的包裝，一鳴驚人，廣為流傳。不但歐洲人迷戀牧童說，連阿拉伯人也被擺了一道，至今還誤以為牧童說是出自西元六至八世紀葉門或衣索匹亞的古老故事。事實上，這是十七世紀羅馬愛喝咖啡的東方語言學教授奈龍，以及十八世紀迷戀阿拉伯的法國作家拉侯克，一搭一唱的傑作。稱此為三百年來最大的浪漫騙局，絕不為過。拉侯克爭奪咖啡起源解釋權的陰謀，也因遊記大熱賣而得逞。

── 破綻百出的牧童説 ──

一九三五年，美國知名咖啡作家烏克斯（William Ukers）著作的經典咖啡書《咖啡天下事》（*All About Coffee*）論及咖啡起源也是以牧童說來搪塞，此說的影響力可見一斑。一九九九年，美國暢銷書《咖啡萬歲》（*Uncommon Ground*）亦不能免俗，開宗明義章就先向卡狄膜拜了一番，但筆者一直認為奈龍與拉侯克打造的牧童說並不嚴謹。首先，是年代問題。要知道回教始於西元七世紀，牧童說卻界定於六至八世紀（但有些版本較聰明而不挑明年代）。事實是，早期回教徒根本不知咖啡是何物，遑論喝咖啡。另外，回教徒最初以「咖瓦」（Qahwa）稱呼今日的咖啡，該用語最早出現在一四○○年以後，而非六至八世紀。這有可能是十七世紀的奈龍教授試圖以牧童說將喝咖啡歷史向前推進一千年，以增添咖啡飲料的傳奇色彩。

更有趣的是，羊兒根本不愛吃咖啡果子。紐約霍斯卓大學（Hofstra University）知名人類學家瓦瑞斯科（Daniel Martin Varisco）在一篇探討葉門咖啡與咖特草（Qat，亦含有興奮成分）的文章中這麼寫道：「對葉門人來說，咖特草的起源比咖啡更適用牧童說，因為羊兒更愛吃咖特草……」筆者懷疑十七世紀奈龍教授編造牧童說，靈感就是來自羊兒喜吃咖特草。不要忘了，咖啡果含有兩粒堅硬如石的種籽，羊兒是不會貪食的。

● 咖啡史觀演繹

咖啡演進史絕不像牧童說那麼單純，三言兩語就足以交代一切，其間牽涉複雜的政治、宗教、經濟和撰史者心態。雖然一五○○年以前的咖啡史出現斷層，容或有者亦殘缺不全，但咖啡史觀有必要重新建構，故筆者不揣淺陋，重新推演兩千年來咖啡飲料進化始末如下：

（一）西元六世紀：蓋拉族嚼食咖啡果子與咖特草。

（二）九至十一世紀：波斯名醫以咖啡入藥。

（三）一四〇五至一四三三年：鄭和下西洋，加速咖啡世俗化。

（四）一四〇〇至一四七〇年：咖啡教父夏狄利與達巴尼倡導咖許與咖瓦飲料。

（五）一五一一年：麥加查禁咖啡事件，咖啡「有史時代」降臨。

（六）一五五五年：阿拉伯咖啡宮殿鬥豔，歐人驚豔。

（七）一六七一年：羅馬奈龍教授編造牧童說。

（八）十七世紀：歐洲咖啡館乍現，歐人更清醒。

（九）十八世紀：歐洲列強巧取豪奪移植咖啡樹至印尼和中南美，打破葉門對全球咖啡市場的壟斷。

　　以此為根據，筆者將在本章與第二、第三章逐一論述咖啡進化的九大關鍵，還原人類如何從嚼食咖啡果子與葉片，獲取咖啡因提神，進化到泡煮咖啡的軌跡。

● （一）蓋拉族嚼食咖啡果與咖特草

　　最早與咖啡結緣的應屬東非的蓋拉族 [註3]。蓋拉族是衣索匹亞的主要民族之一，占衣國人口 30% 以上。西元前兩千年古老的蓋拉族就活躍於目前索馬利亞、肯亞一帶遊牧，後來被索馬利亞興起的民族趕到今日的衣索匹亞與肯亞。好戰成性的蓋拉族，最初是以咀嚼咖啡果葉來提神，與今日的泡煮咖啡大異其趣。古代蓋拉族人常摘下咖啡果搗碎，裹上動物脂肪，揉成小球狀，當成遠行、征戰或搶劫時壯膽用的「大力丸」。歷史學家認為，蓋拉族早在西元六世紀前就知道咖啡果的妙用，目前仍保有吃大力丸或以咖啡果釀酒的習俗。

　　十八世紀北非的城邦阿爾及爾（Algiers）聘請蘇格蘭旅遊冒險家詹姆士・布魯斯（James Bruce，1730–1794）溯尼羅河至衣索匹亞探險，這是近代第一次對非洲進行科學探勘之計畫。布魯斯的見聞寫成一本書《發現尼羅河源頭》（*Discover the Sourceof the Nile*），於一七九〇年出版，書中對蓋拉族使用咖啡實況有第一手報導：

蓋拉族是非洲遊牧民族，居無定所，族人橫越大漠奇襲衣索匹亞各村落，南征北討，隨身只帶咖啡大力丸充飢。大力丸係以燒烤過的咖啡果子搗碎，混以動物油脂，攪拌搓揉成球狀，裝入皮囊備用。族人宣稱大力丸足以供應一整天體力，是打家劫舍或攻敵致勝的最佳鐵糧，比肉類或乾糧更有效，因為大力丸不但可果腹，更可在瞬間鼓舞士氣，增強戰鬥力。

另一個與咖啡如影隨形的作物叫做「咖特」（Khat，亦即 Qat），也就是羊兒最愛的咖特草，或稱阿拉伯茶、衣索匹亞茶、葉門茶。咖特草原產衣索匹亞，含有卡西酮（Cathinone），類似安非他命，成分近似腎上腺素，自古就是阿拉伯的「快樂丸」，嚼食其葉，吞下汁液，或泡煮來喝，會產生愉悅、興奮與幻覺。東北非與阿拉伯半島的先民嚼食咖特草的歷史，早在西元一世紀的新約《聖經》即有記載。換句話說，嚼食咖特草的年代，遠比嚼咖啡果還要早。學者認為，蓋拉族嚼食咖啡果子提神的習慣，源自先人嚼食咖特葉的經驗，兩者確實有深厚淵源。咖特草的生長環境近似咖啡，千百年來一直是阿拉伯（尤其是葉門人）的沉迷物，嚼食咖特草在葉門遠比喝咖啡還普遍。

● （二）波斯名醫以咖啡入藥

蓋拉族雖然很早就知道咖啡果的妙用，但與咖啡有關的文獻，一直到西元九世紀才首度出現，當時不叫咖啡，而稱為「邦」（Bunn）。衣索匹亞目前仍沿用此古音來稱呼咖啡果子。波斯名醫拉齊（Abū Bakr Muhammad ibn Zakarīyaal-Rāzi，865–925，西方學者習慣稱他為 Rhazes）所撰的九大冊醫藥百科《醫學全集》[註4] 是目前所知最早論及咖啡的文獻。他在書中提及：「一種以『邦』熬煮的汁液稱為『邦瓊』

註3：Galla，此字具有貶意，雖然族人已正名為奧羅摩族（Oromo），但歐美至今仍沿用蓋拉族名。

註4：Al-Hawi，一二七九年的拉丁文譯本稱為《Continens》，在歐美的別名不少，包括《The Virtuous Life》、《The Continent》、《The Comprehensive Book on Medicine》。可能和阿拉伯文翻譯為拉丁文再轉譯為英文有關。這部《醫學全集》至今仍是歐美醫院教科書之一。

（Bunchum），具有燥熱性，益胃，可治療頭疼、提神，喝多了令人難入眠。」這簡短的幾句話，是目前所知最早的咖啡文獻。拉齊是中古時期重量級醫學家，對世人的貢獻是最早發現硫酸和乙醇，為現代醫學和化學奠基，也是最先對過敏與免疫力提出論述的醫生。

另一位十至十一世紀的波斯名醫艾維席納（Abū Alīal-Husayn ibn Abd Allāh ibn Sīnāal-Balkhī，980–1037，西方習慣稱他為 Avicenna）所著的《醫藥寶典》（*The Canonof Medicine*）亦提到咖啡的療效：「邦瓊可增強體力，清潔肌膚，具有利尿除臭功能，讓全身飄香……」由此可見，最早涉及咖啡的文獻，均與醫療與藥物有關，迥異於目前娛樂、提神用的咖啡飲料。他在醫療文獻中指出邦瓊有療效，但不普及，知道藥性的人不多，用法是從埃及、利比亞和衣索匹亞傳入波斯，僅限阿拉伯貴族使用。

咖啡飲料的演進相當緩慢，到了九至十一世紀，才從蓋拉族嚼食咖啡果進步到水煮咖啡果的藥用「果汁」——邦瓊。早期咖啡文獻稀少如鳳毛麟角，目前只知西元一至十一世紀這一千多年的悠悠歲月中，世上僅出現上述兩篇與咖啡有關的記載。文獻稀少是研究咖啡史最大的難處。十二至十四世紀，咖啡演化又進入三百年空窗期，史學家上天下海亦難找到確切的咖啡的文獻，容或有者，土耳其的咖啡傳說直指一二一八年回教教長歐瑪（Omar）在林間漫步，發現了咖啡果神效並囑咐信眾水煮咖啡果來喝，但這其實是張冠李戴的訛傳。該傳說中的「歐瑪」，其實就是十四世紀末至十五世紀初生活在摩卡港的教長夏狄利。換句話說，一四〇〇年以前，咖啡飲料尚未出現，仍停滯在藥用階段。顯然，「邦」和「邦瓊」的醫藥用途還需外力催化，才能升格為交誼或社交飲料。中國人的茶葉飲料引動咖啡普及化，而明朝鄭和下西洋，正無心插柳地促成這件美事。

（三）鄭和暗助咖啡世俗化

就飲料史來看，茶葉遠比咖啡發展得早，也更順利。茶藝對咖啡世俗化是否也有帶頭作用？答案是肯定的。明朝三寶太監鄭和是回教徒，於一四〇五至一四三三年間

七次下西洋，最遠航抵紅海濱的葉門、索馬利亞和肯亞。NGC 國家地理頻道曾報導，肯亞附近的小島至今仍住著鄭和下西洋時，艦上官兵在非洲留下的後裔，島民甚至展示明代的陶碗、器皿以為佐證，為茶與咖啡曾在歷史上交會，留下浪漫聯想。

　　研究咖啡史的西方學者近年也注意到鄭和航抵中東對咖啡普及化的影響。從時間、地點與杯具來看，兩者可能存有直接或間接關係。鄭和航向中東的時間約在十五世紀中葉以前，比咖啡開始世俗化早了將近半世紀。這段時間提供中國茶藝足夠的醞釀期，催化阿拉伯咖啡邁出宗教與醫藥圍牆，成為普羅大眾的飲品。

　　此話怎講？鄭和每次出航都帶著茶磚同行，除了當作餽贈友邦的禮物，也大方向葉門統治者展示中國的泡茶待客之道。此舉給阿拉伯部族莫大啟示：為何中國人可以把提神的茶飲料當成平民化娛樂飲料，而中東的「邦」或「邦瓊」卻得侷限於藥用或宗教祈禱專用？咖啡是否也能跳出宗教桎梏，另闢待客與社交商機？這些想法經過醞釀發酵，加速十五世紀末、十六世紀初咖啡世俗化的腳步。另外，鄭和返國後，明朝關閉了對外通商管道，茶葉不易輸進中東，提神飲料出現空窗期，阿拉伯只好回頭檢視自家的提神飲料，令咖啡再度受到重視。茶與咖啡的互動關係不言可喻。

　　鄭和與蘇非教長的邂逅：更耐人玩味的是，葉門蘇非教派的教長夏狄利（一四一八年去世）或達巴尼（一四七〇年去世）生前有可能曾登上鄭和的寶船做客，獲鄭和以中國茶相待。他們見識到茶飲料的好，啟發了倡導本土咖啡飲料的念頭。鄭和的艦隊曾駛入葉門亞丁港和沙烏地阿拉伯的吉達港，尤其是鄭和一四三三年第七次西行，曾駛入亞丁港接走一名葉門大使，返回中國。史學家不排除鄭和與兩位教長（後來被葉門譽為咖啡教父）見過面的可能。史料雖不曾記載兩名咖啡教父與鄭和的邂逅，但時間上的巧合，留下很大的想像空間，堪稱咖啡史上的 X 檔案。

　　再從杯具來看，早期的咖啡杯亦有茶杯的影子。葉門十五世紀末的咖啡杯具較大，類似中國茶碗。到了十六世紀，土耳其人發明重烘焙細研磨的土耳其咖啡，杯具就比早期的茶碗小多了，像透了中國小茶杯，顯然也是受到中國茶具影響。從鄭和下

西洋的時間、地點恰巧與阿拉伯咖啡世俗化的時間與地點吻合，以及中東咖啡器皿神似中國茶具三方面來檢視：鄭和待客用的茶磚，很可能就是推動咖啡走進民間的觸媒。

令人稱奇的是，咖啡世俗化的時間點約在十五世紀末至十六世紀初，亦即阿拉伯商人認識中國茶葉之後。換句話說，中國茶葉飲料成為阿拉伯熟悉的商品之前，阿拉伯人對咖啡仍很生疏。正如前面所言，十六世紀之前，回教國家幾乎找不到咖啡文獻，僅出現在九至十一世紀波斯兩大名醫拉齊和席納的兩篇醫療手稿中。

鄂圖曼帝國的蘇里曼大帝（Suleiman the Magnificent，1494–1566）也曾對中國茶大加讚揚：「中國人習慣用一種植物的樹葉泡煮來喝，稱之為茶，不但有益健康，也有助交誼。目前吾國大城市都買得到茶葉，也喝得到茶飲料。」具提神效果的茶葉必須千里迢迢從中國運到阿拉伯，但回教國家接觸茶的時間，居然比近在咫尺、唾手可得的咖啡還要早，這一點令史學家百思不解，至今仍無法排除茶飲料帶動咖啡大流行的可能性。

● （四）尋找咖啡教父

鄭和結束西洋之旅後，中東地區接著冒出兩種引燃咖啡世俗化的新飲料：「咖許」（Qishr）以及「咖瓦」。這兩款提神飲料於十五世紀末開始爆紅於阿拉伯半島，應是與葉門摩卡的回教教長夏狄利、亞丁港的法律編審達巴尼大力推廣有關。在兩位碩老的背書下，咖瓦和咖許成為教徒夜間祈禱前的必備提神劑，咖啡世俗化因此踏出重要第一步。

咖許──阿拉伯「可樂」：遲至西元一五〇〇年以後阿拉伯才有零星文獻記載，在一四〇〇至一五〇〇年間，葉門摩卡港和亞丁港突然流行飲用一種名為「咖許」的熱飲。就是把紅色咖啡果子摘下，晒乾後只用果肉部分，其內的咖啡豆則丟棄不用，再將晒乾的咖啡果肉置入陶盤，以文火淺焙後搗碎，再以熱水泡煮，趁熱飲用。其果肉仍含有 1% 的咖啡因，亦有提神效果，且風味遠比嚼食咖啡果葉更甘甜可口，很快

就傳遍阿拉伯半島。為何早期的咖許棄用咖啡豆？可能是生豆太硬苦澀味較重，因而丟棄不用（一五〇〇年以後，咖啡豆才被土耳其人視為珍寶）。但咖啡果肉晒乾加以輕焙，可提高果肉糖分的焦糖化香味，泡煮後冷熱皆宜，堪稱中古時期阿拉伯的「可口可樂」，廣受歡迎（但現代版的咖許卻加了咖啡豆調味）。咖許風味較清淡，少了咖啡的濃香，但已從嚼食進化到泡煮，與咖啡飲料愈來愈近了。

盛行於一四〇〇年後的阿拉伯「可樂」，至今仍是葉門國飲，但配方有了很大改變。古早味的咖許，只以晒乾輕焙的咖啡果肉泡煮，經過數百年改良，已成調味飲料。目前在葉門或阿拉伯半島喝到的咖許，有古早和現代兩種版本。古早版咖許，依舊不加咖啡粉，只以晒乾的果肉，文火輕焙後搗碎，添加豆蔻、肉桂等香料以熱水煮沸。放涼裝入瓶內，就成了降火的果肉茶或古早的阿拉伯可樂，喝來很像香料茶，葉門人視為必備的早午茶。現代版的咖許，則加入細研磨咖啡粉、薑末肉桂等香料，泡法類似土耳其咖啡，喝來更像薑汁咖啡，華人可能喝不太慣。

到葉門觀光，很難相信這是個咖啡古國，街頭盡是嚼食咖特草，或喝咖特茶以及咖許的人，少見有人喝咖啡。只有富人才喝得起摩卡咖啡，窮人只好將就咖啡果肉調製的茶飲，令人稱奇。

臺灣不易拿到晒乾的咖啡果肉，調製阿拉伯「可樂」有點困難。不妨照以下配方，試試現代版的咖許飲料，別名薑汁咖啡。

材料：

240cc 水（一杯）

25 ～ 30 克超細研磨咖啡（愈近麵粉狀愈佳）

20 克紅砂糖

5 ～ 10 克薑末

做法：

冷水倒入長柄的土耳其銅壺，加熱至快沸騰前，倒入配方攪拌，沸騰起泡，移開銅壺。俟咖啡泡沫下降，再移進火源加熱，起泡再移開。再重覆上述動作，即咖

啡泡沫要滾三次再關火。如果怕薑味太重可加入肉桂粉，怕太甜可降低糖量。飲用前以金屬濾網篩掉渣渣，較合國人口感。

咖瓦——阿拉伯的「美酒」：一四五○至一五○○年間，咖許又進化成更有勁的咖瓦。有人發現紅果子內的咖啡豆焙烤久一點，與果肉一起烹煮，更香濃提神。咖瓦的風味與目前的咖啡更近了。葉門最先流行咖瓦，係以肉桂色的淺焙咖啡豆與晒乾果肉磨碎後一起滾煮，但傳到土耳其或敘利亞，便捨棄了果肉部分，全以中深焙咖啡豆來泡，口感較濃，咖啡因含量也更多。值得留意的是，「咖瓦」一語在十六世紀以前常被混用，葉門尤然，舉凡咖特草、咖啡果肉或咖啡豆泡煮的飲料也常以「咖瓦」統稱之，為研究咖啡史的後人造成不小困擾。

目前各國咖啡的字音皆來自阿拉伯的「咖瓦」（Qahwa）。土耳其以「Kahveh」代表咖啡，也是從「Qahwa」變音而來，因為土耳其語缺少「瓦」即「W」的字音，故以「ve」代之。至於英文、義大利文和法文的咖啡一字，便是從土耳其的「Kahveh」轉音過來。英國字典早在一五九九至一六○一年就收錄「Coffee」新字。

在中古時期的阿拉伯文中，「咖瓦」是指「讓人上癮後會失去食慾的東西」，泛指酒類，因為酒喝多了會讓人無胃口。一四○○年後借用此字來指稱咖啡，無非是暗示咖啡喝多了會讓人失去睡意，就像酒喝多了讓人失去食慾一樣得不償失，多少具有醒世意味，是阿拉伯人用心良苦的創意。一五○○年後，咖啡變成回教國家最具代表性的飲料，好比基督教國家的紅酒一樣，而歐美也戲稱咖啡為「伊斯蘭美酒」。

更有趣的是，咖瓦「Qahwa」和衣索匹亞西南部咖啡產區「Kaffa」的發音近似。學者認為，最初衣索匹亞人稱咖啡紅果子為「Kaffa Bunn」，釀成酒就以「Qahwa」名之。而且衣索匹亞出土的兩千年前酒杯器皿上，常見刻有近似「Qahwa」語音的字樣，顯見此字與酒的淵源可溯及史前時代。後來阿拉伯人才以同音異義字「Qahwa」稱呼咖啡，相當高明，因為嚴禁喝酒的回教徒，就把「咖瓦」當酒喝，過過乾癮，獲得心靈慰藉與元氣。目前的「Coffee」、「Caffe」、「Cafe」的語音，應源自「Kaffa」與「Qahwa」。

綜合上述，咖啡飲料先從東非古老的蓋拉族嚼食咖特草獲得興奮劑，擴大到嚼食咖啡果葉，進而泡煮咖啡果肉成為類似水果茶的咖許，再進步到輕焙咖啡豆和咖啡果肉、泡煮成更香濃的咖瓦。之前雖無文獻佐證此一進化軌跡，但這四大階段最遲在十五世紀末葉完成，因為十六世紀突然暴增的咖啡文獻，都指向阿拉伯半島南部的葉門與蘇非教派的兩位教長夏狄利和達巴尼，稱他們是點燃咖瓦熱潮的功臣。咖啡教父鬧雙胞，究竟哪位才是咖啡之父，短時間難有定論。不妨從阿拉伯史學家、作家和歐洲旅遊作家此時期留下的紀錄或手稿，一窺當時盛況。

　　咖啡教父達巴尼：早期最權威的阿拉伯咖啡史學家兼伊斯蘭法律專家賈吉里在一五五八年所寫的《咖啡演進始末》（ *De l'origine et du progrès du Cafe* ）[註5]中，敘述蘇非教派的達巴尼率先引進咖瓦，透過他的推動，咖瓦才紅遍阿拉伯，暗示達巴尼可能就是咖啡之父。賈吉里在手稿中說：「十六世紀初期，我們在埃及就聽說一種名為『咖瓦』的飲料，爆紅於葉門大街小巷，是蘇非教眾在夜間祈禱前泡來喝的提神劑。隨後又聽說，這種飲料由該教派德高望重的長老達巴尼於十五世紀中葉率先介紹信徒飲用，一夕間蔚為新時尚，廣為流傳。達巴尼學問淵博，職掌葉門亞丁港的法律編審。有一回，他有要務赴衣索匹亞住了一段時日，發現當地人『使用』一種叫做『咖瓦』的東西來治病，雖不知是何物卻印象深刻。達巴尼回亞丁港後，突感身體不適，想起咖瓦可治病，就泡煮咖瓦喝[註6]，果然恢復元氣，疲憊全消，於是吩咐屬下與教眾多多飲用。咖瓦妙用不脛而走，販夫走卒、雜工、學者或商賈，開始喝起咖瓦，增強體能與耐力⋯⋯咖瓦迅速竄紅蔓延。」

註5：《咖啡演進始末》係法國知名的阿拉伯語翻譯家伽蘭，一六九九年將中東咖啡史學家賈吉里的手稿《贊成咖啡合法使用之意見》、《 *Umdat al safwa fi hill al-qahwa* 》，有關咖啡演進的部分，摘錄翻譯為法文的珍貴史料。阿拉伯文的《贊成咖啡合法使用之意見》是目前所知最早且最權威的咖啡史論述，本書後面還會不斷出現。

註6：據考證，他泡的咖瓦混合了咖啡果肉和咖啡豆。此時葉門已有咖啡樹，尚無煮泡咖啡豆來喝的紀錄，達巴尼是文獻記載的第一人。

賈吉里繼續這麼寫：「當我聽到此奇聞後，寫信向葉門另一位博學之士艾卡法求證達巴尼來歷。他回覆我說：『已向一位年過九十的長者艾拉維（Abd al-Ghaffar Ba Alawi）求證咖瓦從何而來，長者表示，他曾在亞丁港待過一陣子，就聽說許多蘇非教眾流行喝咖瓦，教徒也為達巴尼和亞丁港最高法律仲裁者哈德米泡煮咖瓦，連這兩位名人都有教眾服侍喝咖瓦，證據夠充足了。』」

　　賈吉里最後評論：「達巴尼很可能是亞丁港最先引進咖瓦的人，當然也有可能是別人，但唯有獲得位高權重的達巴尼加持與推廣，咖瓦才可能在國境內外大流行，他於一四五四年從衣索匹亞返回葉門亞丁港，開始推動提神的咖瓦飲料……達巴尼死於一四七〇至一四七一年間。」

　　達巴尼確實是葉門歷史上聞人，葉門史學家夏卡威（Sakhawi）在十五世紀末彙編的名人傳記，就收錄達巴尼的生平：「年輕的達巴尼勤奮好學，桃李滿天下，皈依蘇非教派，編撰多本有關蘇非教義的書籍……」但傳記中卻未記載達巴尼引進咖瓦的事蹟。不過近代學者認為，這無關宏旨，因為十五世紀末夏卡威寫名人傳記時，可能還沒聽過咖瓦這種新時尚。達巴尼倡導咖瓦的時間可能落在一四五四至一四六〇之間。

　　另外還有個疑點值得探討，賈吉里的手稿中表示，達巴尼看到衣索匹亞人「使用」咖瓦，文中未言明是嚼食或飲用，因此有可能衣索匹亞人在達巴尼來之前已會泡煮咖瓦，也可能仍在嚼食階段。既使達巴尼不是泡咖瓦的第一人，但推動咖瓦飲料的功勞，則非他莫屬。因此美國不少學者認同達巴尼是第一位大力倡導泡煮咖瓦的咖啡教父，因為古代的咖許和咖瓦最大的不同，是前者仍是泡煮咖啡果肉不含咖啡豆的飲料，咖瓦則進化到泡煮咖啡豆，深具時代意義。美國普林斯頓大學專研咖啡史的學者哈塔克斯（Ralph S.Hattox）就堅持此論點，認同達巴尼就是咖啡教父。

　　咖啡教父夏狄利：然而，住在摩卡港的葉門人打死不苟同達巴尼是咖啡教父。另一位比達巴尼年代稍早，更有威望的蘇非派麾下夏狄利亞教團（Shadhiliyya）的教長

夏狄利早被摩卡居民奉為咖啡之父，他引進咖瓦的事蹟傳頌至今。從葉門、阿拉伯半島，到北非阿爾及利亞，一直流傳著夏狄利以咖啡濟世的偉業：

十四世紀末，醫術精湛的夏狄利在摩卡港懸壺濟世，妙手救回許多教眾生命，贏得百姓愛戴。摩卡總督眼紅，擔心夏狄利威望壓過他 [註7]，於是流放夏狄利到偏遠山區的石窟自生自滅。百病纏身命危之際，夏狄利聽到天神召喚，要他摘食外頭果樹上的紅果子。他嫌果子裡的種籽又苦又硬，於是用火焙烤，再以水泡煮服下，果然恢復體力，百病全癒。事後，夏狄利也以此配方開給專程趕來石窟看病的人，治癒了更多病患，聲名大噪，摩卡民眾為感激他，群起迎接他重返摩卡，成為摩卡或咖啡的守護神。

另外，葉門還有一個傳說（並未列入賈吉里的咖啡文獻中）與夏狄利發明咖瓦有關：

夏狄利赴衣索匹亞尋找草藥，有一天看到山丘陡坡上有隻山羊，很不尋常地狂舞著，似有用不盡的精力。夏狄利被好奇心驅使，就在附近仔細觀察，發覺這頭山羊吃了一種未見過的紅果子，才興奮莫名地奔舞，其他山羊吃了相同果樹的果子也一樣狂奔起來。夏狄利索性摘下一顆紅果子試吃，果肉酸甜多汁，但裡頭的兩粒種籽就很硬，味道有點澀苦，不易入口。於是他把紅果子用水煮來喝，頓覺身輕氣爽，元氣倍增，人間第一杯咖瓦（或咖啡）就此誕生。夏狄利返回葉門摩卡後，鼓勵教眾晚禱前喝瓦提神，也開此藥方治療病人。

這則葉門傳說不禁讓人聯想到牧童卡狄與跳舞羊群的故事，但夏狄利版出現年代較晚，在十八世紀中葉以後，可能是摩卡港的夏狄利迷，竄改奈龍教授的牧童說，把卡狄換成夏狄利。

註7：另有一說，夏狄利為總督女兒醫病時，與她發生了肉體關係。

咖啡教父鬧雙胞：上述兩則古老的摩卡傳說都訴說著夏狄利發明咖瓦的經過。直到二十一世紀的今日，摩卡居民、葉門咖啡農、阿拉伯咖啡館或從業人員，仍視夏狄利為摩卡港守護神或咖啡祖師爺。連遠在北非的阿爾吉利亞人，也稱咖啡為「夏狄利亞」，以紀念該教團與夏狄利對咖啡業的貢獻。甚至美國和中東咖啡專業人士，喝咖啡前，會頑皮地舉杯向夏狄利致敬。夏狄利的傳奇雖多，但他的出生和年代缺乏詳實的文獻記載。目前僅知夏狄利於一四一八年去逝，摩卡居民感念他為摩卡港帶來龐大的咖啡財，為他興建一座豪華墳墓，六百多年後的今天，仍完好保存在摩卡一座清真寺內，供後人憑弔。

十八世紀德國知名的旅遊作家尼勃（Carsten Niebuhr，1733–1815）旅經摩卡港時，在大作《阿拉伯旅遊日誌》（ *Travels through Arabia* ）中這麼寫：「夏狄利是摩卡港的英雄人物，有人告訴我他生活在四百年前……我走遍中東地區，大家都知道夏狄利是誰，幾乎成了回教世界的咖啡守護神！」另外，英國水手瑞維特（William Revett）在一六〇九的一篇報告中說：「夏狄利是最先發明喝咖啡的人，備受摩卡居民愛戴。」有關夏狄利傳說很多，甚至有說他是十三至十四世紀傳奇人物，但據美國咖啡史學家哈塔克斯考證，夏狄利應該生活在十四世紀末至十五世紀初，比達巴尼早半個世紀以上。

夏狄利在葉門的名氣遠勝於達巴尼，但賈吉里在《咖啡演進始末》的陳述卻有損夏狄利為咖啡教父的地位。賈吉里在文中引述蘇非派麾下夏狄利亞教團另一位精通咖啡歷史的馬基長老話說：「一般相信在葉門最早使用咖瓦並大力推廣的人是達巴尼，但我也聽很多人說，最早引進咖瓦並推廣成葉門大眾飲料的是夏狄利……要知道，咖瓦最早是以咖特草來泡，不是用咖啡果肉或咖啡豆來泡煮。夏狄利是倡導咖特草泡茶的第一人，蔚為風尚，但傳抵亞丁港時，恰好碰到咖特草缺貨，達巴尼才吩咐教眾，改用咖啡果裡的咖啡豆泡煮成另一種咖瓦飲料，做為提神品。信徒發覺加了咖啡豆的咖瓦，不但更便宜，功效不輸咖特草茶，名氣就此傳天下。」

賈吉里補充：「添加咖啡豆的新飲料咖瓦，像傳染病般一個城鎮傳給另一城鎮，

廣受歡迎……上述對咖瓦的陳述並無矛盾處，達巴尼的咖瓦加了咖啡豆，而夏狄利的咖瓦是用咖特草泡煮，也就是說，飲料名稱相同但內容物不同。」達巴尼和夏狄利的咖啡教父之爭，各有擁護者——摩卡港居民支持夏狄利，亞丁港擁護達巴尼——咖啡教父雙胞案再鬧百年也不會有結局。

雖然達巴尼與夏狄利兩佬最先倡導喝咖瓦提神，問鼎咖啡教父寶座殆無疑義，但硬繃繃的史料，遠不如捏造的牧童說來得膾炙人口。理智的咖啡迷或該還兩位老人家一個公道，今後論及咖啡起源時，不要忘了兩佬的貢獻 [註8]。

蘇非教派加速咖啡平民化：咖啡教父頭銜究竟該頒給達巴尼或夏狄利，恐怕還有得爭，傳說咬定夏狄利最先發明咖啡飲料，但文獻黑紙白字指出達巴尼才是咖啡創始者。所幸兩人最大交集是同屬蘇非教派信徒 [註9]，可以這麼說，沒有蘇非教派獨特的祈禱儀式就不會有今日的咖啡。探討蘇非教派與咖啡結緣，遠比講述牧童卡狄與跳舞羊群神話有意義。

回教前兩大派系是遜尼派、什葉派，第三大就是蘇非派，倡導的「蘇非主義」（Sufisim）屬於伊斯蘭教神祕主義。真主阿拉在蘇非信眾心目中，是易於親近與理解的形象，有別其他派系較嚴肅的詮釋。回教敬拜儀式向來排斥音樂，蘇非教派是箇中異數；蘇非行者在導師帶領下，透過冥想、音樂、舞蹈與吟詠讚神，達到忘我境界，與真主阿拉接觸。教眾祈禱時常搖動身軀，反覆吟唱真主名號與信念，自我催眠，達到恍惚入神境界。蘇非教眾的祈禱儀式均在晚上舉行，如何驅走瞌睡蟲向來是個重要

註8：據文獻和傳說，十四至十五世的達巴尼與夏狄利是促成咖啡飲料大流行的功臣。但這不表示十四世紀以前就沒有其他地區或其他人懂得泡咖瓦來提神。咖啡史學家相信，最接近野生咖啡樹的葉門或衣索匹亞偏遠山區部族，可能是最早懂得利用咖啡果子泡咖啡助興的人，無奈窮鄉僻壤的餐飲文化向來上不了檯面，非得鬧到大城市也瘋狂，才有資格入文獻。也就是說，當撰史者開始關注阿拉伯半島的咖啡盛行現象，恐怕已有數十年甚至數百年的時間落差。

註9：「蘇非」的阿拉伯原意指「穿著粗糙羊毛外衣」，比喻教眾有厚衣護體即可隔絕世間誘惑。

課題，因此信徒很早就有服用提神飲料的傳統，從最初的咖特草茶，進化到咖許和咖瓦，是最有可能的軌跡。夜間祈禱前，教長分贈咖啡也成了宗教儀式一環。葉門知名咖啡文獻專家卡法（Abdal-Ghaffar）對蘇非教眾晚禱前分贈咖啡的儀式有詳細描述：

> 他們每逢週一和週五夜才喝咖啡。泡煮好的咖啡先裝在紅土燒製的大甕內，祈禱前，教長以長杓舀取咖啡入小杯，從右側開始傳給信徒，輪流啜飲，教眾口中反覆唸著：心中無雜念，唯有真主存我心……

蘇非派神學家艾拉威（Shaikh ibn Isma'il Ba Alawiof Al-Shihr）說，教眾敬拜前喝咖啡會產生一種「完美的咖瓦幻境」（Qahwama' nawiyya），即虔誠的信念與咖瓦結合，會讓上帝子民與神交往時，產生愉悅之感，頓覺開釋。葉門蘇非早期敬拜儀式，喝下咖啡後接著朗誦「萬力所有者」（Ya Qqwi）一百一十六次，直到自我入神催眠。信徒夜間祈禱，渴望與真主合一，喝咖瓦助興乃應運而生，但更重要的是蘇非行者並非自我封閉的團體，如果整天關在清真寺裡敬拜，咖啡風氣不易外傳。蘇非行者成員來自各階層，白天忙完生計，晚上再到清真寺祈禱，活躍性遠高於遜尼派和什葉派。夏狄利教長招收門徒的先決條件是，要有固定職業，無業的苦修者還不受歡迎，這是蘇非教派與遜尼或什葉最大不同處。咖瓦或咖啡就這樣隨著士農工商的教眾迅速傳開了。

考古文物印證蘇非的咖啡傳統： 達巴尼和夏狄利最初抱著協助教眾晚禱的單純動機，引進並倡導咖瓦飲料，未料竟帶動咖啡風行數百年至今未歇，應是人類飲料史上最大的浪漫。蘇非喝咖啡的傳統，近年亦在考古上獲得印證。考古學家在葉門西部古都札比德（Zabid）掘出大批上釉的陶甕和長杓，這些上了彩釉的甕和杓子，年代約在西元一四五〇年左右，是蘇非教眾早期用來裝咖瓦與舀取的器具。學者指出，這些陶甕皆上了釉，意義重大，顯示咖瓦在教眾心目中的神聖地位，超越其他不上釉的飲料容器。另外，札比德附近的小鎮海西（Haysi）也掘出大批神似中國茶具的小茶杯，甚至有些還仿冒了中國青花紋飾。考古學家指出，這些小杯具是專供古都札比德的蘇非教徒喝咖瓦用的。

除了饒富傳奇的咖啡情緣外，蘇非最為世人稱道的絕活，應該是「迴旋舞」。苦修者穿著鮮豔服飾，不停轉圈圈入神，這樣更易與真主接觸，右手上揚朝天與真主接觸，左手向下指，表示替上帝傳達訊息給人間，裙擺隨著舞動，寓意與動感令人嘆為觀止。另外，蘇非樂音也成為現代的流行藝術，土耳其、埃及、摩洛哥和伊朗蘇非樂音專輯，在各國發行愈來愈受歡迎。蘇非派的音樂、舞蹈與喝咖啡傳統，至今傳為美談。

● （五）麥加查禁咖啡事件，咖啡「有史時代」降臨

蘇非教眾白天在市場上賺錢養家，晚上進入清真寺祈禱與真主神交，很自然便將寺內提神解睏的咖啡介紹給親朋好友。咖啡合法性的爭議，最先在回教聖城麥加（穆罕默德誕生地）與麥迪那（穆罕默德下葬地）引爆。

西元一四八〇至一五一一年是咖啡世俗化的轉捩點，一股保守力量試圖把咖啡侷限在宗教與醫藥領域，一般百姓不得任意暢飲；但另一股力量又想突破宗教與醫藥高牆，把咖啡帶入民間。這當中，又有利益團體介入，使問題更為複雜。例如當時的醫生常以咖啡做為止痛藥方，深怕咖啡平民化後會影響生意；另外，基本教義派回教徒也擔心咖啡館一旦開放，信徒沉迷其中，不再入寺禮拜。因此咖啡該不該普及化，牽扯複雜的政治、宗教、商業與治安問題，引起統治階層高度重視。撰史者也開始關心咖啡議題，「咖瓦」一詞突然大量且持續出現在西元一五〇〇年以後的中東歷史檔案與文獻中，甚至阿拉伯平民書信、作家散文、遊記、書籍或法律意見也百花齊放大談咖啡，成為一股不可擋的顯學與新時尚。

這並不難理解，因為阿拉伯撰史者過去只重視政治、宗教、軍事、戰爭和疫病問題，不屑記錄物質文明，造成咖啡史出現了千年斷層，這就是為何一五〇〇年（即十六世紀）以前的阿拉伯欠缺咖啡文獻的主因。雖然夏狄利與達巴尼兩位回教大老早在一四〇〇至一四六〇年間就大力倡導咖瓦，但遲至一五一一年回教聖城麥加掀起查禁咖啡館風暴後，阿拉伯史學家警覺到咖啡的重要性，才回溯補記二佬引動咖瓦熱潮的歷史。

我個人認為一五一一年是咖啡史的分水嶺。一五一一年以前，可視為咖啡的「史前時代」，全靠傳說與神話來詮釋咖啡起源；一五一一年以後，可視為咖啡的「有史時代」，阿拉伯知名咖啡史學家賈吉里的論述便是在此時空下應運而生。

賈吉里一五五八年探討咖啡史及法律爭議的手稿《贊成咖啡合法使用之意見》[註10]，是目前所知有關阿拉伯咖啡史、咖啡沖泡法、用途、功效與優缺點的最早文獻，珍藏在巴黎的法國國家圖書館（National Library of France）。法國知名阿拉伯專家、同時也是《一千零一夜》的翻譯家伽蘭，於一六九九年把賈吉里手稿有關咖啡史部分，轉譯為法文版《咖啡演進始末》[註11]，成為西方學者研究咖啡史重要的依據。學術界至今還找不到比這部手稿更早、更權威的咖啡史論述，內容提供咖啡演化大量資料，重要性不言可喻。

賈吉里對於西元一五〇〇年前後數十年間「咖啡如何從醫藥或宗教飲料逐步普及至民間」，有第一手見證：

咖啡從葉門傳進麥加、麥迪那，再引進埃及，咖啡熱潮風行草偃，就連開羅知名的阿茲哈爾清真寺[註12]也不能免俗。寺內咖啡使用量愈來愈大，寺外也有許多地方公開販售咖啡。雖然煮咖啡、喝咖啡耗時費工，且咖啡成分不明，喝法也怪，每人以小陶杯在大庭廣眾下傳遞，你一口我一口啜飲，不甚雅觀，但沒人抱怨或干涉咖啡饕客。因為神聖的麥加清真寺早已飄香，具有指標作用。可以這麼說，每逢晚禱或真主誕辰紀念日，沒有人不喝咖啡。

因為回教禁酒，人民少了助興飲料，咖啡很快就成了民眾提高情緒的享樂飲料，但咖啡熱過頭難免出現脫序現象，給了反咖啡人士查禁口實。賈吉里的手稿對麥加的咖啡風波有深入報導，但他對官方採取批判態度，並揭穿整起事件的重重黑幕。

麥加查禁咖啡 X 檔案：查禁咖啡始末，照麥加官方說法是這樣的。一五一一年六月二十日星期五晚上，回教聖城麥加總督凱貝格（Khair Beg）與友人在大寺院晚禱

後，照例走向最神聖的天房，親吻黑石聖物，走出戶外準備回府。當時，昏暗夜色中依稀可見寺院角落有微光晃動，並傳出嬉笑聲。誰敢在聖地如此放肆？凱貝格便帶著小隊長前往盤查，看到十幾人打著燈籠圍在爐火旁，爐上有個陶壺。眾人看到小隊長來了，立即熄掉燈火，還有人情急喝下傳遞過來的杯中物，狀似可疑。原來是寺院的警衛下士柯馬茲帶著弟兄輪流喝一種名為咖瓦的小杯黑色飲料。凱貝格嚷著：「這麼晚你們在喝什麼鬼東西？」柯馬茲回答：「報告大人，我們在喝咖瓦，不是酒，無毒不礙事，但酒店也賣這種飲料。」凱貝格大怒：「果真無害？黑色汁液下肚都忘了行為準則，也無視自己的執法者身分，還有什麼比咖瓦更惡毒？」

凱貝格返回總督府後，決定深入調查咖啡是何物。第二天就在麥加緊急召開咖啡調查委員會，成員包括麥加四名法典專家，另外還請來十一名在此地授課的敘利亞與埃及客座法律專家，總共十五名跨國法典大師，規格之大，歷來罕見。過去，麥加遇到棘手案件均由境內法典專家集會討論解決，而今卻為了一小杯咖啡動用如此陣仗，打破了九百年來調查委員會的紀錄。不明就裡的人還以為麥加遇到什麼跨國性大案件，才召開如此高規格調查委員會。

調查會開始，凱貝格請人端進一個陶甕和一個碗型杯子，置於會場中央，開場白就說：「這就是目前最流行的咖瓦，許多弊病因它而起，請各位前輩賜教，咖瓦到底該不該禁？據我所知，咖瓦在人聲吵雜的地下酒店或舞孃助興的咖啡館都喝得到，大

註10：《*Umdat al safwa fi hillal-qahwa*》，此部阿拉伯文手稿英譯為《*Argumentin Favor of the Legitimate Use of Coffee*》。由於手稿字跡潦草，完稿年代有一五五八年與一五八八年兩個說法，但前者較可能，因為若完稿於一五八八年，豈不表示賈吉里死後才完成？不合邏輯。維基百科亦誤認賈吉里為庫德族的大詩人 Malaye Jaziri，其實賈吉里居住在麥迪那，是位法律學者，而非詩人。

註11：《*De l'origine et du progrès du café*》，伽蘭於一六九九年完成賈吉里手稿的翻譯，並駁斥奈龍的牧童說。

註12：建於西元九七〇年，附設的阿茲哈爾大學是伊斯蘭最高學府，也是世界存續最久的古老學府。

夥以一個小杯傳遞你一口我一口，成何體統！」委員會主席由凱貝格最信任的麥加首席法官朱哈拉出任，他也抨擊咖啡館傷風敗俗：「一群遊手好閒人士，集聚咖啡館，載歌載舞到天明，嚴重影響社會秩序。咖啡和酒一樣，有必要明令禁飲。」

但也有人挺身捍衛咖啡，一名回教法典前輩在聽證會上說：「儘管咖啡館有許多失序行為，但咖啡與一般花草植物一樣，中性無毒，是阿拉賜予的恩物，若要宣布咖啡不合法，恐怕於法無據。」語畢就有人氣急敗壞地在坐位上嚷著：「我要警告各位，如果不馬上宣布咖啡是非法的邪惡飲品，一味拘泥於法條規定，豈不為善良百姓打開一道失德之門？後果不堪設想。請諸公三思。」顯見聽證會分成保守與開明兩派，相持不下。保守派視咖啡如酒類——咖啡的阿拉伯音「咖瓦」與酒同音——不禁不快；開明派雖不反對取締喧囂失序的咖啡館，但也不反對百姓在家飲用咖啡，因為不致妨礙他人，且可蘭經無明文規定咖啡為禁飲品。

兩派爭論七天無共識，凱貝格只好請出兩名醫生——兄弟檔的努爾與艾丁——提出決定性意見，化解僵局。如果醫生認為咖啡有毒，會影響人的行為，即可逕自頒布咖啡禁令。兩名醫生很有默契地指出，咖啡在夏天屬燥熱食物，在冬天則屬寒性食物，會破壞人體平衡，不宜飲用。凱貝格最後還安排幾位所謂的受害者出席作證，不約而同指出，咖啡會毒害正常人個性和思緒，妨礙睡眠，少碰為宜。據此，凱貝格發布麥加的咖啡禁令，咖啡館（嚴格來說應該是賣咖啡的地下酒館，咖啡最早就是在這些場所販售）被迫關門，囤積的咖啡豆當街燒毀，販賣咖啡者也遭鞭刑。

醫生操控反咖啡運動：這就是官方版的麥加查禁咖啡事件，正反兩方證詞成了最早的咖啡辯論文獻，意義非凡，更讓世人瞭解當時咖啡爆紅對社會的影響。但賈吉里卻在《贊成咖啡合法使用之意見》揭穿這場官方精心策畫的大騙局。他指出，整起反咖啡事件，幕後推手不是麥加總督本人，而是兄弟檔醫生努爾與艾丁。總督凱貝格早就知道咖啡是何物，麥加清真寺院那一幕是加油添醋編造出來。實情是兄弟檔醫生視咖啡為處方藥物，擔心咖啡普及化後會影響診所生意，於是向凱貝格誇大咖啡的毒性，並以「趁早搶功取締咖啡會受蘇丹獎賞，留芳萬古」慫恿他。另外，在聽證會上

提供證詞的咖啡受害者身分可議，實則是市井混混，為了一點好處，不惜提供假證詞。整個事件猶如一場高明騙局，各取所需。

不知是巧合或天意，總督和兩名醫生皆下場淒涼。一五一二年，即麥加查禁咖啡隔年，凱貝格非但未受褒揚，反遭撤換，下落不明。兩名醫生更慘。兩兄弟移居開羅，一五一七年土耳其攻陷開羅，不知何故遭到腰斬極刑。賈吉里表示，「發生什麼事，只有天知道。」

麥加查禁咖啡餘波盪漾。往後數年間，持正反觀點的學者或作家大鳴大放，提出論文表達立場，諸如〈使用咖啡，一失足千古恨〉、〈壓抑喝咖啡衝動〉、〈撤銷咖啡禁令〉、〈反駁咖啡有害謬論〉等，咖啡究竟是福是禍的論戰打得熱鬧非凡。

麻煩製造館，禁不勝禁：一五一一年七月，凱貝格頒布麥加咖啡禁令後，請法典專家擬妥法律文件遞送到開羅最高當局，懇請當局全面查禁咖啡。但開羅的覆文只認同聚眾喝咖啡鬧事為非法行為，並未禁止咖啡本身。消息傳開後，麥加百姓樂不可支，不再關門偷喝咖啡，因為只要不鬧事，公開喝咖啡沒什麼不行。

但聖城麥加屢屢傳出咖啡館滋事案件，驚動了回教最高當局。一五二六年，知名法典專家艾拉克抵達麥加考察，發現咖啡館裡出現聚賭、包娼、吸食鴉片等反教義行為，下令關閉咖啡店，但僅及於非法咖啡館而已，並不及於喝咖啡本身。他再次重申咖啡是合法的，並未查禁咖啡。另外，婦女在街頭叫賣咖啡，也只要戴上面紗就不違法，再再顯示了艾拉克對咖啡的見解。

開羅也傳出事端。一五三五年，反咖啡人士看到咖啡攤販人潮多、愈夜愈喧譁，清真寺卻門可羅雀，怒氣難消之下，聚眾上街，見人喝咖啡就毒打，還砸毀咖啡攤。咖啡擁護者為自保，號召同好「護攤」大作戰，兩軍對峙街頭，咖啡暴動一觸即發。開羅大法官伊利亞斯親赴調解，傾聽兩造觀點，決定召開咖啡調查庭，當場請人喝咖啡做實驗，然後仔細觀察喝下咖啡的人有無中毒異狀，或酗酒鬧事的行為，結果沒有

任何不良反應，於是裁示咖啡合法。一五三九年一月，適逢齋戒月，開羅各大咖啡攤人聲鼎沸到深夜，負責夜間治安的指揮官派兵掃蕩咖啡攤販，全部拘禁數天並施予鞭刑。但幾天後，咖啡攤恢復營業，人潮依舊。

　　一五四四年也發生類似事件。只是這一次，破天荒地由鄂圖曼帝國的蘇里曼大帝親自下令，震撼了回教世界。原來，一名曾住在麥加的土耳其婦人上書蘇里曼大帝，力陳聖城咖啡攤林立，傷風敗德，致使蘇丹下召紅海濱的麥加、麥迪那等聖城禁喝咖啡。但因執行不易，雷聲大雨點小，幾天後聖城百姓又肆無忌憚地盡情喝起咖啡。

　　一六五〇年，鄂圖曼帝國的國務大臣庫普利里擔心反動分子聚集於咖啡館批評朝政，影響蘇丹威望，故祭出重刑取締，一旦逮到偷喝咖啡，首犯將予以棍刑侍候，再犯則裝進皮囊裡，丟入博斯普魯斯海峽餵魚。這確實達到了短暫的嚇阻效果。但喝咖啡已成全民運動，咖啡館雖被貼上「麻煩製造館」的標籤，卻禁不勝禁，更阻擋不了咖啡館四處蔓延。法國知名翻譯家伽蘭在十七世紀末旅經伊斯坦堡時這麼寫道：

　　這裡的居民愛死咖啡，平均每人一天要喝二十杯咖啡。走遍中東諸國，只有波斯的咖啡館未遭打壓，這全歸功於王后英明。她指派官方教師巡迴各大咖啡館，向咖啡饕客講古說書，沒半句涉及政治議題，皆大歡喜！

　　咖啡從十六世紀初逐步邁出宗教殿堂，走向平民化，在醫界、宗教與政治利益團體糾葛拉扯下，爭議不斷，迭遭官方時鬆時緊的打壓，卻終究抵不過老百姓想喝咖啡的強烈慾望。鄂圖曼帝國終於瞭解它無法透過法律宣布咖啡為非法品，只好對咖啡館課重稅。每家咖啡館每天需上繳兩枚金幣，對國庫稅收有莫大助益。十七世紀中葉以後，被打壓一百多年的咖啡館終於有了自由身。

（六）咖啡宮殿鬥豔，歐人驚豔

　　一五○○至一六五○年間，阿拉伯咖啡館雖迭遭打壓，但只要不酗酒、不陪舞、不鬧事，當局仍給咖啡館一定的生存空間。咖啡館能熬過一百多年的監控，逆勢茁壯，關鍵在於咖啡館適時與酒館做出切割，塑造健康形象，擺脫反咖啡人士污名化。

　　早期咖啡館──不賣酒的酒吧：回教國家禁止酒精飲料，但中古時期仍無法關閉所有的地下酒店。這裡藏污納垢，賣酒也賣色，如同西方國家的妓院，只有社會最底層人士才敢來此尋歡作樂。上流階層為了顏面，甚少流連地下酒店。最初，咖啡就是在這些場所販售，致使形象受損。

　　然而，有生意頭腦的人看準了咖啡提神、開智、有助交誼的功能，只要不涉及傷風敗俗便商機無限，紛紛與地下酒店畫清界線，不賣酒的咖啡館應運而生。最早的咖啡館誕生於何時何地，文獻並無記載，目前我們仍無法證明一五○○年以前，麥加、開羅、大馬士革或伊斯坦堡是否已有大型咖啡館存在。專家認為敘利亞煉鋼技術佳，可能早在一五三○年大馬士革或阿波勒兩大城市已出現烘豆設備的大型咖啡館。若以文獻為準，最早的宮殿型豪華咖啡館在十六世紀中葉已出現。鄂圖曼帝國史學家培切維（Ibrahim Pecevi，1574–1650）所編的《鄂圖曼帝國文明史》（ *Tarih-iI Peçevi*）指出，西元一五五五年，大馬士革的夏姆斯、阿勒波的哈克姆兩人，最先把豪華咖啡館所需的整套配備從敘利亞引進伊斯坦堡，一炮而紅，大發利市。這是有關豪華咖啡館的最早紀錄。

　　由此可見十六世紀中葉以後，在伊斯坦堡、開羅和麥加大行其道的宮殿咖啡館，創意來自更北邊的敘利亞。這類高級咖啡館只賣咖啡不賣酒，亦請來名人講古，甚至還有雅樂演奏和駐唱。咖啡館變成地下酒店之外更健康的交誼場所，吸引更多知識分子和上流社會捧場，成了超人氣的新型態行業。咖啡世俗化因此有了更寬廣的群眾基礎，腳步更穩健。

咖啡攤、咖啡店與咖啡宮殿爭輝：早期咖啡館規格和今日雷同，分為咖啡攤、咖啡店和豪華咖啡館三個等級。咖啡攤的設立成本低，早在十六世紀初就有，是葉門摩卡咖啡最早的通路。咖啡攤主要以叫賣、外帶或外送為主，不設座位也沒有店內喝咖啡服務。它多半設於人潮聚集的市集或市場，吆喝叫賣以吸引客人。咖啡攤業者有時會在腰間綁上一個方型盒子，裡面裝有杯子、咖啡壺和酒精燈，走進人潮叫賣，有客人買就現場泡煮，香味四溢，在當時很流行。

規模比咖啡攤大的咖啡店，則提供內用和外帶服務。店內設有長條凳椅，每逢夜晚說書者前來談古論今時，生意最興隆，若店內椅子不夠坐，就在戶外加設板凳，熱鬧非常。這在埃及、敘利亞和土耳其最常見，數量也最多，被譽為「鄰家咖啡店」，如今在伊斯坦堡還看得到這類咖啡店。

最令人驚豔的是設於大都會區的豪華咖啡館，格局之大遠超出當今所知的庭園咖啡館，稱為咖啡宮殿亦不為過。瑞典的外交家兼土耳其歷史學家鐸森（Mouradgea D' Ohsson，1740–1807）在所著的《鄂圖曼帝國史畫冊》（*Tableau Général de l' Empire Othoman*）這麼寫：「一五六六至一五七四年間，伊斯坦堡就有六百多家大小咖啡館，盛況空前……」當然這些咖啡館不可能全是豪華型，多半屬於目前伊斯坦堡仍看得到的小型咖啡攤或咖啡店，但人類總是對巨大又奢華的建物印象深刻。阿拉伯壯觀的咖啡宮殿讓歐洲旅遊作家大開眼界，因此多所著墨。

法國知名旅遊作家兼語言學家尚‧德‧榭維諾（Jeande The venot，1633–1667）在旅遊日記寫著：「咖啡宮殿位於大都市要衝或郊區景點，窮盡奢華能事，試圖營造宮廷花園景緻與氣味，讓客人浸淫在花草扶疏與柔和樂音中，迥異於城市或沙漠中見到的咖啡館。我在敘利亞和伊拉克最常見這種大器的咖啡館……大馬士革的咖啡館都很美，猶如置身皇宮，小橋、流水、噴泉、樹蔭、玫瑰與奇花異草，讓人暑氣全消。在仙境喝咖啡，夫復何求。」葡萄牙探險家泰齊拉（Pedro Teixeira，1580–1640）在十七世紀初旅經巴格達時，這麼記述：「隨處可見為了喝咖啡而建的華麗建物……咖啡館沿河搭蓋，面向青青河畔草的一面開有大窗和迴廊，是賞心悅目的好去處。」

瑞典外交家鐸森在《鄂圖曼帝國史畫冊》提到伊斯坦堡時，也不忘對超豪華咖啡館記上一筆：「這裡的豪華咖啡館可謂內外兼修，館內有沙發、躺椅、軟墊和羽扇。室內待煩了，亦可走出戶外觀景臺透氣，石造瞭望臺的地面鋪有坐席，吹著微風，盡情欣賞來往車馬過客……咖啡館高掛大燈籠，供夜間照明，每逢夏夜，涼風徐來，客人擠滿咖啡館。另外，齋戒月是一年中最旺的時節，信徒都搶在最後一夜趕來喝杯咖啡，為齋戒月畫下完美句點。」伊斯坦堡的豪華咖啡館提供各項知性服務，說書、音樂伴奏、雜耍、下棋、舞蹈等娛樂，吸引著詩人、學者，教師、公僕和作家，大夥相濡以沫，良性互動。阿拉伯人戲稱咖啡館為「知識學府」（Mekteb-i Irfan），受歡迎程度可見一般。大馬士革亦不遑多讓，「玫瑰咖啡屋」、「解救門咖啡館」名噪一時，成為人文薈萃地。

　　古代畫作也為騷人墨客齊聚的咖啡館留下見證。愛爾蘭都柏林的貝提圖書館（Chester Beatty Library）以收藏東方稀有畫作聞名，館內有一幅十六世紀中葉土耳其咖啡館彩繪圖，清楚可見各方賢達盛裝坐在高貴毛毯上，捧著小陶碗喝咖啡，或朗讀、下棋、觀棋、寫筆記、高談闊論，人物鮮明。進門左側還闢出一間墊高的貴賓室，從衣著看來，個個來頭不小。客廳左側有樂師拉琴擊鼓助興，場內有位白皙少年郎端咖啡給貴賓，大廳右上角有位咖啡師傅忙著從甕中舀出咖啡。門口的美少男服務生，似在安撫大排長龍等待進場的客人。看似人聲鼎沸，卻也井然有序……五百多年前咖啡館百態，如時光倒流般歷歷在目。

　　我最近也在一本書上看到一幀一八八八年的照片，攝自土耳其西部港市伊士麥（Izmir）的咖啡宮殿「伊甸園」。外貌是兩層樓宮殿建物，狀似王公貴族的豪宅，其實是當時最盛行的豪華咖啡館，其雕梁畫棟的樓閣外觀令人咋舌，時下的庭園咖啡館只能算是小巫見大巫。

　　古代咖啡──北豆南肉：咖啡世俗化之後，阿拉伯咖啡怎麼沖泡、味道如何，便成為一個有趣話題。其實，回教國家的咖啡口味南北有別、冬夏有分。阿拉伯半島南部的葉門雖為咖啡樹的古老栽植地，但從古至今，對咖啡果肉茶的偏好，遠甚於咖啡

豆飲料。也就是說，咖許在葉門遠比土耳其咖啡更普遍。葉門較少用咖啡豆來泡飲料的原因，一是咖啡果肉保存不易，且無法外銷，適合自產自銷的葉門趁新鮮用畢，而不易腐壞的咖啡豆則賣給偏北不產咖啡樹的埃及、敘利亞和土耳其。另外，葉門人有個根深蒂固的認知：咖啡豆屬燥熱食物，對人體不佳，故偏好飲用較清涼的咖啡果肉茶。

　　義大利知名植物學家艾賓努斯（Prosper Alpinus，1553–1617）一五九二年在埃及旅遊日誌中，就提到咖瓦和咖許流行於阿拉伯的現象。法國作家拉侯克也在《航向葉門》一書提及此現象：「葉門上流人士只取咖啡果肉泡茶喝，味道清甜順口……這是阿拉伯半島南部特有習性。」另外，德國旅遊探險家尼布（Carsten Niebuhr，1733–1815）對此亦有描述：「怪哉，咖啡樹原產國之一的葉門，罕見有人喝咖啡。他們認為咖啡豆對血液有燥熱效果，不宜多飲，反倒偏好咖啡果肉：先晒乾稍加焙烤再以杵臼磨碎，泡熱水來喝，當地人稱咖瓦或咖許，喝來爽口像香料茶。」葉門以外的阿拉伯國家則偏好用咖啡豆來泡，但亦有咖啡果肉與咖啡豆混用情形，因為阿拉伯人認為，咖啡果肉屬涼性，咖啡豆屬燥熱性，因此夏天會在咖啡豆裡添加晒乾的果肉，以調合燥熱性，冬天多半用全豆泡咖啡，因其具活血功能。

　　沖泡咖啡的器具有兩種，在量大的場合用甕。古代咖啡館在角落處擺上幾個大甕，盛有預先泡好的咖啡，再以長杓舀入小碗或小杯，好比目前的歐美咖啡館都裝有大型美式咖啡機，供隨時取用。但古代咖啡館也有狹口闊底的土耳其壺，專供現泡現喝使用。杯具則有較大的茶碗與神似中國茶杯的較小杯子，前者專供果肉茶用，後者則供土耳其咖啡用。

　　糖與香料增添咖啡美味：一六〇〇年以前，糖還未引進阿拉伯，中東咖啡是不加糖的黑色苦水。一五七三年，土耳其攻占產糖的塞浦路斯島，貴族或有錢人才開始在苦咖啡中加糖或蜂蜜調味。隨著糖愈加愈多，咖啡杯愈來愈小，又濃又甜的咖啡只宜小口飲用，其他香料還包括豆蔻、肉桂、丁香。較奇特的是，乳香樹脂和龍涎香（抹香鯨腸道固態分泌物，可做香精）也成了有錢人彰顯身分的咖啡調料。至於葉門冬天

喝的咖啡，則偏好加入薑末與咖啡粉一起煮，成了薑汁咖啡，至今在葉門仍喝得到此味。

　　阿拉伯煮咖啡喜歡加入印度各式香料，卻對牛奶興趣缺缺。中東咖啡自古以來便不加鮮奶調味，初抵此地的歐洲旅行家大惑不解。阿拉伯人認為咖啡加牛奶有害健康，這是得自數百年的經驗。近代學者研究發現有其道理，因為中東、地中海、希臘一帶南歐民族，腸胃缺少分解乳糖的酵素，易產生乳糖不耐症而拉肚子。中歐、北歐和英美民族就沒有此問題，因此偏好鮮奶調味，而中東民族只好大量使用印度香料提味。

　　敘利亞──咖啡烘焙始祖：人類何時烘焙咖啡，是咖啡飲料升級的重要轉捩點。咖啡烘焙最早有可能是衣索匹亞或葉門人無意中以咖啡枝葉生火，發覺烤過的咖啡果子香氣迷人，因此埋下烘焙咖啡的火種。但十五世紀以前不見咖啡烘焙相關文獻，直到一五七〇年，土耳其史學家皮契維利（Pichiveli）在編寫鄂圖曼帝國查禁咖啡史料時，才提到伊斯坦堡的宗教領袖以「咖啡豆焦黑如木炭，不符可蘭經衛生飲食」為由，敦促蘇丹查禁咖啡。這是最早提到深焙咖啡的史料，亦即最遲一五七〇年土耳其人已有深焙咖啡。諸多證據也顯示咖啡樹的原產地衣索匹亞和葉門，絕非最早大量烘豆的地區，有技術大量烘焙咖啡豆的國家位在更北部的敘利亞、埃及或土耳其，其中以敘利亞的大馬士革最可能。

　　烘豆器具的材質應是從陶土器皿演進到鐵具，磨豆設備則從較粗製的粗研磨進步到細研磨，所以咖啡應該是從淺焙粗研磨逐漸演進到深焙細研磨。一五〇〇年以前，多半以陶土製成的器皿來焙炒豆子，導熱效果差，僅能淺焙咖啡豆，這也反應在葉門早期偏好以文火淺焙咖啡果肉上；至於不易受熱烘焙的咖啡豆多半丟棄不用，即使烘豆也僅烘到半生不熟的淡黃色，喝來不像咖啡反而更像果茶。但敘利亞的大馬士革是中古時期治鋼技術最先進的地區，率先在鑄造過程加入碳，有助鐵的碳化物納米線形成。大馬士革鋼刀成為戰場上利器，連基督教十字軍東征部隊也以擁有大馬士革鋼刀護身為榮。獨到的鑄鋼技術使得大馬士革鋼材能耐攝氏 300 度以上高溫，輕易達到咖啡豆焦糖化所需的溫度。

巧合的是敘利亞也在一五五〇年左右發明手搖式磨豆機，但精密度度不高，只能粗研磨，因此早期的土耳其咖啡係採粗研磨，接著才以獸力拉動笨重圓型石塊，將烘好的咖啡豆磨成麵粉狀，成為土耳其咖啡一大特色。這些石磨坊也演變成中東咖啡館最大的咖啡粉供應商，具有悠久歷史，難怪美國有些咖啡烘焙業喜歡以石磨坊命名，旨在緬懷這段歷史。至於造型典雅的土耳其長柱型手搖磨豆機，製造技術相當精密，是十八至十九世紀以後的發明，可輕易把咖啡磨成麵粉狀。

器材不同也可解釋為何葉門與北部國家埃及、敘利亞和土耳其會發展出不同的泡咖啡文化（葉門偏好淺焙與咖啡果肉部分，後者則喜好深焙咖啡豆）。另外，文獻亦有記載敘利亞的夏姆斯和哈克姆，最先把整套咖啡烘焙和沖泡器材傳進伊斯坦堡，造成土耳其咖啡館大流行。敘利亞以獨到的鑄鋼技術製造的鋼質烘烤盤，咖啡烘焙才從淺焙躍進到深焙，此一演進軌跡合乎邏輯。有趣的是，不產咖啡樹的敘利亞和土耳其，反而比咖啡原產地衣索匹亞和葉門更重視咖啡烘焙與研磨，這是咖啡發展史上的一大異象。

土耳其咖啡暗藏玄機：一五三六年鄂圖曼帝國攻陷葉門，發覺葉門人只取用咖啡果肉來泡茶，丟棄咖啡豆不用，殊為可惜，於是收集葉門棄豆，供出口賺進大量外匯。土耳其人很精明，為了壟斷市場，在出口生豆前，先以沸水煮過或大火烘炒過，才輸出咖啡豆，免得有生機的咖啡種籽在他國生根，打破壟斷厚利。直到一七〇〇年以後，鄂圖曼帝國壟斷咖啡豆產銷局面才被歐洲列強打破。在這之前，土耳其喝法是國際唯一的咖啡流派，無人望其項背。

二十世紀的土耳其偉大詩人凱默（Yahya Kemal）有句名言：「咖啡已在土耳其發展出獨有的傳承！」只有土耳其人理解箇中內涵。咖啡對土耳其而言，不單單是飲料而已，是歷史遺產，是生活形態，是結婚儀式，是人生密碼。何時該喝，該如何喝，都有一套因循規矩，造次不得。「土耳其咖啡」對土耳其人而言是多餘的贅詞。在他們的認知裡，世界各宗派咖啡皆發跡於土耳其；咖啡已是土耳其文化的一部分，咖啡就等於土耳其咖啡。也就是說，土耳其絕非世界咖啡流派的分支，而是主幹。

土耳其人如此自負，其來有自。數百年來咖啡已完全融入其生活習俗中，全世界只有土耳其的相親儀式與咖啡完美結合。男方盛裝前來提親，事關終身幸福，被提親的女子一定要親自泡咖啡接待未來可能的老公。女方可藉著咖啡口味，巧妙行使決定權。端出來的咖啡甜或不甜非常重要。如果女子很中意男方，就會在咖啡中加糖，愈甜表示愈想嫁他；如果不甜或未加糖，則表示女方不想嫁；最糟的是端出加了鹽巴的鹹咖啡，表示連見都不想，癩蛤蟆別想吃天鵝肉，快滾吧。此習俗盛行至今不衰。另外，古代鄂圖曼帝國也規定若老公無力滿足老婆喝咖啡的慾望，老婆可逕自離婚。土耳其的咖啡情緣，舉世無雙。

土耳其咖啡也可用來解讀人生密碼。喝完咖啡後以杯盤蓋住杯口，杯子順時針方向轉三圈，然後倒轉過來，讓杯底的咖啡渣倒流到杯盤，再靜待幾分鐘，即可從杯壁殘渣的圖像來算命。

如果看到天使圖案，代表好運來臨。螞蟻圖案表示努力終將開花結果。嬰兒或嬰兒床圖案表示會有小麻煩上身。豆子圖案暗示有金錢上的麻煩。蜜蜂圖表示將交到新朋友。蠟燭圖代表有人在學識或課業上會助你成功。貓圖案暗示會有小爭吵煩心。鏈條圖樣代表會有法律關係上的結合，可能是婚姻或生意合夥關係。爪子或刀型圖樣暗示有潛在敵人或危險迫近中。狗圖案代表益友來了。眼睛圖案表示遭人忌妒。咖啡渣的密碼不勝枚舉，土耳其人對此深信不已。

土耳其咖啡要細火慢煮才泡得好。古代時是將土耳其壺置於文火的炭火上，花上二十多分鐘才大工告成。如今的瓦斯爐和電磁爐火力強，大幅縮減泡煮時間，但最好盡量以小火來煮土耳其咖啡，咖啡液面才容易出現綿密的泡沫。這是美味所在，對土耳其人非常重要。煮不出綿細的泡沫，是很沒面子的事。即使煮出細泡沫，每杯咖啡的泡沫分配不均，也會顯得失禮而遭白眼。

煮土耳其咖啡切忌偷懶用溫水或熱水去煮，雖可省時間卻不易煮出細泡沫，因此務必使用冷水文火慢煮。水煮到半開前再加入咖啡粉攪拌，這是要訣。記得要煮沸三

次，每煮沸一回就暫時移開壺具，以湯匙刮出咖啡細泡沫，平均分配到每一杯中，每次約三分之一量，然後再繼續煮沸。重覆上述動作，總共做三次，即可完成古早味的土耳其咖啡。建議最好選購調配好的土耳其咖啡粉，因為許多配方在臺灣不易買到。調配好的土耳其咖啡粉，以冷水來煮很容易煮出細沫，且帶有巧克力甜香、薑味和豆蔻辛香，咖啡味反而較淡。異國風味值得一試。

—— 本章小結 ——

關於咖啡史觀，我們至此已推演到第六階段，約莫十六至十八世紀，正逢歐洲列強染指中東地區最烈時期。西方探險家、旅遊作家和外交家絡繹於途，試圖揭開阿拉伯神祕面紗。中東獨特的咖啡文化和華麗咖啡宮殿開始令歐人心醉神迷。

在此時空背景下，歐洲文人撈過界爭奪咖啡史的詮釋權，如本章破題時所言，羅馬的奈龍教授幾杯咖啡下肚，福至心靈編織出膾炙人口的牧羊童說，加上法國作家拉侯克《航向葉門》的催化，讓歐洲人毫無招架之力，笑納異教徒的咖啡，也就是咖啡史觀的第七階段。牧童卡狄在歐洲強勢文化包裝下，葉門咖啡教父夏狄利與達巴尼對咖啡飲料的貢獻，反而被抹滅了。我也提出論證，盼能平反兩老功蹟於萬一。

十七至十九世紀，歐洲咖啡館竄起，締造了迥異於阿拉伯的咖啡文化，致使全球咖啡重心從中東轉進歐洲。咖啡史觀第八至第九階段，將分別在本書第二至三章論述。

Chapter

2

咖啡北傳，歐洲更清醒
——咖啡史演繹（下）

我每天喝四十杯咖啡，讓自己時時清醒，
好好思考如何與暴君和愚蠢抗戰到底。

——伏爾泰

十六世紀回教世界在驚濤駭浪中完成咖啡世俗化。這股咖啡激情於十六世紀末葉至十七世紀初，透過威尼斯商人、外交官、植物學家和出版品，傳染給歐人，迸出燦爛火花。阿拉伯的波斯貓、鬱金香、服飾和文學，也在此時期隨著咖啡香一起飄進歐洲，豐富歐人的生活美學。咖啡館在義大利、法國、英國、維也納、荷蘭、德國遍地開花，逐漸取代酒吧，一改歐人酗酒惡習，揮別昔日爛醉如泥的頹廢，歐人變得更優雅。

咖啡香與咖啡因帶來神智清醒的歐洲，舉凡文藝、哲學、音樂創作、革命思潮、證券保險業、男女房事，都因咖啡加持而更豐富多元。可以這麼說，有了咖啡館，文藝復興續航力更持久，後座力也更可觀。巴哈、貝多芬、巴爾札克、伏爾泰、拿破崙等風雲人物都是咖啡的最大受益者，歐美經濟活動更是雨露均霑，全球首家證券交易所、海事保險公司，都是由咖啡館演變而來，咖啡影響力，無遠弗屆。

波斯名醫拉齊早在西元九世紀就發現咖啡豆「Bunn」的療效，然而，歐洲與咖啡的邂逅，卻晚了七百年，一直到一五七四年，荷蘭植物學家克魯西尤斯（Carolus Clusius，1526–1609，是促成中東鬱金香走紅歐洲的功臣）才在印刷品中介紹咖啡豆，是歐洲最早的咖啡文獻。一五八二年，德國植物學家羅沃夫（Leonhardt Rauwolf，1540–1596）浪跡中東的遊記，也提到穆斯林每日必飲的咖瓦和咖許，是歐洲人介紹咖啡的第一本書。一五九二年，義大利植物學家艾賓努斯最先在出版物中刊出咖啡樹手繪圖。羅馬東方語言學家奈龍受到前輩的啟迪，仍無法在學術作品中找到咖啡起源，一六七一年才自己動手編織牧童說，成為一七一五年法國作家拉侯克《航向葉門》

有關咖啡起源的主要依據，進而促成歐洲咖啡館普及化。

　　歐人對咖啡的認知從十六世紀末葉學術探討的情竇初開期，醞釀到十七世紀中葉，才在威尼斯出現了第一家咖啡館，並在十八世紀大行其道，發展軌跡近似阿拉伯咖啡世俗化，在爭議聲中逆勢成長。

── 威尼斯點燃歐洲咖啡火苗 ──

　　歐洲最早對咖啡做出官方報告並進口咖啡豆的是威尼斯人。一五七三年，威尼斯共和國駐伊斯坦堡大使卡佐尼（Costantino Garzoni）履新後就向威尼斯當局打小報告：「怪哉！土耳其人每天早上必飲一種我這輩子不曾見過的怪異『黑水』，不知與其驃悍剛健的民族性是否有關……」這是歐洲最早的咖啡官方報導，引起歐人興趣。另一位更具影響力的威尼斯駐伊斯坦堡大使摩羅希尼（Gianfrancesco Morosini），於一五八五年為中東盛行的咖啡特地寫專文向威尼斯國會報告：

　　伊斯坦堡居民最喜歡的休閒活動就是坐在地上、店內或街頭，小口小口啜飲一種名為「Kahveh」的黑色飲料。那是從咖啡樹的種子以熱水泡煮後萃取出來的黑色液體，居民宣稱喝了有元氣不易打瞌睡，有助健康……

　　摩羅希尼十七世紀初返回威尼斯，順便帶回幾袋烘焙好的咖啡豆，用來款待威尼斯上流社會人士，大受歡迎，點燃了義大利人愛上咖啡的火種。若說威尼斯是義大利早期的咖啡首都，摩羅希尼就是義大利咖啡之父，並不為過。摩羅希尼帶回的咖啡豆純為待客之用，但精明的威尼商人嗅到龐大商機，因為羅沃夫的遊記和摩羅希尼的報告，不約而同形容咖啡為有益健康的醫療聖品，威尼斯人幾乎一夕間便接納了回教徒飲料。

● 撒旦飲料受洗為基督飲品

但保守的天主教神職人員期期以為不可，欲阻止咖啡長驅直入西方淨土，於是抨擊咖啡是「撒旦的邪惡發明」，並請求教宗嚴令禁止基督徒喝咖啡，以免中了撒旦詭計。因紅色葡萄酒象徵基督的血液，穆罕默德不准回教徒喝酒，於是發明咖啡取代酒，咖啡一直是回教的象徵飲料，基督徒碰不得。當時的天主教教宗克萊蒙八世（Clement VIII，1536—1605）接受陳請，但他想先試喝一口傳說中的神祕咖啡，再決定該不該禁。他喝下一口，讚嘆道：「哇，果真香醇可口！豈能讓回教徒獨享瓊漿玉液之美？咱們不妨愚弄撒旦一番，為咖啡施洗禮，除去昔日污名，基督徒即可安心享用咖啡。」

教宗克萊蒙八世為了與撒旦鬥法而替咖啡施洗，並宣布咖啡為基督徒合法飲料，這究竟是史實或軼事，早已不可考，文獻上亦無記載，史學家對此提出保留看法。從克萊蒙八世的事蹟和鐵腕作風來看，很難相信他有愚弄撒旦的幽默感，他曾於一六○○年下令燒死一名主張自由意識的異議分子布魯諾（Giordano Bruno），被歸類為鐵石心腸不仁慈的教宗。然而，教宗克萊蒙八世扮白臉為咖啡背書的趣聞，已流傳義大利數百年了，真假難辨。

巧合的是，克萊蒙八世駕崩十年後，威尼斯商人於一六一五年小量進口了一批咖啡豆，反應熱烈，是歐洲首次實際進口咖啡豆的紀錄。一六二四年，威尼斯商人首次到葉門產地大量進口咖啡豆，專供貴族使用。一六四五年，第一家小型咖啡館在威尼斯聖馬可廣場的連環拱廊開張，街頭林立的檸檬汁攤也開始加賣咖啡。土耳其咖啡香瀰漫了義大利全境。

● 土耳其喝咖啡吃敗戰？

為何土耳其願意與威尼斯人分享咖啡的神奇與商機？這要歸功於威尼斯與鄂圖曼帝國從一四九九年以來發生三次大規模海戰。前兩次威尼斯慘敗，第三次時威尼斯集結天主教艦隊力量，於一五七一年在希臘西部的勒潘托（Lepanto）擊敗土耳其艦隊，

雙方簽下貿易協定，威尼斯因而取得與土耳其貿易之先機，威尼斯成了咖啡、香料和絲綢進入歐洲的轉運站。

威尼斯早期咖啡館仍以土耳其風為主調。一六四五年，在聖馬可廣場美麗拱廊開幕的咖啡館就打出「阿拉伯咖啡」大招牌，賣起異國風味的土耳其咖啡，不論煮法、配方和擺設，均抄襲自伊斯坦堡，生意出奇地好，從此一家家阿拉伯咖啡屋在聖馬可廣場上飄香迎賓。然而，早期咖啡屋走低價平民路線，裝潢簡陋，吸引大批中下階層進來下棋、聊天，喧鬧終日，甚至在咖啡館內另闢祕室供性交易，上流貴族敬謝不敏。威尼斯當局被迫出面干涉聖馬可廣場上的淫蕩咖啡館，甚至下令婦女不得進入咖啡館，擺在拱廊下的座椅午夜前也必須清場，以及清晨兩點以前務必停止營業。

政府打壓似乎成了咖啡館平民化必經之痛，連開明的歐洲亦躲不過咖啡魔咒，不利咖啡的言論紛紛出籠。有人笑稱昔日驍勇善戰的土耳其人就是咖啡喝太多，男人才會失去孔武有力氣魄，成了戰場軟腳蝦（鄂圖曼帝國一五七一年在勒潘托一役吃敗仗，被歸罪是咖啡惹的禍）。更有人挪揄咖啡讓霸氣的土耳其男人變溫柔了，不但失去昔日錙銖必較的經商銳氣，甚至開始有同性戀傾向，因為土耳其大男人喜歡聚在一起喝咖啡、泡澡，不准女人進入咖啡館和澡堂。咖啡也讓土耳其男人性無能……凡此種種穿鑿附會、無根據的論點持續到十七世紀。但批評者似乎忘了鄂圖曼帝國雖戰敗，但當時的國王穆拉德三世（Murad III）卻異常有力，堪稱一夜七次郎，共生了一○二個小孩。總之，都是咖啡惹的禍，連不敗的土耳其也被威尼斯反咖啡人士冷嘲熱諷，栽在咖啡禍水裡。

● 佛羅里昂：世界第三古老咖啡館

威尼斯百姓並未因反咖啡言論而卻步，咖啡館人潮有增無減，有遠見者看好咖啡館潛力，決定揚棄低俗路線，改走高格調與文藝結合。一七二○年十二月二十九日，佛羅里昂（Floriano Francesconi）在聖馬可廣場行政官邸的拱廊下，開了一家勝利威尼斯咖啡館（Caffè alla Venezia trionfante）。起初只有兩個精簡裝潢的小廳，生意興隆，

但客人不喜歡饒口的勝利威尼斯店名，改以老闆名字稱之，店老闆只好從善如流，更名為佛羅里昂咖啡館（Caffe Florian）。開業至今，饕客如織，目前仍是全世界持續營業最久的咖啡館候選者之一 [註1]。

佛羅里昂咖啡館開幕後就成了威尼斯地標，店內採用明亮的鏡面、斜角度地板，並設有戶外特區和星光演奏會，成為十八世紀最時髦的咖啡館，吸引大批貴族和文人雅士來朝聖。當時還沒有郵局和城市指南手冊，人潮鼎沸的佛羅里昂咖啡館順理成章地成為訊息轉運站，提供尋人、紅娘、傳遞文件服務，由於人脈甚廣，可以在很短時間內將訊息轉達給旅客想找的人，成了威尼斯最重要的訊息發包「機構」，這也是佛羅里昂出名的重要原因。

躬逢其盛的文豪包括英國詩人拜倫、狄更斯、法國小說家普魯斯特和德國劇作家歌德等人，經常出入佛羅里昂咖啡館尋找創作靈感。義大利喜劇泰斗高多尼（Carlo Goldoni，1707–1793）在一七五〇年完成一齣喜劇《咖啡館人生百態》（*The Coffee Shop*），場景就是佛羅里昂咖啡館進進出出的萬人臉譜。大師對館裡客人既褒且貶，令人莞爾。連威尼斯早期的報紙也以該咖啡館為唯一販售地點，影響力不容小覷。

作風前衛的佛羅里昂咖啡館也是當時少數准許仕女光臨的咖啡屋，成了威尼斯紅男綠女幽會、獵豔的聖地。最為世人津津樂道的是，歐洲情聖卡薩諾瓦（Giacomo Casanova，1725–1798）經常流連佛羅里昂咖啡館泡妞，一長串劈腿情史比萬里長城還長，其風流史兩年前被好萊塢拍成賣座電影《濃情威尼斯》（*Casanova*）。

佛羅里昂咖啡館結合文藝、音樂演奏的經營方式，已擺脫早期土耳其咖啡館包賭包娼的窠臼，走出威尼斯人或義大利咖啡館自己的風情與格調。十八世紀中葉，該館擴建為四廳堂，以便與後進者競爭。威尼斯的咖啡館數目在一七六一年至一八〇〇年間，從一〇八暴增到三百一十一家，被譽為義大利咖啡古都。

十九世紀中葉，佛羅里昂咖啡館經營權再度易手，新股東斥巨資進行大規模整

建，留傳至今的遺緒如下：

一、名人堂（Hall of the Illustrious Men）：廳內陳列名家所繪十位威尼斯名人畫像，包括高多尼、馬可波羅、提香、摩羅希尼等十人肖像。

二、議事廳（Senate Hall）：牆上掛有精美板畫與雕刻，凸顯人類進步與文明的主題。

三、中國廳（Chinese Hall）：展示中國文物。

四、東方廳（Oriental Hall）：陳設中東藝術品。

五、鏡廳（Mirror Hall）：有四季女神畫像。

另外還有二十世紀初完工的「自由廳」（Liberty Hall），以精美的手繪玻璃作品和壁板雕藝為主題。最新一座廳堂「女傑廳」（The Illustrious Women）於二〇〇三年啟用，陳列十名威尼斯女傑畫像，與「名人堂」分庭抗禮。佛羅里昂咖啡館已成為一個隨著時代而進化的藝術有機體，是該館的最大特色。

佛羅里昂大力贊助當代藝術活動。早在一八九三年威尼斯雙年展以來，該館就是主要展覽場之一，館內許多珍藏甚至租借到全球各大美術館巡迴展出。佛羅里昂雖稱不上全球經營最久的咖啡館，但絕對是最有文藝氣息的咖啡館，是文藝復興時期大師創作的重要發想地。下回赴威尼斯旅遊，莫忘造訪聖馬可廣場的佛羅里昂咖啡館，點一杯 7.5 歐元的卡布奇諾，奢侈體驗一下歷史鑿痕之美，說不定鄰座貴客就是當代大文豪或藝術大師，還可以賺個免費簽名，值回票價。

註1：世界持續經營企業的歲數排行榜中，法國國寶級普蔻咖啡館（Le Procope）自一六八六年營業至今，是壽命最長的咖啡館，在全球永續經營公司排名榜單中排第 447 名。奧地利薩爾斯堡的鐸瑪榭利（Café Tomaselli）從一七〇五年持續營業至今，是壽命第二高的咖啡館，名列永續經營年齡榜第 495 名。威尼斯的佛羅里昂只能算世界第三高齡咖啡館，名列永續經營年齡榜第 522 名。很多人誤以為佛羅里昂是世界持續營業最久咖啡館，但數字會說話，佛羅里昂頂多排名老三，可能是佛羅里昂行銷有術，遊人如織，讓人留下世界第一老咖啡屋印象。不過，佛羅里昂與當代藝展緊密結合，無人能出其右。

聖馬可廣場上另有老牌的瓜德里咖啡館（Caffe Quadri），創立於一七七五年，至今仍是佛羅里昂的死對頭。早期只賣道地土耳其咖啡，但服務太差，店老闆瓜德里差點破產，一八三〇年重整旗鼓，咖啡品質和服務重獲肯定，口碑至今不墜。

── 維也納咖啡奇人：柯奇斯基 ──

無獨有偶，維也納踵武威尼斯，也是靠著打勝仗才與咖啡結下不解之緣。如果沒有戰爭扮紅娘，威尼斯和維也納恐怕無法贏得歐洲咖啡古都美名，只是維也納的咖啡奇緣遠比威尼斯更值得歌詠。

鄂圖曼帝國的蘇丹穆罕默德四世（Muhammad IV，1642–1693）終日沉迷打獵，大權旁落，任由首相馬斯塔法（Kara Mustafa）總攬國政。一六八三年七月，馬斯塔法揮軍三十萬，支援匈牙利擺脫奧地利統治，並借道匈牙利圍攻維也納。維也納被數十萬土耳其大軍包圍，與城外失去聯繫，奧地利援軍不敢輕舉馳援。危急之際，精通土耳其語的柯奇斯基（Franz George Kolschitzky，1640–1694）請纓涉險出城與援兵接觸。他喬裝成回教徒模樣，唱著土耳其軍歌出城，瞞過土耳其衛兵耳目，安然抵達奧地利援兵陣地，合謀裡應外合大計，再返回被困的維也納。柯奇斯基向城內的維也納指揮官捎來援軍已到的喜訊，並告知援軍進攻的暗號與時間，來個裡外夾擊，維也納指揮官才因此打消投降念頭。苦撐到九月十二日，奧地利與波蘭援軍終於出手，維也納守軍也很有默契攻出城，土耳其大軍兩面作戰，潰不成軍，倉皇而逃，留下大批物資，包括兩萬五千個帳蓬、一萬頭牛和五千頭駱駝，以及數十麻袋的咖啡生豆。

維也納市府贈送大批黃金表揚柯奇斯基的勇氣，而馳援的波蘭國王索畢斯基（John III Sobieski，1629–1696）不知土耳其官兵留下的數十麻袋生豆是何物，以為是駱駝飼料，準備焚毀。柯奇斯基曾與土耳其人相處多年，當然瞭解這是土耳其官兵用來提神的咖啡豆，要求全數送給他。

取得咖啡豆之後，一六八三年十月，柯奇斯基就在維也納開立了藍瓶之屋（House Under the Blue Bottle）咖啡館。他刻意穿著土耳其服飾，賣起他最愛的土耳其咖啡。起初維也納居民喝不慣有殘渣的黑水，柯奇斯基加以改良，以濾布先篩掉咖啡渣，再加入牛奶和糖來調味，因此大受市民歡迎，創造出有別於土耳其咖啡的新喝法，即過濾咖啡渣與添加牛奶的新調製法，是咖啡發展史上很重要分水嶺。柯奇斯基對此功不可沒，有人稱他為牛奶加咖啡的始祖，即維也納咖啡——米蘭琦（Mélange）發明人。唯藍瓶之屋生意雖好，卻猶如曇花一現，隨著柯奇斯基一六九四年過世就歇業了。

● 可頌麵包的由來

但柯奇斯基的藍瓶之屋並非維也納第一家咖啡館，來自希臘的狄歐達托（Johannes Diodato）比他早一年就在維也納販賣土耳其咖啡，但柯奇斯基為維也納解圍並發明牛奶咖啡，令市民感恩難忘，尊他為維也納咖啡館的守護神。每年十月，維也納各大咖啡館都會掛出柯奇斯基畫像，以茲紀念。另外，維也納有一條街以柯奇斯基為名，並有一座柯奇斯基泡咖啡的雕像佇立在茲維里納咖啡館（Café Zwirina）外，供人瞻仰。

由於柯奇斯基出生於烏克蘭，烏克蘭旅行團前往維也納旅遊時，也都會將柯林斯基街與他的雕像列入必遊景點。但近年來，烏克蘭網友常為了柯林斯基的血統問題與維也納網友大打筆戰，若柯林斯基地下有知，該喜或該悲？

一六八三年，維也納圍城之戰還催生另一項頗具巧思的新發明——牛角造形的可頌。奧地利和波蘭援軍聯手擊退土耳其大軍後，烘焙師傅突發奇想，製作出彎月形的可頌麵包，借以譏諷土耳其月彎標誌的旗幟被吃下肚，在慶功宴大受皇親貴族和官兵歡迎，之後才輾轉傳到法國，足見可頌牛角麵包與維也納的淵源比法國還要深，但法國人至今仍宣稱可頌是法國發明。可肯定的是，經過法國人改良後的可頌，與維也納擊敗土耳其在慶功宴所吃的可頌，風味一定不同。

土耳其圍攻維也納一役，造就了牛奶咖啡與可頌麵包。赴維也納旅遊莫忘點一杯米蘭琦，配上可頌麵包，思古幽情一番！

● 瑪麗亞德蕾莎咖啡有典故

維也納還有另一饒富歷史意涵的咖啡值得品嘗——瑪麗亞德蕾莎咖啡，藉此紀念奧地利公主瑪麗亞・德蕾莎（Maria Theresia，1717–1780）。

早期奧地利對咖啡館仍有管制，有執照才能開業，一七一四年的維也納只有十一家咖啡館領有執照，但酒館已有營業執照亦可撈過界賣咖啡，對合法咖啡館構成很大壓力，兩方業者衝突日增，水火不容。一七四七年，奧地利德蕾莎公主出面調停，降低咖啡館執照門檻，皆大歡喜，適時化解酒與咖啡的鬥爭。咖啡館業者以橘子酒加咖啡和奶油，調配出美味無比的新飲品，並以公主之名稱之，具有酒與咖啡大和解的寓意。

● 鐸瑪榭利：世界第二古老咖啡館

柯奇斯基的「藍瓶之屋」結束營業後不久，一七〇三年，奧地利薩爾斯堡舊市場誕生一家影響深遠的鐸瑪榭利咖啡館（Café Tomaselli），持續營業至今已超過三百年，是當今第二長壽咖啡館。鐸瑪榭利是音樂神童莫札特（1756–1791）最常駐足的咖啡館。莫札特最愛白咖啡——添加奶油調味的咖啡——必點的「艾斯班拿」（Einspänner：黑咖啡鋪上手打奶油，以高腳玻璃杯飲用）已成為該館招牌咖啡。莫札特的妻子康絲姐茲（Konstanze Mozart）更是將鐸瑪榭利當做第二個家，最大樂事就是一天內喝完館內的十四款咖啡。鐸瑪榭利靠著「莫札特家族的最愛」之譽，歷經三百年滄桑，依然屹立不搖。

二次大戰後，鐸瑪榭利差點「失身」變成美式速食店，因為美軍駐防奧地利，阿兵哥不習慣古色古香的鐸瑪榭利，將之改裝為甜甜圈專賣店，焚琴煮鶴之舉引起市民

不滿。一九五〇年，鐸瑪榭利又重回奧地利人手中，恢復昔日舊觀，成了文化界和演藝圈尋找創作靈感的場所。

── 音樂家與咖啡外一章 ──

咖啡也是歐洲音樂家創作的靈感泉源。德國音樂家貝多芬最愛的三種飲食是通心麵、起士和濃咖啡。據說他喜歡自己泡咖啡喝，對每杯咖啡要用幾顆咖啡豆非常堅持，一律 60 顆豆，不能多也不能少。但 60 顆豆，重約 9 公克（重焙豆約 8.5 克，淺焙約 10 克），以正常 150cc 來沖泡，豆重與水量比約為 1：16，應不算濃咖啡，除非他以少於 100cc 的水量來泡，味道才夠濃。因此，貝多芬嗜濃咖啡的說法值得商榷。另外，小約翰史特勞斯創作《藍色多瑙河》時，也從咖啡汲取靈感，此名曲的部分旋律音符居然是記在咖啡館的飲料單上！

如果歐洲當時沒有咖啡館的存在，諸多膾炙人口的優美樂章，恐怕難產，樂迷的耳福就要打折了。

── 法蘭西咖啡細火慢燉 ──

法國南部餐飲美食深受義大利影響，咖啡熱從義大利燒到法國南部城市，逐漸加溫，才傳抵時尚之都巴黎。法國南部的馬賽、里昂很早就接觸到咖啡，商人帶進的咖啡悉數供私人使用，民間並不普及。法國南部商人間的咖啡熱，約比威尼斯商人晚三十多年。

《航向葉門》的作者拉侯克從小就受咖啡文化薰陶，父親曾陪同法國大使旅遊伊斯坦堡，一六四四年返回馬賽，也把土耳其咖啡的泡煮器皿一併帶回。一六五四年，拉侯克的父親在馬賽開了第一家咖啡館，也是法國有史以來第一家咖啡館。一六六〇

年，從土耳其經商回國的馬賽商人受不了咖啡難買之苦，開始小量進口咖啡豆解癮頭，里昂商人也跟著進口咖啡豆，並開起小型咖啡館，熱潮逐漸在南部加溫。法國醫生開始發表不利咖啡的言論，批評咖啡會使血液乾枯，引發中風、性無能，毫無醫療功能，是一種有毒的外來新飲料。但南部民眾不為所動，咖啡用量愈來愈大。

但巴黎的精英人士不屑異教徒飲料，持續冷漠以待，主因是法王路易十四曾於一六六四年試喝過咖啡，印象不佳，失去帶動上流社會喝咖啡的契機。儘管咖啡在法國似乎是南熱北冷，但土耳其駐法大使蘇里曼艾佳（Solima Aga）持續推廣咖啡。一六六九年，他在巴黎官邸舉辦豪華的咖啡派對，窮盡奢華能事：室內裝潢金碧輝煌，器皿非金即銀，服侍人員穿著中東華麗服飾，並雇用黑奴卑恭屈膝侍奉達官貴婦。唯一目的就是塑造咖啡的時尚感，讓巴黎政要迷上咖啡，進而帶動咖啡成為上流社會的飲品。

巴黎咖啡熱漸有起色，開始出現回教徒開的小咖啡館，採街頭吆喝叫賣試喝方式，介紹市民認識咖啡，甚至挨家挨戶推銷，但行銷方式和咖啡店風格仍不甚高雅，只吸引巴黎最窮的中下階層，無法成為時尚飲料。

不過，法國醫生此時對咖啡有了新見解。一六八五年，幾位巴黎名醫站出來澄清咖啡有毒之說，並推崇加奶調味的歐蕾咖啡（Café au lait）具有療效，甚至出書宣揚咖啡可利尿，紓解痛風，甚至宣稱用咖啡漱口有益嗓音等。

● 普蔻：最古老的咖啡館兼百科全書編輯部

巴黎一直缺少引動時尚風潮的高級咖啡館，直到一六八六年，義大利裔的法國人普蔻（François Procope）選在精華地段法國歌劇院附近，開立巴黎第一家以知識分子與藝文界人士為訴求的普蔻咖啡館（Café Procope，但後來改為 Le Procope），一炮而紅，成了上流精英的聚會場所。由於劇院就在對面，男女演員、劇作家、樂手和編導經常流連普蔻，獲譽為「劇院咖啡館」，此雅號一直延用至今。創辦人普蔻出身義

大利西西里島的帕勒摩（Palermo），一六七〇年移民巴黎，早在一六七五年就曾在巴黎開家小咖啡館，普蔻是他的第二家店，營業至今已有三百二十二年，榮登最長壽咖啡館寶座。

普蔻咖啡館長壽的祕訣值得推敲。早期店員都穿著土耳其衣飾，除了阿拉伯咖啡出名之外，另一絕活是酒與水果調合的水果冰品，加上地點好、裝潢優、氣氛佳，明顯與中低階層聚集的普通咖啡館區隔開來，很快成為文藝界聚會找靈感場所，連想成為藝壇或政壇明日之星的人也會去朝聖，汲取大師駐足的靈氣。不過，目前的普蔻已成為豪華餐廳，少了昔日咖啡館的感覺。隨著時代腳步而調整，或許就是普蔻三百多歲的祕訣。巴黎典型的咖啡館（Café）都已跨出傳統「Coffee House」格局，因為純賣咖啡很難在巴黎存活，故花都的咖啡館幾乎是咖啡、水果冰品、酒吧和餐廳的結合體。普蔻亦不例外，稱它為法國最古老的餐廳絕不為過 [註 2]。

普蔻咖啡館對法國、歐洲，甚至於美國政治進化的貢獻，遠勝於它對餐飲界的影響。它是十八世紀法國啟蒙運動溫床，也是近代第一本百科全書 [註 3] 的編撰地點，更是一七八九年巴黎大革命爆發前的會議室。法國這部《百科全書》的編輯工作，帶動了開明與革命思潮，影響尤其深遠，可以這麼說普蔻咖啡館成了十八世紀「百科全書幫」和「革命幫」兩派開明人馬互動交流、相濡以沫的場所，咖啡因則提供雙方進步思潮最佳的助燃劑，進而帶動歐洲啟蒙運動，並點燃法國大革命。

《百科全書：科學、藝術和工藝之系統化字典》全書於一七五一年至一七八〇年發行，共三十五冊，包含 71,818 篇文章和 3,129 張圖片。伏爾泰（1694–1778）、

註 2：全球最長壽的餐廳是奧地利薩爾斯堡的（史提夫斯克勒）（Stiftskeller St. Peter），西元八〇三年就存在文獻中，持續營業至今。該餐廳於二〇〇三年慶祝一千兩百歲生日。

註 3：*Encyclopédie, ou dictionnaire raisonné des sciences, des arts et des métiers*，這部百科全書全名為《百科全書：科學、藝術和工藝之系統化字典》，讀來很繞口。

狄德羅（Denis Diderot，1717–1784，《百科全書》總編輯）、盧梭（Jean-Jacques Rousseau，1712–1778）、孟德斯鳩（Montesquieu，1689–1755）也是編輯群之一。他們視《百科全書》為「公開提供常識、暗地摧毀迷信的工具」，啟蒙運動的理念完全體現在《百科全書》裡。伏爾泰、孟德斯鳩等人就是在普蔻咖啡館的水晶吊燈下挑燈夜戰，完成這部大作，啟迪民心。

美國開國元勳班傑明‧富蘭克林、湯瑪斯‧傑佛遜、約翰‧保羅‧瓊斯也是普蔻的常客，開明思潮也從這家咖啡館帶回美國。富蘭克林就是坐在普蔻的水晶燈下，為美國憲法作最後修訂，影響力不可言喻。沒有普蔻咖啡館做為催化劑，巴黎大革命和美國憲法能否順利進行，不無疑義。普蔻的歷史地位不在於它是當今最長壽咖啡館，而在於它是歐美民主運動的火苗。

● 咖啡：革命催化劑

巴黎大革命醞釀期的領導人物馬拉（Jean-Paul Marat，1743–1793）、丹頓（Georges Jacques Danton，1759–1794）也常在普蔻共商大計。一七八九年，革命志士起義前就在佛伊咖啡館（Café Foy，一七四九年開張，也是革命分子集會處）發表慷慨激昂演說，並喝下數杯咖啡提振士氣，一舉攻陷巴士底監獄。法國十九世紀歷史學家密榭雷（Jules Michelet，1798–1874）為「咖啡在巴黎大革命扮演的催化劑角色」寫了一首詩：

丹頓，可畏的丹頓，站上演講檯大放厥辭，宣揚革命理念前，先喝下幾杯咖啡鼓舞自己，就像戰馬先吃飽糧草再出征……

研究咖啡的植物學家麥肯南（Mckennan）說：「如果向群眾演說是革命之母，那麼咖啡與咖啡館就是助產士！」密榭雷更進一步詮釋：「咖啡、巧克力和茶，聯手醞釀光明時代來臨，因為人類史上首度有這種可提供社交娛樂又不致爛醉如泥的飲料。咖啡啟發革命情操，很多革命人士喝上癮，腦筋更清醒。」

法國多產作家伏爾泰是啟蒙運動與《百科全書》編輯群中最酗咖啡者，幾乎每天到普蔻咖啡館報到，曾自鳴得意地說：「我每天喝四十杯咖啡，讓自己時時清醒，好好思考如何與暴君和愚蠢，抗戰到底……八十年前曾有人勸我少喝咖啡，以免傷身，但我已喝八十年了。」這或是誇大之辭，但咖啡讓大師更長壽更多產，是不爭事實。伏爾泰喝咖啡喜歡加入巧克力一起下肚，不知不覺灌下數十杯咖啡。他最膾炙人口、影響最深遠的諷刺小說《憨第德》，文筆洗練、偏執，有咖啡助燃與催化，文思如虎添翼，筆鋒無堅不摧。

拿破崙磨豆機與私房咖啡

法國卓越政治家兼軍事家拿破崙，也與咖啡結下生死緣。

巴黎大革命前，拿破崙還只是個年輕炮兵軍官時就愛上咖啡，曾在普蔻喝咖啡沒錢結帳，只好以軍帽做擔保品，再設法籌錢還欠。他是個不折不扣的咖啡狂，對咖啡很有概念，喜歡自己磨豆，喝多少磨多少，身邊總不忘帶著心愛的土耳其圓柱形手搖磨豆機，後人因此戲稱土耳其磨豆機為「拿破崙磨豆機」，紀念這位咖啡癡。

拿破崙的私房咖啡堪稱一絕，咖啡泡好後，將白糖放在湯匙上，再淋白蘭地點火，至焦糖香味出來，再與咖啡攪拌，隆冬喝最窩心。據說遠征俄羅斯時，拿破崙就是靠白蘭地焦糖咖啡來取暖。拿破崙戰敗後，一八一五至一八二一年被英國囚禁在南大西洋的聖海倫娜島（the island of Saint Helena）。該島嶼自一七三三年起試種葉門摩卡咖啡成功，拿破崙被放逐島上的唯一樂趣就是豪飲聖海倫娜咖啡。一八二一年病危臨終前四天，拿破崙還念念不忘咖啡香。他的隨從貝特杭為此這麼寫：

曾經叱吒風雲不可一世的英雄，臨終前只要求再啜一小匙咖啡，令人鼻酸淚下……

原本默默無名的聖海倫娜咖啡，就因為拿破崙臨終前也要啜一小口，而聲名大噪，成了精品咖啡界最神祕的香醇（拿破崙軟禁聖海倫娜島之始末，詳見第三章）。

巴爾札克的三萬杯咖啡

法國十九世紀現實主義名作家巴爾札克（1799–1850，代表作《人間喜劇》），每天寫作十五小時，不喝酒，不抽菸，創作能源全靠咖啡提供。他曾說：「三萬杯咖啡是我一生的句點。」但據專家統計，巴爾札克一生大概喝下五萬杯超濃咖啡。大師從咖啡汲取創作靈感與養分，做法近似自虐，雖不足取，卻令人嘆為觀止。他在一篇〈咖啡是我的苦痛與喜樂〉短文中這麼寫著：

咖啡是我人生的巨大動能，我已注意到咖啡對寫作的碩大效應，它煎熬你的五臟六腑。很多人宣稱受到咖啡啟發，但大家都知道，咖啡也讓泛泛之輩更顯乏味——想想看，巴黎愈來愈多兼售咖啡的雜貨店營業到深夜，但作品因此更高尚的作家寥寥無幾。

美食家薩瓦蘭 [註4] 一語中的指出，咖啡讓血液加速循環，刺激肌肉運作，幫助消化，驅走睡意，讓腦力工作更持久。我想，就腦力運作這一點提供個人體驗，補充薩瓦蘭的看法。

咖啡影響胃部內膜和血管神經組織，激勵腦力的因子從此傳抵腦部。不妨假設咖啡喝下後，會釋放一個有助神經傳導的電子，但咖啡效力會隨時間而走衰。對此，義大利作曲家羅西尼（Gioacchino Rossini，1792–1868）和我有相同經歷。他曾告訴我：「咖啡激發腦力的時效頂多持續十五至二十天，幸運的話，剛好夠完成一部歌劇。超過此限再喝咖啡，提神效果劇降。」此言甚是！但內行人就有辦法延長咖啡激發腦力的時效。

我的妙計是逐漸加強咖啡濃度。前兩週，每次先喝一杯，再喝兩杯，咖啡粉也要逐漸磨細，再用熱水泡來喝，就會獲得足夠的腦力刺激與巧思。

第三週就要開始減少沖泡水量,咖啡粉要磨得比前兩週更細,但要用冷水慢慢浸泡萃取,喝下後即可維持大腦戰力不墜。

如果工作還沒完成,腦力中輟不得,就要有非常的作法。咖啡豆要磨到最細,水量要盡可能少,咖啡粉劑量再加一倍,一次灌下兩杯量,身體底子夠,不妨一口氣喝三杯,大腦敏銳度還可再維持數日。

最後,老夫還發現另一驚世駭俗、慘絕人寰的醒腦絕招,只敢介紹給人間異類來試。夠格嘗試者,一定要精力超旺,頭髮烏黑濃密,肌膚有黑斑,雙手寬大厚實,兩腿狀似上寬下窄的保齡球木瓶才行。做法不難,咖啡粉磨至超細,高劑量,不加水或少水,空腹吞服入肚。咖啡進入空無一物的胃囊,開始攻擊饑餓的胃壁,好比食物渴求胃液來消化;咖啡折騰胃壁尋找胃液,就像祭司懇求上帝;咖啡衝撞胃裡細部組織,就像馬夫鞭打駿馬。火花立即傳抵大腦——剎那間,一切靈活起來,巧思浮現,就像大軍開抵揚名立萬的戰場,戰況激烈;記憶力開始派上用場,好比高揚的鮮明軍旗;修辭的騎兵優雅疾馳;邏輯的炮兵趕忙補上滿車炮彈;狙擊手見敵就射;人物、形狀和格式紛紛現身;白紙爬滿墨汁,一夜長熬,黑字躍然紙上,猶如戰場布滿黑色火藥勝利收場。

有位友人隔天要完成交辦工作,我不藏私授以咖啡醒腦絕招,結果他中毒了,軟趴在床上,大家像照料新郎官,百般呵護他。此君身材瘦高,金髮稀疏,腿細手小,難怪胃薄如紙,不堪咖啡折騰。算老夫看錯郎,教錯人。

身處非常時期,被迫空腹吞咖啡提升腦力,事後覺得疲憊無比,但工作未完還需再戰一回,勸君見好就收,即使你選用最上等新鮮咖啡,仍難逃冷汗直流、神經衰弱、疲倦想睡的副作用。如果你執意做下去,結果如何,我也不知。理智告訴我,該停止虐待自己了,如果猝死不是命中注定。想調養身體恢復健康並不難,務必先吃牛奶、雞肉或白肉調理的食物。緊繃的身心放鬆了,恢復昔日悠閒自在,心無雜念,過著閒雲野鶴的日子,身子很快好起來。

註 4:Jean Anthelme Brillat-Savarin,1755–1826,律師兼政治家,是法國最知名美食家。他膾炙人口的名言是:「沒有乳酪的甜點就像少了一隻眼的美女。」

以自虐方式空腹吞下咖啡粉，會使人處於一種類似盛怒狀態；嗓門提高了，耐性失去了，欲速不達，患得患失，無故發脾氣，變得喜怒無常，你將成為不受歡迎的詩人。此時最好別出門，免得惹人厭。老夫可有切膚之痛，經歷過這種失神的狂喜狀態。有些死黨曾目睹我終日與人爭辯大小事的失序行為，隔日我才自覺失態，遂與友人分析原由。吾友均是才智一流的俊彥，很快就找到答案：原來咖啡一直在找受害者！

咖啡對十七、十八世紀的法國有多大影響，歷史學家密榭雷下了最佳注腳：「咖啡適時出現，激發時代良性變革，新的生活習慣因此產生，人的氣質也提升了。」當然，咖啡也減少歐洲人對酒精的依賴。咖啡館提供絕佳的開智飲料，巴黎大革命應運而生，法國因此得以脫胎換骨。

── 清醒、開智的英國咖啡 ──

咖啡傳進倫敦也激起漣漪與火花，不但掀起兩性大論戰，也成為選舉制度、證券商、保險公司初試啼聲的練功場，更成為道貌岸然的英國士紳或清教徒標榜清醒、理智的飲品。

其實，英國比法國更早接觸咖啡。早在十七世紀初就有不少英國人喝咖啡了。最早文獻紀錄是一六三七年，英國作家艾佛林（John Evelyn，1620–1706）在日記中提及，他在牛津認識一位來自克里特島的學生康納皮歐，後者為了逃離土耳其宗教迫害而到英國讀書。每天早上，康納皮歐都要喝土耳其咖啡，並與友人分享。

牛津大學師生對土耳其咖啡反應熱烈，一六五〇年，黎巴嫩移民賈克柏在牛津開立英國第一家咖啡館，客人幾乎是清一色大學生，人滿為患。一六五五年，大學生說服當地一家藥房的藥劑師提亞德（Arthur Tillyard）在牛津大學附近開咖啡館，紓解學生的咖啡癮。提亞德咖啡館居然成為牛津大學師生的學術討論場所，連知名的化學家波義耳[註5]也是常客。牛津大學師生就在提亞德咖啡館成立牛津咖啡俱樂部（Oxford

Coffee Club），一六六○年發展成知名的英國皇家學會（Royal Society），全名為倫敦皇家自然智識促進會（The Royal Society of London for the Improvement of Natural Knowledge），一直運作至今，是世界上壽命最長的科學學會，比世界最長壽的巴黎普蔻咖啡館還早創二十六載。

咖啡館接著在倫敦遍地開花，注定成為不可或缺的社交場所，影響英國人舉止、習慣和商業活動長達兩世紀。一六五二年，亞美尼亞移民羅塞（Pasqua Rosee）率先在倫敦開咖啡館。一六六○年，倫敦咖啡館大行其道，成為女士最流行的打諢處所或男士最佳的公共論壇，酒館客人因此銳減，影響政府對酒精飲品的稅收，當局乃開徵咖啡稅，每賣一加侖咖啡抽四辨士稅金，但咖啡熱絲毫不受影響。主要原因是倫敦人視咖啡為健康飲料，可癒合胃部傷口、幫助消化、提神醒腦、治療頭疼咳嗽等，但醫生對此很不高興，因為過去只有醫生才能開藥方，而今，咖啡到處買得到，影響醫師利益甚大。有些醫生開始故弄玄虛，宣稱咖啡單獨飲用無療效，需與其他配方混合才行，揭櫫許多稀奇古怪的咖啡煉藥術，但民眾仍視咖啡為娛樂飲料，不為花招所動。

● 酒館與婦女攜手打壓咖啡館

倫敦酒館不甘生意被咖啡館搶走，也展開反擊，大登廣告抨擊咖啡成分不明，黑如餿水，焦如木碳，氣味和破鞋一樣，極盡醜化之能事。酒館業者並利用男人終日沉迷咖啡館，不准婦女進入，婦人久遭冷落的情緒，製造兩性裂痕，從中牟利。一六六二年，倫敦出現了一冊名為《婦女抱怨咖啡館》的劇本，大量印製發行，劇中有三位女子對話，諷刺咖啡是惡魔的偉大發明，旨在破壞英國男女房事合諧，男人整天泡咖啡館聊是非，回家癱在床上呼呼大睡，不再與妻子溫存，「與其溺愛喝咖啡的男人，不如勾引地獄的猩猩！」極盡毒舌。

註5：Robert Boyle，1627–1691，提出氣體壓力與體積成反比，即所謂波義耳定律，沿用至今。

十七世紀中葉以後，倫敦咖啡館暴增，六十萬人口就有近三千家咖啡館，平均每兩、三百人就有一家咖啡館，重創麥酒和啤酒業。在釀酒業者慫恿下，倫敦婦女團體一六七四年變本加厲地發表了〈婦女反對咖啡請願書〉：

這是一紙謙卑的請願書，表達成千上萬體態豐盈、渴望被愛的婦女心聲……昔日夫君堪稱基督教世界最孔武有力的騎士，而今，悲情難以啟齒，郎君竟然失去英國武士威儀，淪為法國式的軟弱，就像小雲雀頻頻振翅，沙沙作響，卻無力持久，才衝撞幾回，就疲軟趴在我們面前。男人不再穿雄糾糾的馬褲，鬥志今不如昔。我們曾聽說一位西班牙王子被迫制定一條法律，規定夫君每夜賜福妻子不得超過九次，免得累壞嬌妻，唉！猛男光榮時代一去不復返。

這是誰造的孽？繼續啜飲邪惡的咖啡，足以毒害少男，穿緊身褲時胯部隆起的幅度不夠威武，失去魅力……夫君每晚從咖啡館回來，除了鼻涕，全身無一處濕潤；除了關節，沒有一處堅硬；除了耳朵，沒有一處挺立。為妻者使出渾身解數，也提不起夫君興致，失去行房能力，就像訓練精良的士兵上戰場，卻無子彈可用，即使亮出武器，也擊不出火花，容或有之，曇花一現而已，如何闖關達陣。

昔日經驗堪為今日傷害的見證，生理需求足為請願提供正當理由，敢問有血有肉的婦女，誰能忍受合法婚姻賜予的權利遭忽視？當她走近床邊期待夫君擁抱、回應她的慾火，得到的是一床冷感軀體，枯槁如石頭。這全是菸草和咖啡蔥的禍！據說不快樂的果子──咖啡，來自荒蕪的沙漠，難怪夫君喝了也不想行房生子。

盼望夫君向我們證明，除了唬人鬍子和馬褲的表象之外，你們是貨真價實的男子漢，否則我們只好自求多福，求助假陽具自慰，讓夫君戴綠帽。吾等懇求夫君提升嗜好品味與格調，希望當局嚴懲喝咖啡惡習，六十年內任何人不得沾一口。

有趣的是，倫敦男士當年也立即書面回應，不但反脣相譏，還大力為咖啡辯護，在〈男士答覆婦女反咖啡請願書〉中回覆：

難以想像，忘恩負義的婦女居然公然抱怨，人在福中不知福。歷代各國不曾有男士如我們這般縱容妳們的性慾；我們難道不曾屈從妳們的縱情嗎？發明的性愛花招早

已超出艾瑞廷［註6］所能想像！為了演好男妓或情夫角色，吾等幾乎喪盡家產……無法一夜七次或養小老婆的人，就不值得做紳士嗎？鳴禽總比猛鳶可愛，雲雀雖壽命不長，卻比烏鴉優雅……這個島國是女人天堂，因為英國男子舉止儒雅，不屑義大利貞操帶，更蔑視法國假陽具等性愛道具。要知道，兵在精不在多，少量精液足以滿足受孕之需，何需借助道具來逼取男人大量精華。

老練的索羅門王曾說，墳墓和子宮都貪得無厭。果然一針見血！

幾乎沒有一家咖啡館肯招待俗麗、聒噪的姊妹淘或妖艷的波霸……我們在咖啡館所談天下事，並非驚世駭俗之論，就如同妳們和朋友聊天一樣平常。吾等坐在咖啡館天真無邪，喝著所謂的惡魔聖水，我們不敢說它驅走了淫蕩邪念，但實情是咖啡驅走了體內不適，增加元氣，協助完成妳們晚間的恩賜。沒有咖啡，我們恐怕是曇花一現，無法衝鋒陷陣，成功闖關。咖啡功能不勝枚舉，是我們的靈藥。最要命的是攙雜的劣酒，讓男人像山羊一樣衝動，卻像老翁一般無能，但咖啡具有安神作用，勃起更有力，更能滿足妳們的需求和傳宗接代的使命……

為了兩性和諧的未來，喧囂攻訐的愚行也該停止了！

這就是咖啡史上詼諧有趣的兩性大論戰，從中可窺知三百多年前英國男女對性的開放態度。持平而論，英國咖啡館如果和威尼斯、巴黎一樣，不拒絕女性入座，就不會搞得兩性緊張，婦女只要求和男人一樣公平進出咖啡館。但十七世紀的英國視咖啡為「開智」飲料，很多生意都在咖啡館完成，不問世事的女子不宜進入如此嚴肅的場合，咖啡館亦不歡迎女性進來聒噪打諢。反觀英國啤酒屋卻很歡迎女子入內喧囂助興，兩者沆瀣一氣，聯手打壓咖啡館是可預期的。當時的英國酒館擠滿女性客人，咖啡館則是男人天下，似乎和今日相反，由女性喧賓奪主成為時下咖啡館主要客群，男人反而成了酒館的恩公！

註6：Pietro Aretine，1492–1556，義大利詩人、諷刺作家，也是現代色情文學筆祖。

一六七五年，英國釀酒業從幕後走向幕前，抗議咖啡搶生意，發表了〈麥芽酒業的妻子控訴咖啡館〉聲明。早在一六七二年，英國國王查理二世就曾警告咖啡館內發表過多敏感政治議題，一六七五年認為民氣可用，下令關閉倫敦所有咖啡館。查理二世就是援引〈婦女反對咖啡請願書〉為自己背書，未料引起激烈反彈，非得動用軍隊鎮壓，否則無法達成閉館任務，才十一天就取消禁令，倫敦咖啡館恢復昔日榮景。英國歷史學家認為這是人類史上爭取咖啡館言論自由、終獲勝利的重要案例。

● 咖啡館是企業發祥地

早期的英國咖啡館具有教學相長的社會功能，只需一辨士即可入座聆聽名人講座或閱讀書報，付兩辨士更附贈一杯咖啡或茶，增加人際互動與學習效果，因此咖啡館也被譽為「辨士大學」。政治議題一直是辯論的焦點，兩造相持不下而動粗也有所聞。麥爾斯咖啡館（Miles Cafe）最先使用投票甕，以民主方式解決爭端；土耳其頭咖啡館（Truk's Head）再加以改良，發明投票箱，以少數服從多數的投票方式取代動拳頭。

咖啡館因此發展出各擅勝場的討論領域，吸引專業人士聚集研討，培養出特定族群客人，相當有趣。比方說，巴斯頓與蓋瑞咖啡館（Bastons and Garraway's），成了內外科醫生和藥劑師聚會地點，病人也會進來諮詢；恰特咖啡館（Chapter）成了書商、作家和劇作家買賣版權的地點；波羅的海咖啡屋（Baltic）則變成俄國商品交易中心。

久而久之，具有相同商業利益的人士自動聚集在特定咖啡館分享商訊與交易資源，咖啡館遂成為早期倫敦重要的商業交易場所。全球老牌的保險巨擘倫敦勞依茲保險集團（Lloyd's of London）就是從十七世紀的咖啡館演變成現代企業的典範。

一六八八年，勞依茲咖啡館（Edward Lloyd's）在泰晤士河畔的塔街（Tower Street）開張營業，很快成為水手、商人和船老闆交換商情的場所，勞依茲順水推舟提供貨船進出港時間表，吸引更多買賣海事保險的商人來聚會交易。一六九一年，該咖啡館場地不敷使用，遷往蘭巴德街（Lombard Street），此處成為該保險集團發跡地，

早已獲英國官方頒贈藍色圓匾（Blue Plaque）[註7]，見證它的古老歷史。直至今日，勞依茲保險集團總部穿制服的接待人員，仍和早期咖啡館一樣叫做「侍者」，彰顯悠久的咖啡淵源。

另外，倫敦證券交易所也是由咖啡館進化而來。一六八〇年，強納森‧邁爾斯（Jonathan Miles）在交易街（Exchange Alley）開了強納森咖啡館（Jonathan's Coffee House），並提供各項商品價目資訊，與皇家交易中心搶生意，最後演變成今日的倫敦證交所。

● 咖啡符合清教徒美學

十七世紀初，咖啡尚未引進英、法、義大利、奧地利和德國之前，葡萄酒和啤酒是歐洲人唯一的興奮劑，也是營養重要來源，一家大小早餐就吃啤酒煮成的湯料果腹，男人一日三餐少不了酒，歐洲幾乎陷入一片爛醉。

英國十六世紀至十七世紀興起清教徒運動，主張清心寡慾、嚴謹生活與簡單的宗教儀式。喝咖啡不亂性、不宿醉與不弱智的三大特性，恰好與清教徒美學、意識型態、道德觀與理性主義不謀而合，因此被譽為「清醒」飲料。英國新教的清教徒認為咖啡有益身體與心靈，咖啡進入人體，透過化學與藥理作用，具體而微實踐清教徒意識型態與道德觀。清教徒認為活著就要勤奮工作，而咖啡可刺激神經，延長清醒時間。十七世紀，理性主義建構了絕對的官僚體制（政府運作全靠法律規章和繁雜的程序，

註7：一八六七年英國皇家藝術協會（Royal Society of Arts）在有歷史意義的事件發生地，安置一個盤狀物，簡述事件的人物及年代，以茲紀念。起初的盤狀區額並無固定的形狀與顏色，但大部分呈圓形與褐色系。一九〇一年倫敦議會接管此業務，將區額統一為藍色圓匾，並由麾下的英格蘭遺產組織（English Heritage）管轄。走在倫敦街頭看到置有藍色圓匾的建物或街道，表示這是歷史遺址，不妨駐足端詳，思古幽情一番。目前倫敦有三百多枚藍色圓匾。

耗費時日，層層把關），在工時愈來愈長的趨勢下，咖啡應運而生，提供延長體力與腦力的解決之道。在此背景下，咖啡具有非凡的時代意義，因此十七、十八世紀咖啡館順理成章成為訊息交流中心，也是記者、律師、政客和作家重要工作場所。咖啡進而成為大眾或居家飲料，並在十八世紀取代啤酒成為早餐和午餐必備品。

十八世紀中葉以後，咖啡成了歐陸國家最重要的熱飲，但咖啡在英國的地位卻漸被熱茶取代，原因很複雜。首先，英國染指產茶的印度，官方大力推廣殖民地茶葉，造成咖啡被冷落。再者，英國乳品的質與量都比不上法國，牛奶價格也遠比法國貴，造成早期英國咖啡館多半不加奶，即使加奶也是過期的酸奶，不利咖啡館營運。

再者，英國殖民地主要生產茶葉，咖啡量少價貴；相反的，法國殖民地栽種大量咖啡樹，因此法國的咖啡豆成本遠比英國低廉。也就是說，英國乳品差，咖啡豆貴，咖啡風味不如法國好喝，導致茶館很快就取代咖啡館。另外，咖啡館太吵雜，英國紳士與商賈轉而成立更高級的俱樂部，做為聚會場所，對咖啡館生意影響很大。最後，英國婦女對咖啡館懷恨在心，很配合政府推廣的喝茶政策，茶館大興，英國紅極一時的咖啡館文化隨著十八世紀結束而消逝，但仍留下不可抹滅的鑿痕。

咖啡大戰德國啤酒

雖然德國植物學家羅沃夫在一五八二年出版的遊記對中東咖啡多所論述，是歐洲第一位出書論咖啡的作家，但咖啡一直到一六七〇才傳進德國，比義大利、英國和法國晚上數十年。一六七九年，一名英國人在漢堡開立德國第一家咖啡館，點燃火苗，萊比錫、斯圖加特和柏林一窩蜂跟進，咖啡蔚為風潮。

德國腓特列大帝（Friedrich II. der Grosse，1712–1786）到了十八世紀中葉開始祭出反咖啡措施，遏止咖啡熱繼續延續，因為付給國外豆商的錢愈來愈多，影響國庫收入。啤酒是德國三餐必備的食物與飲料，被視為國粹之一，然而一七五〇年左右，咖

啡逐漸取代早餐的熱啤酒湯，數百年的早餐文化即將消失。腓特烈大帝一方面請出御用醫師大搞負面文宣，以喝多會造成不孕症來醜化咖啡，另一方面則提高咖啡稅和相關器皿、烘焙設備的價格，使得一般百姓喝不起咖啡，從而降低咖啡需求量。

　　德國音樂家巴哈於一七三四年創作《咖啡清唱劇》，詼諧地唱出當時德國人對咖啡有多瘋狂，以及咖啡的爭議性。劇中老爸為了勸阻女兒喝咖啡，不惜恩威並濟，不讓女兒添新衣或買金銀手飾，不准女兒出席友人婚宴，不准女兒步出戶外散心，不准女兒在陽臺賞風景看路人，但這些都無法阻止女兒喝咖啡的意願。女兒還頻頻頂嘴：「我只要有咖啡，一切不在乎……一天不喝三杯咖啡，就像烤架上的羊肉，又焦又乾，生不如死……咖啡比情人一千個香吻更甜美，誰想討我歡心，就快獻上咖啡。」最後，老爸氣急敗壞，祭出不聽話就不准嫁，逼使女兒就範。未料道高一尺魔高一丈的女兒，以退為進，先答應了老爸，只要為她找個好郎君就不再喝咖啡，再逼迫未來的老公先簽下准許喝咖啡才准一親芳澤的婚約，終於一箭雙鵰，喜劇收場，嫁得好郎君又有好咖啡喝。

　　巴哈《咖啡清唱劇》最後一句臺詞：「就像貓咪不放棄捉老鼠一樣，仕女依舊愛喝咖啡，女兒的媽媽、甚至奶奶也愛喝咖啡，這要如何以身做則，不准女兒喝咖啡呢？」道盡咖啡在十八世紀的德國有多火紅！其實，巴哈有一名女兒也瘋狂迷上咖啡，這齣清唱劇恰好是巴哈的心情寫照。不過，腓特烈大帝可不好惹，一七七七年發表禁止喝咖啡聲明，偏袒啤酒之心昭然若揭。這紙聲明很有趣，值得一讀：

　　獲悉吾民咖啡耗量日增，吾國錢財外流日亟，朕心如刀割。普天下過分浸淫咖啡，必須嚴予禁止、導正。啤酒為吾國立國飲料，吾民不得捨棄。朕、先祖與舉國官吏皆喝啤酒長大。啤酒滋養吾國千萬官兵，打贏歷來多少戰役，立下無數彪炳戰功。朕不信喝咖啡的官兵經得起戰場煎熬，他日戰爭號角響起，如何衝鋒殺敵？

　　雖然下達咖啡禁喝令，但民間置若罔聞，照喝不誤。腓特烈大帝只好把烘焙咖啡權收歸國有，只有皇家機構才准烘豆，藉此管制私人烘豆，進而降低咖啡流通量和消

費量。擁有烘豆權者，不是皇親就是國戚，成了一種身分象徵。為了貫徹命令，腓特烈大帝派出大批不克上戰場的受傷官兵充當咖啡「大鼻子」，逐街逐巷嗅出偷烘咖啡的違法者，收到很大嚇阻效果。但咖啡只能禁一時不能禁一世，十九世紀初，咖啡又成為德國最受歡迎的飲料之一。今日，德國仍是全球第二大咖啡豆進口國。據國際咖啡組織統計資料，二○○五年德國進口咖啡生豆達 17,012,699 袋，約 102 萬公噸，僅次於美國的 23,189,758 袋，約 139 萬公噸。咖啡與啤酒目前仍是德國人最愛的飲料，三餐必備，昔日緊張狀況早不復見。

—— 美國拋棄茶葉，擁抱咖啡 ——

目前美國每年咖啡消耗量高占全球 20% 以上，是最大咖啡消費國，但在英國早期殖民期間，北美洲的歐洲移民以茶葉飲料為主，咖啡很少見，咖啡館文化遠不如歐洲。當時北美並無獨立的咖啡館，咖啡飲料均在酒店、旅館、客棧和餐廳販賣，最知名的青龍咖啡館（Green Dragon，1697–1832）看來像酒館和客棧複合式經營，與歐洲饒富人文氣息的咖啡館大異其趣。北美早期咖啡不興，應該和英屬東印度公司大力推廣茶葉有關。也就是說，美國早期只有喝茶文化，咖啡只是客棧或酒吧的附屬品。

有趣的是，一七七三年十二月爆發波士頓茶葉事件後，北美移民為了抗拒英國加稅，開始改喝咖啡，成就了今日龐大的咖啡消費量，這是咖啡史上一大浪漫。

事件是這樣的，英國於一七六五年通過印花稅法，試圖增加北美殖民地稅收。北美移民對於進口稅大增，群起抗議，並走私茶葉，拒買英國輸入的高價中國茶和印度茶，造成東印度公司茶葉銷量銳減。一七七三年，英國國會通過茶稅法，允許東印度公司直接銷售茶葉至北美，大幅降低成本，以便和北美走私的茶葉競爭。同年十二月，首批低價傾銷的茶磚運抵波士頓港，美國第二任總統約翰·亞當斯（John Adams，1735–1826）率領一百多人打扮成印地安人模樣攻占貨船，把三百多箱英國茶丟進海裡。

此一事件成了美國獨立戰爭的先聲。北美的歐洲移民為抵抗英國統治，拒喝英國茶，改喝咖啡，咖啡也成了當時象徵愛國的飲料，美國人從此染上咖啡癮，青龍咖啡館也成了美國獨立運動人士最常駐足的場所。

── 牛仔咖啡變身精品咖啡 ──

十九世紀後，咖啡成了美國重要進口商品，囤貨居奇時有所聞。當時美國咖啡消費量雖大，卻重量不重質，只要有咖啡因就好，被譏為「牛仔咖啡」（Cowboy Coffee）。西部牛仔只需在野地生個火，鍋子的水滾後加入咖啡粉，再煮滾後移開咖啡鍋具，靜待幾分鐘，待咖啡渣沉澱即可牛飲。牛仔咖啡不但要沸煮且不過濾，風味不佳，並不意外。

直到一九六六年，荷蘭裔的畢特（Alfred Peet）在加州柏克萊開了一家畢茲咖啡（Peet's Coffee and Tea），擅長深度烘焙的他[註8]，讓美國人對重度烘焙咖啡的潤喉甘甜有了全新體驗。誰說重焙咖啡只有焦苦味？問題是你會不會正確執行。畢茲咖啡龐大的死忠消費者均以「Peetniks」相稱，是很有趣的文化現象，亦點燃美國精品咖啡火苗。一九七〇年以後，又有星巴克、喬治‧豪爾（George Howell），以及一九九五年在芝加哥開業的後起之秀「知識分子咖啡」（Intelligentsia Coffee）加入。在他們的推動之下，精品咖啡在美國扎根穩固，成了全球精品咖啡大本營，一掃昔日牛仔咖啡惡名，也算是咖啡史上另一頁浪漫吧。美國精品咖啡的發展現況，請詳見第九章。

註8：Deep Roast，畢茲咖啡擅長以傳統滾筒式烘焙機來快炒。一般業者很難做到，因為滾筒式較適合慢炒。畢茲咖啡屬快炒派而非慢炒派。筆者相信畢茲烘焙法應屬於威力烘焙技法的一種。

Chapter

3

香蹤傳奇：
鐵比卡與波旁

中南美洲百億株咖啡樹是美人計、美男計、偷竊、奴隸和巧取豪奪的結果，堪稱咖啡史最大的浪漫與悲哀。

——安東尼‧懷德（Antony Wild）

── 導讀 ──

　　前兩章考證咖啡飲料源頭，並探討咖啡對歐洲政經文化的影響。本章將進一步追蹤歐洲列強如何將咖啡樹引進印尼和中南美洲，在短短二、三十年內就打破鄂圖曼帝國壟斷咖啡兩百年的局面。

　　衣索匹亞是阿拉比卡咖啡樹原產地，但歐洲人最先在葉門接觸到咖啡，葉門成了歐人盜取咖啡樹的天堂；葉門咖啡樹來自衣索匹亞，由來是西元五七五到八九〇年間，衣索匹亞回教徒多次入侵葉門，因此將嚼食咖啡果的習慣帶入葉門，咖啡種籽落地生根。

　　最早引進葉門的咖啡樹屬於衣索匹亞原生種「Arabica Typica」，也就是俗稱的鐵比卡，豆形尖長，經過幾世紀後，葉門的鐵比卡出現突變種，豆形短圓，但一直沒名分，直到一七一五年，法國將之移植到非洲東岸的波旁島，才以「Bourbon Rond」稱之，即波旁圓身豆，俾與鐵比卡的尖身豆區別。

　　印尼和中南美在一七〇〇年前並無咖啡樹。荷蘭人苦心培育的「咖啡母樹」屬於鐵比卡，並與法國人歪打正著，移植鐵比卡到亞洲與加勒比海譜島；法國則和英國聯手，促成波旁咖啡樹移植中南美和東非。咖啡樹大移植的十八世紀，在荷蘭與法國主導下，鐵比卡和波旁兵分兩路遍植南北回歸線間的咖啡地帶，完成咖啡樹普及化壯舉。

十七世紀，歐洲出現咖啡需求，開始小量向葉門進口烘焙好的咖啡豆。十八世紀，歐洲咖啡館遍地飄香，咖啡豆消耗量劇增，光靠葉門摩卡已不敷所需。據估計，

一七〇〇年葉門咖啡豆產量約兩萬公噸，除了供應回教世界，還要滿足剛崛起的歐洲需求量，已顯捉襟見肘。豆價高居不下，摩卡港忙著輸出咖啡豆，盛況空前，「Mocha」一字在當時形同咖啡代名詞。此時的中南美洲和亞洲仍無咖啡樹，歐洲列強看好咖啡栽培業的龐大商機，開始介入，分食咖啡大餅。列強靠著海外廣大殖民地與廉價黑奴的優勢，很快打破鄂圖曼帝國壟斷咖啡產銷局面，甚至蠶食摩卡咖啡在阿拉伯的市場。可以這麼說，一七二〇年以後，全球咖啡栽培業開始從葉門轉向亞洲和中南美的列強殖民地，爪哇與巴西咖啡強勢崛起，摩卡應聲殞落，重要性大不如前，成了最大輸家。

一七〇〇年以前，全球僅葉門有大規模的咖啡栽培業 [註1] 或野生咖啡樹，鄂圖曼帝國不准葉門以外的地區種咖啡，但早在一六〇〇年代已有跡象顯示鄂圖曼很難獨吞高獲利的咖啡市場。

一六〇〇年左右，印度回教徒巴巴布丹 [註2] 赴麥加朝聖，迷上中東的咖啡，便在回途偷了七顆葉門摩卡咖啡種籽，藏在肚皮上的暗袋裡，躲過土耳其士兵耳目。返回印度後，他將咖啡豆種在西南部卡納塔卡省（Karnataka）的強卓吉里山（Chandragiri Hills），也就是巴巴布丹修行洞穴的外頭。由於氣候水土適合咖啡生長，卡納塔卡省至今仍是印度最重要咖啡產區。這裡出產的咖啡就叫老奇克（Old Chik）品種，巴巴布丹也成了印度咖啡的祖師爺兼守護神，他當年修行的強卓吉里山洞穴目前仍是回教徒朝聖地點。附帶一提，印度在二〇〇七年十二月向世人公布的混血新品種咖啡樹，就是以「Chandragiri」為名，紀念強卓吉里山為印度咖啡發源地，以及巴巴布丹對印度咖啡栽培業的貢獻。

註1：衣索匹亞以天然野生咖啡為主，直接入林即可採收咖啡。最早發展咖啡栽培業的是葉門。
註2：Baba Budan。此一傳說，比文獻記載印度於一六九五年開始種咖啡，早了近百年。

另外，阿拉伯人早在十七世紀就違反鄂圖曼帝國禁令，偷偷在葉門以外的斯里蘭卡種植咖啡，但栽培規模都很小，不足以撼動摩卡地位。直到一七二○年，列強殖民地開出新產能，才逐漸將摩卡淘汰出局。

十八世紀是咖啡栽培史重要轉捩點。荷蘭為移植到殖民地而精心培育的「咖啡母樹」（The Tree），以及法王路易十四與路易十五、法國海軍軍官狄克魯（Gabreil de Clieu）和法屬波旁島，均扮演重要角色，共同執行這場咖啡樹世紀大移植重任，譜出膾炙人口的傳奇。當然，英國也沒缺席。儘管在印度殖民地全力發展茶樹栽培，但英國因緣際會地在南大西洋的聖海倫娜孤島種了咖啡樹，後來竟然成為拿破崙戰敗的囚禁地，意外捧紅聖海倫娜咖啡。

一切得先從「咖啡母樹」談起。亞洲中南美洲有今日的咖啡榮景，全拜這株母樹之賜。

── 荷蘭培育咖啡母樹「鐵比卡」──

荷蘭讓人聯想到花卉和乳酪，其實，荷蘭與咖啡淵源甚深，是最早涉足咖啡貿易與栽培的西方國家。咖啡於十七世紀傳進歐洲，在義大利、英國、法國和德國引起不小爭議，甚至祭出禁喝令。然而，務實的荷蘭人卻看到龐大商機，毫不抵抗地接納咖啡。經過慎密布局與規畫，荷蘭成為第一個在殖民地試種咖啡成功、搶先輸出「黑金」賺到大筆黃金的列強。法國也學樣跟進搶種咖啡，互別苗頭。

早在一六一四年，荷蘭試圖與阿拉伯國家建立直接的咖啡貿易關係，但不得要領而遭拒。一六一五年，威尼斯商人搶得先機，率先進口第一批咖啡熟豆 [註3]。直到一六四○年，荷蘭才成功從葉門摩卡港進口第一批咖啡熟豆（此時法國和德國仍是咖啡門外漢），但咖啡貿易並不能滿足荷蘭人的雄心，一心想在斯里蘭卡、印尼爪哇栽植咖啡，唯有自給自足才不必受制於鄂圖曼帝國。

十七世紀初，歐洲——尤其是荷蘭人——已覬覦咖啡，甚至以非法方式偷取或以武力搶奪葉門栽植的咖啡樹苗。有證據顯示，荷蘭人確曾多次搶劫葉門的咖啡樹苗，運回阿姆斯特丹試種。未料歐洲人不諳咖啡樹怕冷遇霜就枯萎的習性，一直無法在寒冷的歐洲栽培成功。但他們的學費沒有白繳，一六一六年，荷蘭東印度公司船長德波耶克 [註4] 從葉門摩卡盜走咖啡樹，運回阿姆斯特丹進行初步研究，並栽種於暖房裡。在悉心照料之下，它終於開花結果，成為歐洲繁殖咖啡樹的母株。

目前中南美與亞洲的咖啡樹皆源自葉門的兩大品種鐵比卡與波旁，荷蘭人栽培的「咖啡母樹」屬於鐵比卡。一六五八年荷蘭人擊敗葡萄牙，併入斯里蘭卡和印度馬拉巴（Malabar）為殖民地，而這兩地區早有阿拉伯人偷種葉門摩卡咖啡，一併成為荷蘭的咖啡資源。同年，荷蘭人又把暖房裡「咖啡母樹」的種籽運往更溫暖的斯里蘭卡，嘗試大規模栽培，未料當地農民太懶惰無意栽咖啡，配合度很低，咖啡栽植計畫失敗。

荷蘭人不死心，一六九六年和一六九九年，荷蘭東印度公司 [註5] 又從印度西部的屬地馬拉巴移植兩批鐵比卡樹苗至爪哇島試種（馬拉巴的咖啡樹是十七世紀初阿拉伯人從摩卡走私進來的）。所幸爪哇農民大感興趣努力栽植，一舉成功，開啟了荷蘭殖民地的咖啡栽植業。一七〇六年，荷蘭人驕傲地將一株爪哇咖啡樹運回阿姆斯特丹皇家植物園的暖房培育後代，一七一三年開花結果，又成了歐洲的「咖啡母樹」……

沒錯，「咖啡母樹」確實鬧雙胞！有學者認為一六一六年德波耶克船長盜取摩卡樹回荷蘭培育才是母株，但另一批學者認為一七〇六年移回荷蘭的爪哇咖啡樹才是。但不論先來或後至，「咖啡母樹」都是荷蘭人的傑作，也都屬於阿拉比卡的原生種鐵

註3：這可能和以下事件有關：一五七一年，威尼斯共和國在希臘西部的勒潘托擊敗土耳其艦隊，雙方締結貿易協定。

註4：Pieter Van Der Broecke。荷蘭史料記載這是歷來第一次盜取成功，但未載明之前失敗多少次。

註5：創立於一六〇二年，專責亞洲殖民地商業買賣，是世界最早的跨國企業，也是最先公開發行股票的企業。臺南亦有東印度公司留下的軌跡。

比卡，特色是豆形呈長橢圓狀，頂端嫩葉為銅褐色，即褐頂鐵比卡（Broonze-Tipped Typica）。國人熟悉的曼特寧、藍山和夏威夷柯娜，便皆屬於鐵比卡。

爪哇試種成功，荷蘭人一七一八年又把咖啡田擴展到鄰近的蘇門答臘和蘇拉維西。一七一一年，爪哇輸出第一批四百五十公斤咖啡豆進歐洲。一七二一年，爪哇加上蘇門答臘和蘇拉維西的出口量暴增到六萬公斤。到了一七三一年，荷蘭東印度公司已自給自足，停止向葉門摩卡買咖啡，爪哇咖啡從此與摩卡分庭抗禮，成為家喻戶曉的商品。歐洲列強搶種咖啡競賽上，荷蘭人捷足先登，遙遙領先法國和英國。

然而，荷蘭人聰明一世糊塗一時，竟在咖啡栽培競賽上犯了要命的錯誤。

一七一四年，阿姆斯特丹市長將皇家植物園培育成功的爪哇咖啡樹苗送給法王路易十四。荷蘭送給法王路易十四的這株小樹苗很重要，因為法國軍官狄克魯後來歷盡千辛萬苦、私下逕自將這棵得來不易的小祖宗順利移植到加勒比海的馬丁尼克島（Martinique Island），不但開創了法國咖啡栽植業新紀元，也分食了荷蘭的爪哇咖啡大餅，更成就中南美咖啡栽培業今日的盛況。從血統來看，狄克魯移植的咖啡小祖宗源自葉門摩卡，而摩卡咖啡樹最初是由衣索匹亞的哈拉（Harar）移植過來，所以阿拉比卡萬本歸宗於衣索匹亞。

── 抗命軍官成就法國咖啡大業 ──

法王路易十四（1638–1715）曾試喝過咖啡，雖對焦苦味敬謝不敏，但未忽視咖啡潛藏的龐大商機，畢竟光是宮廷每年就要花費現值新臺幣五十一萬元購買咖啡為公主解咖啡癮。咖啡堪稱當時最值錢的農產品，因此路易十四急欲分享全球的咖啡財。一七○八年，法國仿效荷蘭，從摩卡盜取一株咖啡樹，移植回法國東部的第戎（Dijon）試種，卻水土不服，枯萎死去，終究無法在法國本土生根。一七一四年，法王路易十四駕崩的前一年，阿姆斯特丹市長送了一株五英呎高的爪哇咖啡樹給法王

咖啡母樹移植中南美始末表

一六一六年
荷蘭船長德波耶克盜取摩卡咖啡樹回國培育「咖啡母樹」（鐵比卡）

↓

一六五八年
荷蘭人移植「咖啡母樹」後代至斯里蘭卡繁殖失敗

↓

一六九九年
荷蘭移植印度馬拉巴咖啡樹至爪哇試栽成功

↓

一七〇六年
荷蘭再移植爪哇咖啡回國培育「咖啡母樹」（鐵比卡）

↓

一七〇八年
法王路易十四盜取葉門摩卡樹移植回國失敗

↓

一七一三年
荷蘭「咖啡母樹」開花結果

↓

一七一四年
荷蘭贈送「咖啡母樹」後代給法王路易十四

↓

一七一五至一七一九年
法王路易十五移植「咖啡母樹」後代至中南美失敗

↓

一七二〇至一七二三年
法國軍官狄克魯盜取巴黎暖房「咖啡母樹」後代，安抵馬丁尼克島種下（鐵比卡）

↓

一七二六年
「咖啡母樹」結果纍纍，成為中南美的咖啡樹小祖宗（鐵比卡）

路易十四，有意向法國誇示：荷蘭不但在爪哇試種咖啡成功，連在阿姆斯特丹溫室培育的咖啡樹也結果纍纍。亦即法國人做不到的，荷蘭人可遊刃有餘。

法王路易十五（1715–1774）接大位後，雄心勃勃地發展咖啡栽培業。他師法荷蘭人，也在凡爾賽宮的皇家植物園增設一座暖房，並由植物學家專心照料這株健壯的爪哇咖啡樹，並於一七一五到一七一九年間派人將「咖啡母樹」的種籽與樹苗，移植到中南美的法國屬地。只是，移植海地、墨西哥和蓋亞納的計畫全部失敗，咖啡樹苗不是在途中枯萎，就是在異地染病，法國殖民地仍種不出健壯的鐵比卡咖啡樹。

法王路易十五比路易十四愛喝咖啡，更瞭解咖啡龐大商機，大張旗鼓派專人赴海外屬地培育咖啡卻一敗塗地。他萬萬沒料到他的咖啡大夢最後居然是由法國海軍軍官狄克魯以旁門左道的方式完成壯舉。

一七二〇年，遠從法國屬地馬丁尼克島返回巴黎度假的海軍軍官狄克魯獲悉法國移植咖啡大業觸礁了。基於強烈的愛國心與對馬丁尼克水土的瞭解，他決定請纓移植荷蘭所贈的爪哇咖啡母樹的後代至中南美屬地，拓展法國咖啡栽培業，免得咖啡市場持續受制鄂圖曼帝國和荷蘭。此時咖啡已成為巴黎高尚的飲品，只是法國因先前移植計畫受挫而無意重蹈覆轍，對狄克魯的請命一直沒有善意回應。狄克魯決定自己動手，他發現巴黎皇家植物園的暖房裡有幾株健壯爪哇咖啡樹，於是試圖說服看管花園的植物學家德‧朱席歐（Antoine Laurent de Jussieu，1748–1836）與皇家御醫希哈克（Mode Chirac），拜託兩人高抬貴手，送他一株咖啡樹苗，好讓他護送到馬丁尼克島栽種，卻被訓了一頓。狄克魯只好使出美人計，請一位體態豐滿的美女色誘看管花園的希哈克，狄克魯則趁機摸黑潛入暖房，盜走一株咖啡樹苗，獨自搭商船駛往馬丁尼克島。

狄克魯到底盜走一株或兩株樹苗，歷史學家有爭議，不過，狄克魯的日記卻明確寫著：「途中吃盡苦頭，照料一株咖啡樹苗，最後安抵馬丁尼克島，其間曲折筆墨難以形容……在這趟航程中，我無微不至地侍奉這株脆弱樹苗，還要費盡心思，提防有

人妒忌我的護駕之旅,暗中搞破壞。」歷史學家指出,狄克魯文中所指有人搞破壞,應該是反咖啡人士與荷蘭派來的咖啡間諜,試圖制肘他的護駕之旅。

此行除了人禍外還有天災,途中遇到暴風雨,致使船隻飄泊數日,還躲過一場海盜襲擊。商船上缺乏淡水也是一大挑戰,船長下令不准狄克魯浪費珍貴的淡水來澆灌樹苗,讓他在長達一個月的時間被迫與樹苗分享自己有限配額的淡水。一七二三年,商船總算抵達加勒比海的法屬馬丁尼克島。他這樣記錄:

「下船第一件事就是將快凋萎的小祖宗樹苗,像抱娃兒似地小心翼翼栽種到住處的花圃裡。這裡的水土氣候一定適合咖啡苗成長茁壯。我整天守著小祖宗,唯恐有人來破壞,後來索性在小祖宗周圍栽植荊棘叢,並加派衛兵看守,直到開花結果。」

皇天不負苦心人,一七二六年,「咖啡母樹」終於開花結果,狄克魯成了中南美咖啡的祖師爺。他開始分贈種籽給有心栽種的農民,之後寫下:

豐收遠超過預期。我共收穫兩磅咖啡豆[註6],分贈給事先評估最有能力栽種、繁殖咖啡的熱情人士。
第一次大豐收還不夠,明年再豐收一次,就可送給更多有心栽植咖啡的人,一步步延伸栽種範圍。感謝老天幫大忙,兩年後本島發生一場暴風雨,島民賴以為生的可可樹全被洪水淹沒枯死,紛紛改種咖啡樹,這對擴展咖啡種植面積大有幫助。我們有了更多種籽,移植到多明尼加、瓜達盧佩和附近小島,均告成功。

十八世紀中葉,咖啡館開遍歐洲各大城市,龐大的咖啡需求量帶動中美洲栽種咖

註6:確實是大豐收,一株鐵比卡咖啡樹平均一年約收成一磅咖啡豆,兩磅算是多產。阿拉比卡咖啡樹屬自花授粉,因此只要一株母樹即可自行繁衍後代,但另一品種的羅巴斯塔屬異花授粉。

啡熱。目前中美洲的鐵比卡咖啡樹多半與狄克魯移植的「咖啡母樹」有親戚關係。一七七七年，光是馬丁尼克島就種了一千九百萬株咖啡樹。加勒比海地區的海地、波多黎各和古巴也跟著搶種咖啡。中南美洲的瓜地馬拉一七五〇年開始種咖啡，哥斯大尼加（一七七九年）、委內瑞拉（一七八四年）、哥倫比亞（一七三二年）、墨西哥（一七九〇年）和巴西（一七二七年）也爭相引進咖啡樹。可以這麼說，如果一七一四阿姆斯特丹市長克制了好大喜功的衝動，未贈送法王路易十四一株爪哇咖啡樹苗，就不會有狄克魯護送「咖啡母樹」的傳奇，中南美洲的咖啡栽種史恐怕也要改寫了。

狄克魯潛入皇家植物園盜取咖啡樹苗係違法行為，但他帶動法國殖民地種咖啡熱潮，為法國賺進大筆外匯，貢獻良多。法王路易十五不但赦免他的竊盜罪，還指派他出任西印度群島屬地瓜達盧佩（Guadalupe）的總督，任期從一七三七至一七五九年，大名也編入法國傑出海軍軍官名冊，逝世於一七七四年。法國史上因為偷竊行為歪打正著，而成就一番有利全人類的事業，狄克魯是第一人。咖啡歷史學家兼作家烏克斯（William Ukers）對這段歷史拍案叫絕：「法國軍官狄克魯誓死護駕『咖啡母樹』的傳奇，堪稱人類咖啡栽培史最浪漫的一章。」狄克魯的後人近年也在法國北部度假聖地狄耶普（Dieppe）籌建狄克魯博物館，以紀念他的傳奇故事。

狄克魯後人出書，印證傳奇：狄克魯基於強烈的愛國心、捨命移植咖啡樹苗至加勒比海馬丁尼克島的傳奇，乍聽下也不脫牧羊童與跳舞羊群的神話性。我十年前讀到狄克魯資料時，心中半信半疑，因為整個故事布局太離奇，融合了愛國情操、偷竊、美人計、咖啡間諜、海盜、海上冒險、犧牲淡水配額成全咖啡樹苗、水災淹沒可可樹，以及農民改種咖啡等超完美元素。在好奇心的驅使下，我幾年來蒐集相關資料，比對查證，發覺可信度極高，因為事件、人物與歷史背景並無矛盾處，後來又查到狄克魯大名也列入法國傑出海軍軍官名冊中，他擔任瓜達盧佩島總督的任期亦有文獻可考。更神奇的是，法國北部度假港市狄耶普，居然有條街就叫狄克魯街，他的後人就住在此地。

事隔兩百多年後，狄克魯的後代凱薩琳夫人（Catherine de Beaunay-Ctelle）在一九九五年為祖先的英勇事蹟寫了本法文書《向狄克魯勳爵致敬：狄耶普冒險家時代的咖啡傳奇》[註7]，黃底封面，中央有一幀狄克魯穿著軍裝的英姿。本書頗受歷史學者重視，已再版發行，但仍無英譯版。書中指出，法國海軍檔案仍存有法王路易十五寫給狄克魯的信函，以及狄克魯和馬丁尼克總督、相關官員的書信，足供印證這段傳奇史。凱薩琳夫人最大的心願，是為祖先狄克魯籌建一座博物館，若能興建完成，將為度假聖地狄耶普增添一個好去處。狄克魯被封為「中南美洲鐵比卡咖啡樹之父」應不為過。

註7：《*Hommage Au Chevalier Gabriel De Clieu : La Fabuleuse Histoire Du Cafe Au Siecle Des Explorateurs Dieppois*》，本書可透過網路購得，每本 11.4 歐元（狄克魯協會編輯，地址：De Clieu Assciatin-Avenue Gabriel de Clieu 76370 Derchigny Graincurt。）

波旁圓身豆飄香中南美

　　鐵比卡在荷蘭與法國聯手下，率先登陸中南美。就基因豐富性來看，單一品種在異域繁衍並非好現象，幸好法國急起直追，轉攻阿拉比卡另一變種「波旁」，豐富了中南美的咖啡基因。

　　波旁島（Bourbon）位於非洲東岸馬達加西加島以東，面積 2,512 平方公里，一六四六年成為法國屬地，取名波旁以彰顯法國波旁王朝勳業，一七九二年法國大革命後又改名為「留尼旺島」（Réunion）。

　　一七一一年，法國人波瓦文（Louis Boivin）在波旁島海拔約六百公尺以上的聖保羅首度發現一種原生阿拉比卡咖啡樹，成熟後果皮不是紅色而是褐色的，當時稱為褐果咖啡，後來經法國知名植物學家拉馬克（Jean-Baptiste Lamarck，1744–1829）確認為新品種，取名「Coffea Mauritiana」[註8]。波旁島是衣索匹亞之外，全球第二個有原生阿拉比卡的地方，法國竊喜，試喝後卻發現褐果咖啡苦味稍重，在法國沒市場，於是一七一五年從葉門運來六十株摩卡圓身咖啡 [註9] 取代苦味重的褐果咖啡。這種摩卡咖啡樹很適應該島氣候，為了與荷蘭的「鐵比卡長身豆」區別，法人取名為「波旁圓身豆」（Bourbon Rond），或稱「綠頂波旁」[註10]。一七二四年，法國出口第一批 1,700 公斤波旁咖啡，一七三四年產能增加至 44.8 萬公斤，但在一八二七年達到最高峰的 244 萬公斤後，開始走下坡，因為波旁島位置較偏遠，競爭不過更靠近歐洲市場的中南美咖啡。

　　波旁尖身豆暗藏天然低因的祕密：波旁除了圓身豆外，一八一〇年波旁島的咖啡農雷洛伊（Leroy）發現，莊園有些咖啡樹變得較矮小，而且結出的咖啡豆是尖身狀，與波旁圓身豆明顯有別。經植物學家確認為波旁變種，即俗稱之「波旁尖身豆」（Bourbon Pointu），成為傳說中「喝多了亦好眠」的美味咖啡，據說法國大作家巴爾札克最愛此豆。直到二十世紀科學家才發現，波旁尖身豆的咖啡含量只有一般阿拉

比卡的一半，但到底是環境因素造成波旁圓身突變成低咖啡因的波旁尖身，抑或是圓身波旁與該島原生的褐果低因咖啡樹雜交所致，至今仍無定論。

不過，變種波旁體質弱易染病，開花結果更少，因此不受農民歡迎而遭到棄種，幾乎絕跡，直到一九九九至二〇〇七年在法國和日本的努力下復育成功，成為當今最貴的咖啡（這段復育傳奇，詳見本書第四章）。小小的波旁島，在十八到十九世紀搶種咖啡樹熱潮中，出現了三個阿拉比卡品種，即原生的褐果咖啡、波旁圓身和波旁變種尖身，其中的褐果咖啡和波旁尖身為天然的半低咖啡因，彌足珍貴，但這兩種罕見的低因咖啡並未移植到他國，僅見於波旁島（但千禧年後 波旁尖身在哥倫比亞和薩爾瓦多試種成功）。最早移植到中南美和東非的波旁咖啡，是波旁圓身而不是變種波旁尖身，此一認知很重要。

巴西美男計獲贈鐵比卡種籽：波旁島的咖啡栽培業僅在十八世紀曇花一現，到了十九世紀中葉，波旁島因競爭不過中南美咖啡而開始沒落。這惡果，其實早在一七二七年就因一場美男計而種下。

當時狄克魯的「咖啡母樹」後代已從馬丁尼克島繁衍到法屬蓋亞納，與荷蘭屬地蘇利南的咖啡田分庭抗禮，商業利益摩擦，加上兩國在中南美洲領土糾葛，幾乎爆發戰爭，法荷雙方邀請巴西調停兩國紛爭。巴西指派熟悉外交事務、一表人材的陸軍軍

註 8：由於幾乎不含咖啡因，近年學術界就以 Mauritiana 做為天然低因咖啡的學名。

註 9：摩卡咖啡最初來自衣索匹亞的鐵比卡，屬長身豆，幾世紀後有些鐵比卡突變為豆形較小的圓身豆，也就是波旁未命名的前身。

註 10：Green-Tipped Bourbon，即頂端嫩葉為綠色，與鐵比卡的銅褐色不同。由此可知目前中南美的鐵比卡或波旁皆來自葉門。

官帕西塔（Melo Palheta）前往斡旋，羽扇綸巾間順利地調停兩國爭端。他還利用自己英挺的外貌親近法屬蓋亞納總督夫人，兩人有了情愫，就懇請夫人送他一些咖啡種籽。就在帕西塔斡旋成功、返國前收到蓋亞納總督夫人送來的一大束鮮花，表面是感謝他協調有功，但花束裡卻暗藏一袋鐵比卡的咖啡種籽與小樹苗。

帕西塔回國後立即辭官，帶著蓋亞納總督夫人暗戀的厚禮，於一七二七年在巴西北部的帕拉省（Para）種下鐵比卡樹苗，生長情形很好，很快蔓延巴西南部更肥沃的地區，成就了巴西咖啡今日產量高占全球三分之一的榮景。巴西一直到一八六〇年以後才從波旁島引進圓身波旁，取代產量較低的鐵比卡。另外，二十世紀初，法國和英國傳教士又將波旁圓身豆移植至肯亞和坦桑尼亞，從此造就肯亞咖啡的威名。

英國在聖海倫娜島栽下波旁：英國傾全力發展印度的茶樹栽培業，但眼見荷蘭和法國的咖啡業蒸蒸日上，英國東印度公司也從葉門運來一批摩卡咖啡種籽（圓身波旁），於一七三二年種在非洲西岸南大西洋上的聖海倫娜島。儘管英國人並未全心培育，任其自生自滅，但它居然在惡劣環境下存活下來，成為一八一五年拿破崙被英國囚禁該島時的上天「恩賜」。拿破崙對聖海倫娜咖啡讚不絕口，直到今日，聖海倫娜的綠頂波旁仍是世界最昂貴的精品咖啡之一。有趣的是，英國人直接從葉門取得摩卡樹，並未透過法屬波旁島，但仍以波旁相稱。此例足以說明波旁豆並非全部來自波旁島，葉門摩卡的圓身豆才是重要來源。這一點認知非常重要。

─── 咖啡產能開出，價格暴跌 ───

　　荷蘭與法國在亞洲、拉丁美洲栽植咖啡大有斬獲，英國和美國也亡羊補牢地跟進。一七三〇年，英國將鐵比卡引進牙買加，造就日後聞名於世的藍山咖啡。美國則遲至一八二五年才在夏威夷引進鐵比卡。荷蘭挾著爪哇、蘇門答臘、斯里蘭卡、蘇利南開出龐大產能，成為十八世紀全球咖啡交易中心，價格也從十八世紀初貴得離譜，下滑到十八世紀中葉後平民也消費得起。由於列強在殖民地剝削數十萬非洲奴隸種咖啡，價格遠比葉門摩卡更有競爭力，產能也更大，摩卡咖啡十六世紀以來的壟斷局面，到了十八世紀中葉撤底被打破，重要性也一年不如一年。

　　以一七七四年荷蘭咖啡交易中心的售價表來看，更可看出摩卡咖啡競爭力遠不如列強咖啡。當時每磅摩卡豆售價 14.5 斯泰法（Stuiver，荷蘭舊幣），爪哇豆每磅 10.75 斯泰法，中南美洲豆最便宜，馬丁尼克或蘇利南豆每磅 6 斯泰法，而一七一一年荷蘭栽植爪哇初期，每磅爪哇豆賣到 1.39 荷盾（Guilder，荷蘭幣。1 Guilder=20 Stuivers），這種高貴身價只有王公貴族喝得起。但一七七四年後，每磅爪哇跌到 0.53 荷盾，中南美洲豆更便宜，每磅只需 0.3 荷盾，這還不算六十多年來的通貨膨脹（當時每磅茶葉約 0.9 荷盾到 3 荷盾）。列強咖啡產能開出之後，供應大增，售價大跌，消費量也跟著激增。十八世紀中葉以後，咖啡正式成為歐洲人三餐必備的飲品。十九世紀後，咖啡消費量更大，一八二二年全球喝掉 22.5 萬公噸咖啡，其中 10 萬公噸來自荷蘭東印度公司掌控的爪哇、蘇門答臘和蘇拉維西，此時摩卡年產量約在 2 萬噸上下，重要性大不如前。

　　可以這麼說，阿拉比卡咖啡從衣索匹亞傳到葉門，再依序擴散到印度、斯里蘭卡、爪哇、波旁島、蘇門答臘、蘇拉維西、加勒比海諸小島、中南美洲和聖海倫娜島。此一路徑圖恰好與歐洲列強染指或併吞海外殖民地的路徑不謀而合，咖啡栽種史說穿了不就是浪漫傳奇與列強侵略血淚史的綜合體！沒有歐洲霸權大肆搶種咖啡，咖啡種籽不可能迅速擴散到亞洲和拉丁美洲，產量也不可能快速增加，咖啡更不可能成為今

日最普及的飲品。咖啡就在列強欺壓弱勢民族的同時，逐漸成為新興的飲料，也變成十八世紀工業革命後，工人最佳的元氣飲料。

拿破崙囚禁聖海倫娜島的浪漫與悲情

　　法國傑出軍事家拿破崙堪稱咖啡史上最浪漫、悲情的人物；他的白蘭地私房咖啡、隨身攜帶的圓柱型土耳其磨豆機，皆傳為美談。他雖是十八世紀中葉至十九世紀初人物，但老天冥冥中早在十六世紀初便開始為他物色最浪漫、悲情的作古之地——聖海倫娜島（面積 425 平方公里，距離巴西 2,900 公里，距非洲大陸 1,900 公里）。

　　若拿破崙戰死沙場或在巴黎蒙主寵召，則聖海倫娜島肯定永埋歷史洪流，萬世不為人知。然而，上蒼刻意安排拿破崙被囚禁且病逝於聖海倫娜島，好讓世人知曉南大西洋深處與世隔絕的孤島也出產稀世絕品咖啡。果不其然，拿破崙一八二一年病逝後，聖海倫娜咖啡的美味不脛而走，目前仍是世界身價最高的莊園咖啡之一（聖海倫娜每年只產 2 ～ 12 公噸生豆，比牙買加藍山的 700 ～ 1,000 噸還珍稀。聖海倫娜咖啡每磅 55 美元，比藍山還貴）。

　　一五〇二年五月二十一日，葡萄牙艦長諾瓦（Joao da Nova）的戰艦經過好望角北行返國、橫度浩瀚無垠的南大西洋之際，哨兵突然傳來發現陸地的警語，諾瓦下令駛往這座不曾被人發現的無名小島，一探究竟。該島周圍有哨崖環繞，提供最佳護島天險，全島只有一處沙灘可供進出。艦長諾瓦帶領官兵登島探險，發現是座無人居住的伊甸園，林木茂密，盛產昂貴的黑檀木，島內看不到毒蟲猛獸和掠食動物，但寒風刺骨濕氣逼人，離陸地又遠，故不宜久住。臨走前，照海軍慣例放養幾頭羊，並種下幾株檸檬樹，以便後來者有食物可吃。諾瓦為該島取名為聖海倫娜島，取自君士坦丁大帝母親之名。往後數百年，聖海倫娜島就成了艦隊遠航亞洲途中的補給站，或水手的養病處。

聖海倫娜島被發現的時候，歐洲人還渾然不知咖啡為何物，亞洲和拉丁美洲亦無咖啡樹芳蹤，但咖啡果子泡煮的新飲料咖瓦正開始在葉門流行，回教世界陷入一股咖瓦熱潮中，歐洲人依然獨沽啤酒和葡萄酒。

聖海倫娜島雖被發掘了，卻仍孤處南大西洋，無人聞問。直到兩百多年後的一七三二年，英國東印度公司為趕搭咖啡移植熱，也學法國和荷蘭，從葉門摩卡取得波旁咖啡樹（即葉門圓身豆），隨意栽植在英屬聖海倫娜島（英人已從葡人手中搶下此島），任其自生自滅。又過了八十三年，一代梟雄拿破崙大軍在滑鐵盧被英國和普魯士聯軍打敗，英國才想到南大西洋與世隔絕的聖海倫娜島是囚禁拿破崙的最佳海上堡壘。一八一五年十月十六日拿破崙被押至聖海倫娜軟禁，該島的稀世咖啡才有機會為世人所知。

一七三二年，英國東印度公司在聖海倫娜島栽下摩卡咖啡種籽後，不曾有任何人追蹤此事，直到一八一四年才有人首度回報島上發現咖啡樹。

該島雖為英國屬地，但百年來兵變頻傳。英國將拿破崙軟禁孤島，好處是外力不易馳援，但也有不小風險——聖海倫娜島的兵變傳統，加上拿破崙的領袖魅力，英軍難道不怕拿破崙據島為王？英國早有防範，拿破崙軟禁處不在岸邊人群聚居的詹姆士鎮（Jamestown），而在聖海倫娜島上較偏僻的長木（Longwood）。他的住屋是由農舍倉庫改建的宅第，周圍有兩千多名官兵駐守。晚上九點至清晨實施宵禁，但白天並不限制拿破崙行動，前提是，走到哪兒都要大批人馬陪同。雖然住屋還算豪華體面（目前已成該島最著名觀光景點），但是位於海拔六百公尺處，為全島氣候最多變、風勢最強處，而且濕氣又重。或許是英國故意折騰軍事強人，但只要有咖啡喝，拿破崙都能忍受被監控的不悅。

喝咖啡是拿破崙流放聖海倫娜的唯一樂事，每天清晨六點早餐喝一杯，十點午餐後再來一杯，晚上八點吃晚飯後還要喝一杯，每天至少喝三杯，均有專人服侍。拿破崙喝咖啡的杯具當然不馬虎。早在一八〇六年，他向法國國寶級塞弗爾陶瓷（Sèvres）

訂製、由大畫家德農（Dominique Vivant Denon，1747–1825）彩繪的「埃及景致」咖啡杯組，也陪著拿破崙一起送進聖海倫娜島，成了他喝咖啡睹物思情的最大慰藉。咖啡杯盤上，繪有當年他意氣風發率領法軍征戰埃及時，沿途所見的埃及古蹟與人文景致。杯盤係以金色的埃及象形文與黑底相互揮映，杯面則以晴空萬里下的藍空、栩栩如生的埃及風土人情為主題，杯盤中央則繪有名人畫像。這套杯組是拿破崙的最愛，也成了觀光客參觀拿破崙遭軟禁居所時的必看寶物（應該是複製品）。英國旅人對這套杯組有很多評論，可惜有錢也買不到。

史料記載拿破崙對咖啡樹有情，曾在長木之屋附近親自栽下數株咖啡苗，甚至想有朝一日親自採收咖啡果子。但因地勢峭峻加上風強雨勁，沒幾月樹苗均告夭折，對他而言似乎是不祥之兆。拿破崙喝咖啡的用水也很挑剔，他親自勘驗島上泉水，指明要用風景優美的明智谷（Sane Valley）泉水，或許他認為喝下明智谷泉水所泡的咖啡，可永保思緒清晰。這也傳下一段佳話。

拿破崙打從年輕時就迷上咖啡。當他在一七九五年追求第一任妻子約瑟芬時，她就常以家族在馬丁尼克島栽種的咖啡招待拿破崙。而今身陷聖海倫娜島成為階下囚，儘管喝咖啡情境大不同，但精美咖啡杯具和咖啡香是他心靈的唯一寄託。所幸天險阻隔的聖海倫娜有咖啡樹，自給自足不成問題，否則以該島地處偏遠，英國不可能專程運送咖啡給拿破崙解癮。

該島總督洛威（Hudson Lowe）得知喝咖啡是拿破崙的最大嗜好，有一回親自登門拜訪，還送他剛烘焙好的聖海倫娜咖啡。拿破崙則要求更大的行動自由，不要走到哪都有一群人監視著，卻遭到洛威拒絕，雙方不歡而散。這是總督第一次也是最後一次探視拿破崙。拿破崙爭取行動自由被拒，在總督離開後大罵：「總督面目可憎……與這種人面對面談事，話不投機倒盡胃口，連咖啡也不想喝了！」他的管家懷疑洛威是黃鼠狼給雞拜年，咖啡豆外表可能已被塗上毒藥，打算將之丟棄，卻被拿破崙阻止：「不要暴殄天物。在這種鳥地方，好咖啡彌足珍貴！」這句話傳頌百年後，卻被改成今日流傳的版本：「咖啡是聖海倫娜島唯一的美事！」意思雖相近卻與原始說法有出

入。聖海倫娜咖啡就因拿破崙這句話傳回巴黎後而聲名大噪，也多次贏得歐洲品鑑大獎。

一八二一年五月五日，拿破崙因胃癌病逝於島上。去世前幾天，他的侍從貝特杭寫下拿破崙病危之際仍苦苦乞討咖啡的情境：

早上他已要了二十回，問我能否再賞他幾口咖啡。

「不行，主子，醫生吩咐只能喝一匙咖啡。時間未到，你的胃不好，提早喝只會提早吐！」

唉，今早他已吐了九次。主子遭逢重大變故，個性判若兩人！過去叱吒風雲、統領大軍時，英明果斷，是人人敬畏的英雄，如今淪落到乞討咖啡，順從得像個小孩。一次一次討喝咖啡，一次一次被拒，卻不生氣，此情此景令人鼻酸淚下。昔日，病情未惡化前，醫生太嘮叨，肯定被轟走，沒人敢禁止他喝咖啡。而今，沙場英雄像小孩一樣卑微順從。

不可一世的拿破崙也有可憐與謙卑的一面！

按照拿破崙的遺囑，應該立即將他的骨灰運回法國，「安置在塞納河畔，與我愛戴的子民長相左右」。但英國另有考量，擔心拿破崙遺體對英國國家安全構成威脅。英國首相羅斯貝瑞（Lord Rosebery）事後評論道：「拿破崙遺體運回歐洲，對吾國安全危害之大，僅次於活生生的拿破崙重返法國。」所以作古的拿破崙仍不得運送回法國安葬，繼續遭受流放異地之苦。但聖海倫娜島的英軍為拿破崙舉辦了隆重喪禮，駐守的數千名官兵皆參與。拿破崙墓園就設在他泡咖啡指定使用的明智谷泉水附近。葬禮當天，聖海倫娜島所有火炮與岸上軍艦的巨炮，同時鳴炮，向一代梟雄致敬。

葬禮結束後，墓園周圍的幾株柳樹枝葉幾乎全被剝光，被島民帶回當紀念品。拿破崙的暫眠之地，有三名荷槍實彈的英軍守衛。一名士兵的日記這麼寫：「雖然拿破崙已死，但衛兵毫不懈怠，不斷在墓地四周巡邏。如果他站了起來，我們就立刻逮人。」

拿破崙的骨灰一直到一八四○年，死後近二十年後，才運返法國。他最鍾愛的藝術大師德農彩繪咖啡杯組「埃及景致」，一九五○年以後也在羅浮宮展出。拿破崙生前編寫的《拿破崙法典》與征戰埃及帶回的諸多文化研究資料，對今日的法律制度與文化資產保存，仍有莫大影響力。原本默默無聞的聖海倫娜咖啡，也因拿破崙死前也要喝一匙而聲名大噪。拿破崙生前無法擁有全世界，死後卻贏得全世界！

　　聖海倫娜品質起伏大：該島咖啡品種屬於葉門圓身波旁，也就是俗稱的綠頂波旁，並非變種的尖身波旁，亦非葉門的鐵比卡。聖海倫娜咖啡品質並不穩定，每年起伏很大，好年分的聖海倫娜喝來有明顯的柑橘香，甜感佳，類似衣索匹亞的「Yirgacheffe」，但果酸味較低，這可能與栽植海拔均在一千公尺以內有關。風味豐富度上，筆者認為還不如混有圓身波旁與長身鐵比卡的葉門摩卡來得飽滿充實。聖海倫娜咖啡的昂貴身價應與生產、運輸成本高與拿破崙的加持有關，值不值得就見仁見智了。

Chapter

— 4 —

精品咖啡概論

再好的烘焙技術也無法將平庸豆或瑕疵豆美化成精品豆。唯有用心栽種的莊園咖啡或產區，才可能在烘焙師妙手催香下，誘出迷人的「Terroir」。挑選好豆，剔除爛豆，是精品咖啡的第一步。

——畢茲咖啡已故創辦人，艾佛瑞·畢特

千禧年之後，全球「精品咖啡」（Specialty Coffee）市場大躍進。據美國精品咖啡協會公布的最新統計資料，二〇〇五年，美國有 15% 的成年人每天飲用精品咖啡，時而飲用者亦高占 60%；較之於二〇〇〇年，僅有 9% 成年人每天喝精品咖啡，以及 53% 的人偶爾擺闊喝精品咖啡，有了顯著成長。全美精品咖啡市場也從二〇〇〇年的七十七億六千萬美元，勁揚到二〇〇五年的九十六億兩千萬美元。若與一九九〇年全美精品咖啡市場只有十億美元規模相比，十五年間大幅成長近十倍，增幅穩定成長，後勢看俏。

精品咖啡從昔日的小眾市場，逐步邁向大眾市場，競爭也日趨白熱化。精品咖啡喊了數十載，該如何定義？此字眼是由精品咖啡教母娥娜·努森女士（Erna Knustsen）於一九七四年率先在《茶與咖啡月刊》（*Tea & Coffee Trade Journal*）揭櫫，當時她擔任舊金山愛爾蘭咖啡公司（B.C. Ireland）的咖啡採購專家，基於專業認知，創造了「Specialty Coffee」此一新詞，彰顯「只有在最有利的微型氣候 [註1] 與水土，才能栽培出風味獨特的精品咖啡」，旨在與紐約期貨交易中心的商業咖啡做出區別。一九七八年，努森女士在法國蒙特耶爾（Montreuil）國際咖啡會議上對全球咖啡專家發表演說，進一步詮釋「精品咖啡」的內涵。一九八二年，努森女士與紐約吉利咖啡 [註2] 負責人唐納·蕭霍（Donald N. Schoenholt）等六人共同創辦美國精品咖啡協會，「Specialty Coffee」一詞才成為全球用語。努森向來反對咖啡界一味以低廉配方豆追求風味的不變性與單調化，忽略了各產地咖啡水土不同所顯現的獨特「Terroir」[註3]。這個字意指「地域之味」，即土壤、品種、氣候與水土不同，造就不同的咖啡風味。

它是精品咖啡之魂。少了獨特的地域之味，就不是精品咖啡，而淪為一般商用豆或乏香可陳的罐頭咖啡。

　　努森最早提出「精品咖啡」新語時，較偏重上游產地的栽植環境與咖啡品質的關聯性，而今，美國精品咖啡協會將之重新定義為：「慎選最適合的品種，栽植於最有助咖啡風味發展的海拔、氣候與水土環境。謹慎水洗與日晒加工，精選無瑕疵的最高級生豆，運輸過程零缺點，送到客戶手中。經過烘焙師高超手藝，引出最豐富的地域之味，再以公認的萃取標準，泡出美味的咖啡。」由此可見，精品咖啡始於無瑕疵的最頂級生豆，終於杯內有特色的地域之味，不僅要喝來順口而已，更要甘醇如瓊漿玉液，入口頓覺甘甜潤喉，才夠格稱為精品咖啡。精品咖啡與紐約期貨中心的大宗商用咖啡——如巴西桑多士（Santos）或哥倫比亞「Supremo」——最大的不同，在於大宗商用豆喝來單調無奇，略帶苦澀，必須加糖才好入口；精品豆則有明顯的地域之味，酸香甘醇極為厚實，加糖或奶精如同暴殄天物。

　　精品咖啡強調各產區或莊園的「地域之味」，因此以單品（Single Origin）為主，同時更強調新鮮烘焙，勇於標示「出爐日期」，以取代不新鮮度的罐頭咖啡。名聞遐邇的舊金山「畢茲咖啡」創辦人艾佛瑞・畢特早在一九六六年就倡導精緻深焙，對抗當時盛行的大品牌罐頭走味咖啡，被譽為「美國精品咖啡之父」，與精品咖啡教母努森各擅勝場。畢特專攻深度烘焙，努森精通產地咖啡，兩人領導早期精品咖啡運動，直到一九九〇年中期，才改由擅長淺焙的喬治・豪爾接棒。

―――――――

註1：微型氣候係指局部地區因特殊地理位置的不同，比方向陽面、背陽面、山谷、湖泊、海拔、　　　遮蔭樹、午間雲朵出沒或暖溼空氣吹拂，使得局部地區的日照、雨量、溫度、溼度、日　　　夜溫差，明顯與周遭大環境不同，而孕育出迥異於周遭的物種。微型氣候的區域可以小　　　至數平方公尺，大至數百平方公里。各咖啡莊園因海拔、日照、遮蔭樹密度等複雜因素，　　　而有不同微型氣候，栽植出風味有異的咖啡。
註2：Gillies Coffee，自一八四〇年營業至今，是美國最古老的烘焙廠。
註3：Terroir 這個字的法文字發音為 [t ɛ hwah]，勿念成 [t ɛ r]，以免貽笑大方。

本章將循序闡明精品豆的諸多面向。

（1）選種而栽：探討精品咖啡主力品種。

（2）擇地而植：探討水土與咖啡芳香成分。

（3）去殼取豆：探討各式處理法對風味的影響。

（4）精品豆分級制：探討生豆最後的把關工作。精品咖啡傳奇人物將在第九章
　　另作介紹。

—（一）選種而栽：優良血統，競賽常勝 —

植物分類學上，咖啡是茜草科家族的咖啡屬（Coffea Geuns），其底下至少有
一百多個咖啡物種，眾所周知的阿拉比卡種（風味優雅，是精品咖啡主力）、羅巴斯
塔種（或稱粗壯豆，風味粗糙，咖啡因高出阿拉比卡兩倍以上，不屬精品咖啡品種）
是咖啡屬裡兩個較適合商業用途的咖啡物種。而最早確認阿拉比卡種（*Coffea Arabica
L.*）的是十八世紀瑞典植物學家林奈（Carolus Linneaus）。他在一七五三年的大作《植
物品種》（Species Plantarum）率先確認咖啡屬底下的阿拉比卡種，這比另一個低海
拔物種羅巴斯塔還早了一百多年 [註 4]。

阿拉比卡項下還有二千至三千個品種，皆是由衣索匹亞最古老的鐵比卡（Typica）
和葉門的波旁（Bourbon）移植中南美洲或亞洲後變種衍生而來，這些品種不勝枚
舉，包括主要栽種於巴西、哥倫比亞等中南美諸國的卡杜拉（Caturra）、卡杜阿伊
（Catuai）、新世界（Mundo Novo）；中美洲的提科（Tico）、矮株聖雷蒙（San
Ramon）；印尼的蘇門答臘（鐵比卡）和牙買加的藍山（鐵比卡）等。衣索匹亞是阿
拉比卡的基因寶庫，高地叢林間的野生品種繁如星辰，預估至少有二千個品種以上，
有待進一步研究。衣國當局宣稱目前境內阿拉比卡所屬的品種，被深入研究並確認形
態與習性者，還不到百分之五！衣國是目前唯一不需品種改良的咖啡產國，想找特殊
新品種，到林地走一趟俯拾皆是，令人又嫉又羨！

阿拉比卡底下所屬的品種雖多，但精品豆主要指用心栽培的高海拔阿拉比卡。至於羅巴斯塔與阿拉比卡混血的品種，雖產量大、抗病蟲害，但風味多半平庸，目前主攻商業大宗用豆，不屬精品範疇。純種羅巴斯塔就更難擠進精品狹門。唯近年有人疾呼優質水洗粗壯豆可擠身精品世界，值得觀察。

　　從一九九九年以來，「超凡杯」（Cup of Excellence，簡稱 CoE）國寶豆競標活動，以及這幾年美國精品咖啡協會主辦的「烘焙者協會杯測大賽」（Roasters Guild Cupping Pavilion Competition），讓優良品種有了一吐芬芳的舞臺。據我統計發現，這兩項國際競賽經常勝出的前二十名阿拉比卡底下的品種，不外乎波旁、鐵比卡、黃色波旁、卡杜拉、卡杜阿伊、帕卡斯、帕卡瑪拉、新世界、藝伎，以及雜交混血的伊卡圖。尤其是黃色波旁、藝伎、帕卡瑪拉，堪稱精品中的絕品。另一發現是，前三名的國寶農莊幾乎全座落於 1,600 公尺（5,300 英尺）以上的高海拔極硬豆，有些甚至高達 2,210 公尺（7,300 英尺），印證了「高海拔出好豆」的名言。

　　以下分別說明阿拉比卡項下，各重要品種的背景。

● 古老原生種

　　鐵比卡（Typica）：衣索匹亞最古老的原生品種，阿拉比卡所屬的品種皆衍生自鐵比卡。屬於風味優雅的古老咖啡，但體質較弱，抗病力差易染鏽葉病，產果量亦少，不符經濟效益。近年鐵比卡在中南美洲已漸被卡杜拉和卡杜阿伊取代，愈來愈少見。鐵比卡雖然風味佳，但遠不如波旁普及。鐵比卡頂葉為古銅色是特徵之一。大家耳熟能詳的曼特寧、藍山、象豆、柯娜、雲南小粒咖啡 [註5]、藝伎等，皆是鐵比卡的衍生品種。鐵比卡的豆粒較大，成尖橢圓或瘦尖狀，與波旁的圓身豆不同。

註4：雖然波斯名醫西元九世紀就以咖啡入藥，十五至十六世紀後咖啡館在中東大行其道，但　　　一直到十八世紀以後，咖啡樹品種才獲學術界確認。

波旁（Bourbon）：與鐵比卡並列為古老優良品種。甚至有植物學家認為，波旁是早期鐵比卡移植到葉門後的變種，豆形從瘦尖變成圓身。直到一七一五年，法國移植葉門的摩卡圓身豆到非洲東岸的波旁島，才開始受到重視，而有了圓身波旁的名稱。另外，一七三二年英國移植葉門摩卡到聖海倫娜島，也是圓身豆；有意思的是，它並未透過波旁島，卻取名為綠頂波旁，由此可見，業界以為全球的波旁豆全來自波旁島是一大誤解。事實是有很多圓身波旁豆直接從葉門傳播而未透過波旁島，這一點認知很重要。一八一〇年，波旁島的圓身豆又有一部分突變為尖身豆，也就是知名的「波旁尖身」，其咖啡因含量只有一半，產量少體質弱，極為珍稀。

圓身波旁生命力旺盛，對鏽葉病的抵抗力優於鐵比卡，但風味不輸鐵比卡，甚至更優，經常在杯測賽中勝出。波旁除了變種的波旁尖身豆之外，幾乎全為圓身豆，豆粒也比鐵比卡小一點，雖較晚熟，產量卻較鐵比卡多出 30%，缺點是結果一年就要休息一年。圓身波旁在巴西、薩爾瓦多和瓜地馬拉栽植最多。波旁適合栽種在 1,200 公尺以上，風味明顯優於 1,000 公尺以下低海拔波旁豆。在此再強調一次，目前中南美的波旁屬於未變種的傳統圓身波旁，至於變種的尖身豆則非常稀罕，目前仍在波旁島復育中。

除了阿拉比卡原產地衣索匹亞外 [註6]，目前中南美、印度和東非培育或發現的突變種或混血品種，均以鐵比卡和波旁為主體，基因龐雜度遠不如衣索匹亞，這是衣索匹亞以外地區的阿拉比卡體質較弱、抗病力差的主因。

另外，波旁與鐵比卡最大共同點是務必有遮蔭樹「護駕」，協助阻擋艷陽，此二古老品種如無遮蔭樹，將不利生長與風味發展。但如果年均溫在攝氏 18 至 23 度，或栽植場面向東方或東北，每日只有六小時日照，坐擁這些特殊條件，則可採曝晒式栽植，不傷品質。

● 基因突變種

肯亞「SL28」與「SL34」（波旁嫡系）：二十世紀初法國、英國傳教士和研究人員在肯亞篩選、培育出來的波旁嫡系。百年來已適應肯亞高濃度的磷酸土壤，孕育出肯亞豆特殊的酸香物，有別於中南美的波旁豆。頂級的肯亞咖啡都是出自這兩個優秀品系，但移植到亞洲卻走了味，無法顯現肯亞豆的特色。

藝伎（Geisha）：大器晚成的品種。一九三一年默默無名地從衣索匹亞西南部的藝伎山（Geisha Mountain，恰巧與英文的藝伎同音）輸出肯亞，浪跡坦尚尼亞、哥斯大黎加，六〇年代輾轉移植到巴拿馬，之後又熬過近半個世紀，才一鳴驚人，擊敗常勝軍波旁、卡杜拉、卡杜阿伊、鐵比卡等品種，一口氣囊括二〇〇五、二〇〇六和二〇〇七年巴拿馬國寶豆杯測大賽首獎。二〇〇七年，美國精品咖啡協會主辦的國際名豆杯測賽，藝伎又拿下冠軍，競標價更以每磅 130 美元成交，創下二〇〇七年以前，競賽豆最高身價紀錄。據悉，下一屆巴拿馬國寶豆競賽活動將分成藝伎與其非藝伎兩組，免得又被藝伎搶走其他品種的光彩。藝伎屬於鐵比卡家族的一員，卻在離開衣索匹亞七十多年後揚名立萬，更應驗了衣國是阿拉比卡基因寶庫的說法，隨便施捨一個品種出國，就足以在咖啡市場興風作浪（巴拿馬精品豆，請詳見第六章）。

黃色波旁（Bourbon Amarello）：英文名亦可寫為「Yellow Bourbon」，淺焙深焙皆宜，為巴西聖保羅州特有黃色外皮的波旁變種。一般咖啡果子成熟後會變成紅色，但黃波旁成熟後不會變紅，呈橘黃色而得名。黃波旁這兩年席捲巴西「超凡杯」大賽，前三名大獎幾乎全由黃波旁囊括，成為精品咖啡界的當紅炸子雞，也是精品濃縮咖啡的配方豆。阿拉比卡黃色果皮變種的學名，皆冠上「Amarello」，包括黃色卡杜拉、黃色卡杜阿伊等。

註 5：目前雲南咖啡多半改植卡提摩，風味差。雲南鐵比卡才是精品，但已漸被卡提摩取代，鐵比卡愈來愈少見。邱永漢獨具慧眼在雲南投資栽培鐵比卡，以日本為市場。

註 6：衣國至少有兩千多種野生咖啡，基因龐雜度極高。

卡杜拉（Caturra）：波旁一個單基因的變種，五〇年代在巴西發現。產能與抗病力均比波旁佳，但樹株較矮，方便採收，可惜和波旁一樣均有每兩年產能起伏的周期問題。風味與波旁豆不相上下或稍差，更重要是適應力超強，不需遮蔭樹，直接曝晒豔陽下亦可生機勃勃，俗稱為曝晒咖啡（Sun Coffee）能適應高密度栽種，但必須多施肥，增加成本，因此初期咖啡農接受度不高。但七〇年代豆價大漲，農民紛紛改種卡杜拉以提高產量，在中美洲和哥倫比亞當局大力推廣下，成果豐碩。農民接納卡杜拉，意味栽種技術大變革。中美洲和哥倫比亞改採高收益、高密度的曝晒式栽種，到了一九九〇年，一百萬公頃即可收穫 1,400 萬袋咖啡豆，產能提高了 60%，難怪高產能、高品質的卡杜拉已成為目前各產國倚重的品種。卡杜拉最適合栽植於 700 公尺（2,300 英尺）的低海拔至 1,700 公尺（5,600 英尺）的高海拔區，海拔適應力很強。但海拔愈高風味愈佳，產能相對減少，這是精品豆的宿命。學界有人稱卡杜拉為密集與曝晒栽培版的波旁，可謂一針見血。中南美洲亦有變種的黃色卡杜拉（Caturra Amarello），但風評不如黃波旁。

帕卡斯（Pacas）：在薩爾瓦多發現的波旁變種。一九三五年，薩爾瓦多咖啡農帕卡斯（Don Alberto Pacas）篩選高產能的聖雷蒙波旁（San Ramón Bourbon）品種移入農莊栽植。一九五六年，友人發現他農莊裡的波旁結果量高於同種咖啡樹，於是請佛羅里達大學教授葛維爾（Dr. William Cogwill）前來鑑定，確定波旁發生基因突變，葛維爾教授便以農莊主人之名「帕卡斯」為新品種命名。帕卡斯由於產量高、品質佳，在中美洲頗流行，也扮演改良品種的「種馬」角色。薩爾瓦多目前有 68% 屬波旁品種，29% 為帕卡斯，另外 3% 則為卡杜阿伊、卡杜拉和高貴的帕卡瑪拉。

薇拉莎奇（villa Sarchi）：六〇年代最先在哥斯大黎加發現的波旁變種，近年常出現在競賽優勝榜內，可謂後勢看俏的黑馬。

象豆（Maragogype）：豆體比一般阿拉比卡至少大三倍，是世界之最，因而得名。象豆是鐵比卡最知名的變種豆，西元一八七〇年最先在巴西東北部帕西亞州（Bahia）的瑪拉哥吉培（Maragogype）產豆區發現。精品豆業者常以誕生地瑪拉哥吉培稱之，

俗稱象豆。墨西哥、瓜地馬拉、哥倫比亞和多明尼加有少量栽植。象豆很適應 700 至 800 公尺的低海拔區，但風味乏香可陳，毫無特色，甚至有土腥味，宜選 1,000 公尺以上的稍高海拔，風味較佳，酸味溫和，甜香宜人。

象豆的體積雖大，卻屬於軟豆。一般人對它印象不佳，但事實上海拔稍高的象豆風味特殊，柔香迷人（因為海拔高的結果量較少，養分較集中），不過產能很低，不敷經濟效益，加上果子碩大不易水洗或半水洗，致使農人栽植意願不高，紛紛改種高產能的卡杜拉或卡杜阿伊。烘焙象豆時，由於豆體大密度低，如以傳統半直火式烘焙，宜以小火為之；如以熱氣式，則務必小量烘焙，以免熱氣吹不動象豆，無法翻騰出現黑焦點。

● 阿拉比卡種內雜交（Intraspecific Hybrid）

新世界（Mundo Novo）：同屬阿拉比卡的「波旁」與「蘇門答臘鐵比卡」自然混血的品種，最早在巴西發現。產量高，耐病蟲害，杯測品質亦佳，被譽為巴西咖啡業新希望，故取名新世界。雖不曾擠進巴西前三名國寶豆，但多次出現在前二十名榜單內。巴西於一九五〇年以後大肆栽種，最大缺點是樹高常超過 3 公尺，不易採收。

卡杜阿伊（Catuai）：亦為阿拉比卡混血品種，乃新世界與卡杜拉的混血品種，故繼承了卡杜拉樹身低的優點，一改新世界的缺點；另一優點是結果扎實，遇強風吹拂不易脫落，彌補阿拉比卡果子弱不經風的缺陷，但整體風味表現比卡杜拉單調，是最大憾事。卡杜阿伊亦有紅果與黃果之別。統計上，紅果卡杜阿伊較常得獎。卡杜阿伊、黃波旁、新世界和紅波旁並列為巴西四大主力品種。

帕卡瑪拉（Pacamara）：血統非常複雜，是鐵比卡變種象豆與波旁變種帕卡斯的雜交品種。豆粒碩大僅次於象豆，是薩爾瓦多的後起之秀，也是近兩年紅透全球精品咖啡的混血品種。曾拿下二〇〇七瓜地馬拉和宏都拉斯「超凡杯」雙料冠軍，更包辦薩爾瓦多前三名大獎。「帕卡瑪拉」之名取得很好，是帕卡斯「Pacas」與象

豆「Maragogepe」字首之複合字。帕卡瑪拉是薩爾瓦多咖啡研究學會於一九五七到一九五八年配出的優良品種，直到近年才大放異彩，成為精品咖啡的寵兒（關於奇豆帕卡瑪拉，詳見本書第六章）

肯特（Kent）：印度發現的鐵比卡混血品種，產量高，抗病力強，但未曾贏過國際杯測大獎。

● 阿拉比卡與粗壯豆種間雜交（Interspecific Hybrid）

提摩（Timor）：東帝汶發現的阿拉比卡與粗壯豆混血品種，但較接近阿拉比卡，因其染色體是阿拉比卡的四十四條而非粗壯豆的二十二條。提摩的酸味低，缺少特色，臺灣常用來做壓低成本的配方豆，但東帝汶也有水洗處理的高海拔純種鐵比卡，目前已打進美國精品市場。購買提摩咖啡，務必先弄清楚貨色是混血種或純種鐵比卡水洗豆，兩者品質差很多，前者平淡無奇，後者有精品豆水準。

卡提摩（Catimor）：目前商用豆的重要品種。東帝汶曾受葡萄牙殖民四百年，葡萄牙人對東帝汶的咖啡樹早有接觸。一九五九年，葡萄牙人將巴西的波旁突變種卡杜拉移往東帝汶與帶有粗壯豆血統的提摩混血，居然成功培育出抗病力與產能超強的卡提摩。一九七○到一九九○年間，葉鏽病禍及全球咖啡產國，在國際組織協助下，各產國大力推廣卡提摩來抵抗葉鏽病並提高產能。唯卡提摩雖繼承粗壯豆抗病力強的優點，也繼承了風味差的基因，另外，早期的卡提摩產能雖大卻需遮蔭樹侍候，否則易枯萎，可謂外強中乾。數十年來研究卡提摩品種改良的植物學家很多，也培育出數十種新品種。哥倫比亞是最大收穫國，一九八二年培育出可曝晒栽植的卡提摩，並以國名「Colombia」稱之。哥國宣稱經過多代交互配種的「Colombia」與一般卡提摩不同，目前與卡杜拉成為該國兩大主力品種，早已取代體弱多病產量少的鐵比卡。不過，哥國「超凡杯」勝出者多半是卡杜拉，具有粗壯豆血統的「Colombia」很少得獎。哥國大量出口的「Supremo」商用豆應是較低海拔的「Colombia」或卡杜拉，而非傳統的鐵比卡，這就是「Supremo」風味愈來愈貧乏的主因，但哥國不可能再復育產量少的鐵比卡。

為了改善卡提摩杯測不佳的惡評，近年來各國植物學家再回過頭以阿拉比卡與卡提摩多代交互配種，試圖降低粗壯豆血統，同時提高阿拉比卡的優雅風味，因此培育出新世代卡提摩，包括「Catimor H528」、「Catimor H306」，以及哥斯大黎加的「Catimor T5175」、「Catimor T8667」。但哥斯大黎加已放棄種植卡提摩，主攻卡杜拉品種，並將改良的卡提摩外銷到亞洲產國。卡提摩品系多得數不清，各品系杯測結果與習性亦不同，只是雖改良了好些年，至今仍未見卡提摩打進國際杯測大賽前三名榜單。卡提摩的最大致命傷在於，與低海拔種植的卡杜拉、卡杜阿伊或波旁豆一起杯測時並不遜色，但栽植到高海拔區的杯測結果就明顯不如波旁、卡杜阿伊或卡杜拉。卡提摩能否登上大雅之堂，尚待觀察。期盼有朝一日能培養出適合高海拔的超級卡提摩，震驚精品咖啡界。

伊卡圖（Icatu）：巴西多代雜交改良品種的傑作。過去，阿拉比卡與羅巴斯塔混血的阿拉巴斯塔（Arabusta）雖提高了產量與抵抗葉鏽病的能力，但咖啡風味一直不佳。科學家再以阿拉巴斯塔與卡杜拉、新世界和波旁等阿拉比卡品種多代雜交，逐年降低粗壯豆的惡味，並提高阿拉比卡的優香，從而誕生了阿拉比卡血統多於羅巴斯塔的伊卡圖。此優秀的「雜種」在巴西漸受歡迎，亦多次打進巴西「超凡杯」前十名內，後勢看好。卡提摩目前也朝此方向改良風味。

魯依魯 11（Ruiru 11）：另一個重產量不重品質的混血產物。是一九八五年，由肯亞的魯依魯咖啡研究中心以提摩為「種馬」所打造的阿拉比卡與粗壯豆交配新品種，旨在提高抗病力並增加產能，但風味不佳。肯亞豆愛好者憂心此混血種普及後恐影響農民栽植「SL28」、「SL34」的意願，發生劣幣驅逐良幣效應，有損肯亞豆的形象。

強卓吉里（Chandragiri）：二〇〇七年十二月，印度最新栽培並進行量產的混血品種。是哥斯大黎加知名的波旁變種薇拉莎奇與卡提摩的雜交種，能抵抗葉鏽病，產能也很高，每公頃可生產 1,100 到 1,800 公斤咖啡豆。但風味如何，仍需經過市場考驗。

● 低咖啡因品種：波旁變種低因 VS. 衣索匹亞超低因品種

波旁變種低因咖啡樹復育傳奇

波旁變種低因豆（每 100 公克 45.9 歐元）：本書第三章曾提及，一七一五年，法國人移植葉門圓身摩卡到非洲東岸印度洋上的波旁島。由於該島孤立於非洲大陸之外，水土氣候迥異於葉門，到了一八一〇年衍生成變種波旁，豆體由先前的圓身變為尖身，樹高也較矮小。當時法國人改以「Bourbon Pointu」——即波旁尖身——稱之，成了傳說中「多喝亦能好眠」的美味咖啡，也是法國名作家巴爾札克等文人雅士的最愛。二十世紀後，科學家才發現波旁尖身的咖啡因比一般阿拉比卡少了一半。

然而，變種波旁的產能很低，一九五〇年後遭島民遺棄，咖啡田改為甘蔗園，尖身波旁成了老一輩咖啡饕客魂牽夢繫的美味。在它消失數十年後，日本上島咖啡（UCC）的專家川島良彰曾於七〇年代在薩爾瓦多學習咖啡栽植，多次聽到咖啡老農提及「古老又美味的低因咖啡樹可能還存活在法屬波旁島」，一直銘記心中。一九九九年，他有機會赴非洲考察，順便造訪波旁島，尋找傳說中的低因咖啡樹，卻遭島民大潑冷水。事隔半世紀，沒人聽說波旁島曾經有咖啡作物，不堪其擾的農民，乾脆帶川島到超市去看五花八門的罐裝咖啡。他不以為意，仍堅持尋找傳說中的變種咖啡樹，並留下連絡地址給訪問過的農民和官員。兩年後，即二〇〇一年，川島良彰接到波旁島農民電話，表示在野外發現三十多株不知名咖啡樹，請他過來鑑定。樹高果然矮小，疑似變種波旁。他與法國當局幾經交涉，專家鑑定後確認是一八一〇存活下來的波旁尖身，並未因一九五〇年遭到棄種而絕種，法國國際農業發展研究中心（CIRAD）決定派出科學家與日本上島咖啡合作，展開復育計畫，振興稀世又美味的天然低因咖啡樹。

變種波旁在學術上屬於天然低因品種「*Coffea Laurina*」，亦稱「Ismirna Coffee」或俗稱的波旁尖身「Bourbon Pointu」。因為退化的基因（Lrlr）造成基因的多效性，致使樹高、結間、葉片和咖啡因含量 [註7] 均比一般波旁咖啡樹來得低或小。豆相則屬尖瘦型，看似衣索匹亞知名的哈拉長身豆（Long Berry），但豆體密實屬極硬豆，

風味絕佳，值得商業開發。變種波旁的最大商業價值是咖啡因含量只有一般阿拉比卡之半；阿拉比卡的咖啡因含量約占豆重的 1.2 至 1.6%，變種波旁只占 0.4 ～ 0.75%，唯產能低是商業栽培前必先克服的問題。

法國科學家先從波旁島殘存下來的三十多株變種波旁篩選出結果量較大者，進行五年的復育計畫。終於在二〇〇六年底有了第一批 700 公斤咖啡豆產量，嚴格篩選出 240 公斤生豆，幾乎全銷日本市場，上島咖啡烘焙後，每單位 100 公克，售價高達 7,350 日圓（45.9 歐元），即每公克新臺幣 20.8 元，比頂級藍山咖啡還貴四倍。二〇〇七年四月，在日本銷售的兩千個單位於第一天就被搶購一空。據喝過的人表示，風味與一般咖啡不同，無苦味，果酸優雅帶有濃郁柑橘香，甚至有中國荔枝的清香味。

變種低因波旁樹復育後，首次商業銷售出奇成功。日本上島咖啡進一步與法國研究單位和波旁島當局緊密合作，在該島尋覓更好的栽植地點。二〇〇八年將擴大推出稀世的波旁尖身低因咖啡，全球咖啡饕客屏息以待。扮演紅娘的川島良彰，也成了日本家喻戶曉的咖啡奇人。

咖啡因減半的波旁尖身到底多好喝，讓日本人如此瘋狂？我曾於二〇一三年多次試喝哥倫比亞栽植成功的波旁尖身，由於豆體尖瘦，不易烘焙，因此烘焙優劣，影響風味至鉅，優質烘焙的波旁尖身，酸質乾淨剔透，甜感佳餘韻厚實。但烘焙不佳的，喝來會有木質味，有如天使與魔鬼區別，相當有趣。在此引用法國研究單位對變種波旁低因豆、瓜地馬拉高海拔波旁與牙買加頂級藍山的杯測評分，供讀者參考。冠軍：瓜地馬拉波旁（Bourbon Guatemala）9 / 9。亞軍：尖身波旁（Pointed de Bourbon）7 / 9。季軍：藍山鐵比卡（Blue Mountain）6 / 9。波旁尖身的栽種海拔在 1,000 公尺以下，能有此佳績算很不錯了。此評分報告係二〇〇六年，法國研究波旁尖身的專家馬克里維爾（Marc River）委託法國老牌咖啡公司馬隆哥（Malongo）所做的杯測，九分為滿分。

註 7：由於缺少咖啡因合成酶，無法將可可鹼合成咖啡因。

超低因咖啡樹引發衣索匹亞與巴西外交戰

變種尖身波旁的咖啡因含量只占豆重的 0.4 ～ 0.75%，但比起最新發現衣索匹亞超低因品種的咖啡因只占豆重的 0.07%，就顯得不夠看了。低因咖啡的生產業者憂心不已，唯恐衣索匹亞天然超低因咖啡問世後，會擋了他們的財路。

目前的低因咖啡是以化學、物理方法除去咖啡因，芳香物在製程中難免連同咖啡因一起流失，導致低因咖啡風味不佳。更糟的是，低因咖啡還可能殘留化學劑，有礙健康。十年前，夏威夷科學家曾以基因工程改造咖啡樹，試圖以高科技干擾咖啡因的製造基因，並聲稱能培育出低因咖啡樹。此消息曾喧騰一時，結果雷聲大雨點小，胎死腹中。一方面是遇到反基因改造團體的強大壓力，另一方面是培育出來的低因咖啡豆，風味不佳，成本又高，無法與市面上的化學低因咖啡競爭。

以非自然的基因工程打造低因咖啡樹暫告流產，但科學家仍不死心，轉向咖啡樹的老家非洲，尋找自然界中可能存在的天然低因咖啡樹。植物學家於二〇〇二年宣稱在馬達加斯加島找到天然低因咖啡樹，但天公不作美，它不屬於阿拉比卡麾下品種，而是馬達加斯加咖啡亞屬（Mascarocoffea），風味不佳，苦味特重，無人敢領教。科學家接著嘗試將這種野生低因與阿拉比卡混血，試圖改良馬達加斯加咖啡亞屬的風味，但兩品種的血源相差太多，無法繁延後代而告失敗。

雖然人工打造低因咖啡樹計畫相繼失敗，但低因咖啡高占全球 10% 的咖啡市場，專家估計全球咖啡市場已突破八百億美元，算算低因市場每年至少有八十億美元商機，因此搜尋天然低因咖啡樹的努力不曾間斷，終於在二〇〇四年六月傳來好消息。巴西國立的坎畢納斯大學（University of Campinas）植物學家保羅・馬札費拉（Paulo Mazzafera）宣布，已找到衣索匹亞野生低因阿拉比卡樹。同年六月，馬札費拉在權威的《自然雜誌》（*Nature*）鄭重宣布：「這是人類首度發現阿拉比卡麾下的低因咖啡樹，咖啡因含量只占豆重 0.07%，比一般阿拉比卡的咖啡因含量（約 1.6%）低了二十倍。」據悉，他領導的研究團隊檢測衣索匹亞三百個阿拉比卡亞種的三千株樣品後，篩出三個天然低因亞種，震驚全球咖啡界 [註8]。

巴西的馬札費拉教授在記者會上強調，此次發掘的衣索匹亞天然低因咖啡是風味較佳的阿卡比卡，即使基因有缺陷產能較低，不敷商業栽培效益，但可透過與血源相近的阿拉比卡混血，提高產能進行量產，市場潛力無窮。此消息也震醒了沉睡的衣索匹亞當局，準備控告馬札費拉未經衣索匹亞同意便入境恣意盜取野生咖啡樹，引發了衣國與巴西外交關係的緊張，展開阿拉比卡低因咖啡樹的諜對諜與主權保衛戰（過程詳情請參見第五章）。

　　結果是皆大歡喜，兩國合作分享上帝恩賜的天然低因咖啡樹，創造雙贏。最大的問題是，如何提高低因咖啡樹的結果量。相關研究工作在三年後終於開花結果。二○○七年八月，衣索匹亞農業暨鄉村發展部（State Minister of Agriculture and Rural Development）部長艾貝拉・德瑞沙（Abera Deressa）宣布：「衣索匹亞咖啡研究中心已開始商業栽種天然低因咖啡樹，吾國將在最短時間內供應全球天然低因咖啡新產品。」雖然未言明上市時間，一般預料從栽植到收成至少要兩年時間，上市時間可能落在二○○九年以後。由於它出自阿拉比卡種，風味上具有強大競爭力，頗受市場關注。這是人類有史以來頭一次商業量產天然低因咖啡樹，具有劃時代意義。不過，截至二○一四年元月，筆者尚未取得該低因阿拉比卡上市的進一步消息，衣國當局至今也未發布相關資訊，令人不解。

註8：據筆者的粗淺研究，天然低因咖啡樹至少有兩種：一種為「*Coffea Laurina*」，即前面談的波旁尖身，咖啡因只占豆重 0.4 ～ 0.7 %；另一種為含量更低或幾乎不含咖啡因的「Mascarocoffea」，主要分布於非洲東岸馬達加斯加以東的馬斯卡林群島（Mascarene），波旁島也包括在內。本書第三章曾談到波旁島原生的褐果咖啡樹或稱「Marron」，就屬於「Mascarocoffea」一員的「*Coffea mauritiana*」，咖啡因更低，只占豆重 0.07 %，可謂超級低因咖啡，但苦味很重，仍無市場。衣索匹亞記者會上宣布的天然低因咖啡樹，其咖啡因含量只占豆重 0.07%，有可能也屬於超低因「Mascarocoffea」家族的一員。但巴西和衣索匹亞雙方並未言明它屬於何品種，令人納悶。如果是「*Coffea Laurina*」，咖啡因含量不至於低到 0.07%；如果是「Mascarocoffea」家族，就必須先克服苦味重的問題。也有可能既不屬於「*Coffea Laurina*」，也不是「Mascarocoffea」──別忘了衣索匹亞是阿拉比卡的基因寶庫。人類有史以來首度揭櫫的野生超低因咖啡究竟是何方神聖？衣國仍在賣關子，就等上市日揭曉吧。

科學家指出，衣索匹亞野生低因咖啡樹品種主要是製造咖啡因的基因有缺陷，咖啡因合成酶無法正常製造咖啡因。一般阿拉比卡咖啡豆每公克約含 12 ～ 16 毫克咖啡因，而這種天然低因咖啡樹，每公克咖啡只含 0.7 毫克咖啡因。也就是說一般，以 10 公克泡一杯 120cc 咖啡，咖啡因含量約 120 ～ 160 毫克；如以衣索匹亞天然低因豆 10 公克等量來泡，其咖啡因含量只有 7 毫克。不但喝得到阿拉比卡的醇香，咖啡因也減少近二十倍，確有龐大商業利基。

再拿衣索匹亞天然低因咖啡與市面上以化學萃取法或二氧化碳臨界萃取法的低因咖啡來比一比，哪個咖啡因含量少？人工低因的咖啡因含量約占乾物重量 0.02 ～ 0.03%，而衣索匹亞天然低因約占 0.07%，顯然人工低因稍占優勢，但該微小優勢在風味上很容易被天然低因豆打敗。加上近年來健康意識抬頭，天然食品向來比人造食品吃香。天然低因豆推出後，泡出來的香氣如果明顯比人工低因咖啡佳，且價格上亦有優勢，就有可能全面取代人工低因咖啡。

衣索匹亞開始商業栽種天然低因咖啡樹，是咖啡產國的一大創新，亦使產豆國多了一項生財利器，他日上市後可望成為低因咖啡界的精品豆。本案例則更突顯了衣索匹亞確實是咖啡樹基因寶庫之事實，尚有許多天賦異稟的「怪胎」咖啡樹亟待發掘。

另外，印度多年來不遺餘力開發低因咖啡樹，也有了成效。中央食品科技研究所（Central Food Technological Research Institute）經過六年的苦心鑽研，成功以基因工程打造出無咖啡因的羅巴斯塔新品種。二〇〇七年已將成果提報印度邁索（Mysore）的咖啡局，做進一步檢測評估，風味好壞將是最大問題，目前仍無量產或上市消息。

低因咖啡超級比一比

衛生署二〇〇八年一月一日起，對所謂「低因咖啡含量」做出新規範，明訂每 100cc 咖啡，其咖啡因含量等於或低於 2 毫克的飲料，才夠資格標示為「低咖啡因」，免得業者掛羊頭賣狗肉。筆者以此新標準，來檢視人工（化學）低因、衣索匹亞天然低因和波旁變種低因，是否符合此高標準。

有信譽的人工低因品牌，咖啡因含量約占乾物重的 0.02 ～ 0.03%，即每公克的咖啡因含量為 0.2 ～ 0.3 毫克。若以濃淡適口的 7 公克咖啡粉泡一杯 100cc 咖啡，其咖啡因含量約 1.4 ～ 2.1 毫克，應可符合衛生署 2 毫克的超嚴格標準，保險起見不妨泡淡點。如果以 10 公克來泡，每 100cc 咖啡的咖啡因就達 2 ～ 3 毫克，而超出衛生署標準。

再來看看衣索匹亞天然低因，根據目前的數據，其咖啡因含量約占乾物重的 0.07%，即每公克的咖啡因含量為 0.7 毫克。同樣以 7 公克咖啡粉泡出 100cc 咖啡，其咖啡因含量為 4.9 毫克，顯已超出衛生署標準。值得留意的是，野生的天然低因咖啡樹結果量太少，這幾年在科學家培育下，已和其他阿拉比卡混血，提高產能，令筆者懷疑咖啡因很可能因此更高了，有待衣國當局提供更進一步數據。天然低因豆可能過不了衛生署的「低咖啡因含量」認證吧。

至於日本人愛不釋口的變種低因波旁豆的「預後」更為不妙，咖啡因含量達乾物的 0.6%，即每公克的咖啡因含量為 6 毫克，同樣以 7 公克泡出 100cc 咖啡，其咖啡因已達 42 毫克，遠超出「低咖啡因含量」的定義。

波旁尖身雖然已比一般咖啡少了一半咖啡因，卻無法獲得衛生署「點頭」掛上「低因咖啡」標示，實為一大憾事！

● 杯測賽常勝軍：波旁最拉風

前面以原生種、基因突變種、種內雜交、種間雜交和低因品種，分門別類介紹諸多阿拉比卡品種，到底哪個品種最美味？數字會說話，證諸各大國際杯測賽，波旁得獎頻率最高，但後起的藝伎和帕卡瑪拉，亦不容小覷。

原生種、變種或雜交品種的風味好壞已爭論好一段時間，這涉及主客觀認定不同，難有定論。一般的共識是，原生品種鐵比卡與波旁風味優於改良品種，而且遮蔭

栽培應比曝晒栽培的風味更豐富，因為有遮蔭的咖啡成長較慢，可增加糖分的累積。一九九七年，國外一篇研究報告觸碰到此禁忌話題，並將各品種的美味排名定了出來，依序為「鐵比卡＞波旁＞卡杜拉＞卡杜阿伊」，恰好與各品種結果量成反比，結論是：要美味就必須容忍低產量，要高產量就得犧牲美味。鐵比卡排第一，因此惹惱了波旁派，並質疑該研究的科學數據不充實。

不過，以近年杯測賽勝出的品種來看，鐵比卡並不起眼，波旁卻享有壓倒性優勢。一九九九到二○○五年，「超凡杯」巴西杯測賽勝出的一百八十九批精品豆裡，29.6% 是波旁品種（包括紅皮波旁和黃皮波旁），比率最高；更有意義的是，波旁只占巴西咖啡總產量的 1%，產量少卻頻頻得獎。這期間共有三十四批巴西豆獲得國際評審給予 90 分以上高分，當中有十七批是波旁豆，高占 50%，更證明了波旁的美味。取樣再擴大到一九九九到二○○五年，巴西、哥倫比亞、瓜地馬拉、哥斯大黎加、尼加拉瓜、薩爾瓦多、玻利維亞和宏都拉斯八大「超凡杯」成員國競賽豆，獲得 90 分以上的高分品種，也以波旁的 29.5% 占比最高，卡杜拉與卡杜阿伊平分秋色，占比各為 17.9%，接著是新世界的 6.4%，帕卡斯的 3.8%，鐵比卡只占 1.3%，確實有點漏氣。

但此統計仍有個盲點，因為薩爾瓦多的怪胎豆帕卡瑪拉直到二○○四年才開始大放異彩，參加「超凡杯」較晚，在取樣上吃悶虧。另外，這幾年紅得發紫的巴拿馬藝伎豆，並不屬「超凡杯」成員國，故無法去踢館。但藝伎在巴拿馬國寶豆杯測賽連續三年痛宰波旁、卡杜拉和卡杜阿伊品種，並締造每磅生豆 130 美元的競賽豆新高紀錄。有趣的是，藝伎是鐵比卡的嫡系，算是為鐵比卡出口氣。

另外，美國咖啡專家戴維斯（Kenneth Davids）曾在二○○四年針對巴西、薩爾瓦多、尼加拉瓜、宏都拉斯「超凡杯」得獎豆再進行一次杯測大評比，結果只有九支豆獲 90 分以上，波旁占了四支，帕卡瑪拉和卡杜拉各有兩支，另外一支是波旁、帕卡瑪拉和卡杜拉三品種的綜合配方豆。總結來看，波旁、鐵比卡、卡杜拉、藝伎、帕卡瑪拉和卡杜阿伊，得獎頻率最高，算是美味的品種。

──（二）擇地而植：不同水土孕育不同芳香物 ──

　　咖啡品種與栽植環境，何者影響咖啡風味較大？這有一點見仁見智。但世界知名的咖啡化學家意利博士 [註9] 對此提出精闢見解：「咖啡豆的特質與香醇潛能，70%已由基因決定，另外 30% 則取決於栽種地的生態系統。基因不同才會孕育出特質有異的咖啡，這是阿拉比卡與羅巴斯塔風味明顯不同的主因。如果基因特質相同，那麼整體生態系統，包括緯度、海拔、土壤、日照、雨量、溫度，將主導咖啡風味走向與優劣。」換句話說，有了優秀品種還要配合有利的「養味」環境，也就是咖啡農所稱各莊園不同的生態、土質與微型氣候，是獨特「地域之味」的主因。

● 海拔、品種與風味關係

　　何種環境該栽植什麼咖啡品種，這涉及複雜的基因特質與生態系統，近年已成為咖啡科學最熱門的領域。法國國際農業發展研究中心的古尤特博士（Dr. Bernard Guyot）對海拔與品種如何影響咖啡風味，提出以下研究結果：

(1) 種於較高海拔的咖啡，酸香物較豐富，但油質濃度卻比低海拔咖啡低。這兩因素使得高海拔咖啡酸味較強，這可從瓜地馬拉八大產區中，海拔最高約在 2,000 公尺的薇薇特南果（Huehuetenago，位於瓜國西北部與墨西哥接壤）和懷哈內斯（Fraijanes，位於東南部與薩爾瓦多接壤）得到印證，這兩區咖啡酸味明顯高於包括安地瓜在內的其他六區。另外，海拔每升高 100 公尺，溫度降低攝氏

註9：厄內斯特‧意利博士於二〇〇八年二月三日逝世，享壽八十二歲。他是全球知名的咖啡化學家，一九六三年至二〇〇四年間擔任義大利知名的意利咖啡（Illy Caffè）總裁。曾自豪說：「我們的咖啡豆是一般行情兩倍價。我們目標是供應零缺點的咖啡……優質濃縮咖啡猶如在舌間上彩般繽紛！」意利博士擅長以化學來解讀咖啡，是全球重量級的咖啡學者。

0.6 度，研究更發現每升高 300 公尺，咖啡豆的蔗糖含量就增加 10% [註10]。原則上，酸香物與蔗糖含量愈高，咖啡愈香醇。這是因為海拔較高，溫度較低且日夜溫差大，可減慢咖啡的生長速度，累積更多養分。

(2) 遮蔭樹亦有助孕育咖啡的酸香味，因為樹蔭可阻擋午間豔陽，讓咖啡樹不致曝露在高溫環境下生長，新陳代謝不致太快，有助養分與芳香物發展。因此海拔較低產區的波旁和鐵比卡，務必栽植遮蔭樹，可提高咖啡的果酸味。有些產區海拔低於 1,000 公尺，咖啡卻有優雅的酸味，夏威夷柯娜（Kona）就是一例，因為柯娜島離赤道較遠，緯度約二十度左右，屬亞熱帶，陽光不似熱帶區那麼強。更重要的是，夏威夷大島午後風吹雲起，發揮遮蔭樹效果，厚雲及時為咖啡樹降溫，降低新陳代謝，居功不小。簡而言之，高海拔（但冬天不致結霜）與遮蔭樹減緩咖啡成長，使之有充裕時間發展芳香物，這類生態的咖啡，甜感和酸香味明顯。

(3) 豆子大小與海拔成正相關，海拔高較易結出飽滿體型的豆子，因此有些產地喜歡以豆子大小而非硬度來訂定豆子的等級。但豆體大小與品種有關，體型並非最佳的評等標準。

(4) 有些研究報告指出，阿拉比卡的咖啡因含量與栽植海拔成正相關（並非絕對），每升高 300 公尺，咖啡因含量增加 10%。瓜地馬拉海拔 1,400 公尺產區的咖啡因，明顯比 1,100 公尺的咖啡高出 10% 左右 [註11]。相反的，綠原酸卻與海拔高度成反比，每升高 300 公尺，咖啡的綠原酸減少 5%（並非絕對），這可能與咖啡抗病蟲害系統有關；愈低海拔愈易染病，所以綠原酸愈高。綠原酸也是咖啡苦澀死酸的原凶之一，這說明了為何愈低海拔的咖啡，酸香味愈不優雅。咖啡樹堪稱植物界中綠原酸含量最高者，光是儲存在咖啡豆裡的綠原酸就高占阿拉比卡豆重的 6% ～ 8%，平地粗壯豆更高占 10% 以上。

咖啡樹的綠原酸含量會隨著環境惡化而增加，比方說高溫、乾燥、蟲害，讓植物感到生存壓力愈重，綠原酸就會愈高，但此有機酸卻是植物抗病蟲害的利器之一。

這就有意思了。咖啡農愈疏於照顧咖啡樹，或生長環境愈險惡，結出來的咖啡豆所含綠原酸就愈高，酸澀苦味就愈重，彷彿咖啡也有靈性：「你不仔細照料我，就給你苦澀咖啡喝！」相對的，用心栽植的咖啡莊園，水土適宜，日夜溫差大，霧氣彌漫，周遭又有遮蔭樹伺候……如此投好阿拉比卡樹，令其無憂無慮生長，綠原酸濃度相對較低，很容易結出酸甜迷人、果香四溢的好咖啡。所以，綠原酸含量多寡亦可決定咖啡的「地域之味」，這對精品咖啡尤為重要。

接下來再以數據來說明品種、海拔與杯測的關係。下表是瓜地馬拉咖啡生產者協會（Anacafe）與法國國際發展農業研究中心的研究所得，很有參考價值。

海拔、品種與杯測關係

海拔高度（英尺）	品種	醇厚度（Body）	酸味	香氣	整體風味
< 4,000	波旁	1	2	1	1
< 4,000	卡杜拉	2	2	2	1
< 4,000	卡杜阿伊	1	1	1	1
4,000 ~ 4,800	波旁	3	2	3	1
4,000 ~ 4,800	卡杜拉	3	2	4	3
4,000 ~ 4,800	卡杜阿伊	1	2	1	1
> 4,800	波旁	4	3	5	4
> 4,800	卡杜拉	4	2	5	3
> 4,800	卡杜阿伊	2	2	3	1

註 10：蔗糖在烘焙過程會衍生更多的酸香物，這就是高海拔硬豆之酸香度遠優於較低海拔軟豆的原因。關於烘焙的知識，請參見本書第八與第九章。

註 11：筆者發現這亦可從不同產國得到佐證。哥倫比亞和瓜地馬拉海拔均高於巴西，前兩者的咖啡因含量約占豆重的 1.37%，而巴西豆卻只占 1.2%。

說明：

　　瓜地馬拉咖啡生產者協會針對中南美洲精品咖啡三大主力品種——波旁、卡杜拉和卡杜阿伊 [註12]——在海拔 4,000 英尺以下、4,000～4,800 英尺之間，以及 4,800 英尺以上的三個高度區間，檢測三大品種的風味表現。從表格數據可看出，海拔高度確實主導咖啡的醇厚度、酸味、香氣和整體風味的表現。

　　4,000 英尺以下，卡杜拉表現最突出，在醇厚度與香氣上，優於波旁和卡杜阿伊。海拔升到 4,800 英尺以下，三大品種的整體表現也顯著提升，醇厚度和香氣進步最大，但波旁與卡杜拉的果酸味，呈停滯不前狀。此一海拔高度的整體表現仍以卡杜拉最搶眼。升高到 4,800 英尺以上，古老的波旁展現爆發力，後來居上，整體風味超越卡杜拉。

　　值得留意的是，三大品種中只有波旁在 4,800 英尺以上，能有更佳的酸香表現，其他兩品種的酸香物並不因海拔愈高而有更佳的發展，也就是說 4,800 英尺以上的精品豆以波旁風味最突出，但 4,800 百英尺以下則以卡杜拉最拉風，基因特質至此表現無遺。

　　據此，即可根據不同海拔高度選種不同的品種。4,000 英尺（1,200 公尺）以下，宜選卡杜阿伊或卡杜拉，因為波旁在此海拔高度的風味表現不搶眼，英雄無用武之地，且產量少、抗病力亦弱於卡杜拉和卡杜阿伊。另外，卡杜阿伊的結果量高，果實也不易被強風吹落，因此 4,000 英尺以下，咖啡農較偏好卡杜阿伊。4,800 英尺（1,500 公尺）以下，選種以卡杜拉為優先考量，因為風味表現優於波旁和卡杜阿伊。4,800 英尺以上，卡杜拉遇到瓶頸，波旁則如魚得水，酸香物最活潑。高海拔較適合種植波旁，雖然產量少於卡杜拉但可從波旁創造的新價值，得到補償。

　　上表亦可得到以下結論：在醇厚度、果酸味和香氣的表現上，波旁是三大品種中，唯一隨著海拔愈高愈亮眼的品種。卡杜拉則在醇厚度和香氣上最搶眼，且在 4,800 英尺以下的整體表現不輸給波旁。卡杜阿伊在整體表現上最遜色。但農民評估品種的優先考量，是經濟效益的高低而非風味好壞，卡杜拉和卡杜阿伊產能大，栽種成本低，而且風味並不差，因此逐漸取代古老的波旁和鐵比卡，這是栽培業的趨勢。

咖啡迷常陷入咖啡產國的迷思中，以為某產國的咖啡屬於果肉厚實或果酸味很強的類別，或某產國的豆子一定是軟豆等，這些是見樹不見林的狹隘見解。產國固然影響咖啡風味，但更重要的決定因素是緯度、海拔和品種。愈接近赤道，氣候愈熱，栽種海拔就要高，才能種出極硬豆。而離赤道稍遠的亞熱帶，溫度較低，栽植海拔或可低於熱帶區，即可種出硬豆或接近極硬豆。

舉例來說，哥倫比亞、肯亞和衣索匹亞等國位於赤道附近，緯度在十度以內，因此栽植極硬豆的海拔較高，約在 3,600 英尺（約 1,100 公尺）到 6,300 英尺（約 2,000 公尺）之間，由於雨量豐沛，每年可收成兩次。另外，巴西南部、辛巴威、墨西哥、牙買加和雲南等產區，離赤道稍遠，緯度在十五到二十四度之間，屬亞熱帶，海拔不需太高，約 1,800 英尺（550 公尺）至 3,600 英尺（1,100 公尺）就可種出硬豆，但此區氣候有乾溼季之別，每年只可收成一次。

盡量不要以產國做為區別豆性與類別的標準，應該再加上該產區的海拔高度、緯度和品種來考量，才能更精確掌握豆子的屬性。一般認為巴西屬軟豆，因為海拔往往低於 1,000 公尺，但不要忘了，巴西屬亞熱帶氣候，海拔不必超出 1,500 公尺，亦可種出極硬豆。巴西得獎精品豆的海拔約在 1,200 公尺上下，甚至不到 1,100 公尺，但其如紅酒般的優雅果酸味不輸瓜地馬拉。如果瓜地馬拉咖啡樹種植在 1,200 公尺以下，因緯度較低，此一海拔就無法栽出極硬豆。區別豆性最保險方法還是以海拔、緯度和品種為準，較為專業。

另外，豆粒大小與品種、栽培環境息息相關。研究發現，80% 鐵比卡豆寬在 17 目——即 6.75 毫米——以上，但波旁豆卻只有 65% 達此標準。精品咖啡主力品種的豆體大小依序為鐵比卡＞波旁＞卡杜拉＞卡杜阿伊。但要注意的是，品種並非決定豆

註 12：藝伎、帕卡瑪拉雖然頻頻得獎，卻屬稀有品種並不普及，故未在受測之列。

粒大小的唯一因素，土壤養分、環境壓力和栽植密度，亦直接影響豆體大小。栽植環境如果不佳，即使鐵比卡的豆子也會縮小到 15 目以下。養分不夠的咖啡樹很容易結出密度低的浮豆和缺陷豆。

● 酸香物與溼度、土質的關係

再進一步談產區的土質、溼度與咖啡豆裡有機酸（包括檸檬酸、蘋果酸、醋酸、脂肪酸、綠原酸）和無機酸（磷酸）的關係。法國國際農業發展研究中心的古尤特博士和美國精品咖啡協會的化學家約瑟夫‧里維拉（Joseph A. Rivera）提出以下結論：

(1) 火山岩產區容易孕育出醇厚度佳又有果酸味的好咖啡。杯測師亦發覺，來自火山岩土質的咖啡，其酸、香、甘、醇、苦風味最為均衡，也最多元。研究發現，這是因為火山岩含有高濃度的硫磺和硫化物，這些成分恰好是有些芳香物合成前的必備元素，因此栽種於火山區的咖啡通常有較濃的香味。另外，這種土壤也富含鉀元素，有助咖啡的醇厚度，亦可增加豆子重量和枝幹的厚實度。有趣的是，瓜地馬拉八大產區中的薇薇特南果、柯班（Coban，位於北部）和新東方三產區不屬火山岩土質，咖啡風味也與其他五大火山岩產區明顯有別。薇薇特南果（勁酸）、柯班（水果味重）和新東方（巧克力味凸出）整體風味較不平衡，卻很有個性美，有可能是這三區土壤的硫磺和鉀元素較少所致。

(2) 研究亦發現，高溼度產區的咖啡容易孕育出水果味特濃的咖啡，這一點在瓜地馬拉的柯班獲得印證。柯班屬熱帶雨林氣候，溼度是瓜地馬拉八大產區之冠，水果的香味與酸甜味明顯高於其他產區，但醇厚度稍差。里維拉認為，溼度高可提升咖啡果肉的蘋果酸濃度，果香成分被咖啡豆吸收，才會在杯測中喝到特濃的水果味，這是柯班產區的特色。這就如同法國夏多內白葡萄酒（Chardonnay）獨特的水果香氣，得自於濃度較高的蘋果酸一樣。另外，高溼度亦有助糖分的生成，甜度高的水果多半生長在溼度較高地區，但溼度高加上溫度高，就很容易讓果子早熟甚至易腐爛。所幸瓜地馬拉各產區得天獨厚，溼度雖高，溫度卻不高，享有

高溼度的好，卻規避高溫度的壞。柯班高溼度與微型氣候，造就咖啡特殊的「地域之味」。

(3) 肯亞咖啡也是個好教材。肯亞的「SL28」以獨特的莓果酸香味聞名於世。一九九九年，美國精品咖啡研究院（Specialty Coffee Institute，現已改名為咖啡品質協會（Coffee Quality Institute）對肯亞咖啡與水土進行研究，試圖找出獨特莓酸味的祕密。結果發現，肯亞土壤含有高濃度的磷酸，而且「SL28」與「AA」泡煮的咖啡所含的磷酸濃度遠高於對照組的哥倫比亞咖啡「Supremo」。有趣的是，科學家再把磷酸加入其他受測的單品咖啡中，居然改變了原有的酸味走向，變得更接近肯亞的莓酸香。此實驗震驚咖啡界，也有咖啡化學家提出質疑，認為磷酸不可能是肯亞咖啡莓酸味的主角，因為鉀已將磷酸中和掉了，故杯中的酸香並非磷酸。而且如果磷酸這麼管用，為何肯亞混血新品種「魯依魯11」喝來是尖酸，而不是莓香酸？學者進一步研究發現，「SL28」早在二十世紀初就在肯亞栽植至今，已習慣肯亞高濃度的磷酸土壤，甚至將磷酸吸收到豆裡；但「魯依魯11」是一九八五年才在肯亞試種，尚未適應高磷酸土壤。科學家也發現，「魯伊魯11」泡出的咖啡含有很高的檸檬酸，應是造成死酸澀口的主因。肯亞首府奈諾比東北的魯依魯咖啡研究中心科學家近年輔導栽種「魯依魯11」的咖啡農在肥料裡多添些磷酸，已明顯降低檸檬酸濃度，對提升風味有很大幫助。「SL28」獨特的活潑酸與莓酸香究竟是不是磷酸土壤造成的，仍無定論，有趣的是，「SL28」移植到亞洲的緬甸等國，卻失去肯亞的莓香味。此案足以說明品種固然重要，但栽植在不同水土、緯度和海拔，風味也會跟著七十二變。

磷酸是不含碳原素的無機酸，此一無機酸因為肯亞豆獨特風味而引起學界重視，但目前咖啡化學家仍把重點放在與「地域之味」關係密切的有機酸身上。咖啡樹經由光合作用生產數十種有機酸（即含有碳分子的酸性物）或有機酸的前期產物，並儲存在豆子的細胞內，供應咖啡種籽發芽或新陳代謝使用。有機酸是咖啡樹的代謝產物，其優劣或多寡，均與栽種環境或生態有直接關係，這是咖啡化學家目前埋首鑽研的領域，對農人如何種出更多芳香物的好咖啡，具有深遠影響。

阿拉比卡咖啡豆所含有機酸濃度（占豆重百分比）依序為綠原酸 5.5 ～ 8%，檸檬酸 0.7 ～ 1.4%，蘋果酸 0.3 ～ 0.7%，醋酸 0.01%。其中，綠原酸屬於死酸，不利咖啡的香醇；蘋果酸和檸檬酸雖不具揮發性，卻可增加水果滋味。檸檬酸和蘋果酸不帶柑橘香或蘋果香，嘗來有酸溜溜的生津口感，幾秒後回甜。檸檬酸目前食品加工業常用來添加在蜜餞或用做防腐劑。蘋果酸在葡萄、柑橘、蘋果和蔬菜中常見，食品業常用在口香糖、蘇打和低卡路里飲料。醋酸具有揮發性，但在生豆中含量極微，要靠烘焙過程中碳水化合物降解而生成，酸香味表現在杯內。另外，生豆加工水洗發酵過程亦會生成醋酸，下一段將有詳述。

（三）去殼取豆：日晒、水洗、半水洗

咖啡農將優良品種栽植於最易孕育芳香物的高海拔與微型氣候區，樹體茁壯，結果纍纍，但若收穫階段的摘果取豆方式不當，將使整批精品豆前功盡棄，心血付諸東流，不可不慎。如何從紅果子取出咖啡豆，是咖啡生產過程中影響風味最關鍵的手續，可分為日晒、水洗、半日晒和半水洗四種不同處理方式。不管採用哪種方式取豆，若處理不當，生豆很容易感染霉菌，吸附異味而報廢或淪為劣等豆。換句話說，精品豆除了要慎選品種，擇良地而栽，更重要是最後的取豆「接生」技術。這三大階段完美無缺，才夠格稱為精品豆。

談取豆前，得先瞭解咖啡果子的構造——從外而內可分為果皮、果肉、果膠層、羊皮層（即硬質的種殼）、銀皮（薄如紙的種皮）和種籽（咖啡豆）。所謂的日晒、半日晒、半水洗和水洗四大取豆處理法，就是要把咖啡果子的果皮、果肉和果膠層一併除去，取出兩顆有羊皮層，即種殼，包裹的咖啡豆，再進行乾燥熟成，穩定豆性，出口前再磨掉羊皮層。說來容易，卻是件耗時費工的技術。最困難的是依附在羊皮層上的透明果膠，它含有豐富的果糖、葡萄糖和蔗糖，且不溶於水，黏答答不易處理，很容易發酵腐敗釋出刺鼻氣味，污染羊皮層裡的咖啡豆。不論以日晒法、半水洗或水洗法取豆，只要處理得宜，會有養味效果，增加咖啡豆的酸香、醇厚度和甜感。取豆

過程一旦有疏失，孳生霉菌或發酵過度，就會適得其反，養出腐臭豆。取豆技術精湛與否，對精品咖啡的重要性不言可喻。以下是精品咖啡正確的摘果取豆方式。

● 挑選紅果子

大家都知道柑橘、香蕉、蘋果等含豐富有機酸的水果，未成熟就吃，酸澀礙口，如果等到水果的有機酸轉變成糖分，也就是熟透後再食用，便更為香甜可口。咖啡果子也一樣，要變紅、熟成後再摘取，豆子甜度較高。如果咖啡農為了省事，不管咖啡果子成熟否，青紅一起摘下，將使得咖啡喝來死酸澀口，因為未熟透的咖啡豆含有高濃度的檸檬酸和綠原酸。如果不幸買到摻雜太多的未熟咖啡豆，又不能退貨，除了借助深焙除酸之外，別無他法。

精品咖啡務必挑選熟透的紅果子，此時果肉與羊皮層果膠所含的糖類完全滲進豆裡，大幅增加咖啡豆的甜香味和果香。這讓人不禁連想到印尼優質的陳年豆，喝來濃稠甘甜甚於新豆，應該和有機酸在陳年處理中徹底轉化為醇厚度和糖分有關。

● 區分浮豆和沉豆

從咖啡田摘回的咖啡果，耽誤不得，必須當天立即送到處理廠，剔除發育不全的小果子、未熟青果子、熟爛的黑果子，保留成熟的紅果子。最簡單有效方法是將果子悉數倒入大水槽，成熟紅果子和快要成熟的半青半紅果子重量較大，會沉入槽底下，而發育不全的小果子、熟過頭的爛果子、破損的果子和枝葉等重量較輕，會浮在水面上，據此淘汰無法出口的浮豆，供國內消費 [註 13]。水槽篩濾出的沉豆，也就是較好的豆子，則進入下一階段的處理，即日晒、半日晒、半水洗或水洗法。採用哪一種方

註 13：這是產豆國的宿命：好豆出國賺外匯，爛豆留著自己喝！所以赴產豆國觀光，買咖啡時要很小心，以免買到瑕疵豆。

式，要看當地的氣候條件。如果產區氣候乾燥又缺水，則會採行日晒取豆法，是最古老省事的處理法，衣索匹亞、葉門、印尼、越南、緬甸和巴西，常採用日晒取豆。但日晒處理法較粗糙，品質較差，一般售價較低，較先進的半日晒法於焉誕生。巴西近年來大力推廣半日晒處理法，品質大幅提高。如果產區水源豐富，氣候又潮溼易發霉，就不宜採用日晒法或半日晒法，改採全套水洗法或半水洗法。

● 日晒法畢功於一役

最古老的產豆國衣索匹亞和葉門幾乎全採日晒取豆，將沉入槽底的紅果子和半青半紅的快熟果子取出 [註14]，鋪在晒豆場進行自然乾燥。時間視氣候而定，大約兩到四週就可使果子內的咖啡豆含水量降至 12% 而變硬，再以去殼機打掉乾硬的果肉和羊皮層，取出咖啡豆。這種方法可以說是畢其功於一役，一次搞定，不像半日晒或水洗豆需進行多道繁複手續，才可取出豆子。

日晒法的特色是豆子藏在果肉裡自然乾燥，因此氣候好壞影響豆子品質至鉅。此法最怕遇雨回潮，會使果子孳生霉菌，污染豆子；夜間溼氣重，務必把晒豆場的果子移入室內。日晒豆的顏色偏黃，豆體易出現缺角，這是打殼機一次打掉硬果肉和羊皮層時，不可避免的傷害。但處理得宜的日晒豆，在乾燥過程會吸取果糖精華，果香濃郁，甜感也重，醇厚度亦優於半水洗或水洗豆，唯日晒豆的酸味稍低。此處理法的成本最低，雨量少的窮國最愛此法，但咖啡豆品質不是大好就是大壞，出入很大，因此予人品質不一，觀感不佳。最有名的日晒豆是衣索匹亞哈拉、西達莫、耶加雪菲、金瑪和葉門摩卡。此外，印尼和非洲的粗壯豆多半採用日晒。

● 水洗法增加果酸物

水洗法是目前最盛行的處理法，中南美洲除了巴西外幾乎全採水洗法。水洗豆的色澤藍綠美觀，豆貌整齊賣相佳，咖啡品質最高。一般而言，水洗豆的酸香味和明亮感較佳，風味潔淨無雜味，是精品豆最慣用的處理法，但代價也不小。平均水洗 1 公

斤咖啡果子要耗費 2 ～ 10 公升淨水，而 1 公斤果子大概只能取出 200 公克咖啡豆。缺水地區很難承受如此耗水的取豆法。

水洗法是所有取豆法中技術最高的一種，經過多道篩選手續，咖啡品質得以確保。先從大水槽篩除品質不佳的浮豆，再將沉入槽底的紅果子和快熟的青果子移入大型或中小型果肉篩除機（Pulping Machines）。它的設計相當精巧，機械力將果子壓向一面篩孔，尺寸恰好讓帶殼豆（即羊皮層包裹的咖啡豆）通過，而把帶殼豆外的果肉篩濾出——利用未熟果子較硬、帶殼豆不易擠出，而成熟果子較軟、帶殼豆很容易被擠進篩孔的特性，來擋掉未熟豆，並篩濾出甜度最佳的帶殼豆。因此機器推力大小的設定很重要，力道太大會把較硬且澀嘴的未熟豆擠出，有損精品豆品質。一般推擠力設定在容許 3% 紅果子的帶殼豆無法擠入篩孔，以確保生硬的青果子全數剔除，也就是寧可推力設定小一點，損失一小部分紅果子，以免一粒屎壞了一鍋粥。

取出紅果子黏黏的帶殼豆後，移入大型水槽，接下來就是進行最重要的水洗發酵處理，除去帶殼豆上的果膠層。此一透明黏稠物不易用水沖除，需以水槽內各種細菌進行水解，將果膠分解成果膠酸，再不斷攪拌磨蹭和沖刷槽內帶殼豆，加速果膠脫離帶殼豆。發酵過程約需 16 至 36 小時，視溫度和溼度而定，此時槽內會自然產生蘋果酸、檸檬酸、醋酸、乳酸和丙酸。有趣的是，生豆本身幾乎不含醋酸，但水洗處理的發酵過程，卻可增加豆子的醋酸濃度，有益咖啡風味。這些酸性物不但可抑制霉菌孳生，部分酸香物也會滲進豆裡（這就是為何水洗豆果酸味較重的原因），但必須隨時取樣檢視帶殼豆上的黏稠果膠是否除淨了，再決定是否停止發酵，取出乾淨的帶殼豆。一旦超過 36 到 72 小時，就可能發酵過度，產生太多脂肪酸和酪酸（Butynic Acid）而發出惡臭，而且豆子滲進過多的酸性物亦會使咖啡過於酸澀，淪為劣質豆。

註 14：實際上日晒處理法多半未經過水槽來過濾浮豆，直接把摘下的咖啡果送到曝晒場乾燥，再以肉眼挑除瑕疵咖啡果子，過程並不嚴謹，不易將壞果子挑乾淨，最遭詬病，這是日晒法缺陷豆偏多的主因。

水洗是日新月異的處理法，常有新技術出現，是精品豆最倚重的取豆法。一般而言，水洗豆風味最純淨，雜味最低，果香和果酸味最優，豆相亦佳，但甜度不如日晒豆。連惡名召彰的粗壯豆改用水洗法取豆，亦可提高優雅風味和身價，是目前採用最廣的處理法。

● 機械半水洗 VS. 巴西半日晒

因為水資源不豐富無法進行水洗，卻又想提高日晒豆品質，因此半水洗與半日晒法應運而生。這類處理法又可分為巴西式去皮日晒（Pulped Natural，亦稱半日晒），以及機械式半水洗法（Semi-wash）。其中，機械式半水洗法使用較廣，哥倫比亞、哥斯大黎加、薩爾瓦多、越南、印尼、寮國、緬甸和若干非洲國家較常使用，平均處理 1 公斤咖啡果子只需半公升淨水，比水洗法節省多了。

巴西式半日晒：去皮日晒

巴西過去慣用日晒法，品質好壞落差大，讓巴西豆淪為中下品質的代名詞。但這個全球最大咖啡產國為了提升品質扭轉形象，於九〇年代進行咖啡品質大革命，大力推廣獨步全球的半日晒法。

巴西咖啡田一望無際，多半用機械採收，以符合經濟效益。當咖啡園 75% 的咖啡果子變紅，即開始機械採收，接著進行與水洗法相同的前置作業，即移入大水槽剔除浮果子，篩出沉果子，再以大型果肉刨除機，刨掉果肉與果皮，取出沾滿果膠的帶殼豆。接下來的階段則與水洗法分道揚鑣：黏稠的帶殼豆不需移入水槽發酵，改而移到戶外的晒豆場，由於巴西氣候很乾燥，約一天左右帶殼豆上的黏稠果膠會變硬。再動用大批人力上下翻動，讓帶殼豆裡外均勻乾燥，以免回潮發臭，約兩至三天，借助陽光與乾燥氣候的自然力，帶殼豆即可達到一定程度的脫水度。接著再以烘乾機進一步乾燥，含水量降至 10.5% ～ 12%，再將帶殼豆儲存到特製容器內約數十天，進一步熟成，以求品質穩定。出口前再磨掉羊皮層（即帶殼豆），取出咖啡豆，分級包裝。

巴西的半日晒或去皮日晒，與古老日晒法最大的不同在於，先把帶殼豆取出，不讓帶殼豆留在果肉裡任它看不透猜不著地發酵，而改以人工控管帶殼豆的乾燥情況，將失控變數減到最低。這是品管上的一大改進。此法最大好處是帶殼豆上的果膠糖分可滲進豆裡，具有優質日晒豆的甜感與醇厚度，卻降低了日晒豆易感染霉菌、發酵過度有雜味的缺點。但半日晒豆的果酸味低於水洗法，因為無法額外衍生水洗豆獨有的醋酸等酸香成分。這也是巴西豆酸味明顯偏低的原因。巴西氣候乾燥是半日晒的先決條件，很少有產國具有巴西半日晒的優越環境。如果在潮溼的瓜地馬拉採用半日晒，帶殼豆容易會發霉報銷。

近年來，巴西有不少主打精品咖啡的中小型農莊揚棄機械採收，全以人工摘果，只摘取紅果子，幾小時內送到加工廠進行半日晒加工。有趣的是，巴西「超凡杯」國寶豆競標活動，前二十名幾乎是清一色採用半日晒處理法。顯見巴西當局推行近二十年的去皮日晒，有了很大成效。優質巴西豆甜度高，酸味低，且帶有濃郁堅果或核仁香氣，塑造出巴西獨有的「地域之味」，一洗巴西豆乏香可陳的污名。

機械式半水洗：經濟實惠

並非所有產區都可採用巴西半日晒法。溼氣重的產地若取出沾有果膠層的帶殼豆、再拿到戶外曝晒，不但不易脫水乾硬，反而容易孳生霉菌，因此溼氣較高的地區發展出機械式半水洗法，既省事又省水。近年使用此法的國家很多，包括中南美洲溼度較高的產區與亞洲的印尼、緬甸、寮國等缺水或水洗技術不成熟的地區。

先將摘來的紅果子倒入果肉刨除機，取出沾滿果膠的帶殼豆，不需拿去晒，更不需倒入水槽發酵，而是直接倒入旁邊的果膠刮除機（Demucilager）。只需少量的水，即能以機械力刮除黏答答的果膠層，取出表面光滑的帶殼豆，再拿到戶外曝晒，直到含水量降至 12% 就可入倉。半水洗法影響品質的變數最少，只需投資果肉刨除機和果膠刮除機，即可在莊園裡獨力運作。採用此處理法的咖啡，喝起來果酸味比水洗豆低一些，卻比日晒的酸味高一點；甜味比半日晒低一些，但乾淨度卻比半日晒好一點，風味介於半日晒與水洗之間。

● 另類取豆：體內發酵法

除了前面介紹的日晒、水洗、半日晒和機械式半水洗四種正規取豆方法外，還有一個傳說中的體內發酵大法，最為咖啡迷津津樂道。那就是利用動物消化道的乳酸菌與消化液，來除去果肉和依附帶殼豆表面的果膠，帶殼豆最後隨糞便排出，再請逐臭之夫撿拾動物的便便，清洗出一粒粒珍貴的體內發酵豆。

這絕非天方夜譚。體內發酵豆與水洗發酵豆有異曲同工之妙。筆者所知的動物「加工」豆，包括麝香貓、鳳冠雉、猴子和大象。其中，麝香貓和鳳冠雉咖啡豆已逐漸打開市場，為小魔豆增添一頁趣聞。

但是，我試喝比較結果，姑且不論飼養麝香貓，生產體內發酵豆的人道問題，從性價比來衡量，麝香貓咖啡非常低，正宗麝香貓的阿拉比卡，每磅熟豆至少要價一百美元以上，以五分之一價錢就可買到風味更優的中美、肯亞水洗或衣索匹亞日晒精品，更何況印尼麝香貓咖啡九成以上都是假貨，或餵食羅巴斯塔再添加奶油或香精的調味豆。

然而，體內發酵咖啡，確實存在，值得瞭解其原由，以下長篇大論，不表示我鼓勵大家嘗鮮，當做增長見聞即可。

麝香貓

印尼麝香貓咖啡（Kopi Luwak，直譯為「魯瓦克咖啡」）已不算新聞，二〇〇二年在全球媒體大肆炒作下一豆難求，真假難辨；在紐約，一磅麝香貓咖啡叫價五百美元，在香港喝一杯麝香貓則要價五十美元。當時印尼麝香貓咖啡豆年產量不到 500 公斤，有行無市。無奈二〇〇四年爆發非典型肺炎，據說廣東的麝香貓是病菌主要帶原者，重創麝香貓咖啡。而今，事過境遷，體內發酵豆似乎又死灰復燃了。

美國廣播公司（ABC）資深外交新聞編輯彼得‧凱夫（Peter Cave）在二〇〇七年專程前往印尼蘇門答臘，尋找傳說中的麝香貓咖啡，帶回第一手實地採訪資料。他向世人證實麝香貓咖啡不是神話，確實存在世上，而且還有專人飼養麝香貓。

接受採訪的蘇山托（Susanto）兄弟指出，麝香貓咖啡對他們而言，是從小喝到大的窮人咖啡，如今，大便變黃金，居然成為世界最昂貴的奇豆，連他們自己也很意外。他們說：「兒提時，咖啡都與丁香、胡椒、香草、可可或橡膠樹種在一起。每逢收穫季節，政府會派人到各地農莊採購咖啡果子，再集中處理。稱頭的咖啡豆全賣給當局，家人則到林地撿拾麝香貓排泄物，再以水清洗出藏在其中的未消化咖啡豆。窮人家就是喝這種別人不屑的咖啡長大……但近年麝香貓數目愈來愈少，因為偷吃農作物遭到農民撲殺，再加上 SARS 造成的恐懼感，林地間均有人暗設陷阱獵補之。但我們另有奇想，收購農民補獲的麝香貓，悉心飼養，以免絕種；另一方面亦可收集牠們的糞便，洗選出麝香貓咖啡豆，供應市場需求。具有野性的麝香貓不易飼養，必須分開養，若同處一籠，會咬到你死我活，但是關在籠裡又容易染病……目前的麝香貓飼養場並不大，希望有朝一日能買下一片山林地，以圍籬隔出一塊保育地，供麝香貓盡情攀爬吃果，肆意拉屎，才能產出更高品質的麝香貓咖啡。」

蘇山托兄弟現場表演麝香貓咖啡的傳統泡法，先用手從麝香貓糞便中取出未消化的咖啡豆，清水洗淨後，置於木火上的陶盤，以最原始方式焙炒咖啡豆。由於豆體已被消化液侵蝕，故烘焙度宜淺，以免烘焦了。烘妥後，以杵臼搗碎，沖入熱水攪拌後即可飲用。

凱夫迫不及待地喝下傳說中的咖啡，表示味道還算溫和平順，帶有點煙燻、黑巧克力味、土腥味與麝香味（可能和麝香貓肛門附近有一個麝香味腺體有關）。值得每磅五百美元身價嗎？凱夫說：「或許不值得，但能直搗麝香貓故鄉追蹤報導才是無價吧！」

其實，阿拉比卡的故鄉衣索匹亞也有愛吃咖啡果子的麝香貓。本書第一章曾提及衣索匹亞流傳許久的古老說法：非洲中部的麝香貓把咖啡種籽帶到衣國西部高原。但是非洲人不曾撿拾麝香貓排泄物，也沒有喝糞便咖啡的習慣。不過，加拿大蓋普大學（University of Guelph）愛管閒事的食品科學家馬孔（Massimo Marcone）卻抱著追根究柢精神，二〇〇三年千里迢迢跑到衣索匹亞和印尼，蒐集兩地麝香貓糞便，對兩大洲的麝香貓咖啡進行一連串科學檢測，二〇〇四年在他的大作《印尼與衣索匹亞麝香貓咖啡的結構與性質》〔*Composition and properties of Indonesian palm civet coffee (Kopi Luwak) and Ethiopian civet coffee*〕中提出科學見解。他的結論是，麝香貓排出的糞便咖啡豆，與一般水洗豆同屬乳酸菌發酵豆。一般水洗豆的水槽內含有包括乳酸菌在內的多種細菌，將殘留的果肉和果膠發酵分解掉，只留下無法完全分解的帶殼豆，但麝香貓的消化道除了有乳酸菌等微生物外，還有胃液等消化液，發酵分解力道比水洗槽還強，所以豆殼與豆體的部分蛋白質會被分解，排泄出的豆子表面亦有不規則腐蝕狀，與水洗豆表面光滑大異其趣。

馬孔教授還指出，印尼與衣索匹亞麝香貓咖啡同屬體內發酵，但風味卻有別，因為不同品種的麝香貓，消化道裡的乳酸菌種也不同，當然會影響發酵程度，連帶影響成品的風味。他個人認為印尼麝香貓咖啡的風味稍佳，雖然這不夠客觀 [註15]。他並指出，麝香貓咖啡比較不苦，略帶土腥、森林味、巧克力香，稠度佳。此一描述與美國廣播公司編輯雷同。

馬孔說：「麝香貓晚上出沒，靠著眼力和嗅覺，專挑最紅的咖啡果子吃，對半生不熟的生果子沒興趣，所以排泄出豆子都是絕品，不會有生澀的未熟豆。這些糞便豆清洗後再烘焙，已殺死所有細菌，不會有糞便污染問題。喝來最大特色是風味溫柔不苦口，因為豆體的部分蛋白質已分解，而蛋白質是咖啡烘焙時，梅納褐變反應（Maillard reaction，即蛋白質與碳水化合物加熱的化學反應，第九章詳述）致苦的重要成分，也就是說麝香貓咖啡的蛋白質成分，比正常咖啡不完全，因而減少了梅納反應的苦味，相對地揮發性香味也較淡。麝香貓咖啡喝來較不苦，確有學理的依據。世上還有不少經過動物消化道發酵的食物，燕窩和蜂蜜都屬這一類，沒啥好大驚小怪。」

馬孔的結語是，體內發酵咖啡如果深受歡迎，可借助化學方法模擬體內發酵的環境，進行大量生產，降低成本，這並非難事。問題是人總喜歡嘗試稀奇古怪的食物，如果它有朝一日成了物美價廉的量產咖啡，恐就乏人問津了。

正宗麝香貓咖啡可從蛋白質組成與色澤上分辨真偽。真貨的生豆色偏暗黃暗褐或暗紅色，非一般水洗豆的綠色系。幾年前臺灣有位業者宣稱握有真貨，還誇口經得起二泡至三泡，有違咖啡沖泡基本常識。我前去一看究竟，原來是烘好的熟豆，外表油黑，是東南亞慣用的「裹上糖衣」烘法，甚至還添加香精，難怪經得起二泡，真是高明的騙術。

我試喝過多款正宗麝香貓咖啡，優劣差異極大，原因之一是麝香貓屬雜食性，葷素不拘，咖啡豆在腸胃內與肉類一起消化排泄，難免有異味。其二是保護咖啡豆的豆殼已在體內被部分消化，豆子暴露在糞堆內，而且豆體蛋白質部分瓦解，雖然可降低烘焙後的苦味，但豆內芳香物肯定也被消化液重創，不可能喝得到果香和優雅的酸香味，難怪美國廣播公司的凱文會強調麝香貓咖啡的土腥味和雜味。馬孔的研究頂多印證麝香貓咖啡比較不苦口，卻未強調它的香氣與酸味，這不難理解。麝香貓咖啡每磅五百美元身價，足以稱霸精品咖啡界，但杯測結果是否值得此價位或能否冠上精品美名，不無疑義，稱之為另類咖啡或許更貼切。

值得一提的是，麝香貓咖啡供應量從二〇〇六年以來似乎增加了，售價也比二〇〇四年以前便宜不少，但仍需防患贗品。有興趣者不妨參考以下兩個網站：www.animalcoffee.com 與 www.luwakcoffee.com。前者有馬孔教授的檢測背書，後者有退款機制。美國咖啡專家戴維斯亦以這兩家業者的產品做為杯測依據，評分在八十四至

註 15：這一點很有趣，因為印尼麝香貓吃的是粗壯豆，衣索匹亞麝香貓吃的是阿拉比卡豆，但阿拉比卡麝香貓風味居然還不如前者！可見體內發酵豆風味好壞與消化道的菌種有直接關係。

八十九分之間，評價不高，因為戴維斯評鑑的好咖啡 得分至少九十分以上。過去的蘇門答臘麝香貓咖啡幾乎是清一色的羅巴斯塔豆，因為印尼以粗壯豆為大宗，這不足為奇。有趣的是，目前已買得到阿拉比卡的麝香貓咖啡，市場的接受度顯然也提升了。聽說阿拉比卡麝香貓遠比粗壯豆版本還香醇好喝。前陣子友人帶來請我喝，但想到是便便豆，我還是敬謝不敏了。

在上述兩個網站，每磅阿拉比卡麝香貓熟豆約一百八十至兩百美元，粗壯豆版本每磅約一百一十美元，比幾年前的每磅五百美元便宜很多。亦販售其狀不揚的麝香貓生豆，每磅八十美元。筆者已逾嘗鮮年齡，對體內發酵豆採保留看法。可以肯定的是，體內發酵豆應屬於悶香而非上揚的酸香，類似陳年豆或印度風漬豆的另類滋味。

南美肉垂鳳冠雉

體內發酵豆方興未艾之際，全球最大咖啡產國巴西當然不會讓印尼麝香貓專美於前。二〇〇六年，巴西有些莊園推出土產的便便豆，最佳女主角改由肉垂鳳冠雉（Jacu Bird）擔任，準備與麝香貓拚場。肉垂鳳冠雉是南美特有的雉種，全身綠褐色，但脖子下方有一球看似肉垂的橘紅羽毛，因而得名。巴西從十八世紀開始種植咖啡後，鳳冠雉就融入咖啡園生態，兩百多年來在園內飽嘗紅果，也在咖啡樹下拉屎，取之果園還之果園，因此未被咖啡農視為害雉。

栽植有機咖啡小有名氣的巴西卡莫欽莊園（Camocim Farm）老闆史洛勃（Henrique Sloper）表示：「我向來保護園內自然生長的花草走獸，也歡迎鳳冠雉成為咖啡生態的一員，雖然牠專挑最美味的紅果子吃，但我們並不視為仇家，反而百般呵護，視之為園內特聘的紅果子超級摘手，為我們挑選最好的豆子，最後排泄在咖啡樹下，並有專人蒐集這些無臭味的糞便，送到處理場集中清洗並濾洗出帶殼豆，再將洗淨的帶殼豆儲存三個月，即可販售。」鳳冠雉是素食動物，只吃果蔬類，因此消化道的菌種、消化液與雜食性的麝香貓大不同。鳳冠雉消化力較弱，帶殼豆無法消化，包裹著豆子一起排出體外。反觀麝香貓消化力較強，帶殼豆部分消化，排出體外的是無保護殼的

咖啡豆，所以染上異味機率大增。這是兩者最大不同。

　　精品豆專家湯姆·歐文（Tom Owen）杯測麝香貓和鳳冠雉咖啡的心得是，大名鼎鼎麝香貓咖啡土腥味重，與精品咖啡還有一大段距離，但名不見經傳的鳳冠雉咖啡卻不失優雅，離精品豆很近。他認為最大原因在於，麝香貓吃的多半是印尼粗壯豆，而鳳冠雉吃的是巴西波旁有機咖啡豆。湯姆對鳳冠雉咖啡的杯測評語是：果酸味低、悶香、堅果和甜感重，略帶黑胡椒香氣。上述兩款體內發酵豆的顏色均偏褐紅，與消化液浸蝕有關。不過，鳳冠雉咖啡每磅生豆十二美元，每半磅熟豆約二十五美元，雖然不便宜，卻比麝香貓低廉更有競爭力。

印度猴與斯里蘭卡大象

　　咖啡史上還有兩種生產體內發酵豆的動物，那就是印度猴和斯里蘭卡象，但這兩種另類咖啡至今未上市，只存在史料中。早在十九世紀，印度就傳出猴群為禍咖啡園，專挑紅潤甘甜的咖啡果子吃，農民損失不輕。當時有人索性撿拾猴糞裡的咖啡豆，洗淨烘焙後泡來喝，芳香可口，猴子咖啡曾轟動一時，但目前已無人這麼做。印度人嫌猴糞太髒，早已不喝猴子咖啡了。而今，猴群依舊肆虐印度史瑞維努特（Shrevenoot）咖啡產區，幾乎吃光最甜美的紅果子，成了當地農民的夢魘。

　　另外，幾年前麝香貓咖啡轟動全球，每年僅生產 500 公斤，供不應求。斯里蘭卡的大象收容所突發奇想，何不利用象群龐大的排糞量，增加體內發酵豆產能，以平抑「物價」，立意甚佳，但至今仍未見大象咖啡面市，似乎胎死腹中了。猜測應是大象消化力太強，咖啡豆被強力胃酸分解光了，沒有咖啡豆可排出。

——（四）精品豆分級制 ——

　　從帶殼豆取出的精品咖啡，在出口前，必須根據豆子的（1）缺陷級數（2）豆體長寬（3）海拔高度（4）杯測品質，來區分優劣等級。其中最費工、嚴重影響杯測的，當屬瑕疵豆比例的統計工作。國際慣用的生豆分級制有「美國精品咖啡協會生豆分級制」以及「巴西生豆分級制」兩大系統，前者專供精品咖啡使用，後者適合大宗商業用豆，本書僅就前者稍加說明。

　　「美國精品咖啡協會生豆分級制」對嚴重影響杯測的重大缺陷豆加重扣分，對輕度影響杯測的缺點豆則採容忍態度。所謂重大缺陷豆係指黑色豆，包括發霉豆、蟲蛀豆、熟爛豆、臭豆等黑黢黢的生豆。另外，還有一類未熟豆，即所謂「白目豆」（Quaker），這也是此分級制除之而後快的要犯。「白目豆」大小與成熟豆相差不大，若不仔細看不易分辨出，特徵是有不正常的綠或灰綠色，且豆表皺紋明顯，平常夾雜在生豆中不易發現，但烘焙後就很容易挑出，因為發育不全的未熟豆不易受熱著色，顏色很淺，每爐多少會有這種顏色淺得很礙眼的豆子破壞美觀。如果烘焙前未事先挑除，出爐後務必把這些無法上色的「白目豆」挑除，以免少數酸澀燥苦的未熟豆壞了一爐好豆。

● 豆體大小，海拔高度定等級

　　談瑕疵豆如何統計前，得先瞭解豆子大小的定義。買生豆時常聽到「這是 18 目豆或 16 目豆」等，就是指豆子的尺寸大小。各產豆國篩選豆子大小的篩孔有統一標準，所謂 18 目豆指的是篩孔為六十四分之十八英吋，即 7 毫米或 0.7 公分，換算公式為：

（幾目 ×1 ／ 64）×25.4 ＝豆寬（毫米）
所以，18 目豆為（18×1 ／ 64）×25.4 ＝ 7 毫米 ＝ 0.7 公分

一般講 18 目豆是指豆寬為 0.7 公分，但亦有些產地以豆長為準。最好以豆寬與豆長兩個數據，來描述豆體大小，最為精準，例如看到牙買加頂級藍山的英文標示為「Average Bean Size L24, W16」，表示豆長 24 目、寬 16 目。

國際常見的豆寬從最小的 8 目到最大的 20 目，可套用上述公式算出大小。精品豆則從 14 目開始。在此以簡表來對照 14 目至 20 目換算成毫米後的豆寬。

目數	毫米	級別	哥倫比亞	非洲與印度
20	8	非常大	Supremo	AA
19.5	7.75	非常大	Supremo	AA
19	7.5	非常大	Supremo	AA
18.5	7.25	大	Supremo	AA
18	7	大	Supremo	A
17	6.75	大	Excelso	A
16	6.5	中	Excelso	B
15	6	中	Excelso	B
14	5.5	小		C

知名的波旁屬於短寬豆形，豆寬可達 18 目（7 毫米），豆長僅 23 目（9.5 毫米）。薩爾瓦多名震遐邇、得獎無數的國寶豆帕卡瑪拉，豆形碩大，豆長至少 26 目（10.3 毫米），豆寬至少 19 目（7.5 毫米），可謂雄壯威武。

豆子大小與杯測好壞有關嗎？相信這是很多咖啡迷心中的困惑。沒錯，豆大賣相佳，但有些巨無霸豆子（例如象豆）喝來單調無奇，但有些巨豆（例如帕卡瑪拉）卻香醇甜美。豆子大小應與杯測無直接關係，還得考慮到更重要的栽植緯度和高度。如果豆體碩大，卻種植在低緯度即靠近赤道的 700 至 900 公尺低海拔區，肯定是乏香可陳的軟豆；如果是種在緯度十五到二十四度亞熱帶區 1,000 公尺以上較高海拔，則會

有令人驚豔的果酸與甜香。因此，豆體較大且出自較高海拔區，多半是精品級硬豆。哥倫比亞和肯亞都是以豆子大小來定等級，因為兩國栽植海拔均在 1,200 到 2,000 公尺，氣溫較低生長慢，卻能結出硬度高、又有 17 目以上的豐腴體態，即所謂的「Bold Beans」或稱肥碩豆，相當難能可貴，1,000 公尺以下種出的巨大軟豆，是無法與之相提並論的。換句話說，要以豆形大小定等級，先決條件是栽植海拔夠高才行。

從豆子大小很難斷定是硬豆或軟豆，但海拔高度卻是個很好指標。中南美洲除了哥倫比亞與巴西外，多半以海拔高度來分級。比方說哥斯大黎加栽種於面向太平洋岸、海拔 1,200 公尺以上的咖啡，就冠上極硬豆（SHB：Strictly Hard Bean）等級。另外，面向大西洋沿岸、海拔 900 ～ 1,200 公尺的咖啡，也屬最高等級的大西洋高地豆（HGA：High Grown Atlantic），也就是說「SHB」與「HGA」都是哥斯大黎加最高級豆。次等級為中度硬豆（MHB：Medium Hard Bean），海拔約 400 ～ 1,200 公尺。瓜地馬拉也以海拔定等級，1,350 公尺以上稱極硬豆（SHB），其次為 1,350 ～ 1,200 公尺的硬豆（HB：Hard Bean），第三級為 1,200 ～ 1,050 公尺的半硬豆（Semi-Hard）。宏都拉斯的最高等級為 1,200 公尺以上的極高地豆（SHG：Strictly High Grown），其次為 900 ～ 1,200 公尺的高地豆（HG：High Grown）。由此可見，即使以海拔定等級，各國的名稱與高度標準亦有出入，但海拔仍不失為彰顯硬度最精確的指標。

除了以豆子大小、海拔高度定等級外，還有以阿拉伯數字區分級別。牙買加藍山、衣索匹亞，均以 Grade 1 到 Grade 5 來分辨品質，最頂級藍山為 Grade 1。衣索匹亞較特殊，商業用豆多半是 Grade 4，過去，最高品質的精品水洗豆為 Grade 2；至於 Grade 1 的衣索匹亞國寶水洗豆，似乎難產中，只聞樓梯響。然而，二〇一〇年以後，衣國採用新的分級制，不但買得到 Grade 1 水洗豆，亦有 Grade 1 的日晒豆。

巴西是分級制的怪胎，不甩海拔高度，不管豆體大小，不理阿拉伯數字，很乾脆地以杯測好壞來分等地，最高級豆就稱「極為柔順」（Strictly Soft），代表瑕疵豆最少，杯測品質最佳；其次為「溫和」（Soft）；三流豆為「稍溫和」（Softish）；四流為「不順口」（Hard）；五流為「里約碘嗆味」（Rio）。巴西採用非主流分級法，有其道理，因為地勢較平坦，栽植海拔多半在 800 ～ 1,000 公尺左右，只有少數地區海拔達 1,200

公尺，因此不需凸顯自家難看的海拔高度，反過頭來強調巴西獨有的軟豆美學，不失為高招。

● SCAA 精品豆分級制

美國精品咖啡協會（SCAA）新版的精品豆分級制，近年已被美國咖啡品質協會（CQI）採用，而臺灣咖啡農寄往美國加州 CQI 申請精品級認證，即 Q Certificate，所在多有。以下是這兩大權威機構採用的精品級認證標準。

生豆標準

· 取樣 350 公克生豆，含水率需介於 10%至 12%。生豆不得有不雅異味。
· 生豆大小的目數，必須相當，大小差異率不得超出合同所述尺寸的 5%。
· 檢視瑕疵豆數目，可分為一級瑕疵（Category 1 Defects）與二級瑕疵（Category 2 Defects）兩大類，一級瑕疵指影響風味最大的瑕疵豆，二級瑕疵指影響稍小的瑕疵豆。

隨機取樣 350 生豆，如發現下列六種瑕疵是為一級瑕疵：
1. 全黑豆 2. 全酸豆（褐色）3. 乾果子 4. 霉菌感染豆（黃褐斑）
5. 異物（小石、木片）6. 嚴重蟲蛀（三孔以上）

上述一級瑕疵類，不容許全瑕疵（Full Defects）出現。上述的 1 至 5，只要出現一粒，即等同一個全瑕疵，而無法成為精品級。至於較特例的 6. 嚴重蟲蛀（三孔以上），必須挑出 5 粒以上（不包第 5 粒），才算一個全瑕疵，如果只挑出 5 粒嚴重蟲蛀豆，並不算全瑕疵，若無其他瑕疵，仍有可能是精品級生豆。

換言之，一級瑕疵規範較嚴，不容許有 1 至 5 的瑕疵豆出現，但容許 6. 嚴重蟲蛀豆，5 粒或 5 粒以內，凡超出此規範，即使杯測分數超出 80 分，亦需降格為商業級。

但第二級瑕疵規範較寬，下列十種瑕疵豆是為二級瑕疵：

1. 局部黑豆 2. 局部酸豆 3. 種殼 4. 浮豆 5. 未熟豆 6. 凋萎豆 7. 貝殼豆
8. 破裂／割傷豆 9. 破碎果皮 10. 輕微蟲蛀（三孔以下）

上述二級瑕疵中的 1 至 2，只要挑出 3 粒，等同一個全瑕疵；3 至 9 只要挑出 5 粒即等同一個全瑕疵；至於 10，挑出 10 粒等同一個全瑕疵。二級瑕疵類的全瑕疵可容許 5 個，超出 5 個全瑕疵，將降格為商業豆。

譬如，局部黑豆挑出 15 粒，等同 3 個全瑕疵，若無其他瑕疵，且杯測分數超過 80 分，仍有可能是精品級。

請參考以下對照表格，更為清楚：

瑕疵等同表			
一級瑕疵	等同一個全瑕疵	二級瑕疵	等同一個全瑕疵
全黑豆	1 粒	局部黑豆	3 粒
全酸豆	1 粒	局部酸豆	3 粒
乾果子	1 粒	種殼碎片	5 片
霉菌感染	1 粒	浮　豆	5 粒
異物	1 個	未　熟　豆	5 粒
嚴重蟲蛀	5 粒	凋　萎　豆	5 粒
		貝　殼　豆	5 粒
		破裂割傷豆	5 粒
		破碎果皮	5 片
		輕微蟲蛀	10 粒

說明：

* 一級瑕疵類，除了 5 粒嚴重蟲蛀等同一個全瑕疵外，其餘 1 粒等同全瑕疵。但一級瑕疵類不得出現一個全瑕疵。

* 二級瑕疵類，全瑕疵不得超出 5 個以上。

* 即使杯測達 80 分以上，但生豆不符以上兩點規範，亦無法取得精品級認證。

熟豆標準：

- 取樣 100 公克熟豆，不得有一粒未成熟的白目豆。
- 每支樣品熟豆，由認證杯測師就乾香、濕香、滋味與口感評鑑，總分必須 80 分以上。
- 即使杯測分數高出 80 分，但生豆檢視出一級瑕疵類的 1 個全瑕疵或二級瑕疵類的 5 個全瑕疵，即無法獲得精品級認證。

● 購買生豆關鍵：聞、看、摸

產地咖啡出口前雖經過多道把關驗收與分級工作，原則上愈高等級，瑕疵豆愈少，但仍難保漏網壞豆混入其中，因此買生豆前莫忘觀其色、聞其味、摸其質。

先察看豆子大小是否一致，這攸關烘焙的均勻度。如果大小摻雜不齊，表示分級粗糙。原則上，買 18 目的級別，豆體大小多半介於 17 至 18 目；買 16 目的豆，則介於 15 目與 16 目間，落差頂多一目。若大小差別過大，就不是精品級。

接著看看豆色如何。水洗豆應該呈藍綠或淺綠。如果色澤不一，表示乾燥過程有問題，豆體出現斑紋或邊緣較淡或泛白，這就是受潮豆，易孳生霉菌。如果整顆呈泛白色或褪色的綠，就是乾燥不均，可能是咖啡水洗後，移至晒豆場時，鋪層太厚或忘了上下翻動豆子，造成乾燥不均或受潮，喝來有肥皂味。泛白豆或褪色豆也可能是氧化所致或遭到污染。當然，生豆儲存過久，含水量太低，也可能從藍綠褪為枯白，雖然好烘卻豆味盡失。另外還要再看看豆子形狀。如果豆相不一，表示摻入其他品種，最常見的是卡提摩混入鐵比卡或波旁豆裡牟利，亦非精品等級應有現象。至於依附豆表的銀皮多寡，倒無傷大雅。日晒豆的銀皮會比水洗豆多。

看完豆色和豆相後，必須拿來聞。精品豆有一股清甜香氣，但發酵過度或保存不當的生豆會有刺鼻的化學味、霉腥味或雜味。最後，捧起一些生豆感受一下豆子的質

地；如果太硬脆，容易斷裂，表示機械乾燥時溫度太高；如果摸來軟嫩嫩的，表示乾燥處理不夠，水分太高，很容易染上霉菌變白或變暗，當敬謝不敏。簡單來說，就是「看來整齊、聞來宜人、摸來稱頭」的豆，才是上選好豆。

買回豆子烘焙前，務必再檢視一下，剔除突兀豆或雜碎物。烘焙前的挑豆工作雖然費時，樂子卻不少，舉凡玉米、稻竿、小石，乾枝、碎葉、胡椒、蟲屍、彈殼，無奇不有，不妨收進私房的「挑豆博物館」，亦可感受一下栽植地的另類「地域之味」！俟出爐後，再挑一次豆，揀掉不易上色的「白目豆」，才大功告成。

● 粗壯豆鬧正名爭精品

羅巴斯塔的發現雖較阿拉比卡晚了一百多年，過程卻挺有趣，要歸功於兩名英國探險家——理察‧波頓（Richard Burton，與已故英國男星同名同姓）和約翰‧史畢克（John Speake）。一八五七年，兩人溯尼羅河而上，尋找它的源頭，航抵目前的烏干達，萬念俱灰。他們雖未發現尼羅河源頭，卻意外找到咖啡新品種。兩人很肯定它與阿拉比卡不同，可惜並未替新品種命名，否則羅巴斯塔很可能變為「理察‧波頓」咖啡！

一家比利時公司最先以「羅巴斯塔」（Robusta）為名行銷此一非洲新品種咖啡。因為羅巴斯塔的體質、產量與抗病蟲害能力，遠超過體弱的阿拉比卡，咖啡農因此樂於栽植這種更有經濟效益的新品種羅巴斯塔，主銷歐洲市場。

阿拉比卡與羅巴斯塔同為咖啡屬底下的不同品種，命運卻天壤之別。羅巴斯塔好比命賤的灰姑娘，注定要蓬頭垢面抬不起頭，而她的半血源姊妹阿拉比卡卻一身貴氣，優香宜人。如今，咖啡界久遭歧視的灰姑娘，決定站出來捍衛自身權益，洗刷污名，與阿拉比卡分享精品美名。

多年來，粗壯豆的身價僅及阿拉比卡的三成至四成左右。二〇〇二年在吉隆坡舉行的世界茶與咖啡盛會上，改變了粗壯豆的夕運，「精品羅巴斯塔世界聯盟」（World Alliance of Gourmet Robustas）宣布成立，幾年來在創辦人皮耶・勒拉奇（Pierre E Leblache）運籌帷幄下，倡導水洗羅巴斯塔精品豆，大幅提升了粗壯豆的品質與聲譽。二〇〇七年，羅巴斯塔的國際行情已躍升到阿拉比卡豆的 70%，逐漸洗刷羅巴斯塔的賤豆惡名。

其實，美國人是粗壯豆淪為賤豆的始作俑者。二十世紀五〇年代，倫敦羅巴斯塔期貨市場成立時，粗壯豆的行情與阿拉比卡無分軒輊。歐洲是粗壯豆最大消費國，這與歐洲早期在非洲與亞洲的殖民地盛產羅巴斯塔有關，因此歐人早已習於粗壯豆特殊風味與高咖啡因含量。但美國並無這段淵源，很少接觸羅巴斯塔。二次大戰後的美蘇冷戰期間，山姆大叔為了拉攏窮苦的中南美洲產豆國，以免其遭到赤化，進而影響美國安全，不惜高價收購中南美洲咖啡豆。

拉丁美洲主產阿拉比卡，粗壯豆量很少，因此紐約咖啡期貨市場以水洗阿拉比卡為標的，日曬豆或粗壯豆則在倫敦交易，這也加深了美國與粗壯豆的隔閡。水洗豆耗水費工，但品質優於日曬豆，交易價也高於日曬豆，這無可厚非。但當時的價差只表現在水洗豆與日曬豆上，尚無阿拉比卡與羅巴斯塔貴賤之別，亦即水洗羅巴斯塔的身價與水洗阿拉比卡不相上下。但一九五五和一九五七，最大產豆國巴西發生兩次嚴重霜害，造成阿拉比卡大減產，身價一飛衝天，此後才拉大了阿拉比卡與粗壯豆的價差與貴賤之別。加上粗壯豆產量大，經常發生供過於求，價格節節下滑，令農民血本無歸，紛紛放棄水洗粗壯豆，改採更低廉的日曬處理，使得粗壯豆品質與行情一年不如一年。更糟的是，拉丁美洲還落井下石，派出遊說團體赴美，大力宣揚阿拉比卡並醜化羅巴斯塔。美國只肯照顧後花園的拉丁美洲朋友，疏於扶植非洲或亞洲的粗壯豆農民，粗壯豆終於江河日下，萬劫不復。

但千禧年後，情勢好轉了。優質的水洗粗壯豆成功打進美國精品咖啡市場，最有名是印度南部孟買的艾克山莊園（Elk Hill Estate）雷哥德水洗精品粗壯豆「Raigode

Gorumet Robusta」，色澤呈美麗的綠藍色，豆體厚實如同高海拔阿拉比卡的肥碩豆，而且篩選細心，瑕疵豆比率近乎零。另外，印度邁索和巴巴布丹山（Bababudan Hill）的精選水洗皇家粗壯豆「Kaapi Royale」身價更是嚇人，每公斤生豆叫價六美元，比一般阿拉比卡甚至曼特寧還要貴，堪稱勞斯萊斯級的粗壯豆，年年供不應求。筆者也試過皇家粗壯豆，豆體約 16～17 目，不算太大，硬度卻很高，有如阿拉比卡極硬豆，喝來很像日本玄米茶的味道，絲毫沒有粗壯豆的苦澀味、輪胎味和臭穀物味；單品亦可，但喝來不太像咖啡，茶感十足，黏稠度高。印度水洗粗壯豆鹹魚大翻身，要歸功於印度旅美的物理博士喬瑟夫‧約翰（Joseph John）在美國推廣獨門濃縮咖啡配方豆黃金馬拉巴「Malabar Gold」，配方除了印度阿拉比卡外，又添加一定比例的印度水洗粗壯豆，稠度高風味佳，一改老美對粗壯豆的偏見。

另外，筆者發現寮國波羅芬高原（Boloven Plateau）的水洗粗壯豆，也有發展成精品羅巴斯塔的潛力，屬極硬豆，風味還算乾淨，品質和價格上具有取代巴西桑多士的能耐。波羅芬高原的日晒粗壯豆價格比水洗豆稍低，但喝來有股葉門摩卡的果香味，令人驚豔。只是它也帶有明顯的雜味，殊為可惜。一般而言，水洗粗壯豆的風味明顯比日晒豆乾淨順口，這是粗狀豆的新希望。

精品羅巴斯塔世界聯盟近年來大力宣導印尼和非洲粗壯豆農民揚棄日晒處理，改用水洗，有助提升品質與售價。該組織也在全球各大咖啡展覽與咖啡期刊宣揚優質的水洗粗壯豆，收效甚豐，墨西哥、瓜地馬拉、巴西、厄瓜多爾、烏干達、喀麥隆和印尼，也加入水洗粗壯豆的行列。一般並不看好粗壯豆在短期內能在精品界與阿拉比卡平起平坐，但勒拉奇卻樂觀認為，目前 95% 粗壯豆仍採日晒處理，這表示精品粗壯豆還有很大成長空間，只要多花心思栽植羅巴斯塔，並提高水洗處理的比率，重視包裝與行銷，既使阿拉比卡遊說團體暗中掣肘，烘焙業者在豆價高漲壓力下，也將更容易接納水洗粗壯豆，形勢一片大好。

在可見的未來，阿拉比卡與粗壯豆的鬥爭只會更激烈，而水洗羅巴斯塔是唯一能與阿拉比卡一較高下的捷徑。阿拉比卡與羅巴斯塔的異同，請參看下表國際咖啡組織的數據。

阿拉比卡與粗壯豆比較表

	阿拉比卡	羅巴斯塔
品種確定年代	1753 年	1895 年
染色體	44 條	22 條
開花到果子成熟	9 個月	10 ～ 11 個月
開花時機	雨季後	不定
果子成熟後	易脫落	不易脫落
生豆產量（公斤／公頃）	1,500 ～ 3,000	2,300 ～ 4,000
扎根狀態	深	淺
最適年均溫	15 ～ 24℃	24 ～ 30℃
最適雨量	1,500 ～ 2,000 毫米	2,000 ～ 3,000 毫米
最適海拔高度	1,000 ～ 2,000 公尺	0 ～ 700 公尺
抗葉鏽病	弱	強
咖啡因占豆重量	1.2 ～ 1.6%	1.7 ～ 4%
豆貌	扁平	橢圓
豆芯裂痕	呈 S 形	筆直狀
風味特色	果酸味重	苦，雜味重
稠度	稍弱，約 1.2%	稍佳，約 2%

Chapter

5

精品咖啡：非洲篇

森林、半森林、田園和大農場四大系統，
構建衣索匹亞舉世無雙的咖啡栽培形態。

　　——衣索匹亞生物多樣性保育學會

非洲咖啡產量小檔案

　　非洲是全球咖啡產量第三大洲，次於中南美洲和亞洲。非洲以羅巴斯塔為主，烏干達、喀麥隆和象牙海岸是非洲粗壯豆主力產國，但不屬精品咖啡範疇。非洲精品豆以衣索匹亞、肯亞和葉門馬首是瞻。衣索匹亞是非洲最大阿拉比卡產國，二○○七生產 32 萬公噸生豆，同年出口 17.6 萬公噸咖啡豆，其餘全供國內龐大需求。二○一五／二○一六年衣索比亞產季，生豆產量達 6,700,000 袋（402,000 噸），出口 3,000,000 袋（180,000 噸），有一半產量在國內喝掉。肯亞是非洲第二大阿拉比卡產國，二○○七年生產 5.55 萬公噸咖啡豆，國內消費量小，共出口 5.25 萬公噸。二○一五／二○一六肯亞生產 760,000 袋生豆（45,600 噸），出口 710,000 袋（42,600 噸），肯尼亞產量仍無起色。後起之秀盧安達，二○○七年生產 1.698 萬公噸生豆，出口 1.692 萬公噸。二○一五／二○一六產季，盧安達產出 278,000 袋生豆（16,680 噸），出口 16,620 噸。另外，位於阿拉伯半島南端，隔著亞丁灣與衣索匹亞對望的葉門，雖位於西亞，但歷史上被歸類為非洲產區。然而，十八世紀以前壟斷全球咖啡市場的葉門，晚近咖啡產量逐年下滑，年產量僅剩 1 萬公噸左右，即將消失在咖啡地圖上！

——（一）衣索匹亞咖啡：傳奇多，橘香濃 ——

衣　索匹亞是我最迷戀的咖啡產國，傳奇多、品種繁、橘香濃、鮮事多，舉世找不到第二產國能與爭鋒。衣索匹亞悠久的咖啡史與人文景致，數百年來吸引大批探險家、考古學家、植物學家、人類學家、文學家和宗教家，前往一親芳澤，甚至殞命也在所不惜。非洲這頭沉睡巨獅，千禧年後猛然覺醒，發出陣陣怒吼，不但嚇阻巴

西盜取天然低因咖啡樹，還力抗星巴克盜用故有咖啡產地名稱，例如「哈拉」、「西達莫」和「耶加雪菲」[註1]。衣索匹亞強勢擺平「盜樹」、「盜名」兩起國際紛爭，讓世人不敢小覷蓋拉族後裔維護咖啡遺產的雄心。在此先從人類老祖宗與衣索匹亞咖啡剪不斷理還亂的千古糾葛談起。

● 人類起源與咖啡樹

　　不知是天意抑或巧合，人類與阿拉比卡咖啡樹皆發源於衣索匹亞。一九七四年，一批古生物學家在衣索匹亞北部阿法沙漠（Afar desert）的哈達（Hadar）掘出距今四百萬年的南猿（Australopitheus afarensis）化石，雖屬於猿類，卻是最遠古的人類祖先，且直到兩百萬年前才從猿進化成「能人」。由出土的能人頭顱骨骸測得其腦容量約 700 ～ 800 毫升，已有能力使用簡單工具。一百萬年前，又進化為「直立人」（北京人也包括在內），腦容量增至 1,000 毫升，已會製造更精細工具，也會用火。到了十二萬年前，終於進化成「現代人」，腦容量增加到 1,300 毫升[註2]。而基因研究也發現，目前的人類都是十二萬年前活躍於衣索匹亞高地「現代人」的後裔。

　　困惑人類學家的問題是，人腦容量五十萬年來增幅在 30% 以上，尤其是掌管思考的大腦增幅最多，但究竟是什麼力量驅動腦子大進化？各派理論中，以「語言的出現」最具說服力，因為要說話就要思考，可激發腦子進化。巧合的是，衣索匹亞高地隨處可見咖啡樹，因此有一派學者懷疑，老祖宗腦袋瓜進化應該與咖啡有關，因為咖啡因可使人的意識更清醒，有助人際溝通，促進大腦進化。近年更有學者懷疑，亞當、夏娃偷嘗的「禁果」就是咖啡紅果子。

註1：哈拉：Harar，衣索匹亞東部高地古城，距離首都阿迪斯阿巴巴（Addis Ababa）約 500 公里。
　　西達莫：Sidamo，衣索匹亞南部重要產區。耶加雪菲：Yirgacheffe，西達莫著名的咖啡小鎮，國人慣稱為「耶加雪夫」，但與實際發音出入很大，正確發音為 YEAR-gah-CHEFF-ay，「耶加雪菲」較接近原音。
註2：人類腦容量因人種而不同。東亞人約 1,406 毫升，歐洲人約 1,367 毫升，非洲人約 1,282 毫升。

舊約《聖經》「創世記」提到，伊甸園裡有代表神的「生命之樹」與代表撒旦的「善惡知識樹」（Tree of Knowledge，亦稱知識樹）。近年有人認為，聖經裡的知識樹其實就是咖啡樹。上帝耶和華將亞當和夏娃安置在伊甸園，並吩咐兩人，園內所有樹果子都可吃，唯獨「善惡知識樹」的紅果子吃不得，否則會一命嗚呼。但兩人卻在蛇的慫恿下偷吃禁果，從而被上帝逐出伊甸園。雖然舊約《聖經》並未言明「善惡知識樹」就是咖啡樹，但根據幾本聖經外典與次典，均對夏娃和亞當偷嘗禁果有詳細記載：「有一天，最邪惡的蛇問夏娃，她是否可以盡情吃園內各式水果，夏娃答：『我當然可以，除了知識樹的紅果子吃下會一命嗚呼外，其他任何果子都可隨意吃到飽。』蛇慫恿說：『非也，如果妳吃了善惡知識樹的果子，就會茅塞頓開，明是非知善惡，豈不和上帝一樣無所不知！上帝就是為了這個理由，不讓你們吃知識樹的果子。』夏娃望著鮮紅欲滴的知識樹果子，抵抗不了吃下去即可開智變聰明的誘惑，索性摘一顆先吃下，又摘了一顆給亞當吃。兩人對望，首次有了開竅之感，突然意識到自己是裸體，原來男女有別，而有了羞恥心，兩人馬上摘下無花果的葉子來蔽體。突然，上帝的聲音傳來，亞當嚇得躲起來，上帝說：『如果你們感到害怕，就是偷吃了我禁吃的果子。』於是將兩人趕出伊甸園，免得兩人繼續吃另一株生命之樹的果子而長生不老。上帝懲罰夏娃要飽受生產分娩之苦，而亞當則要終生勞動，扛起養家重任。蛇也因此被詛咒，需靠肚皮走路。上帝並指派手持火劍的天使鎮守伊甸園門口，免得凡人闖入，偷吃生命之果……」

或許我們可如此解讀：人類祖先吃了富含咖啡因的禁果，終於「開智」，不再溫馴了，思緒愈來愈敏銳，為了生存，爾虞我詐，無所不用其極，腦力大躍進，終於成了萬物之靈。亞當和夏娃偷嘗「善惡知識樹」的紅果子，背叛上帝而被驅離伊甸園，人類開始捲進是非善惡的千古爭戰中。

不論是舊約《聖經》、偽經或次經，均未言明「善惡知識樹」是何種果樹，給予後人很大的詮釋空間，從早期的葡萄、蘋果，到近年的咖啡樹，各擁信眾。筆者認為咖啡的可能性最大，因為亞當和夏娃吃下禁果後，首度有了自我意識、善惡之辨，與咖啡使人意識更清醒，不謀而合。蘋果和葡萄不可能有開智效果。有趣的是，衣索匹

亞高地鳥語花香，果樹鬥豔，好一幅伊甸園景致，難怪不少人相信亞當和夏娃偷嘗禁果的伊甸園就在衣索匹亞境內。老祖宗被上帝逐出伊甸園後，才在衣索匹亞留下大批老祖先遺骸，成了考古學家的樂園。

另外，一本被猶太教視為偽經的《伊諾書》（*Old Testament Book of Enoch*）卻對「善惡知識樹」有入木三分的描述：「葉片為誘人的深綠色，白色花朵綻放迷人茉莉花香，紅果成串……」這豈不暗指咖啡樹？更不可思議的是，備受基督教世界打壓的偽經《伊諾書》手抄本，失蹤千百年後，十九世紀竟然被探險家詹姆斯‧布魯斯（James Bruce）在衣索匹亞找到，重見天日，為人類起源與咖啡樹的關係，提供更多線索與詮釋空間。

● 韓波、土狼與聖城

衣索匹亞以野生咖啡林為主，想嚼咖啡果子或喝咖啡，入林採摘即可，因此古代的衣索匹亞並無咖啡栽培業。葉門早在十五至十六世紀就有大規模咖啡栽培業並與歐洲進行咖啡貿易，衣索匹亞遲至十九世紀才有咖啡貿易紀錄。一八三八年，衣索匹亞透過紅海的港都瑪沙瓦（Massawa）輸出第一批十公噸咖啡豆到倫敦、馬賽和紐約，即打出「哈拉摩卡」（Harari Mocha）之名，因為葉門摩卡來自衣索匹亞的哈拉長身豆「Harrar Longberry」（基本上，哈拉豆與摩卡的風味極為相似）。繼葉門摩卡之後，衣索匹亞成了歐洲咖啡掮客前往淘金的聖地。古城哈拉位居東部高地，靠近紅海與亞丁灣，又盛產咖啡，很自然成了歐人認識衣索匹亞咖啡的前哨站。法國十九世紀的詩壇神童韓波（Arthur Rimbaud，1854—1891）棄文從商，遠赴哈拉買賣咖啡，又為文學與咖啡的糾葛增添一頁浪漫與悲情。

勇氣可嘉的韓波為何拋棄文壇的聲望，隻身涉險到哈拉買辦咖啡，至今仍是文壇祕辛。韓波被譽為法國十九世紀最偉大的詩壇天才，十三歲開始寫詩，十七歲出版作品《醉舟》（*Le Bateau Ivre*），即贏得當時法國象徵派大詩人魏倫（Paul Verlaine）激賞，邀請韓波至巴黎寓所做客，兩人居然發生老少同性戀情。一八七二年，魏倫不惜拋妻

棄子，與韓波私奔倫敦，輿論譁然。一八七三年，兩人在布魯塞爾火車站發生爭吵，魏倫舉槍擊傷韓波手腕，被捕入獄。同年韓波寫了一本影響全球詩壇脈動的詩集《地獄一季》（Une Saison en Enfer）追憶自己與魏倫的「地獄情侶」歲月，被譽為象徵主義的絕品。儘管少年得志，但他並不眷戀巴黎的燈紅酒綠，年僅二十就封筆，決定自我放逐，浪跡天涯到異域尋找賺錢機會。十九世紀末，歐洲咖啡消費量大增，韓波看好賣咖啡的「錢景」無量，乃追尋《地獄一季》的情節，遠赴一個「失去氣候」的國度，鍛鍊體魄，期望有朝一日以「鋼鐵的肋、銅色的膚、銳利的眼」凱旋而歸。旅經印尼哇爪、賽浦路斯、葉門，一八八〇年落腳海拔高達 1,830 公尺的衣索匹亞古城哈拉，為一家法國駐外公司打點哈拉咖啡豆生意，亦即今日的咖啡豆掮客。韓波是當時歐洲第一位深入產地的咖啡採購專家，對咖啡豆等級、議價和品質無所不通，他在哈拉一住就是八年。這裡氣候涼爽，比悶熱的葉門更適合他。韓波除了咖啡，也兼做軍火、毛皮進出口生意，成了傑出商人，完全將文學拋諸腦後。自古多少文人雅士迷戀咖啡，但膽敢深入產地試身手者，唯韓波一人。

韓波因哈拉咖啡發了一筆小財，哈拉則因韓波駐足而聲名大噪，但他真的愛喝哈拉咖啡嗎？咖啡迷恐怕失望了。根據他寫給友人信件，他曾形容哈拉咖啡為「恐怖、可憎，令人作嘔的臭東西」！但據此斷言韓波不愛哈拉咖啡，未免失之武斷，因為他有可能是在形容農人送來的咖啡豆都沾滿駱駝糞便，看來很噁心。一八九一年，韓波並未帶著「鐵肋、銅膚、銳眼」返回巴黎，而是拐著惡性腫瘤的左腳回國治療，卻不治身亡，得年三十七歲。

韓波在哈拉住了八年的宅第，完好保留至今。衣索匹亞為了紀念這位詩壇奇才，改裝為韓波博物館（聯合國教科文組織亦贊助整建經費）。館內陳設他在哈拉拍攝的珍貴黑白照片和衣索匹亞藝術品，當地人稱這座博物館為「彩虹之屋」，因為彩虹的英文音近似韓波名字發音。這裡是觀光客必訪的名勝。館長狄達維說：「哈拉就像文化上的諾亞方舟，黑人與白人相處融洽，每人都可說上幾國語言。哈拉可做為各種族和平共處的榜樣。」韓波崛起詩壇猶如閃亮流星劃過夜空，瞬間即逝，卻在哈拉古城重新定位自我，為詩壇留下難解的一頁。

韓波為咖啡而來，土狼卻為鮮肉而至。二〇〇五年的人口普查顯示，哈拉僅有十二萬人口，人少野獸多。古代尤甚。每逢夜幕低垂，哈拉五道城門就關閉，以防獅子或土狼入侵。然而，狡猾的土狼晚上卻沿著城內排出廢水的渠道，大搖大擺進城，啃食大批垃圾，成了哈拉城的最佳清潔隊。為了防止土狼襲人，哈拉自古就有一套餵食土狼的機制，每晚有專人帶著鮮肉出城餵飽土狼，用意是：「承平時期我餵你，旱災缺糧勿吃我！」人獸因此相安數百年。而今，餵狼活動成了觀光客喝完咖啡、每晚必看的好戲。

古城哈拉興建於西元七至十一世紀，當時有位回教聖人預言：「哈拉將毀於一位異教徒進城日。」於是全城周遭築起一道四公尺高的城牆保護，防止異教徒入侵，僅開五道門進出，自古被稱為「圍牆之城」，基督徒闖入將遭砍頭。哈拉自古與外界隔閡甚深，發展出有別於衣索匹亞的語言，城內有八十二座清真寺，其中三座已有千年歷史，哈拉因此被譽為回教第四大聖城（回教三大聖城依序為沙烏地阿拉伯的麥加、麥迪納和以色列耶路薩冷）。

衣索匹亞統治階級多半是基督徒，但哈拉自古就以回教聖城自居，是非洲回教徒前往麥加朝聖的休息站，在強調基督教立國的衣索匹亞尤顯突兀。二〇〇三年，哈拉獲聯合國選為「世界和平之都」榮銜，表揚哈拉城內各派宗教與種族相互包容、一片祥和，足為中東城市的榜樣。另外，哈拉高大厚實的護城牆與特殊建築景觀，在二〇〇四年榮獲聯合國教科文組織列為世界文化遺產，並稱之為「堅若磐石的千年古城」。

哈拉的長身咖啡豆、韓波博物館、千年古寺與人文景致，成了衣國最大的觀光資源。

● 低因咖啡樹掀起外交戰

第四章曾提及葉門摩卡豆係出自哈拉的長身豆，且十八世紀在列強船堅炮利的掠奪下，移植到印尼和中南美洲的殖民地栽培，一舉打破回教世界壟斷咖啡之局面。兩

百多年來，遠離高原氣候的咖啡樹，已適應中南美洲的水土，也衍生不少混血與變種，諸如卡杜拉、卡杜阿伊、黃色波旁、卡提摩或帕卡瑪拉等。但咖啡基因寶庫的衣索匹亞並不看在眼裡，唯獨低因咖啡樹被盜事件震醒了衣國當局，強力介入，贏回商機無限的天然低咖啡因樹所有權。

二〇〇四年六月，巴西國立坎畢納斯大學植物學家保羅‧馬札費拉召開記者會喜孜孜地向世人宣布，他已從數千株衣索匹亞咖啡樹篩選出野生低因咖啡品種，人類無須再動用基因改造工程或化學物理處理法，即可享受天然又健康的低因咖啡。不幾日，衣索匹亞咖啡出口協會（Ethiopian Coffee Exporters Association）總裁海魯耶‧吉柏瑞‧希沃（Hailue Gebre Hiwot）召開國際記者會，要求巴西的馬札費拉說明他如何在未經衣國官方許可下，私自取得數千株咖啡樹樣本。此事非同小可，形同強盜。他還指出，這批咖啡樹屬於衣索匹亞所有，不排除打一場國際官司，向巴西索回國寶樹。衣索匹亞總理梅勒斯‧簡納維（Meles Zenawi）更以嚴厲口吻向路透社記者說：「吾國嚴肅看待本案，不惜動用外交、法律各種途徑，討回公道！」一場外交戰儼然開打。

馬札費拉教授也舉辦國際記者會澄清此事，指出自己生平並未去過衣索匹亞，何來盜取咖啡樹之指控。衣國當局顯然忘記整個案件始末。一九六四至一九六五年間，聯合國食品暨農業組織（Food and Agriculture Organization of the United Nations）提供經費，派遣一支由各國植物學家組成的研究團隊到衣索匹亞西南部咖法森林（Kaffa），以及西北部伊魯巴柏（Illubabor）與東部哈拉高地，蒐集數千株咖啡樣本並取出咖啡種籽送到各國栽培，以免衣國濫墾林地，造成珍貴的咖啡樹種消失。這項國際拯救衣索匹亞咖啡基因行動，當年亦獲衣索匹亞國王海爾‧塞拉奇（Haile Selassie）首肯，也派出衣國專家參與拯救基因行動 [註3]。

馬札費拉還指出，當年各國專家不辭辛勞檢視六千株咖啡樹的生態，並詳載種籽採集地點和品種，一款四份，分贈給衣索匹亞、哥斯大黎加、印度和葡萄牙四國擇地栽培，以延續咖啡多元基因的香火。巴西並未分到這批咖啡種籽，直到一九七三年才從哥斯大黎加取得這批咖啡樹的種籽，再移植回巴西。一九八四年，馬札費拉開始研

究這批得來不易的咖啡，費時近二十年才從數千株咖啡樹篩濾出三個低咖啡因品種。如果巴西不做這項研究工作，各國恐怕都已忘了這件事。他還說：「雖然在實驗室中找到了阿拉比卡低因咖啡樹品種是破天荒的新發現，但我懷疑這些稀有咖啡品種可能已在濫伐成風的衣索匹亞絕種了。」此解釋平息了衣索匹亞的怒火。低因咖啡樹所有權與行銷權究竟屬誰，轉為幕後協商。二〇〇四年七月衣國總理簡納維改口說：「希望和巴西合作，創造雙贏。」喧騰一時的爭議就此落幕 [註4]。

馬札費拉的研究資料顯示，三個珍貴的低因品種出自咖法森林，咖啡因含量只占豆重的 0.07% ～ 0.6%，比一般阿拉比卡的 1.2% ～ 1.8% 少了二到二十五倍咖啡因。有意思的是，馬札費拉同時也發現了高咖啡因的阿拉比卡新品種，咖啡因含量高占豆重的 2.8%，幾乎不輸羅巴斯塔，也印證了衣索匹亞咖啡基因的龐雜性。也就是說，咖法森林不但存有低因咖啡樹，也有高咖啡因的阿拉比卡，因此才會有學者認為，阿拉比卡是從中部非洲的粗壯豆演化而來。

二〇〇四年以來，馬札費拉教授一直與衣國農業研究院交換研究心得，並呼籲巴西與衣索匹亞繼續研究剩下未檢測完成的咖啡樣品。他還要求衣國當局擴大林地考察與保育工作，以找出更多天賦異稟的咖啡品種，為市場注入更多新活血。此事件之後沉寂了三年，到了二〇〇七年八月，衣索匹亞農業部長才召開國際記者會，宣布天然低因咖啡樹研究有成，已開始進行商業栽植，將在最短時間販售天然低因咖啡。據一般推斷，上市日期應約在二〇〇九年，但記者會上並未提到咖啡因的含量。照筆者二〇〇四年取得的資料，三個低因品種的咖啡因含量約占豆重 0.07% ～ 0.6% 之間，若

註3：衣索匹亞面積 1,104,300 平方公里，是世界第二十七大國，境內林木蒼茂，物種豐沛，但林地濫伐嚴重，多元物種逐年減少。二十世紀初，全境森林覆蓋率高達 35%，到了二〇〇〇年只剩 11%。二十世紀的六〇年代，聯合國察覺問題嚴重性，組成一支國際研究團隊入境考察，並採集珍貴的咖啡種籽，妥善保育，以免絕種。

註4：當年這則影響深遠的衣索匹亞與巴西爭奪低因咖啡樹事件，臺灣各大報紙和電視只會瘋政治，隻字未提，殊為可惜。當時筆者已從《聯合報》退休，無法敦促發稿，但蒐集的資料恰好用來充實本章內容，為咖啡迷填補這段被媒體疏忽的咖啡史。

衣索匹亞栽培的低因咖啡樹種籽的咖啡因含量為 0.07%，便很接近化學處理法的低咖啡因（含量約 0.02% ～ 0.05% 之間）。

野生低因咖啡樹屬商業機密，其咖啡因含量百分比究竟是多少，衣索匹亞並未言明，應該會繼續賣關子到上市日前夕。無論如何，這將對現有的咖啡市場造成重大衝擊，尤其在健康意識高漲的今日，美味又天然的低因咖啡肯定會創造更大的咖啡消費量，也可能改變世人喝咖啡習慣。雖然目前人工處理的低咖啡因市場約占全球咖啡市場 800 億美元的 10%，專家預估一旦天然低因咖啡上市，這個百分比可能上升到50%，引爆下一波咖啡新時尚，不容等閒視之。

● 衣索匹亞鬥贏綠巨人

衣索匹亞強勢斡旋世界最大咖啡產國巴西，分享天然低因咖啡樹研究成果，接著又為咖啡農權益，力戰世界最大咖啡連鎖品牌星巴克，指控綠色美人魚盜用衣國故有的耶加雪菲、西達莫以及哈拉三個咖啡產地名稱，要求星巴克必須撤銷這三個地名的商標註冊，因為這些地名屬於衣國所有，必須經過當事國同意、授權後才得使用。

雙方爭議於二〇〇五年三月爆發，又成為國際媒體炒作的焦點。

媒體感興趣的是，衣索匹亞乃阿拉比卡發源地，二〇〇六年咖啡出口量達 17 萬公噸，創匯 4 億 3,100 萬美元，高占全國出口額 35% [註5]。全國 7,000 萬人口中，有 1,500 萬人靠咖啡活口。二〇〇六年，衣國全國國民生產毛額只有 97 億 8,000 萬美元，國民所得不到 900 美元，是世界最窮國家之一。

反觀對手星巴克，它是咖啡連鎖巨擘，二〇〇六年全球擁有 12,440 家門市，麾下強大律師團最擅長控告同業仿冒綠色美人魚商標，總營業額達 77 億 8,000 萬美元，幾乎是衣索匹亞國民生產毛額的 80%。二〇〇六年，星巴克向世界各產國進口 15 萬公噸咖啡豆 [註6]，約占衣索匹亞同年咖啡產量 30 萬公噸的 50%，但衣索匹亞咖啡只占二〇〇六年星巴克咖啡進口量的 2%（星巴克主要以中南美洲豆為主力，符合美國

人咖啡偏好的歷史軌跡）。昔日只聞星巴克告人，而今窮酸的衣索匹亞，卻以其人之道反治其人之身，不惜興訟與富可敵國的星巴克打一場硬戰，當然精彩。

衣索匹亞主打悲情牌，全球媒體與人道組織幾乎一面倒向弱者。衣國以星巴克大熱賣的「夥伴日晒西達莫」[註7] 為例，訴說咖啡農的辛酸：

衣索匹亞南部西達莫（Sidamo）產區的費洛村（Fero），農民為了生產一磅日晒豆，必須摘下六磅的咖啡果子到戶外曝晒十五天，而且每隔幾分鐘就要上下翻動一回，確保受熱與乾燥平均，相當辛苦。但農民每磅日晒豆只獲 1.45 美元的報酬，這還要扣掉發電機燃油費、銀行貸款、工資、咖啡豆送下山的運費，農民賺進口袋不到 1 美元。然而，星巴克門市卻以每磅 26 美元高價銷售「夥伴日晒西達莫」……

知名的國際慈善團體樂施會（Oxfam）實地走訪衣索匹亞咖啡產區西達莫的費洛村，發覺農民衣衫襤褸，無鞋可穿，住在泥巴和茅草搭蓋的陋屋遮擋風雨，三餐靠著自己栽種的蔬果維生。農民的心聲是：「我們很憤怒被剝削，但要向誰哭訴？」樂施會還替村民撥撥算盤：二〇〇六年，2,432 位費洛村咖啡農共生產 30 萬磅日晒豆，平均每位得款 123 美元，但每位還要上繳 20 美元給咖啡合作社與工會，以支應相關道路公共建設和行政費用，進入每位農民口袋只有 103 美元，要用來支撐一家四口全年開銷，難怪隨處可見饑民行乞。星巴克還算厚道，當年亦撥贈 15,000 美元獎賞村民生產高品質咖啡，使每位農民額外多分得 6.2 美元，但杯水車薪，仍不足糊口。樂施會指出，中南美洲的精品咖啡末端售價的 45% 會進入咖啡農口袋，但衣索匹亞農民

註 5：衣國當局近年擴大外銷多元化，提高花卉出口量，雖然咖啡出口未減，但占總出口額已從過去的 65% 降至目前四成不到。

註 6：美國專家估計 2006 至 2008 年間星巴克每年採購兩百萬至三百萬袋生豆，即 12 萬至 18 萬噸左右。據 2014 年資料，星巴克進口咖啡量達 209,106 噸。星巴克 2015 年全球總營業額一百九十一億六千二百七十億美元，總門市 22519 家。衣索匹亞 2015 ／ 2016 產季，生豆產量 6,700,000 袋（402,000 噸），出口量 18 萬噸。

註 7：Shikina Sun-Dried Sidamo，擅長行銷的星巴克為了表示「與西達莫咖啡農的夥伴關係」，刻意以衣索匹亞官話所稱的「夥伴」—— Shirkina ——來命名。

卻只得到 5%～ 10%，顯然偏低。

衣索匹亞智慧財產局局長曼吉斯提（Getachew Mengistie）一針見血地指出，農民每磅生豆賣 1.45 美元，星巴克卻在美國每磅賣到 26 美元，兩地價差十八倍。原因出在衣索匹亞不知運用智慧財產權為農民創造價值，只要打出衣索匹亞精品豆名號，就可在美國以高出一般商業豆三倍的售價行銷。要知道，光靠美國下游通路投資烘焙、包裝和行銷設備，是無法創造如此巨大的附加價值，因為大部分價值出自咖啡產地（如果星巴克未打上「西達莫」的名號，肯定賣不了這麼高價位）。他強調：「衣索匹亞是咖啡發源地，赫赫有名的產區當然具有龐大行銷價值，卻被農民忽視，致使超額利潤最後被懂得利用產地威望創造價值的國家，不費吹灰之力賺走了！」

衣索匹亞終於覺醒了，決定師法西方已開發國家掌握品牌、創造價值的技巧來造福勞苦農民，於是在二〇〇五年三月向美國專利暨商標管理局申請西達莫、耶加雪菲、哈拉三個名聞遐邇的產地商標權。以後美國業者販售這三地精品咖啡，必先經過衣索匹亞授權才可掛上產地名稱，辛苦的農民可因此獲得更合理的報酬。

據樂施會估計，衣索匹亞一旦取得這三個產地商標權，每年將為衣索匹亞增加8,800 萬美元收入，不無小補。然而，星巴克卻向美國商標局提出異議，因為星巴克早在二〇〇四年便已先申請西達莫為商標 [註8]，雖然該案還在審查中，但先申請者占有先機。衣索匹亞駐美大使與星巴克交涉，得到的回應是：「請直接與我們的律師談。」不過，二〇〇六年美國商標局批准了衣索匹亞擁有「耶加雪菲」商標權，西達莫和哈拉兩個產區名則仍在審議中。星巴克聘請龐大律師團加強辯護火力，試圖阻止衣索匹亞掌控另兩個產區商標權。二〇〇六年十一月，星巴克新上任的資深副總經理杜黑（Dub Hay）甚至在「You Tube」發表一段影片，向衣索匹亞公開叫陣，批評地名申請商標是非法行為，並建議衣國當局改採產地認證制，例如牙買加藍山和夏威夷柯娜咖啡，對消費者亦有保障。該影片一個月內吸引數萬人次點閱，卻惹惱了美國媒體和人道團體，認為星巴克吃相難看。代表衣索匹亞的律師蘿貝塔‧赫頓說：「杜黑一派胡言，衣索匹亞此舉旨在保護身價不菲的商品，鞏固應得的智慧財產權。衣索匹

亞只是採行星巴克保護商標的策略罷了，為何別人這麼做就要百般刁難。」

衣國智慧財產局局長曼吉斯提表示：「星巴克建議的認證制不可行，因為清寒、文盲的咖啡農無餘力執行額外文書認證，況且這麼做只會增加不必要的規費支出，售價不會因此增加，對農民收益毫無幫助。我們申請商標權目的，是要讓農民有較好收入，以後可睡在床墊而非地上，每天至少有一頓飯可吃，有能力送小孩去上學。連這點卑微的要求都要打壓嗎？」美國媒體一面倒數落星巴克，甚至批評星巴克為「現代版殖民霸權，巧取豪奪衣索匹亞千年傳承的優質咖啡……」用語雖然過火了點，但杜黑在強大輿論壓力下，終於公開道歉，收回「衣索匹亞申請商標是非法行為」的言論。

二〇〇七年六月，纏訟兩年的商標案落幕，衣索匹亞與星巴克和解簽約，星巴克撤回西達莫、耶加雪菲和哈拉的商標申請，並同意由衣索匹亞授權產地商標的使用，也同意協助衣索匹亞行銷這三產地的咖啡，雙方握手言和。

持平而論，星巴克每年的咖啡進口量約 12 ～ 18 萬公噸，比起寶僑、雀巢、莎拉李，以及卡夫食品，可謂小巫見大巫 [註9]。寶僑、雀巢、莎拉李和卡夫食品，被譽為全球四大咖啡烘焙老大哥，咖啡烘焙部門的年營業額均在 10 億美元以上，每年咖啡總合採購量高占全球總產量之半。星巴克對待咖啡農最起碼比這四家「喊水會結凍」的超級烘焙廠厚道多了。但它受盛名之累，常淪為眾矢之的，稍有不慎便很容易弄得灰頭土臉。有趣的是，在本案中有業者因此獲利。美國東岸知名的綠山咖啡（Green Mountain Coffee Roasters）最能體諒咖啡農遭受的不公平待遇，二〇〇六年趁著衣索匹亞與星巴克鬧得不可開交，搶先與衣索匹亞簽下產地授權合約，不費吹灰之力打贏了一場企業形象戰。

註 8：星巴克以 Shirkina Sun-Dried Sidamo 申請商標，西達莫之名可見其中。

註 9：寶僑：P & G，主要咖啡品牌為 Folger's；莎拉李：Sara Lee，購併的品牌包括 Douwe Egberts, Chock Full O' Nuts, Hills Bros, MJB，同時也是 Dunkin Donuts 的咖啡供應商；卡夫食品：Kraft，主要品牌為麥斯威爾。

截至二〇〇七年十一月，衣索匹亞向全球三十六國申請耶加雪菲「Yirgacheffe」、西達莫「Sidamo」、哈拉「Harar」的商標權，已獲二十八國認可 [註 10]，並和美國、歐洲、日本二十四家咖啡公司簽下產地商標授權合約，二〇〇九年衣索匹亞已和北美、歐洲、日本和南非，將近一百個進出口公司和烘焙廠簽定授權協議。這將使得衣索匹亞咖啡農和工會更有制定售價的權力，不再受制於人，農民收益有了更大保障。牙買加藍山、印尼曼特寧和夏威夷柯娜是否跟進，值得觀察。

儘管衣國打了漂亮的勝仗，但農業當局也呼籲衣索匹亞咖啡農在慶功的同時，莫忘提升品質，今後在日晒、水洗和分級上，應採取更高標準，讓消費者有物超所值之感，否則徒有商標權亦難與他國精品豆競爭。

● 逐年增產有望

衣索匹亞雖貴為阿拉比卡母國，但談到每公頃平均產量卻難以啟齒。中南美洲產國平均每公頃可生產一到二公噸咖啡豆，衣國卻大概只在 500 到 600 公斤左右，確實難看。但此情況已逐年改善中，尤其是二〇〇七年六月，衣國迫使星巴克屈服、成功取得耶加雪菲、哈拉和西達莫的商標權後，農民收益增加，是未來增產最大誘因。另外，官方研究單位近三十年來不遺餘力篩選高產能、高品質的品種，也有了成果。一九七八年以來，金瑪農業研究中心（Jimma Agricultural Research Center）已從西南部的咖法森林篩選出二十三個抗病力強的高產能品種，分發給農民栽植。這幾年，研究人員進一步以風味優雅的野生品種與高產能阿拉比卡混血，培育出三個優異品種，能兼顧產能與品質。

金瑪農業中心高級研究員貝拉秋（Bayetta Bellachew）說：「令人振奮的是，這三個混血新品種的杯測表現優異，產能也很高。實驗室的栽培數據顯示，平均每公頃可生產 2.6 公噸生豆，預估撥交農民實地栽種，也可達到每公頃生產 1.6 公噸咖啡豆的佳績。另外，這些新品種亦可適應衣索匹亞不同地區的氣候與水土，申請栽種的農民很多，再過幾年即可看到新品種協助農民提升產量與品質的成果。這十年來，我們已將過去每公頃只生產 500 到 600 公斤，提升到 800 到 1,200 公斤，預料吾國咖啡產能還會向上提升。咖啡農地也將從五年前的 40 萬公頃增加到 60 萬公頃。只要衣索匹

亞精品豆走俏，這股增產趨勢會持續下去。」

千禧年前，衣索匹亞咖啡年產量約 15 到 18 萬公噸，千禧年後已躍升到 25 萬公噸，二〇〇六年更跳升到 30 萬公噸，二〇〇七年增至 32 萬公噸，衣索匹亞二〇一〇／二〇一一年產季，生產破紀錄的 7,500,000 袋（450,000 噸）生豆，出口量創下破紀錄的 247,020 噸，但二〇一五／二〇一六產季，生豆產量因天候問題，降至 6,700,000 袋（402,000 噸），出口量 18 萬噸。衣索匹亞擴大咖啡產能有迫切需要，光是國內咖啡消耗量就很大，每年產量有 40 ～ 50% 供應國內需求。千禧年後，衣索匹亞在咖啡研究與行銷的強勢作為，令人耳目一新，二〇〇六年已擠下印度，成為世界第五大咖啡產國，再加把勁，產能突破 40 萬公噸即可挑戰印尼的四哥地位。

● 獨特的豆相與分級制

二〇〇九年以前，衣索匹亞咖啡豆分為五級。第一級和第二級留給水洗豆，日曬豆無緣享有此二等級。水洗豆 Grade 1 代表每 300 克生豆，瑕疵豆 0 ～ 3 顆；Grade 2 代表每 300 克，缺點豆 4 ～ 12 顆。Grade 1 級水洗豆極為珍稀，一般很難買到，二〇〇九年以前衣索匹亞出口的水洗豆均為 Grade 2 級。日晒豆品質依序為 Grade 3、Grade 4 或 Grade 5 三個等級，雖然 Grade 4 的瑕疵豆明顯比 Grade 5 少很多，但咖啡農聲稱為了出口節稅起見，常以品質較佳的 Grade 4 降低一級申報為 Grade 5，以節省開銷。這或許只是行銷手法，實際上 Grade 5 品質確實不如 Grade 4。

然而，二〇〇九年十月，衣索匹亞在美國精品咖啡協會和歐洲精品咖啡協會背書見證下，正式啟動衣索匹亞商品交易所（Ethiopia Commodity Exchange，簡稱 ECX）

註 10：二〇〇八年三月五日，衣索匹亞智慧財產局宣布美國專利商標局證實衣索匹亞已取得西達莫商標使用權。繼二〇〇六年衣索匹亞贏得耶加雪菲的美國冊註商標後，今日再下一城，贏得西達莫的商標專利權。衣國已向美國申請哈拉的專利商標權，預料衣國終將贏得這三個國寶級咖啡產區名稱的排他使用權。星巴克自知理虧，二〇〇七年十一月與衣國達成和解後，衣索匹亞截至二〇〇八年三月，已和全球七十家咖啡公司簽約，行銷耶加雪菲、西達莫和哈拉咖啡。目前尚未聽說衣國要求臺灣業者需經過授權才得使用這三個商標名，可能臺灣市場太小，未受重視，但未來不排除其可能性。

的分級新制，日曬豆只要經過 ECX 杯測師的評鑑，優質日曬豆亦可冠上 Grade1 和 Grade2，打破半世紀以來日曬豆沒有第一級與第二級的舊例！

衣索匹亞的豆相很容易辨認，豆粒多半較小且成瘦尖狀的長身豆，即所謂的「Longberry」，且經常挾雜著小橢圓狀的短身豆，即所謂「Shortberry」，看來大小參差，豆貌不齊。Grade 4 或 Grade 5 的商業大宗豆，多半混合各產區數百種不同品種，豆相不均的現象最為明顯，難怪不易烘焙均勻。

衣索匹亞到底有多少阿拉比卡亞種，連衣國官方研究單位也說不清楚。這座山的咖啡合作社與另一座山所栽的品種肯定不同，既使是同一區域的小農，栽植的咖啡品種也不盡相同。有人估計衣索匹亞咖啡至少 2,000 個品種，也有 4,500 種以上的說法。相較於南鄰肯亞的主力品種波旁「SL28」或中南美洲和亞洲鐵比卡的肥碩體態，衣索匹亞豆貌顯得有點營養不良，但「豆」不可貌相，衣索匹亞咖啡的柑橘香味堪稱世界之最，不論濃縮咖啡或手沖，萃取時就聞到撲鼻的橘香或檸檬清香。入口有濃郁花香、果香和酸甜香是衣索匹亞特色，但醇厚度或稠度稍差。最大缺點是容易烘焙不均，尤其是日晒豆。既使是最佳的 Grade 3 哈拉日晒豆，亦常出現豆色不均，是衣索匹亞豆最大的痛，但這不影響它的好風味。不需在意豆相如何，好喝最重要。衣索匹亞水洗豆的穩定度比日晒豆好很多，後者的風味每年起伏很大，下大單前務必先杯測幾回。買到好的日晒豆，風味的深厚度遠甚水洗豆，但若買到處理失當的日晒豆，肯定會令人氣絕，這是許多咖啡迷的心聲。

臺灣進口的衣索匹亞咖啡多半來自西南部的金瑪產區、南部西達莫和東部的哈拉。這三個產區的豆粒較小，多半介於 14～16 目之間。豆體較大的豆子分布於衣索匹亞西北部的金比（Ghimbi）或列坎提（Lekempti），多半在 17 目以上，但臺灣很少見。

近年來，科學家深入研究衣索匹亞的咖啡基因，認為阿拉比卡源自西南部的咖法森林——即金瑪產區——然後再移植到東部哈拉和西北部的列坎提，後兩者的基因龐雜度遠不及咖法森林的咖啡。雖然西北部的咖啡豆相明顯比西南部「壯觀」，但杯測結果卻不如西南部。衣索匹亞農業研究所對西南產區（包括金瑪、西達莫、耶加雪菲、

林姆和貝貝卡）與西北產區（包括金比和列坎提）的豆粒大小進行分析，結果如下表：

地區	豆重		豆粒大小			豆貌	
	每100顆（公克）	17目以上	14～16目	14目以下	長身	短
西北部	14.2	43.5%	56.5%	0%	17.4%	82.6%
西南部	12.2	10.5%	52.6%	36.9%	10.5%	89.5%

衣索匹亞西南與西北產區的豆重與豆粒大小統計表

由此表不難看出，西北產區不論豆重或豆相均比西南產區壯觀，但上相不見得討好味蕾。西南產區的咖啡風味，不論口碑或杯測結果均優於西北產區。豆不可貌相，是衣索匹亞最大特色。

● 四大栽培系統

衣索匹亞位於北緯三到十四度之間，咖啡樹涵蓋面積接近 60 萬公頃，南部和東部每年有兩個雨季，西部則只有單雨季，雨季分布不同，使得衣索匹亞一年四季均有咖啡採收。咖啡生長的海拔介於 550 ～ 2,750 公尺，西部和南部土壤屬於火山岩，富含礦物質屬微酸性土質，年均溫在攝氏 15 到 25 度，是阿拉比卡絕佳的成長環境。

以二〇〇六年計，衣索匹亞生產 30 萬公噸咖啡，仍是非洲第一大阿拉比卡產國，排名世界第五大產國 [註11]，產量稱不上名列前茅，但豐富多元的咖啡栽培系統舉世無雙。全境有四大咖啡系統：（1）森林咖啡（2）半森林咖啡（3）田園咖啡（4）農場咖啡。衣國的咖啡 95% 採用不施肥、不用藥的傳統有機栽培，但尚未全數獲得國際認證。

註 11：世界咖啡產國 2015 年產量排名依序為：1. 巴西（43,235,000 袋）2. 越南（27,500,000 袋）3. 哥倫比亞（13,500,000 袋）4. 印尼（12,317,000 袋）5. 衣索匹亞（6,700,000 袋）6. 印度（5,833,000 袋）7. 宏都拉斯（5,750,000 袋）8. 烏干達（4,755,000 袋）9. 瓜地馬拉（3,400,000 袋）10. 秘魯（3,300,000 袋）。2015 年世界咖啡總產量為 143,306,000 袋，但已比 2013 年的歷來最高產量 146,506,000 袋短收了 3,200,000 袋。

森林咖啡（Forest Coffee）：指野生咖啡，此系統占衣索匹亞產量的 10%，分布於西部與西南部的野生咖啡林區，亦即知名的咖法森林。這裡的樹木茂密，提供咖啡樹最天然的遮蔭，不需人工照顧，全由大地之母控管生老病死，咖啡農直接到林地採收即可。這裡是阿拉比卡的發源地，野生品種繁浩，預估至少有 2,000 種以上，是全球咖啡基因的寶庫，科學家經常在此區尋找抗病力強、高產能、風味佳的品種，喧騰一時的天然低因咖啡樹就是在這片森林發掘的。本區的知名咖啡城鎮包括金瑪（Djimma）、朋加（Bonga）、西瓦倫加（West Wolega），以及拜爾（Bale）。

「Kaffa」是個古意盎然的字音。根據衣索匹亞古老的蓋拉族語，咖啡樹的發音為「Kafa」——「Ka」意指上帝，「Afa」代表土地或大地的植物，所以合起來的「Kaffa」表示「上帝之地」或「上帝之樹」。咖啡「Coffee」的語音就是源自咖法森林「Kaffa」。許多學者從基因的龐雜度與語義學的研究，斷定阿拉比卡源自衣索匹亞的咖法森林。

半森林咖啡（Semi-Forest Coffee）：指半野生咖啡，同樣分布於西部與西南部咖法森林，占衣索匹亞咖啡產量的 35%。森林咖啡系統的農民為了提高產量，各自選好一小片野生林地，人工修剪過於茂密的技葉，讓遮蔭與陽光取得平衡，協助咖啡樹進行光合作用與成長，並每年除草一次，增加咖啡產量。也就是說，此系統採用半天然半人工方式來栽培咖啡樹。

田園咖啡（Garden Coffee）：農民在自家後院或農田栽植咖啡樹並與其他作物混種，雖然咖啡樹密度最低，每公頃只有 1,000 ～ 1,800 株，卻最受歡迎，因為混種方式最符合農民生計所需，是目前衣索匹亞咖啡主要栽培方式。田園咖啡的小農制主要分布於南部的西達莫和東南部，此系統的咖啡產量高占衣索匹亞 50%，且愈來愈受依重，當局正大力推廣田園咖啡栽培方式。

栽培場咖啡（Plantation Coffee）：多半為國營咖啡農場，但為了提高效率，已準備轉賣，希望早日完成私有化經營。此系統採用現代化農藝管理方式，舉凡育苗、剪

枝、施肥、噴藥、栽植密度，都有規定，是目前唯一的非有機栽培方式，只占全國年產量 5%。

從上述四大系統可看出，有別於中南美洲企業化、科技化的高效率栽植，衣索匹亞咖啡大半採用野生與人工混種方式為之，產能因此不易提升，但衣國農業專家並不氣餒，已培育高產能、高品質的阿拉比卡種內混血咖啡樹，急起直追，期能拉近與中南美的產能差距。不過，衣索匹亞採用野生與人工混種，也因此多了濃濃的森林花果香，是其他產國難以媲美。另外，這種栽培方式恰與大自然兼容並蓄，咖啡樹對葉鏽病或病蟲害的抵抗力，也優於其他產國。衣索匹亞很少出現嚴重病蟲害，足見大地之母自有一套提升抵抗力的進化機制，足供各產國借鏡。而衣國農業當局致力打破產量與質量無法兼備的金箍咒，勇氣值得讚賞。

● 九大產區

衣索匹亞咖啡有上述四種不同的生產方式，全境可劃分為九大咖啡產區，包括五個精品咖啡區：西達莫、耶加雪菲、哈拉、林姆（Limu）、列坎提（或金比），以及四個一般商用豆產區：金瑪、伊魯巴柏、鐵比（Teppi）、貝貝卡（Bebeka）。各區有採日晒或水洗，處理方式不同也影響到風味。衣國傳統上採用古老的日晒處理，但一九七二年引進水洗技術後，三十多年來已逐漸提高水洗豆比率，目前日晒法約占80%，水洗約占 20%。西達莫和耶加雪菲以水洗為主、日晒為輔，林姆和鐵比產區以水洗為主。日晒豆則以哈拉、金瑪、列坎提、伊魯巴柏為主。

衣索匹亞九大產區位置，以首都阿迪斯阿巴巴為中心，東部為哈拉產區，南部為西達莫（耶加雪菲是西達莫最知名的咖啡鄉鎮），西南部為咖法森林（此區由北而南的知名咖啡城市為林姆、金瑪和鐵比），西部的伊魯巴柏和西北部的列坎提。各產區特色如下：

西達莫：海拔 1,400 ～ 2,200 公尺，是衣國南部著名的精品咖啡區，與肯亞接壤，有水洗與日晒兩種。水洗西達莫呈淺綠色，豆粒不大，呈長橢圓。喝入口明顯浮現柑橘味略帶莓香，以及令人愉悅的優雅酸甜味、葡萄甜香與巧克力的餘韻。日晒西達莫的豆色偏黃綠色，豆相較不工整，常見缺角豆。妥善處理的日晒西達莫風味不打折，除了有水洗豆的柑橘香，更多了一股濃郁果香味。這與咖啡豆包藏在果肉裡乾燥、發酵長達兩週有關，此風味為一般水洗豆所無。但日晒一旦處理不當，很容易有土腥味，優雅香氣盡失。日晒豆如果喝不到濃濃果香味就不是上品。

此區有不少傳說，消失的所羅門王寶藏據說就埋藏在南部的迪華山谷（Dewa Valley）。這裡林木茂密，自古就有野生咖啡林。農民從林地挑選優良咖啡樹品種，移植到自家農地，是一大特色。夏基索（Shakisso）是西達莫南部最著名咖啡產地，咖啡喝來很像檸檬加蜂蜜的滋味。

耶加雪菲——吹起日晒復古風：「Yirgacheffe」耶加雪菲是座小鎮，海拔 1,700 ～ 2,100 公尺，也是衣索匹亞精品豆的代名詞。這裡自古是塊溼地，古語「耶加」（Yirga）意指「安頓下來」，「雪菲」（Cheffe）意指「溼地」，因此「耶加雪菲」意指「讓我們在這塊溼地安身立命」。嚴格說來，耶加雪菲是西達莫的一個副產區，位於西達莫的西北邊，依山伴湖，是衣國平均海拔最高的咖啡產區之一。但這裡的生產方式與風味太突出了，致使衣國咖啡農爭相以自家咖啡帶有耶加雪菲風味為榮，故從西達莫獨立出來，自成一格，也成為非洲最負盛名的產區。

最初，耶加雪菲的咖啡樹是由歐洲的修道院士栽種（有點類似比利時僧侶栽種麥子釀啤酒），後來改由農民或合作社負責。耶加雪菲其實是由周圍的咖啡社區或合作社建構而成，犖犖大者包括霧谷（Misty Valley）附近的艾迪鐸（Idido）、哈福沙（Harfusa）、哈瑪（Hama）、畢洛亞（Beloya），皆採水洗，但亦有少量絕品豆刻意以日晒為之，增強迷人的果香味與醇厚度。這些山間小村霧氣彌漫，四季如春，夏天微風徐徐，涼而不熱，雨而不潮，冬季亦不致寒害，孕育出獨有的柑橘與花香的「地域之味」。咖啡樹多半栽在農民自家後院或與農田其他作物混種，每戶產量不多，是

典型的田園咖啡。耶加雪菲得獎名豆幾乎出自上述幾個咖啡村落與社區。

　　所謂的「耶加雪菲味」是指濃郁的茉莉花香、檸檬或萊姆酸香，以及桃子、杏仁甜香和茶香。筆者的品嘗經驗只有一句話：「咖啡入口，百花盛開！」恰似花朵觸動味蕾與鼻腔嗅覺細胞的舒暢感。除了花香外，細緻的醇厚度「Body」猶如絲綢在嘴裡按摩，觸感奇妙。目前很多咖啡化學家開始研究耶加雪菲四周的微型氣候與水土，以歸納出精品咖啡的栽種方程式。

　　傳統上，耶加雪菲採用最古老的日晒處理法，但一九七二年，衣國為了提升品質而引進中南美的水洗技術，使得耶加雪菲的茉莉花香與柑橘香更為清澈脫俗，一躍成為世界精品豆的絕品，精湛的水洗技術功不可沒，七〇年代以後此區以水洗為主，成為衣國最火紅的水洗豆產區。然而，近兩年來耶加雪菲一反常態，頻頻推出令人驚豔的日晒豆，成為精品市場當紅辣子雞。最近崛起的日晒豆復古風，應歸功於耶加雪菲赫赫有名的咖啡交易商阿杜拉·巴格希（Abdullah Bagersh）。這位老兄從小喝日晒豆長大，眼見老祖宗傳下來的日晒技術逐漸被水洗取代，於心不忍，決心振興衣國傳統的日晒技法。二〇〇六年，他選定霧谷的咖啡社區艾迪鐸推出「艾迪鐸霧谷日晒極品豆」（Idido Misty Valley Natural），一鳴驚人，贏得諸多大獎。

　　二〇〇七年，日本兼松株式會社咖啡部門主管鈴木潤，帶了幾磅「艾迪鐸」生豆與筆者杯測，讓我們有幸品嘗這支二〇〇六年衣索匹亞風雲豆。豆粒呈小巧工整的短圓狀，衣索匹亞日晒豆一般為 Grade 3 ～ 5，但此豆卻為 Grade 2，等於水洗豆的等級，打破分級窠臼，雖然還是有幾顆瑕疵豆，但比起哈拉或西達莫的日晒豆，已屬難能可貴。烘至二爆前出爐，以手沖和虹吸沖泡，磨豆時就聞到撲鼻的日晒果香，甜味明顯，亦有水洗耶加雪菲招牌的柑橘香與茉莉花香，喝來像極了哈拉（Harar）、葉門摩卡與耶加雪菲水洗豆三合一的綜合風味，令人驚豔。我個人滿喜歡帶有日晒果香的味道，但有些人嫌日晒味太狂野，甚至無法接受，可見喝咖啡是很主觀的美學。就連星巴克也跟進這股日晒風，找上西達莫的費洛村合作生產日晒豆「Shirkina Sun-Dried Sidamo」，在美國門市推出，也造成大轟動，足見耶加雪菲水洗豆改以日晒處理所呈

現的「反動」味，確有不小市場。

二○○七年，日晒復古風吹得更旺，美國柯羅拉多州丹佛市諾沃咖啡（Novo Coffee）知名咖啡採購專家布洛斯基（Joseph Brodsky）成立的「超越九十分咖啡」（Ninety Plus Coffee）（標榜只賣杯測 90 分以上的精品豆）看好日晒耶加雪菲前景，找上紅得發紫的巴格希合作，推出「畢洛亞」（Beloya Selection One）日晒豆（同樣是 Grade 2），贏得二○○七年衣索匹亞限量版國寶豆競賽與拍賣會（The Ethiopia Limited 2007 Coffee Competition and Auction）首獎，再度成為熱門話題。

「畢洛亞」位於耶加雪菲南方，屬西達莫產區，推出後的口碑甚至超出巴格希的前作「艾迪鐸」。美國咖啡專家戴維斯給了「畢洛亞」破天荒的 97 最高分。據巴格希指出，「畢洛亞」的咖啡品種與「艾迪鐸」不同，造就了更豐富的風味。這又牽扯到品種問題，光是耶加雪菲周邊不同社區就有數不清的品種，難怪有人懷疑聖經中的伊甸園就在伊索匹亞，才有如此神蹟 [註12]。在美國，「畢洛亞」半磅賣到 18 美元；巴格希另一支在耶加雪菲附近「阿瑞恰」「Aricha」處理的姊妹產品──「阿瑞恰精選日晒豆」Aricha Selection Seven ──在美國賣半磅 20 美元，令人咋舌。這三款精湛日晒豆風味潔淨優雅，並無一般日晒豆的雜味，相同點是都具有耶加雪菲水洗豆與哈拉日晒豆的綜合味，除了橘香外，還有瓜果的甜香、百香果、芒果味、草莓、杏仁、藍莓酸香味，甚至有些許印度香料味，猶如一場香味遊樂場，有幸喝上一杯，夫復何求。

巴格希精選耶加雪菲與西達莫的品種成功開發的三款日晒豆──艾迪鐸、畢洛亞、阿瑞恰──其祕訣就在於精湛的日晒技術，如果少了層層把關的篩選手續，再好的品種恐怕也難保沒雜味。日晒豆常會有異味，多半是處理過程有瑕疵所致。水洗和日晒的最大不同點在於，水洗前必須先經過水槽剔除水面漂浮的缺陷豆，然後將質量夠標準的沉豆取出，再經過果肉篩濾機，這兩道關卡已可剔除大半瑕疵豆，然後再進行水洗發酵。但日晒處理少了大水槽剔除浮豆和果肉篩濾機清除未熟果子這兩道手續，好豆與壞豆都直接拿到晒豆場乾燥，最後再以人眼來剔除瑕疵豆，過程相當粗糙，

瑕疵豆比率高，久遭詬病。不過，巴格希卻訂有嚴格的採集紅果子標準，曝晒咖啡果前先以人工剔除未熟的青果子或瑕疵果子，日晒過程又再剔除破損或發霉的果子，兩週後果肉糖分與精華全滲入咖啡豆，含水量降到 12%，再將變硬的果肉、果膠層、帶殼豆一併以刨除機刮乾淨，取出咖啡豆還要經過密度與豆色檢測（這些設備和水洗的後半段製程相同）。淘汰缺陷豆後，最後再由人工以肉眼挑除漏網的瑕疵豆，層層把關篩選，造就了耶加雪菲或西達莫日晒豆的潔淨脫俗，並有濃郁的迷人果香。耶加雪菲日晒復古風，追求的是清澈無瑕、果香四溢的太陽香味，這是水洗咖啡所欠缺的美味。「艾迪鐸」、「畢洛亞」、「阿瑞恰」，撼動了全球精品咖啡界——誰說耶加雪菲只宜水洗、日晒就是暴殄天物？

哈拉（Harar）——日晒品質下滑： 海拔 1,600 ～ 2,400 公尺，衣國東部的哈拉高地是人類栽植咖啡最高海拔區之一（甚至有人宣稱高達 2,000 ～ 2,700 公尺），隔著亞丁灣，遠眺葉門摩卡和亞丁二港。數百年來，哈拉咖啡農以駱駝、驢子或馬車，冒著被土狼圍攻活吞的危險，將咖啡豆運至山下的港口吉布地（Djibouti），再以船隻運到葉門摩卡港，輸往歐洲國家。哈拉的咖啡歷史遠比耶加雪菲更古早，而且水土、氣候環境、處理方式和風味也不同於耶加雪菲。哈拉屬於乾涼型氣候，最宜日晒處理法，風味特色類似海灣對面的葉門摩卡，因此哈拉也稱為哈拉摩卡）。哈拉的豆貌多半為長身豆，與日晒耶加雪菲的短圓豆，明顯不同。

咖啡史上，葉門摩卡比哈拉摩卡有名。雖然葉門咖啡品種來自哈拉的長身豆，但摩卡港因地利之便，成了歐洲列強奪取非洲咖啡資源的集散地，助長摩卡咖啡的威名，哈拉反而成了幕後英雄。千百年來，築有高牆的哈拉一直是回教徒死守的「禁城」，唯恐基督徒進城而應驗了「亡城」的千古魔咒。一八五四年，英國探險家理察·波頓（即那位最先發現羅巴斯塔的探險家）喬裝成回教徒模樣混進哈拉，是歷來首位

註 12：鐵比卡、波旁、卡杜拉等葉門和中南美衍生品種，衣索匹亞根本不看在眼裡。

成功入城的白種人，之後果然沒多久哈拉就被埃及回教徒攻陷，毒咒應驗，只是並非落入基督徒之手。一八八〇年，法國詩壇神童韓波嫌摩卡太酷熱，轉進乾爽的哈拉，從事咖啡和軍火交易，哈拉才逐漸揚名國際。

哈拉全採日晒處理法，品質時好時壞是買家共有的夢魘。日晒處理法完全看天吃飯，如果曝晒乾燥期陰雨不斷，造成回潮發霉，就會出現霉臭味。而且日晒法不像水洗法需經過多道人工與機器的篩選手續，全靠雇工的眼力挑除未熟豆或壞豆，人手不足時就虛應了事，製程不嚴謹是哈拉豆品質下滑的主因。另外，日晒豆也有好壞等級，上等貨全以紅果子來生產，二流或三流貨則是挑剩的次級品，或是在好豆混入一部分未熟豆或壞豆，當然會有異味。

儘管日晒豆的變數比水洗豆高很多，但有幸買到優質的哈拉日晒豆，再貴也值得：濃濃的日晒果香味，柑橘甜香、藍莓酸香、芒果味、丁香、肉桂、甚至略帶皮革味和些許的土香味，香氣龐雜。哈拉的醇厚度優於水洗耶加雪菲，酸味適中，尾韻略帶巧克力香，整體風味雖不如耶加雪菲乾淨，卻雜而不亂，這就是所謂的哈拉味，深焙淺焙皆宜。我個人較偏好烘至二爆初，日晒獨有的果香味更濃，如果偏好藍莓的酸香就烘淺一點，但不能奢望每年品質如一。今年喝得開心，明年未必如願，要有心理準備。

哈拉知名的生產合作社伊利莉達拉圖（Illili Daaratu）位於哈拉城以西約三十公里處，向來以篩選嚴格見稱，全以紅果子日晒豆為主，在精品咖啡界名氣不小。

另外，哈拉咖啡的大品牌「馬標哈拉」（Harar Horse），老闆歐薩迪（Mohammed Ogsadey）不幸於二〇〇六年二月車禍身亡。他是衣索匹亞第一位土生土長的咖啡出口商，被譽為衣國的咖啡大王，在全球精品咖啡界享有盛名。

哈拉的豆相也常有大小不均的問題，卻與耶加雪菲並列為衣索匹亞「雙星」。哈拉醇厚度稍佳但略帶香料味，這算不算是雜味，見仁見智，能喝到藍莓酸香和日晒果香味就值回票價了。哈拉必須加油，提升品質穩定度，免得被耶加雪菲的後起新秀「艾

迪鐸」和「畢洛亞」搶走日晒豆的鋒頭。至於哈拉有無可能開發水洗豆？或許巧思過人的巴格希已想到了，近年內便會破天荒推出史上第一款哈拉水洗豆，逆勢操作，再度掀起話題。讓我們拭目以待！

林姆：海拔 1,200 ～ 1,900 公尺，此區平均栽植高度明顯比其他地區為低，但仍有精品級的好咖啡。林姆產區位於首都的西南方，再往南就可抵達金瑪。兩地同屬咖法森林，林姆偏北，金瑪偏南。

林姆以水洗居多，橘香濃，酸香活潑，風味近似水洗耶加雪菲。林姆亦有少量採印尼的半水洗法，即去果皮後，水洗發酵時間縮短為八到十小時，而非中南美的二十四到三十五小時。此時帶殼豆上的果膠層尚未完全脫落，即送到日晒場曝晒晾乾。由於果膠層仍在，可增加醇厚度，但雜味也會增加。一般而言，林姆咖啡的果酸味比水洗西達莫和耶加雪菲還低，但柑橘香依舊明顯，甜感不錯，略帶香料味，風味均衡。

金瑪：海拔 1,400 ～ 1,800 公尺，林姆繼續往南就抵達金瑪產區。此區是咖法森林的主體，專攻大宗商業用豆，每年出口量 6 ～ 8 萬公噸以上，高占衣國三分之一產量，是最大產區。

金瑪為日晒豆，在臺灣很普遍，也稱為衣索匹亞摩卡，但售價比哈拉摩卡低很多。金瑪產區以品種浩繁見稱，咖啡品質與風味也跟著多變，運氣好可以買到物美價廉的好貨。品質佳的金瑪，上揚橘香味和甜香不輸價位更高的西達莫，但不能奢望每次都有好運道。金瑪雖採日晒，卻少了珍貴的果香太陽味，甚而有土味，應該是與處理不嚴謹有關。一分錢一分貨，大宗商用豆難免好豆與壞豆摻雜賣。但不要低估金瑪發展精品豆的潛力，因為有咖法森林做腹地，不乏優異品種，只要改善日晒製程，品質肯定大躍進。

金瑪是咖法森林的首府，往南可抵達古代咖法王國的首都朋加。這裡以野生咖啡見稱。二〇〇七年暑期，衣國當局對外宣布天然低因咖啡樹開始大規模栽植。世人矚目的低咖啡因品種就是在咖法森林找到的，更為此區添加不少話題。

鐵比與貝貝卡：鐵比的海拔 1,000 ～ 1,900 公尺，貝貝卡為 900 ～ 1,200 公尺。此二區位於咖法森林邊陲，是衣索匹亞平均海拔最低的咖啡產區，以大宗商用豆或配方豆為主。鐵比也有不少野生種咖啡。此區咖啡較少用做精品或單品豆。

列坎提與金比：林姆向西北行，可抵達金比產區，海拔 1,400 ～ 1,800 公尺。以日晒豆為主，被譽為「窮人的哈拉」。顧名思義，金比或列坎提的風味近似哈拉，卻惠而不貴。但金比的豆體較大（豆體壯碩是西北產區最大特色），迥異於西南和東部產區，亦有明顯的花香味，是美國精品咖啡界常見的日晒豆。

伊魯巴柏：海拔 1,300 ～ 1,900 公尺，位於金比的西南方，是衣索匹亞最偏西的咖啡產區，與蘇丹接壤。伊魯巴柏的豆子酸味適中，醇厚度佳，多半用做配方豆，亦常運至金瑪做混和處理，不屬於精品豆。

對衣索匹亞精品豆有興趣者，可多注意西達莫、耶加雪菲（尤其是稀世日晒絕品豆）、哈拉、林姆和金比的產區，其濃郁的橘香與花香，有別於中南美洲豆。衣索匹亞貴為咖啡基因寶庫，專家估計境內暗藏的阿拉比卡亞種可能超出兩千種，但衣國咖啡業面臨最大困境是產能太低。這一點與小農制和有機栽培有關，平均每公頃產能約 800 ～ 1,200 公斤，遠低於中南美的產能（哥斯大黎加平均每公頃可生產兩公噸咖啡豆），可見衣國在提高產能上還有一大段路要走。另外，衣國的天然低因咖啡樹正在栽植茁壯中，天然低因豆最快二〇〇九年上市。這將是人類咖啡史上的破天荒新品，對咖啡市場的衝擊不下於一枚原子彈，值得咖啡迷期待與關注。

──（二）葉門咖啡：消逝中的阿拉伯狂野──

衣索匹亞雖是阿拉比卡誕生地，但十七世末至十八世紀初，歐洲人最先喝到的咖啡卻來自葉門。當時的非洲或阿拉伯咖啡悉數從摩卡港出口，地利之便使得摩卡變成咖啡的同義語，「城牆之都」哈拉反而被喧賓奪主變成配角。然而，三百年後的今天，葉門咖啡已不復昔日盛況，咖啡產量逐年減少，2008 至 2009 年產季尚生產 220,000 袋生豆，約 13,200 公噸，但到了二〇一五至二〇一六產季，已跌到 150,000 袋生豆，約 9000 公噸而已，這個古老咖啡產國似乎已從咖啡地圖消失了。以二〇一五至 16 年產季全球咖啡產量 8,688,000 公噸計，葉門僅約占 0.10%，早已無足輕重。昔日叱吒全球的葉門摩卡，淪落為邊緣產國，能不令咖啡迷心疼嗎？

走一趟葉門，肯定會讓人懷疑：「這裡曾經是個咖啡大國嗎？」觸目所及，幾乎看不到有人喝咖啡，滿街全是嚼食咖特草提神的人。葉門昔日引以為傲的咖啡文化，今日全變了調。葉門有首歌頌咖啡的民謠是這樣的：「葉門咖啡，像是樹梢上的寶石與財富……」這句歌詞顯然不符今日實況。

近五年來，葉門的現金作物排名中，咖啡持續殿後，咖特草卻連年掄元。二〇〇四年，葉門咖特草產量高達 11.82 萬公噸，咖啡卻跌到 1.15 萬公噸。葉門人似乎忘了咖啡的存在。葉門習慣在清晨吃早餐前喝咖啡，早餐後或中午就改喝咖啡果肉晒乾後所泡煮的咖許（Qishr）；喝這種像是水果茶的人口，遠多於喝咖啡，街頭販售咖啡果肉乾，也遠多於咖啡豆。但回顧葉門咖啡歷史，咖啡迷不需給予太多責怪，畢竟葉門人喝咖許的歷史比喝咖啡還久遠。本書第一章曾提過，摩卡港守護神夏狄利和亞丁港咖啡教父達巴尼兩位影響深遠的蘇非教派耆老，在十五世紀就是喝咖許提神，後來才福至心靈，率先倡導醒腦功效更佳的咖啡豆飲料，從此開啟咖啡浪漫史。葉門人在咖啡進化史上占有不可磨滅的地位，而今咖啡文化逐年式微，葉門農業部也很著急，聘請國外專家一同找出癥結，謀求解決之道，以免葉門知名的精品咖啡──馬塔利（Marttari）、伊士邁利（Ismaili）、希拉齊（Hirazi）、沙那利（Sana'ani）──從人

間消失。

● 診治咖啡栽植業沉痾

　　專家指出，農民棄種咖啡改種咖特草的趨勢若不改善，葉門咖啡將沒有明天。專家歸納出不利咖啡作物的原因如下：乾旱水荒、缺少先進灌溉系統、栽種成本增加、病蟲害嚴重、進口咖啡更便宜、咖特草利潤優於咖啡。看來問題頂複雜，葉門咖啡產能短時間內恐難提高，光是咖特草取代咖啡樹的趨勢就不易扭轉，因為一株咖啡至少要花三至五年才有收成，而咖特草一至二年即可賣錢，利潤遠高於咖啡，而且也比咖啡容易栽培。不過，葉門當局決心恢復咖啡昔日榮景，在各國專家與捐款協助下，近年已在南部靠海拉傑省（Lahj）的雅菲耶（Yafie）推動咖啡振興計畫。目前此區已有數十公頃咖啡田，鋪設先進的灌溉系統，並訓練咖啡栽植人才，每年培育 30 萬株咖啡苗。葉門山區啃食咖啡果的蟲害嚴重，預估每年因此損失 30 ～ 50% 的產量，咖啡振興計畫已與沙那大學（Sana'a University）合作，研究以蟲治蟲的妙方。此計畫能否振衰起弊、為氣息奄奄的葉門咖啡業注入生機，尚待觀察。

　　葉門是個古老的咖啡栽種國，有學者認為，十世紀以前咖啡樹就從衣索匹亞的哈拉傳抵葉門。亦有人說，葉門從十二世紀後才開始發展咖啡栽培業。數百年來，葉門的農民遵循古法種咖啡。儘管葉門山區空氣乾燥，雨水稀少，土壤不易保留水分，怎麼看都不像適合咖啡生長的環境，但咖啡農靠著老祖宗經驗，世代傳承，將咖啡樹種在山谷陡坡或窪地，或以梯田方式來種，方便保留或吸取山區珍貴的水分。而且咖啡多半種在從西向東下降的山坡上，以規避午後西晒的豔陽，培育出風味狂野濃郁的絕世咖啡。歐美專家組成的研究團隊實地考察葉門傳統咖啡田後指出，葉門是全球最艱困的咖啡栽種地，這裡的氣候和水土並不適合咖啡生長，但數百年來葉門咖啡樹已完全適應嚴峻的環境，若換做中南美洲的咖啡品種，恐難生存。

　　由於山間可供栽種的陡坡、山谷和窪地非常狹窄，咖啡農採分散式栽培，只要有

適合的地方就種上幾株，管他原野森林、萬丈斷崖或荒蕪谷地，也要捨命相種。專家指出，栽種環境的多元性與微型氣候的多樣化，造就了葉門咖啡的千變香氣與萬化果酸。有人笑說同一麻袋的葉門咖啡裡，找不到兩顆味道相同的豆子，堪稱「野味」十足的精品咖啡。這是因為葉門咖啡零星分散在斷崖、縱谷、窪地、原野、梯田、高原和山野間，即使品種相同也會因微型氣候與土質不同，而孕育出不同的芳香物，更何況葉門品種繁複。老練的葉門咖啡農只要從咖啡出自哪個山頭、陡坡、梯田、村落或地區，就能分辨出咖啡品種和風味特徵。反觀巴西在同一平原或山丘上大規模栽種的單一地貌與水土所造就的單調風味，是無法與之相提並論的。

葉門乾燥缺水，咖啡豆也比較瘦小，豆色偏淺綠或淡黃。農人採收紅果子後，就放在農舍屋頂曝晒兩至三週，讓咖啡果子自然乾硬。這段時間內，果肉精華會滲進帶殼豆裡的豆子，增加風味。約三至六週，農人視果子乾硬狀況，再以傳統的磨石輾碎乾硬果肉和帶殼豆，取出咖啡豆（葉門咖啡除了顆粒較小之外，也常出現破損或缺角豆，便是磨石造成的）。另外，葉門豆也比一般咖啡豆更硬脆，搬運過程的碰撞，也會造成豆體斷裂或缺損，因此烘焙前的挑豆工作不能省略，務必挑除這些破碎豆，以免因此變質也影響風味。

葉門農民多半貧窮，加上地勢險峻，不可能運送肥料和農藥上山，故全靠牲畜排泄物充當有機肥，或仰賴大地之母來灌溉，算是最天然的有機栽培。這裡就連除蟲技術也很天然，採用最古老的煙燻法，在蟲害嚴重的咖啡樹旁生把火，以嗆煙來驅趕毛蟲或啃食咖啡果的甲蟲，效果佳也不會破壞環境。農民指出，噴灑農藥或可收效於一時，但隔幾年後，蟲子就百毒不侵，因此還是老祖先的方法好用。問題是煙燻法耗費時間，農村又人力短缺，只好任由蟲害猖獗。咖啡農堅持不用農藥的另一原因是，取出豆子的果肉乾，可留下來泡煮果肉茶或拿到市場上賣，而沒人敢喝噴過毒藥的咖許或咖瓦。葉門咖啡農最懂得利用咖啡果子，裡外皆可食用。目前全世界只有葉門這麼做，衣索匹亞則把處理過的果肉當肥料，中南美則當廢棄物。

精品產區大閱兵

一般人提到葉門咖啡就想到摩卡，其實摩卡不產咖啡，只是昔日的咖啡出口港。葉門精品咖啡集中在北部高地，海拔在 1,000 ～ 2,400 公尺間，落差大，地貌豐。雖然葉門咖啡傳自衣索匹亞，但驕傲的葉門咖啡農卻認為，橘踰淮為枳，哈拉長身豆傳抵葉門後，千百年來已演化成葉門獨有的品種。此話不假，葉門咖啡樹種類千奇百怪，較常見的有 Ahjeri、Anisi、Buraee、Haimi、Hirazi、Ismaeili、Mahweeti、Matari、Wosabi、Raimi、Safani、Udayni 和 Yafi。葉門老農以栽植環境和區域來分辨咖啡樹屬於哪一種類，外界很難瞭解。歐美則以葉門的栽植區來命名，若以首都沙那（Sana'a）為中心，海拔由北往南走低，品種可分為沙那利、馬塔利、伊士邁利、希拉齊、安尼西。各產區全採日晒並以傳統磨石去除帶殼豆。特色如下：

沙那利：沙那利是個統稱，泛指首都沙那周邊產區的咖啡總匯（咖啡樹的種類包括 Haimi、Ahjeri 等）。我對沙那利有一份深情，十八年前首次冲泡深焙的沙那利，一入口濃濃日晒果香與甜感在嘴裡奔放，不可思議的風味，從此瘋上精品豆。

沙那利的厚重果香，迥異於中南美上揚的鼻腔香氣，很難形容，可歸類為沉香的一種，應該是日晒過程中豆子吸取果肉精華，經過熟成發酵產生的特殊風味，水洗豆至今還未喝出這種獨特果香味。日晒耶加雪菲和哈拉亦有此味，但沒這麼厚實。沙那利目前很少見，可能與沙那周遭產區凋零有關，殊為可惜。沙那利的深焙似乎比淺焙精彩，除了果香，還有深沉的巧克力味。

馬塔利（Mattari）：海拔 2,000 ～ 2,400 公尺，位於首都沙那西側的馬塔高地「Bani Mattar」，是葉門海拔最高的產區，也是名氣最響亮的葉門精品豆。若問葉門咖啡農此區咖啡是什麼品種，他們會異口同聲說是「馬塔利」。波旁、鐵比卡、卡杜拉對老農來說只是溫室裡花朵，很難在乾燥缺水的葉門高地存活。馬塔利豆相看似衣索匹亞哈拉，也呈瘦長型，但比哈拉更精小，風味也帶有哈拉味，淺焙帶有柑橘的酸香或藍

莓酸香，比沙那利強烈，亦有些許香料味，甚至皮革味，甜感明顯，酸味銳利狂野，像是略帶雜味的紅酒。但深焙又是另一種風味，雖把勁酸磨掉了，卻衍生出果香味，只是不如沙那利的日晒果香味那麼厚實。尾韻的巧克力香味明顯。

伊士邁利（Ismaeili）：海拔 1,800 ～ 2,200 公尺，位於馬塔利西南希拉齊（Hirazi）產區較高的伊士邁利高地「Bani Ismaili」，品種就叫「伊士邁利」。豆形比馬塔利圓一點（注意比較的話，彼此確有不同），但伊士邁利一樣帶有哈拉味，龐雜度似乎高於馬塔利，甚至帶有豆蔻、煙草和沉木的香氣。淺焙的果酸也很霸道。在葉門人心目中，伊士邁利與馬塔利齊名，但馬塔利的國際知名度高於伊士邁利。不過，筆者還是覺得馬塔利與伊士邁利都不如十幾年前喝到的沙那利迷人。

希拉齊（Hirazi）：海拔 1,600 ～ 2,000 公尺，同樣位於希拉齊產區，但海拔低於伊士邁利高地，此區咖啡品種為「希拉齊」，豆相比伊士邁利和馬塔利明顯大一些，只是醇厚度稍低些。淺焙的酸香味也很霸道，卻比較單純乾淨，不像伊士邁利或馬塔利那麼龐雜多味與狂野。

達馬利（Dhamari）：海拔 1,000 ～ 1,800 公尺，位於希拉齊與南部濱海的雅菲耶新興產區中間的達馬利山丘地。這裡的咖啡就叫安尼西（Anisi），豆子硬度比前述四產區為低，酸味較溫和，多半用做配方豆。

葉門全採日晒處理，豆相與風味神似衣索匹亞哈拉、日晒耶加雪菲，但葉門的風味似乎更神祕、善變不可捉摸，若有似無的野味，有人嫌雜，有人叫好。其實，這就像好朋友一樣，彼此仍需保持些許神祕感，才能歷久彌新——葉門咖啡就有這個味道。

玩葉門豆，尤其是深焙，不要忘了烘焙後先養味二十四小時再沖泡，酒香和果香會更濃郁，這就是所謂的「葉門症狀」，屢試不爽，其他產國便沒有這麼明顯。但葉門咖啡的品質已大不如前，與嚴重缺水、農民棄種咖啡並改植更好賺的咖特草有絕對關係。希望葉門農業當局的咖啡振興計畫能挽回頹勢。

── （三）肯亞咖啡：引起科學家激辯的勁酸 ──

　　儘管肯亞北部與衣索匹亞接壤，但肯亞咖啡業起步很晚，十九世紀先有阿拉伯人小規模栽種咖啡，卻與肯亞人發生嚴重流血衝突。一八九三年，歐洲傳教士從法屬波旁島引進咖啡樹；一九〇五年，英國開始在肯亞大規模種咖啡，八〇年代的年產量高達 12 公噸以上，但近年林地濫墾，政局不靖，產量下降，約在 4.5 萬至 9 萬公噸之間，仍是非洲第二大阿拉比卡產國（全球第十七大產國）。肯亞雖與衣索匹亞接壤，但品種、豆相與風味卻明顯有別。肯亞豆全採水洗處理，豆體肥碩飽滿，濃郁的莓香最為咖啡迷激賞，亦有烏梅汁與葡萄柚的酸香味，以及甘蔗清甜香，是肯亞豆最典型風味，一直是咖啡饕客競逐的高檔豆。

　　海拔、地質、緯度、處理方式與品種，造就了肯亞咖啡在精品界重量級地位。

　　海拔、緯度與地質：赤道從中貫穿肯亞，國境恰好位於南北緯十度以內。屬於熱帶產區，每年有兩次雨季，可收成兩次，60% 集中在十至十二月，另外 40% 在六至八月。咖啡主要栽植於首都奈若比至肯亞山區周邊海拔 1,600 ～ 2,100 公尺的火山地，這片土質肥沃狀似月彎形的咖啡專區是肯亞精品豆主力產地。另外，西部與烏干達交界的艾貢山（Elgon）亦出好豆。

　　獨特品種：最初引進肯亞的品種是波旁和印度的肯特（Kent），後來又從牙買加引進藍山鐵比卡品種栽植於艾貢山。但肯亞咖啡名聞遐邇的黑莓味，並非藍山、肯特或傳統波旁品種之賜，而是三〇年代首度在肯亞出現的波旁變種「SL28」與「SL34」才有獨特的黑莓酸香味。

　　一九九七年，肯亞山麓的卡古莫（Kagumo）咖啡，以濃郁莓酸香味，在奈若比拍賣會上創下新高價，科學家一時好奇，拿進實驗室研究。麥可森實驗室的初步結論是，卡古莫咖啡所含的磷酸成分特別高，造就特殊酸香味。美國精品咖啡協會的知名

咖啡化學家李維拉也做了實驗，並指出，在淡咖啡加入無機的磷酸後，可提升咖啡滋味，增加酸香與甜感，就像肯亞咖啡一樣，但添加蘋果酸、檸檬酸等有機酸卻無法得到相同效果味。肯亞的土壤也含有超高的磷酸成分，有些學者指出，可能是「SL28」與「SL34」已習於肯亞水土而吸收磷酸所致，但亦有另一派科學家提出磷酸與肯亞獨特莓酸香無關的實驗結果。兩派學者相持不下，這場實驗室風暴短期內不會有定論。

天使與魔鬼： 波旁變種「SL28」與「SL34」一直是專家杯測和奈若比拍賣會上的常勝軍。肯亞的莓香味出自這兩款豆——尤其是「SL28」——是專家的共識。但它的風味雖好，產能與抗病力卻不佳。肯亞農業當局十多年前大力推廣帶有粗壯豆血統的「魯伊魯11」，雖然可增加農民產量，卻招致肯亞咖啡迷強烈批評，認為魯伊魯酸而不香，風味粗俗，尤其稍冷後，尾韻帶有粗壯豆的朽木味，猶如魔鬼的尾巴，令人作噁，難與「SL28」酸甜的天使尾韻媲美。

肯亞當局並不服氣，因為「魯伊魯11」是農業專家費盡心血開發的新品種，堅稱魯伊魯同樣具有肯亞風味必備的勁酸，但歐美咖啡專家認為混血的魯伊魯，酸味雖重卻沒有深度。據悉，肯亞當局已從善如流，正進行魯伊魯風味大改造，要求農民為魯伊魯多施些磷酸肥料，期能改善風味。這只是計畫中的一小部分。

魯伊魯目前只占肯亞咖啡的 10%，雖不算多，但農民常把魯伊魯與「SL28」、「SL34」摻雜在一起出售，所以採買時要小心。「SL28」和「SL34」顆粒較肥碩，多半屬 17 ／ 18 目的 AA 等級；魯伊魯較小，多半為 15 ／ 16 目的 AB 等級，或更小的 C 級。如果你買的肯亞豆大小不均，恐怕是摻雜豆，不易喝出肯亞獨有的黑莓味。

水洗技術佳： 肯亞咖啡獨特的黑莓酸香味除了來自「SL28」和「SL34」，精湛的水洗技術亦居功不小。中南美洲豆在水洗槽的發酵時間很少超過三十六小時，但肯亞的水洗時間卻長達七十二小時。發酵三十至四十八小時後，咖啡帶殼豆從水洗槽取出後，表面的果膠層已去除乾潔，還需再經過二十四小時的淨水浸泡過程，這道額外發酵手續應該與肯亞豆風味明亮乾淨有關。肯亞連最後的晒乾過程也很講究，帶殼豆

是放在特製的網架上晾乾。由於是架離地面，而且帶殼豆置於網上，有助通風防潮與均勻乾燥，故不易吸附地面的土味、雜味和溼氣。此一設計被譽為「肯亞網床」，遠比中南美洲或亞洲將帶殼豆隨便置於水泥地、草蓆或木板上晾乾，更有助於品管。

　　肯亞咖啡有 60% 是由小農生產，再賣給當地咖啡合作社，由合作社統籌寄樣品豆給國外買家，再透過拍賣會競價。好豆賣得高價，看似合理，但小農仍是被剝削的一群，即使賣得再高價也進不了小農口袋，全被合作社賺走，難怪小農愈來愈不想栽植風味雖佳、抗病力卻很差的「SL28」，轉而栽植高產能的魯伊魯混血品種。近年來，肯亞小農與合作社的爭執日益嚴重，當局也考慮設立第二管道，讓買家直接與小農接洽，對用心栽植的小農是一大鼓舞，唯礙於既得利益，雙方仍糾葛拉扯中。如果肯亞不為小農謀得合理的咖啡交易制，優質的「SL28」和「SL34」恐將乏人生產了。

── 二線產國爭出頭 ──

　　非洲除了衣索匹亞、肯亞和葉門生產優質咖啡外，還有二線產國諸如盧安達、坦尚尼亞和辛巴威，近年也打進精品咖啡市場。原則上，二線產國的品質不穩定，每年出入很大。坦尚尼亞和辛巴威的風味比較接近清淡版的肯亞味，亦常被用來替代肯亞豆。盧安達近年雄心萬丈進軍精品咖啡，豆色灰藍的「藍波旁」（Blue Bourbon）在美國掀起不小漣漪，但也遇到品質好壞不定的問題。盧安達眼看到衣索匹亞擺平星巴克，為耶加雪菲、西達莫和哈拉知名產區申請產地商標，也想見賢思齊，為該國小有名氣的產區 Kivu、Gankenke、Huye、Bukonya、Bicumb，向歐美各國提出商標註冊，後續值得觀察。

　　衣索匹亞的橘香味和肯亞的莓香味，最值得咖啡迷傾心鑽研，因為中南美洲和亞洲咖啡的風味，不出其左右，甚至只是非洲味的清淡版。學咖啡就從衣索匹亞和肯亞豆學起吧！

Chapter
6

精品咖啡
——中南美洲篇

巴西咖啡淹腳目,再多杯子不夠裝。

這裡沒茶沒果汁,全靠咖啡來解渴。

政客女兒偷喝水,照樣被逮繳罰款。

火腿炒蛋不夠味,咖啡果醬來調味。

只怪這裡是巴西,就怕咖啡喝太少。

——《咖啡之歌》,法蘭克辛納屈,一九六○年

中南美咖啡產量小檔案

　　據國際咖啡組織最新資料,二○一五至二○一六年產季,全球產出 8,688,000 公噸生豆(144.8 百萬袋),而二○一五年全球咖啡生豆總消費量高達 9,126,000 公噸(152.1 百萬袋),近年咖啡供不應求已成趨勢。中南美洲是全球最大咖啡產區,巴西是世界最大咖啡產國,巴西二○一五至二○一六年產季生產 2,594,100 公噸生豆,其中阿拉比卡占七成,羅巴斯塔占三成。哥倫比亞是本區第二大產國,本產季生產 810,000 公噸生豆,全為阿拉比卡,是世界第二大阿拉比卡產國。宏都拉斯產量近年崛起,本產季產出 345,000 公噸生豆,在中南美排名第三。瓜地馬拉本產季 204,000 公噸生豆,排第四。秘魯本產季 198,000 公噸生豆,排第五。墨西哥本產季 168,000 公噸生豆,列第六名。尼加拉瓜 105,780 公噸生豆,排第七,哥斯達尼加 89,520 公噸生豆,列名第八。薩爾瓦多本產季 33,900 公噸生豆排第九名。中南美咖啡以水洗和半水洗為主,風味中規中矩,不像非洲那狂野豪放,是大家熟悉的味道。

美國已故男歌星「瘦皮猴」法蘭克‧辛納屈的《咖啡之歌》,詼諧唱出半世紀前巴西咖啡淹腳目盛況。當時巴西咖啡產量高占全球 70%,而今已降至 30% 上下,雖不復昔日榮景,但仍是世界最大產國。巴西咖啡品種以波旁、波旁變種卡杜拉,或波旁與鐵比卡混血的新世界、卡杜阿伊為主,這類品種的產量每兩年一周期,起伏不小,即今年產量揚升、明年產量就會自然下滑,後年再度增產。從以下數據可看出巴西咖啡產量的周期變化(筆者發現偶數年分產量多於奇數年分):

巴西、哥倫比亞咖啡產量周期變化表（單位產量：1,000 袋，每袋 60 公斤）

產期	2002	2003	2004	2005	2006	2007	2008	2014	2015
巴西產量	48,480	28,820	39,274	32,944	42,512	32,625	42,731	45,639	43,235
哥倫比亞產量	11,889	11,197	12,033	12,329	12,800	12,600	12,000	13,333	13,500
世界總產量	123,422	105,499	117,498	111,587	125,171	115,866	123,000	142,278	143,306

說明：

1. 偶數年分，巴西產量高占全球 30% 以上；奇數年分，巴西產量占比降至 30% 以下。

2. 產量數據取自國際咖啡組織公布資料。

　　從上表可看出，巴西偶數年分產量高出奇數年分約 600 萬至 2,000 萬袋左右，幅度可觀，也連帶造成全球咖啡產量偶數年分多於奇數年分，巴西影響力可見一斑。反觀中南美第二大產國哥倫比亞，並無產量周期起伏的現象，因為哥國的品種結構不同，30% 為卡提摩的衍生品種，純波旁很稀少。另外，哥國緯度低，一年四季都可採收咖啡，不同於巴西一年只可收成一次。

　　從上表也可看出全球咖啡產量停滯在 1 億袋至 1.23 億袋之間，成長不易的原因不外乎：近年油價暴漲，為增加生質能源，咖啡田轉種玉米；全球溫室效應，天災蟲禍不斷，折損不少產量；美元持續貶值，農民失去增產誘因，亦造成老大哥巴西不願大幅增產。但更重要的原因是，巴西國內的咖啡消費量節節高升，巴西咖啡協會估計國內咖啡需求量，將從二○○六年的 98 萬公噸躍升至二○一○的 126 萬公噸，屆時巴西可望取代美國的 120 萬公噸消費量，成為全球最大咖啡消費國。但根據國際咖啡組織最新資料，巴西二○一五年咖啡消費量達 1,227,480 公噸，而美國更高達 1,466,460 公噸，巴西的咖啡消耗量仍趕不上山姆大叔。

　　巴西國內咖啡消費量持續增加，產量卻停滯不前，巴西人幾乎喝掉年產量的一半，甚至從國外進口咖啡應急 [註1]，勢必影響全球的咖啡價格。根據聯合國食品暨

註1：巴西羅巴斯塔約占總產量二到三成，不時進口粗壯豆生產即溶咖啡。

農業組織預估，巴西咖啡產量將從二〇〇〇年的 210 萬公噸降至二〇一〇年的 130 萬噸，如果巴西不未雨綢繆，增加產量恢復到 240 萬噸以上，屆時恐怕連供應巴西國內需求都有問題，何來餘裕出口？勢必衝擊到國際咖啡行情。此趨勢值得業界關注，也希望該農業組織的預言不要成真。

如果再把二〇〇六年和二〇〇七年全球咖啡消費量與產量做個比對，就更令人捏把冷汗了。二〇〇六年，全球消耗 1.204 億袋咖啡豆，同年產量為 1.25171 億袋，只比需求量多出 477.1 萬袋。二〇〇七年，全球消費量增加到 1.23 億袋，但產量卻減少到 1.15866 億袋，也就是需求量高出產量 713.4 萬袋，出現歷來罕見的供不應求，難怪生豆價錢居高不下。國際咖啡組織總裁奧索里歐（Nestor Osorio）預估二〇〇八年全球咖啡消費量突破 1.25 億袋，供不應求趨勢可能持續。千禧年後全球咖啡需求量明顯增加，主要是東歐、蘇聯和中國暴增的咖啡消費量所致。

雖然巴西增產不力，但近十多年來大幅改善咖啡品質，極力擺脫巴西重量不重質、巴西豆清淡如水之譏，近來已成功轉進精品咖啡市場。誰說巴西沒有好豆！

巴西咖啡——柔順清甜

巴西咖啡栽植業頗富傳奇色彩。三百年前，巴西並無半株咖啡樹，但一場不倫之戀造就了巴西咖啡的牛耳地位。一七二七年，一表人才的陸軍軍官帕西塔，銜命前往法屬蓋亞納調解法國與荷蘭的領土紛爭，法屬蓋亞納的總督夫人竟然愛上帕西塔，送他一袋波旁咖啡種籽（亦有獲贈咖啡樹苗的說法）。帕西塔返回巴西後，辭掉官職，來到西北部靠近赤道的帕拉省（Para）種咖啡，竟然帶動了巴西咖啡的栽培熱潮。兩百多年來，咖啡田逐漸移往東南部人口較多的聖保羅、艾斯畢瑞圖桑多（Espiritu Santo，英譯為 Holy Spirit，意為「神聖精神」），以及南部的帕拉納省（Parana），這裡位於南緯二十到三十度間，緯度稍高，冬季會下霜造成寒害，農民不堪損失。一九七〇至一九八〇年以後，巴西咖啡農嘗試開發聖保羅北部較溫暖的米納斯傑瑞斯 [註2] 和巴希亞（Bahia）二省，地處南緯十度到二十度，冬天較溫暖不致有霜害。如今，米納斯傑瑞斯省（以下簡稱米納斯省）已成為巴西精品咖啡的新希望。

巴西農業部預估二〇〇八年將進入咖啡增產周期，但產量最大的米納斯省受溫室效應影響，缺雨乾旱嚴重，已將二〇〇八年巴西總產量 5,000 萬袋下修到 4,300 萬袋左右，只比二〇〇七年成長 25%，低於預期。下表是巴西重要產區二〇一五／一六年阿拉比卡與羅巴斯塔的預估產量。

巴西主要產區 2015-2016 產季預估產量	
11.0 百萬袋	米納斯省南部 South Minas Gerais
5.1 百萬袋	米納斯省中西部喜拉朵 Cerrado/Minas Gerais
0.7 百萬袋	米納斯省北部 North of Minas Gerais
6.0 百萬袋	米納斯省東南部 Zona Da Mata/ Minas Gerais
4.7 百萬袋	聖保羅 SAo Paulo
1.3 百萬袋	帕拉納省 Paran
1.5 百萬袋	巴希亞省 Bahia
2.4 百萬袋	艾斯畢瑞圖桑多 Espírito Santo（阿拉比卡）
1.5 百萬袋	其他地區
34.2 百萬袋	合計阿拉比卡總產量
11.4 百萬袋	羅巴斯塔產量（艾斯畢瑞圖桑多與其他地區）
45.6 百萬袋	本產季阿拉比卡與羅巴斯總產量

＊數據來自巴西農業部，本產季估值稍高於國際咖啡組織的估計值。

＊本產季巴西羅巴斯塔約占總產量 25%，阿拉比卡約占 75%，上一產季羅豆占 33.4%，阿拉比卡占 66.6%。

＊巴西羅豆產量占世界 25%，越南高占世界羅豆的 40%，印尼占 15%，印度占 6%，烏干達占 4.5%。

＊米納斯省產量＝南米納斯＋喜拉朵＋北米納斯＋米納斯東南部。

註 2：Minas Gerais，葡萄牙文，英譯為 General Mines，意為「大礦區」。一六九二年，葡萄牙人在此發現金礦、寶石等礦產，故以此命名。

● 巴西產區評等

　　相較於中南美各產國的海拔，巴西明顯偏低，低於 1,000 公尺的莊園多於超過這個高度者。這裡的地貌平坦單調，欠缺微型氣候，又習慣採用無遮蔭樹（曝晒式）栽植法，因而發展出巴西獨有軟豆風味——酸味低，堅果味重，巧克力甜香與醇厚度佳，但略帶木味與土味，花香與橘香不明顯。簡單來說，就是巴西咖啡較清淡，不易喝到非洲豆狂野霸道的上揚酸香與橘香。

　　巴西咖啡以五個等級來詮釋軟豆美學，依序為：極柔順（Strictly Soft）→柔順（Soft）→稍柔順（Softish）→不順口（Hardish）→碘嗆味（Rioy）。換句話說，巴西豆並不強調硬豆獨有的活潑酸香、律動感和透明度，而主打軟豆特有的溫和順口、醇厚度佳與甜感足，因此巴西豆最適合做濃縮咖啡的配方。

　　巴西各產區亦可據此標準區分為五個等級：
- **極為柔順**：南米納斯、米納斯中西部的喜拉朵臺地／聖保羅省東北部摩吉安納／巴希亞鑽石高原
- **柔　　順**：巴希亞／米納斯東南山林區地勢稍高處／帕拉納／艾斯畢瑞圖桑多（山陵地）／聖保羅中西部
- **稍 柔 順**：米納斯東部與東北部
- **不 順 口**：艾斯畢瑞圖桑多／帕拉納（低海拔處）
- **碘 嗆 味**：米納斯東南部地勢稍低處／艾斯畢瑞圖桑多（平地）

● 巴西精品豆新希望——南米納斯與中西部喜拉朵

　　全球咖啡產量要看巴西生產周期處於偶數年或奇數年，但巴西產量多寡要先看米納斯，而米納斯是豐收或欠收，唯中西部喜拉朵（Cerrado）與南米納斯（Sul de Minas）是問。

從二○一五／二○一六產量表可看出巴西阿拉比卡主產於米納斯省的南部、中部喜拉朵、米納斯北部和東南部，米納斯合計的阿拉比卡產量已達 22.8 百萬袋，高占巴西阿拉比卡總產量 34.2 百萬袋的 66.7%。光是米納斯省的阿拉比卡產量就高達 1,368,000 噸，已超越世界第二大阿拉比卡產國哥倫比亞同產季的產量 810,000 噸，難怪米納斯省只要傳出天災欠收消息，紐約阿拉比卡期貨應聲大漲，如果風調雨順，大豐收，期貨肯定先跌一段再說。米納斯省對國際咖啡期貨有著呼風喚雨的能力。

米納斯省南鄰聖保羅省，北接巴希亞省，東為艾斯畢瑞圖桑多，地處南緯十五到二十度，冬季不會下霜。可喜的是，南米納斯與喜拉朵兩產區的崛起，有助重量不重質的巴西咖啡提升為質量兼備，甚至成為全球精品咖啡新領域。若說米納斯省為巴西咖啡主力產區，那麼南米納斯和喜拉朵就是巴西精品咖啡專區。

米納斯省一躍成為全球舉足輕重的咖啡產區，是最近二、三十年的事，過程頗富傳奇色彩。一九七○年以前，巴西咖啡主力產區位於南部的帕拉納與聖保羅二省。過去的米納斯省被認為不適合發展咖啡栽培業，因為氣候太乾燥，咖啡會「脫水」而死。但帕拉納和聖保羅大半地區位於南緯二十三度以上，冬季常下霜，凍死咖啡樹。七○年代，開始嘗試遷徙到北邊較溫暖、不會下霜的米納斯省，但土地貧瘠，草原一望無際，農民抱著死馬當活馬醫的心情，栽下不被看好的咖啡作物，居然活了下來。後來發現米納斯的冬季極為乾燥，但夏天雨水豐沛，乾濕季旗幟鮮明，最有助提升咖啡結果量與品質，唯缺點是土地含鐵量太多，缺乏氮、鈣等必要礦物。巴西當局不惜斥鉅資以高科技，為咖啡農不同的品種，「量身」改造土壤礦物質，協助咖啡健康成長，並大規模興建灌溉系統，克服米納斯乾燥、土瘠的先天不良條件。一九八○年之後，聖保羅和帕拉納省的農民，掀起咖啡大軍「北伐行動」，湧入米納斯開墾咖啡田，成就了今日榮景。這全拜科技栽培所賜，更為人定勝天增添一實例。

大草原的風味——喜拉朵

提到米納斯省，就不得不談知名的喜拉朵大草原（Cerrado Savanna）。它的面積廣達 120 萬平方公里，占巴西總面積 22%，大約是德州面積三倍大。深處巴西內陸，「Cerrado」的葡萄牙文意指「閉塞之地」，始於西南部的馬托葛羅索省（Mato Grosso），經過米納斯中西部，北抵巴希亞省西部。這一大片廣闊草原，有一萬種植物，一千六百種哺乳動物、鳥禽和爬蟲類，是世界物種最龐雜的大草原。咖啡迷要留意的是，巴西知名的精品咖啡產區喜拉朵，並非這片大草原生產的所有咖啡都可冠上喜拉朵威名，而僅限於米納斯省中西部海拔高達 1,100 ～ 1,300 公尺的臺地。這裡是喜拉朵大草原的精華地段，海拔高，土壤肥，才種得出清甜、醇厚度高又無土腥味的精品咖啡。至於米納斯省北部與巴希亞省西部的地勢較低，雖也屬於喜拉朵大草原一部分，但咖啡有土騷味，遠遜於米納斯中西部臺地，不夠格冠上正宗喜拉朵，此一認知很重要。要買到百分百的喜拉朵咖啡很困難，此間農民習慣混入米納斯北部、東部或東南部等級較差的咖啡，合併、灌水銷售。欲避開贗品充斥的陷阱，除了尋找喜拉朵老牌有信譽的知名莊園，別無他途。

巴西精品豆主幹——南米納斯

巴西地勢平坦，咖啡農場的海拔多半在 600 ～ 1,000 公尺左右，適合栽種不需遮蔭的卡杜拉、新世界和卡杜阿伊，也就是所謂的曝晒咖啡（Sun Coffee）。這是巴西咖啡乏香可陳的主因（但當海拔超出 1,100 公尺，曝晒咖啡的滋味便會提升，可媲美波旁。參見本書第四章）。可喜的是，米納斯省有 90% 的地勢超過 300 公尺以上，25% 在 600 ～ 1,500 公尺之間，是巴西平均海拔最高的省分。尤其米納斯中西部的喜拉朵臺地與南米納斯，海拔多半在 1,100 公尺以上，山麓小坡起伏，地貌豐富，乾濕季明顯，日夜溫差大，饒富微型氣候，適合栽培風味優雅的波旁與黃色波旁，很自然成為巴西精品咖啡的主力產區。另外，米納斯東南山林區（Mata de Minas）海拔超出 1,000 公尺的農莊也可生產高品質咖啡。

一九九九年以來，在巴西「超凡杯」國寶豆競標活動勝出的莊園，以南米納斯為數最多，是巴西精品咖啡主幹。至於米納斯的中北部陵地（Chapada de Minas）則不屬精品產區，多半為一般商業用豆。總結而言，南米納斯、米納斯中西部臺地（即喜拉朵）與東南部較高的林區，都稱得上米納斯省的精品產區。

另外，聖保羅省東北的摩吉安納（Mogiana，北接南米納斯）也以遮蔭式波旁為主，與喜拉朵、南米納斯並列為巴西三大精品產區。南米納斯境內知名的莊園包括「希望莊園」（Fazenda Esperança）和「蒙特艾格」（Monte Alegre）。赫赫有名的「達泰拉莊園」（Daterra Farm）和「高地莊園」（Alto Cafezal）集團也在喜拉朵和摩吉安納設有幾座大型莊園。這四座杯測賽的常勝莊園，成了南米納斯、喜拉朵和摩吉安納的鎮店之寶。

● 鑽石高原掀起新浪潮——巴希亞省

巴希亞省位於米納斯省北部，地處南緯十度左右，屬熱帶氣候，近十年來才開始栽培咖啡，不少農場建有科技化灑水系統，每公頃產能高達 60 袋（約 3,600 公斤）比巴西每公頃平均產能 19 袋（1,140 公斤）高出一大截。巴西官員指出，巴希亞有一座 103 公頃的農場，每公頃可生產 160 袋（9,600 公斤），寫下世界最高紀錄。巴希亞咖啡的平均產能冠全球，但土地貧瘠，需仰賴昂貴的灌溉系統與肥料，生產成本高居巴西之冠，唯地價便宜、產能大，仍具發展潛力。本區也出產精品水洗豆，酸味低，不像瓜地馬拉水洗豆那麼勁酸，頗適合濃縮配方或單品。巴希亞 75% 為阿拉比卡，其餘為粗壯豆。

巴希亞的海拔不高，咖啡大多栽於 700～900 公尺的低海拔區，是發展精品咖啡之最大阻力。但貫穿巴希亞中部的鑽石高原（Chapada Diamantina，英譯為 Diamond Plateau）是唯一例外，海拔在 1,000 公尺以上，山麓縱谷交錯，地貌豐富，微型氣候明顯，是該省的精品咖啡主力產區。

鑽石高原 1,400 公尺處的知名「康波艾格莊園」」（Fazenda Campo Alegre）曾贏得二〇〇四年巴西「超凡杯」國寶豆競標賽第四名，當年不少南米納斯與喜拉朵知名莊園皆為其手下敗將，鑽石高原精品咖啡一戰成名。巴希亞一般採用水洗法，但鑽石高原的莊園是採用半日晒法，生產的有機咖啡在美國很搶手。鑽石高原的咖啡風味以花香聞名，在巴西頗為稀罕。它的果酸味低，適合濃縮咖啡，被譽為巴西精品咖啡新浪潮。

粗壯豆自給不足

巴西每年約生產六十萬公噸羅巴斯塔，占巴西總產量的 20 ～ 25%。艾斯畢瑞圖桑多（位於米納斯東側）是巴西最大的粗壯豆產區，但該省近年開始重視精品咖啡熱潮，有些莊園也能生產高品質阿拉比卡，打進精品市場，這是好的發展。另外，巴西與玻利維亞接壤的羅丹尼亞省（Rondônia），是第巴西二大羅巴斯塔產區。巴西粗壯豆專供巴國內的即溶咖啡廠使用，時而從國外進口，彌補不足。號稱世界最大的咖啡產國尚需進口咖啡，頗耐人尋味。

日晒、半日晒和水洗呈現多元風味

巴西咖啡農場根據氣候乾濕度條件，各自選擇日晒、半日晒或水洗處理，以呈現最佳的地域之味。如此多元的處理法，舉世罕見。

一九九〇年以前，巴西幾乎全採粗糙的日晒法。這是巴西豆容易染上土騷與朽木味的元凶，因為咖啡果子在長達兩到三週的曝晒過程中，遇雨回潮或果子有裂損，就會發霉，產生異味，此問題久遭詬病，重創巴西咖啡形象。一九九〇年後，巴西研究單位根據巴西氣候較乾燥的特性，開發出半日晒法（Pulped Natural，參見本書第四章）以縮短處理時間。咖啡果去除果肉後，將沾滿果膠層的帶殼豆曝晒一至三天，再以機器烘乾到 12% 的含水量，即可置入儲存容器，進行熟成。巴西半日晒方式大幅縮短作業時間（傳統日晒法廢時二至三週），也降低咖啡豆染上異味的機會，品質大幅提

升。而且，半日晒法亦可保有日晒法提高甜味的優點，卻少了不討好的土味，贏得國際咖啡專家好評。巴西「超凡杯」國寶豆的優勝者幾乎清一色採用半日晒法，因為此處理法能減低巴西豆慣有的土腥與木味，並增強果香與甜感，最適合單品，半日晒因此成了巴西精品豆的必備「行頭」。

但這不表示日晒法已在巴西式微了，溼度超低的米納斯中西部喜拉朵，至今仍以日晒法為主。此間的莊園認為日晒法只要有嚴格管控，最能彰顯喜拉朵獨有的堅果味和甜感，半日晒法在喜拉朵反而成了配角。南米納斯的莊園則最有包容性，分別採用半日晒、日晒和水洗，呈現最多元的風味。另外，巴希亞省雖以水洗豆聞名，但在各大杯測賽勝出者幾乎全是半日晒豆，逐漸走紅的鑽石高原所屬咖啡莊園就以半日晒見稱。

究竟該用日晒、半日晒或水洗，取決於當地的溼度條件，因為它會嚴重影響帶殼豆乾燥期間是否發酵過度而發霉。各地莊園會酌酌採用最能降低霉菌孳生的方式來處理咖啡豆。原則上，濕度高產區宜採用水洗法，濕度低產區宜採日晒或半日晒。

● 殞落的昨日巨星──桑多士

巴西還有大宗商用咖啡桑多士 [註3]。二十多年前，波旁桑多士（Bourbon Santos）是巴西最高等級咖啡，喝來不酸不苦也不香，清淡如水是最大特色，卻少了個性美。在過去，只要不苦嘴，就是好咖啡。然而，一九九〇年以後，全球吹起精品咖啡的號角，乏香可陳的桑多士很快淪為降低成本的配方豆，難登大雅之堂，直到今天仍難翻身。九〇年代巴西咖啡品質大革命後，具有個性美的精品咖啡爭相登場，搶走老人咖啡桑多士的風采，此乃潮流使然，不進則退，怨不了別人。

註3：特徵是豆芯多半呈紅褐色S形狀。這些商用豆集中由桑多士港輸出，因此得名。

桑多士貴為波旁血統，風味為何跟不上時代？原因不外乎種植海拔太低，約600～900公尺，而低海拔波旁無法展現迷人風味。另外，桑多士全採用粗糙的日晒法，常帶有不夠乾淨的雜味，單獨飲用有點礙口。桑多士是巴西出口量最大的咖啡，筆者頗懷疑今日的桑多士究竟是純種波旁，抑或是高產能的卡杜拉或卡杜阿伊，畢竟，波旁的低產量特性很難應付龐大的出口量 [註4]。桑多士並無固定栽植區，乃集結低海拔各產區 17 ／ 18 目的商用級咖啡豆，一併出口。它由昔日的頂級豆，淪為今日的平庸豆，令人扼腕，由此可見精品咖啡存有物競天擇的淘汰機制。

● 明日咖啡現雛形

巴西是國力最強的咖啡產國，咖啡科技冠全球。幾年前，科學家以基因比對方式，尋找三百年前引進的波旁和鐵比卡後代是否還存在巴西境內，結果發現巴西現存的波旁和鐵比卡已經與葉門、衣索匹亞、波旁島和肯亞的同類毫無瓜葛，早被同化或本土化了。若說衣索匹亞是世界最大的阿拉比卡基因倉庫，那麼巴西就是世界最大的阿拉比卡品種改良與創新中心。

當今 90% 的阿拉比卡改良品種是在巴西的農學研究所（Campinas Institute of Agronomy，簡稱 IAC）誕生。巴西的咖啡品種多得數不清，除了眾所周知的四大天王波旁、卡杜拉、卡杜阿伊和新世界，還包括來勢洶洶的變種或混血咖啡，犖犖大者如黃色波旁、伊卡圖、歐巴塔、阿凱亞、露比 [註5]。其中，以伊卡圖、歐巴塔最值得關注，因為此二品種是阿拉比卡與羅巴斯塔的雜交種，十幾年前推出，未受重視，因為染有粗壯豆的惡味，但經過巴西科學家多年來與阿拉比卡回交，風味已顯著提升，「魔鬼的尾巴逐漸淨化為天使的尾韻」，喝來與優質阿拉比卡無異，但產能與抗病力卻勝過阿拉比卡，已逐漸在杯測大賽嶄露頭角。

巴西咖啡研究發展協會（Brazilian Coffee Research and Development Consortium 簡稱 CBPD ／ Café）結合了四十個研究單位，於二〇〇四年著手進行「咖啡染色體計畫」，已從咖啡基因銀行的樣品辨認出三萬個對乾旱與病蟲害有抗力的基因。科學家

相信十年內可開始商業栽培風味佳、產能高且抵抗力超強的「明日咖啡」（Tomorrow's Coffee），屆時巴西每公頃咖啡平均產能將從目前的 19 袋（1,140 公斤）增加到 32 袋（1,920 公斤）。另外，巴西對天然低因咖啡樹的研究亦不曾稍歇，進度如何仍是最高機密。筆者認為明日咖啡除了要高產能、抗病力強、滋味美之外，還必須是天然低咖啡因。如果辦得到，肯定刺激咖啡消費量，平常喝兩大杯就擔心超出 300 毫克咖啡因上限的人，大可放心多喝幾大杯，也不致影響睡眠。

● 火紅咖啡莊園

軟豆美學最佳詮釋者——達泰拉

巴西咖啡平均海拔不到 1,000 公尺，即使三大精品產區的南米納斯、喜拉朵和摩吉安納，也很少超過 1,300 公尺，海拔不高，豆子硬度較低，果酸溫和甜感佳，最適合做濃縮咖啡。巴西國寶級的達泰拉莊園（Daterra Farm）經過二十年研發與栽培，將巴西的軟豆美學發揮到淋漓盡致。丹麥知名咖啡師傅卓爾斯·波森（Troels Paulsen）就是以「達泰拉甜蜜總匯」（Daterra Sweet Collection）的濃縮咖啡配方，贏得二○○五世界盃咖啡師大賽（World Barista Champion）冠軍。二○○六年克勞斯·湯森（Klaus Thomsen）也以「達泰拉甜密總匯」為基豆，搭配哥斯大黎加的拉米尼塔莊園（La Minita）咖啡，拿下二○○六年世界盃咖啡師大賽冠軍。自此，「達泰拉」的配方豆頓時成為精品咖啡新寵。

註 4：純波旁占巴西咖啡總產量只約 1%，更坐實了我的懷疑。

註 5：黃色波旁這類波旁變種幾乎囊括近年巴西杯測大賽前三名。伊卡圖是阿拉比卡與羅巴斯塔混血的阿拉巴斯塔，再與新世界、卡杜拉回交。歐巴塔（Obatã）贏得二○○六年巴西杯測賽第二名，是莎奇摩（Sarchimor，即「薇拉莎奇」與「提摩」混血）之近親。阿凱亞（Acaia）是波旁與蘇門答臘混血，近似新世界，不時得獎。露比（Rubi）則為卡杜阿伊與新世界混血。

一九七四年，達泰拉莊園創立於米納斯省中西部喜拉朵的帕卓奇尼歐（Patrocinio）地區，起初以酪梨為主業兼營牧牛業，直到八〇年代才全心投入咖啡栽培業。達泰拉是一座科技化經營的咖啡莊園集團，旗下六座咖啡莊園（Boa Vista、Sao Joao、Tabuoe、Santo Antonio、Santo Buriti、Santo Ignacio）分布於喜拉朵和摩吉安納的五個產區，再依據各地區的海拔、氣候、土質與微型氣候，選栽最適合的品種，以利各品種芳香物的極大化，然後再經過專家杯測與比較，才決定採用日晒或半日晒處理法，以引出各品種最豐沛的甜味物。

在科學家層層把關下，誕生了轟動精品界的「達泰拉甜蜜總匯」。這支超甜配方豆，包括達泰拉四大天王，即黃皮波旁、黃皮卡杜阿伊、新世界和「伊卡圖3282」，依一定比例調配而成。創辦人義大利裔的諾貝托（Luis Norberto Pascoal）以世間罕見的嚴謹態度來開發甜蜜總匯，四大品種成熟後的採收期也不盡相同，有些成熟變紅第一天就採收，有的遲至第三天或甚至第五天熟爛後才採，完全根據甜度測試的科學數據來操兵，處理方式則混合了日晒與半日晒。換句話說，「甜蜜總匯」四大天王的成熟度與處理方式都不同，這是達泰拉累積二十年寶貴經驗所打造的絕品濃縮咖啡配方豆。達泰拉從最上游的栽植場先為咖啡「捉味」，此一創新的做法，一新世人耳目，也展現了巴西傲人的咖啡科技。

日本兼松株式會社咖啡部主管鈴木潤曾於二〇〇七年帶達泰拉的招牌配方豆「甜蜜總匯」與筆者杯測。烘至二爆初即出爐，以濃縮咖啡機、虹吸式和手沖壺試泡，證實果然名不虛傳，極甜的焦糖香貫穿鼻腔直衝腦門。我這輩子沒喝過如此甜的咖啡，酸味柔順，即使喝濃縮也不礙口，略帶堅果香與橘香，是巴西軟豆美學「極柔順」的典範。

達泰拉另一創舉是四大品種的生豆按比率配好後，立即裝進真空包裝的錫箔紙內，阻隔氧氣與濕氣，以免生豆的芳香物老化或流失。此做法比一般將生豆裝進麻布袋更為講究。達泰拉的諸多創新已為精品界帶來一場革命，是咖啡饕客之福。

南米納斯老牌莊園──「蒙特艾格」

規模小於達泰拉、歷史卻更為悠久的蒙特艾格莊園（Monte Alegre），一九一七年由維耶拉家族（Vieira Family）在南米納斯創立，2,700 公頃農地栽植 750 萬株咖啡樹，年收成 6,000 公噸咖啡豆，平均每公頃生產 2.3 公噸生豆，屬高產能，高於巴西農場每公頃 1.14 公噸的平均質。該農場的主力品種包括紅皮波旁、新世界、紅皮卡杜阿伊和伊卡圖，再根據各品種特性與風味，分別以水洗、半日晒和日晒來處理，最後以「私房」的比例混合成風味獨特的義大利濃縮咖啡配方，烘焙廠買回生豆即可省掉混豆工作，此創舉贏得好評 [註6]。這類精品咖啡的麻布袋上都印有農場商標，與一般巴西商用咖啡標誌不同。蒙特艾格莊園的純種波旁經過學術單位認證，也是有名的招牌，產量只占該莊園的 2%。

近二十年來，巴西借助高科技提升咖啡品質，顯然已洗刷昔日重量不重質的醜名，並為精品咖啡注入新血與創意。「巴西出爛豆」早已成歷史絕響，未來將會在精品咖啡扮演呼風喚雨的要角。

── 哥倫比亞咖啡──尺寸重於一切 ──

二○○一年，筆者有幸受邀參訪哥倫比亞咖啡生產者協會（Federacion Nacional de Cafeteros de Colombia），即業界簡稱的「FNC」，踏上海拔高達 2,600 ～ 3,000 公尺的波哥大，起初不覺有異，但哥國外貿部接待人員帶我們到海拔 5,000 公尺的景點，頓覺舉步維艱，不停喘氣，很奇特的體驗。參訪活動結束仍意猶未盡，因為外貿部並未帶我們參觀咖啡農莊，可能是擔心山區游擊隊神出鬼沒，四處挾持人質，後來扭不過我們參訪的熱情，決定冒險帶我們一行二人下山看咖啡。

註6：「達泰拉甜蜜總匯」的靈感，可能來自歷史更悠久的蒙特艾格莊園。

沒錯，是下山而不是上山，波哥大海拔太高，咖啡莊園在山下 1,500 公尺處，我們順著山路往下開，只見山巒起伏，風生雲起，霧氣乍隱若現，猶如仙境。筆者跟外貿部人員和司機笑談咖啡，突然司機緊張起來與外貿部人員講起西班牙語，隨後只見前頭的車子相繼停下，開始接龍，精明的司機立即迴轉掉頭，轉進羊腸小徑。原來前頭游擊隊開始攔截，我們在武裝游擊隊包抄過來前，已先行落跑，逃過一劫。雖虛驚一場但咖啡園還是要看，一口氣參訪了三座咖啡園，一座在山谷下，另座藏在林海裡，還有座卡在半山腰，總算見識到哥倫比亞豐富地貌與微型氣候。莊主看來像極了哥倫比亞咖啡標誌那位牽著驢子戴著帽子留著八字鬍的璜巴雷茲先生（Juan Valdez），園裡的咖啡樹八成以上採曝晒式栽培，少見遮蔭樹。莊主請喝的咖啡，清淡如水，筆者早有心理準備，產區多半喝不到好咖啡，但還是禮貌性地誇讚好喝。田野間隨處可見放養的乳牛，雖然骨瘦如柴但鮮奶卻香醇甜口，比臺灣便宜又好喝，這趟咖啡之旅的印象是牛奶遠比咖啡好，倒是另類大體驗。

「FNC」人員也介紹哥國咖啡的兩大主力品種卡杜拉和哥倫比亞。卡杜拉於六〇年代從巴西引進，目前高占哥國產量的 45 ～ 50%，已取代最早期的鐵比卡。與哥國同名的新品種「哥倫比亞」則是八〇年代開發出的混血咖啡，帶有卡杜拉和提摩血統，亦即惡名昭彰的卡提摩，但「FNC」堅稱哥倫比亞雖是卡提摩的嫡系，但風味遠比一般卡提摩優雅，因為哥倫比亞經過多代與阿拉比卡「回交」，已洗淨粗壯豆的霉腥味，風味更像阿拉比卡 [註7]，也兼具粗壯豆抗病力和高產能優點，是哥國增產的利器。目前哥國莊園多半採 70% 卡杜拉與 30% 哥倫比亞混種模式，美味鐵比卡已不多見了。哥國整體的咖啡品種配置，大致呈現卡杜拉 50%、哥倫比亞 30%、鐵比卡 20%。昔日以鐵比卡為主的哥倫比亞，已成咖啡饕客甜蜜的追憶！

筆者好奇地詢問為何看不到風味優雅的波旁品種，「FNC」的解釋是，哥國早期一同引進波旁和鐵比卡，但鐵比卡的豆粒較威武雄壯，遠比小而短胖的波旁豆討喜，農民紛紛選種豆相佳的鐵比卡，棄種不養眼的波旁。原來哥國農民很重視尺寸問題，覺得大就是美，於是首開先河，以豆子大小定等級。直到今日，中美洲諸產國只有哥國以豆粒大小、而非海拔高度來決定等級。

哥國的鐵比卡豆粒大風味佳，但產量小、抗病力差是最大弱點，七○年代迅速被卡杜拉取代。一九八二年，混血的哥倫比亞問世，再度擠壓鐵比卡的空間，目前鐵比卡只占哥國產量 20% 左右。鐵比卡被混血咖啡取代，是哥國咖啡品質今不如昔的主因。另外，鐵比卡的變種象豆也因碩大賣相佳，很早就引進哥國，但產能低，並不普遍。哥國咖啡全採水洗，豆相肥大，色澤藍綠，煞是美觀，但外貌壯碩不代表富含芳香物，需經過杯測才準。

● 得天獨厚的低緯度高海拔

哥國向來是世界第二大阿拉比卡產國，不產羅巴斯塔，在 2007 ／ 08 年產季之前，哥國每年阿拉比卡產量穩定在一千萬袋至一千二百萬袋的區間，此後因品種轉換不順或天災病蟲害問題，產量劇跌到一千萬袋以下，2011 ／ 12 年產季更暴跌至 7,352,000 袋，差點被衣索比亞趕上。所幸二○一二產季以後，抵抗葉鏽病的新品種卡斯提優（Castillo）順利轉換，產能恢復到 12,000,000 袋以上，2015 ／ 16 產季更上揚升至 13,500,000 袋，穩坐阿拉比卡二哥的地位。越南本產季產出 27,500,000 袋咖啡，但越南以羅巴斯塔為主流，高占越南咖啡總產量九成以上，阿拉比卡占比甚少，越南咖啡總產量雖高於哥倫比亞，但阿拉比卡產量與品質遠非哥國的對手。

過去哥國較重視大宗商用豆市場，直到二○○一年後才進軍小眾的精品市場，起步顯然比巴西和瓜地馬拉晚很多。關於這一點，「FNC」人員表示十年前並不看好精品市場，千禧年後才開始亡羊補牢猶未晚。

其實，哥國的地貌豐富，緯度低，海拔高，具有精品咖啡生長的絕佳條件；這裡除了布卡拉曼卡（Bucaramanga）的海拔較低之外，咖啡多半栽植於 1,200 ～ 1,900 公尺。巴西靠著高科技來克服不利咖啡的水土環境，後來走出一片天；哥倫比亞坐擁好山好水，自然環境比巴西優渥，更具發展精品咖啡的爆發力，後勢不容小覷。

註 7：筆者並不認同這一點，因為哥倫比亞混血咖啡喝來單調無奇。

哥國咖啡區位居北緯三到八度之間，屬低緯咖啡帶，每年可收成兩次，從南至北幾乎每月都有熟成的咖啡可採收。大型企業化的咖啡農地分布於中部和北部，是商用豆主要產區，包括中部歷史悠久的梅德因、安美尼亞、曼尼札雷（Medillín, Armenia, Manizales），亦即俗稱的「MAM」三大產區，果酸味重，典型的中美洲風味。但東北部桑坦迪省（Santander）的布卡拉曼卡以酸味低、苦香味重而聞名，類似印尼曼特寧風味，很可能與海拔只有 960 公尺有關（低海拔低酸度，屢試不爽）。布卡拉曼卡的豆子很有趣，不像一般熟悉的哥倫比亞味，雖屬於軟豆但醇厚度佳，喝來不像「MAM」的豆子那樣只有死酸沒有深度。

哥國的精品豆產區以南部為主，海拔在 1,500 公尺以上，包括薇拉省的聖・奧古斯汀（San Augustin, Huila）、考卡省的波帕揚（Popayan, Cauca）、納瑞諾省（Nariño），以及托利瑪省（Tolima），都有精緻的酸香和莓香，並有焦糖香氣，甜感十足。選購哥國豆子千萬別以為 17 ／ 18 目最高級的「Supremo」就一定好喝，務必得再檢視豆子出自哪個產區。如果沒註明產區，則多半是「MAM」的商業用豆，因為南部精品產區都會註明省分、產地名，以茲區別。

哥國今日的咖啡，顆粒依舊碩大，但風味已大不如昔，一般認為與鐵比卡被混血的哥倫比亞取代有關。但南部各省主打的卡杜拉仍有不錯口碑，近年來的杯測賽贏家幾乎清一色都是南部的卡杜拉，尤其是薇拉的農莊更是拉風。哥國傳統的鐵比卡在產能掛帥的大旗下，已淡出舞臺，令咖啡迷神傷。

── 瓜地馬拉咖啡──高地火山雨林之味 ──

瓜地馬拉北接墨西哥，南鄰宏都拉斯和薩爾瓦多，東濱加勒比海，西臨太平洋，面積只有臺灣三倍大，卻得天獨厚包山包海，坐擁熱帶雨林、火山地質、高原縱谷和多變的微型氣候。近年科學家紛紛前往瓜國研究咖啡的芳香物與多元地貌、氣候、地質與乾濕度有何關係，瓜國多變的地形與氣候對這方面研究有很大貢獻。

瓜國平均海拔高，咖啡帶分布於 1,500 公尺以上，北緯十四到十六度之間，最易種出極硬豆，全為水洗處理，其中 45% 屬於精品級，比例相當高，亦有少量粗壯豆。

瓜國咖啡品種以波旁、鐵比卡、卡杜阿伊、卡杜拉為主，亦有少量的黃色波旁、藝伎和帕卡瑪拉，品種頗為多元，但能保有古老的鐵比卡與波旁，亦屬難能可貴。有趣的是二○○七年瓜地馬拉「超凡杯」競賽，首獎卻是由薩爾瓦多國寶品種帕卡瑪拉奪得，一新世人耳目。

瓜國極硬豆以優雅活潑酸、潔淨無雜味、層次分明，以及青蘋果酸香、莓香、茉莉花香、橘皮香、青椒香、水果酸甜感、巧克力甜香等，甚至尾韻有煙燻味著稱。如此豐富的地域之味，應與瓜國八大產區的水土有關。其中的安地瓜（Antigua）、艾卡特南果山谷（Acatenango Valley）、艾提蘭（Atitlan）、聖馬可（San Marcos）、懷哈內斯（Frijanes）五產區屬於火山岩地質。另外，薇薇特南果（Huehuetenango）、柯班（Coban）與新東方（New Oriente）三產區，屬於非火山岩的高地或熱帶雨林氣候。瓜國全境坐擁三百多種微型氣候，堪稱世界之最。

● 非典型火山地質三大產區

薇薇特南果：位於瓜國最僻遠的西北部高地，栽植海拔高達 1,800 ～ 2,100 公尺，是瓜國氣候最乾燥、海拔最高的咖啡專區，拜墨西哥提旺提佩平原（Tehuantepec）吹來的熱空氣（即微型氣候的實例），使得此區高而不寒。如果少了墨西哥吹來的溫暖空氣，本區恐怕會降霜，而無法成就高地咖啡的榮景。薇薇特南果雖然乾燥，但溪流交織，提供大量淨水灌溉或供應水洗處理廠，水源自給自足，無需舟車勞頓送咖啡果下山做水洗加工。此區的咖啡風味屬典型極硬豆，活潑明亮的果酸味、葡萄柚酸香、莓香和醇厚度，堪稱瓜國咖啡之冠，是嗜酸族的最愛，酸甜感不錯，時而有股檸檬皮或柑橘香，類似耶加雪菲的調性，但花果香稍弱，整體風味較不均衡。也就是說，其果酸味與柑橘味優於花香和堅果香，相當有個性，難怪常在杯測賽得獎。薇薇特南果的風味分布有稜有角，應該與境內無火山、土壤礦物質較不均有關係。霸道又富層次變化的果酸香是此區的地域之味。

柯班：位於瓜國北部海拔 1,400 公尺的熱帶雨林區，一年只有兩季——大雨季和小雨季——霧氣瀰漫，相對濕度 80% 以上，居各產區之冠。柯班咖啡的最大特色是水果香味很重，據科學家的研究顯示，水果味應是與濕度高有關。此區咖啡風味比較均衡，酸味較溫和，富花果香，尤其是蘋果與莓果的香氣最迷人。由於濕度重，咖啡處理過程稍不慎就易腐敗，是最大缺點。咖啡水洗後幾乎全採用以木材為燃料的烘乾機來加速乾燥，以免受潮，因此有人質疑瓜國咖啡特有煙燻味，來自烘乾過程的柴煙。但也有人不認同此看法，因為安地瓜、懷哈內斯、薇薇特南果的氣候乾燥，多半採用日晒烘乾，一樣會有煙燻味。瓜地馬拉咖啡特有的煙燻味，成了難解之謎。

新東方：位於瓜國東部與宏都拉斯接壤處，咖啡栽植業起步最晚，直到八〇年代精品咖啡需求殷切，山區居民才全心投入，使得昔日瓜國最窮困地區，恢復勃勃生機。此區與柯班同屬雨林區，但濕氣和雨量稍緩。古早曾是火山區，如今已不見火山活動，土質也已從火山岩轉成變質岩，饒富礦物質，助使咖啡的酸甘香苦極為平衡，但果酸味堪稱瓜國各產區最低者，巧克力香的尾韻是最大特色。

● 典型火山地質五大產區

艾提蘭：火山地質產區的咖啡樹，每天與活火山為伍，吸取土壤豐富的硫化物、鉀、鎂等礦物質，咖啡酸味明顯低於薇薇特南果高地，整體香味卻更多元與均衡，相當有趣。瓜國火山產區中，最特別的當屬艾提蘭。它位於首都瓜地馬拉市以西，有一座世界知名的艾提蘭火口——由艾提蘭、托利曼（Toliman）與聖佩卓（San Pedro）三座活火山圍成的艾提蘭火山湖，湖面達 126 平方公里，周邊山坡地廣達 1,229 平方公里，是瓜國面積最大的火山湖。本區 90% 咖啡栽種於這三座活火山的坡地上，海拔約 1,300 ～ 2,000 公尺。所產咖啡的酸味較溫和，帶有明亮橘皮香，醇厚度佳。

安地瓜：位於瓜地馬拉市西南側 45 公里處的古城安地瓜，恰好介於艾提蘭與瓜地馬拉市之間，海拔約 1,500 ～ 1,700 公尺，是瓜國名聲最響亮的咖啡產區，得獎頻率最高。

此區是由阿夸（Agua）、艾卡特南果（Acatenago）與佛耶果（Fuego）三座活火山圍成的平坦高地，雨水少（八大產區年雨量最低者），陽光烈，濕度低，並不算絕佳的咖啡栽植區。幸虧火山活動頻繁，造成土質含有大量輕石（質輕細孔多），易於保持水分與濕度，使得安地瓜終年相對濕度維持在 65%，克服了少雨的問題。安地瓜日夜溫差大，有助果香味發展，但冬季偶而降霜，不利咖啡生長。為降低霜害，安地瓜的咖啡莊園種有高密度遮蔭樹，形成一層保溫膜，不致凍傷咖啡樹。肥沃的土質、保濕的輕石和密集的遮蔭樹，構成安地瓜獨特的微型氣候，進而孕育出酸甘苦香極為均衡的咖啡風味。

　　安地瓜的果酸味不輸薇薇特南果，但由於香氣較飽滿，相對就不覺得果酸的突兀，這是兩區有趣的對比。淺焙安地瓜甜感佳，時而有股煙燻味，這與深焙的煙害味不同，增加了咖啡的層次感。此區的知名莊園很多，「聖塞巴斯坎」（San Sebastián）和「拉塔契塔」（La Tacita）擁有不少死忠咖啡迷。

　　艾卡特南果山谷：位於安地瓜產區西側的艾卡特南果山谷（介於安地瓜與艾提蘭之間）早在一八八○年就開始種咖啡，有悠久歷史。數百年來農民沿著艾卡特南果火山麓栽植咖啡，最高海拔達 2,000 公尺，冬季溫度低，所幸面向太平洋的山坡迎來溫暖海風，不致降霜並帶來豐沛的濕氣，滋潤咖啡樹。另外，附近的佛耶果火山經年噴出肥沃的礦物質，成為最佳天然肥料。本區亦植有高密度遮蔭樹，有利波旁與卡杜拉發展風味。艾卡特南果的咖味滋味近似安地瓜，但果酸味稍低，是兩者最大區別。

　　聖馬可：位於僻遠的西南部火山區（薇薇特南果的南方），卻擁有多元的微型氣候，包括太平洋潮濕溫暖海風，使得聖馬可成為瓜國最溫暖的產區。年雨量高達 4,000 ～ 5,000 釐米，甚至高於雨林區的柯班，相對濕度也達 70 ～ 80%，略低於柯班，也就是說聖馬可享有火山區與雨林區的微型氣候，花果香明顯，但果酸味略低於安地瓜，風味相當平衡。

懷哈內斯：位於瓜地馬拉市東南側的火山湖安馬提蘭（Amatitlan），周圍火山大量落塵，土壤富含礦物質與保持水分的輕石，土質近似安地瓜產區。但乾濕季分明，乾季時節太陽豔，咖啡水洗後採用百分百日晒乾燥，不需借助機器力烘乾，風味近似安地瓜，亦帶有迷人的煙燻味。

── 哥斯大黎加咖啡──黃金豆的經典風味 ──

哥斯大黎加的咖啡業起步甚早，一八二〇年便有首批咖啡輸往哥倫比亞和智利。一八五四年，一家進出口商在英國商船「君主號」船長威廉・里昂的協助下，順利將一百磅咖啡輸往倫敦，一炮而紅，被英國貴族譽為來自哥斯大黎加的「黃金豆」，此後咖啡成了哥國主要經濟作物，也改變昔日西班牙殖民地的卑微地位。逐漸富有的咖啡農紛紛把子女送到英國深造，學成返國當醫師、工程師回饋鄉里。

咖啡農在哥國的地位很崇高。一八九七年，首都聖荷西市民見證咖啡富豪捐贈的國家劇院落成。咖啡財富為哥斯大黎加的政治、經濟和民主帶來穩定力量，是中美洲國家所罕見的。另外，哥國訂有法律只允許栽植阿拉比卡，羅巴斯塔在境內屬「違禁品」，也是世界僅見。

● 獨創「甜如蜜」處理法

哥斯大黎加的產量不大，年產量約 11 萬噸上下，在中南美洲排名第七。哥國以新進的咖啡品種為主，如卡杜拉、卡杜阿伊、新世界等，古老的波旁和鐵比卡並不多見。境內也衍生不少變種，最有名的是波旁變種薇拉莎奇，屬於風味優雅的品種，巴西也引進栽種，曾得過獎。另外，哥國研究機構不遺餘力改良混血的卡提摩，試圖降低粗壯豆血統，並增強卡提摩的阿拉比卡風味，近年已出口到亞洲試種。

哥斯大黎加多半採用水洗處理，近年也出現另類的半日晒處理法「Miel」，或稱「Honey Coffee」，可譯為「甜如蜜」處理法，與巴西式半日晒互別苗頭。哥國標榜「甜如蜜」處理的咖啡，均在麻布袋上打上大大的「Honey Coffee」，頗為搶眼。它改良了巴西半日晒法以增加甜味，重點是盡量完整保留黏在帶殼豆上的果膠層（巴西式則刮掉一部分果膠層），去果皮後將黏答答的帶殼豆移到戶外的高架棚，類似肯亞的做法，以免吸收土地的雜味和濕氣（巴西則是置於水泥地上），然後曝晒、風乾約一至兩週（巴西半日晒只曝晒一至三天，再輔以機器烘乾；哥斯大黎加的「甜如蜜」，則全程採陽光烘乾）。這期間每隔一小時就得去翻動帶殼豆，使之均勻乾燥，讓豆子充分汲取厚厚果膠層的果香和糖分精華，脫水後還要置入木製容器熟成，極為費工，但「蜜釀」的成果喝來甜如蜜。缺點是此處理法風險很高，天氣太潮濕時很容易發霉腐敗。哥斯大黎加並不比巴西乾燥，卻敢採用長時間曝晒的處理法，令人捏把冷汗，但這也體現哥斯大黎加藝高人膽大的咖啡工藝。

拉米尼塔淘汰 70% 生豆

哥斯大黎加的咖啡風味向來四平八穩，少了瓜地馬拉的尖銳，喝來相當溫和柔順，酸香、甜香和巧克力苦香，兼容並蓄，極為平衡，是極品咖啡的經典風味。七大咖啡產區如下：杜里艾巴山谷（Turrialba Valle，首都聖荷西東北部）、中央山谷（Central Valle，聖荷西的西北部）、西方山谷（Occidental Valle，首都的西部）、三河區（Tres Ríos，首都東側）、布蘭卡（Brunca，首都東南）、奧羅西（Orosí，首都北邊）、塔拉珠（Tarrazú，首都南邊）。其中以中央山谷、塔拉珠，以及三河產區最著名。原則上，坡地面向太平洋的咖啡比面向大西洋品質為佳。二〇〇七年的哥斯大黎加「超凡杯」大賽，冠軍農莊「塞羅巴朵」（Cerro Paldo）位於聖荷西市南邊的塔拉珠產區，但中央山谷區也表現不俗，二至四名都出自此區的納蘭荷市（Naranjo），三河區似乎被冷落了。

塔拉珠產區的拉米尼塔農莊（La Minita），其層層把關的嚴格品管奠定了世界級口碑，吃香歐美市場大半世紀，堪稱全球最知名的咖啡莊園。「拉米尼塔」意指「小

金礦」，西班牙人殖民以前，印地安人就常在目前農場位置挖金礦，可謂一塊福地。拉米尼塔每年約生產 100 萬磅咖啡豆，經過去蕪存菁（70% 以上被淘汰），只剩 29 萬磅高級品賣到精品市場，絕非浪得虛名。該莊園的咖啡以蘋果與柑橘的酸香、牛奶與松露的濃郁，以及絲綢的精緻口感見稱，海拔約 1,200 ～ 1,700 公尺。另外，三河區也是個名產區，位於首都東面不遠的伊拉珠火山（Irazu）與河流構成絕佳微型氣候區，但近年來市區逐漸向郊區伸延，農地紛紛賣給開發商，致使三河區的咖啡產量銳減，產量幾乎被星巴克包下大半，業界不易買到。此區知名農莊「阿奎斯葛拉斯」（Aguas Glaras）從一八五七年堅持至今，歷史悠久，明亮果酸柔而不銳，堅果、花香太妃糖甜香迷人，是此區咖啡特色。

哥斯大黎加的咖啡技藝甚高，不論育種、栽植或後段加工（水洗、半日晒、「甜如蜜」處理法）足為各產國借鏡。但名產區供不應求，不肖業者常以其他二流產區混充精品豆，距離塔拉珠百里之遙的產區也敢以塔拉珠之名混水摸魚，不得不慎。

巴拿馬咖啡——國色天香的「藝伎」

巴拿馬，像一道拱門銜接北美與南美並溝通太平洋與大西洋，向來是精品咖啡的邊緣人。二〇〇四年，巴拿馬「藝伎」初吐芬芳，連戰皆捷，向世人證明——巴拿馬不只是國際戰略要地，更是精品咖啡新霸主。「藝伎」戰功彪炳，可謂空前絕後，截至二〇〇七年總共囊括十項國際杯測大賽冠軍：二〇〇四到二〇〇七年連續四屆「巴拿馬最佳咖啡」（Best of Panama）、二〇〇五到二〇〇七年連三屆「美國精品咖啡協會杯測賽」（SCAA Cupping Pavilion），以及二〇〇四、二〇〇六、二〇〇七年連三屆「雨林聯盟咖啡品質杯測賽」（Rainforest Alliance Cupping for Quality）。二〇〇七年五月更錦上添花，奪下美國精品咖啡協會轄下「烘焙者協會杯測賽首獎」（Roasters Guild Cupping Pavilion Competition），獲頒「世界最佳咖啡」榮銜，拍賣價更以每磅130 美元成交，創下世界紀錄，震撼全球精品咖啡界。「藝伎」由剝而復，就像咖啡版的灰姑娘傳奇。

● 源自衣索匹亞

　　藝伎品種源自衣索匹亞西南部人跡罕至的藝伎山（Geisha Mountain）。從 Google 以衛星定位地圖鳥瞰藝伎山，可看到一片青翠，生機勃勃，位於衣索匹亞咖法森林西南邊陲接近蘇丹國界處，海拔高達 1,700 ～ 2,100 公尺。這座山與日本藝伎毫無瓜葛，只是湊巧與日文的藝伎同音。國內有人以閩南語諧音「假肖」戲稱：「喝了 Geisha 就不敢假肖。」令人莞爾。

　　藝伎誕生於素有咖啡基因寶庫之稱的咖法森林不足為奇，令人好奇的是，為何衣索匹亞不善用藝伎的香醇，捨得送出國成就別人？一九三〇年衣國官方的檔案上這麼寫著：「這不是高產能品種，豆身瘦長其貌不揚，喝來其味不佳，卻能抵抗葉鏽病，可用來混血提升其他品種抗病力……」可見得七十多年前衣索匹亞已注意到藝伎的超能力，可做為改良品種的「種馬」，只是風味未受重視。未料七十年後的今天，藝伎卻以國際杯測大賽新霸主之姿重現江湖，連衣索匹亞咖啡專家也百思不解：究竟是當年低估藝伎的芳香物，抑或是巴拿馬的水土與眾不同，致使藝伎發生「橘踰淮為枳」效應？值得咖啡化學家深入研究。

　　這三年來藝伎稱霸國際各大杯測賽事，專家的評語為：濃郁柑橘香、茉莉花香、杏仁、芒果味和花蜜甜香，果酸明亮多變，神似衣索匹亞國寶豆耶加雪菲。

　　它的瘦長豆貌像透了哈拉的長身豆。從豆相和香氣來看，藝伎確實不像中美洲豆，而是百分百的衣索匹亞風格，但藝伎如何引進巴拿馬？為何其他國家聞所未聞？

　　從衣索匹亞的咖啡檔案可找出蛛絲馬跡：一九三一年從藝伎山取下咖啡種籽，一九三二年移栽到肯亞，一九三六轉種坦尚尼亞，一九五三年轉進哥斯大黎加，之後再移植巴拿馬的時間約在六〇年代，此後就斷了線。當時衣索匹亞應英國之請，輸出藝伎以協助咖啡產國改良品種增強抗病力，但收效有限，因為藝伎抗病力雖強但產果量很少，與藝伎混血的世代，產能也不佳，所以六〇年代以後就銷聲匿跡。原來藝伎躲在哈拉蜜幽莊園韜光養晦，四十年後才一吐芬芳。

● 哈拉蜜幽莊園

　　一九六四年，瑞典裔的美國銀行家魯道夫彼得森（Rudolph A. Peterson）在巴拿馬西部風光明媚的巴魯火山（Baru）腳下，買下占地數百公頃的翡翠農莊（Hacienda La Esmeralda）做為退休養老用。一九七三年，他的兒子普萊斯（Price Peterson）不惜放棄神經化學博士頭銜，返回巴拿馬協助老爸經營農場（當時以乳牛業為主）。一九八七年，翡翠農莊開始引進卡杜拉、卡杜阿伊；一九九四年，設立水洗處理廠，從此擁有自己的咖啡加工廠。一九九六年，彼得森家族又在附近買下哈拉蜜幽莊園（Jaramillo），看上它有三好：水好、山好、咖啡好。哈拉蜜幽的咖啡喝來總有一股若有似無的橘香和花果香，不像巴拿馬咖啡應有的味道。

　　二〇〇三年，普萊斯的兒子丹尼爾認為哈拉蜜幽莊園的咖啡品種不少，建議父親針對各區不同品種進行杯測，才能找出優雅橘香出自哪個品種。杯測結果指向莊園裡向來被忽視最高點（海拔 1,600 公尺處）的不知名咖啡樹，可能因為產果量很少，被前任莊主用來充當防風樹，栽植在莊園邊陲地帶。此結果令家族大感意外：原來莊園咖啡混合後仍有一股優雅橘香，全是防風林裡不知名咖啡散發出來的好味道，於是決定把該區的咖啡獨立出來，參加二〇〇四年巴拿馬國寶豆杯測賽，果然一鳴驚人，一路獨霸到二〇〇七年。專家鑑定後，才認出是衣索匹亞的藝伎品種（鐵比卡的嫡系）。

　　彼得森家族目前擁有翡翠和哈拉蜜幽兩座農莊，但藝伎主要出自哈拉蜜幽莊園；近年來，翡翠農場除了卡杜拉、卡杜阿伊之外，是否還加種藝伎，外界不得而知。據家族透露，藝伎的產量只占兩座莊園的 3%，一上市立即被搶購一空，因此才會出現每磅 130 美元的天價（目前的藝伎是由翡翠莊園行銷）。在此提醒咖啡迷除了要瞭解產國和莊園外，更要進一步瞭解咖啡樹的品種優劣。換句話說，買對了產國與莊園，不表示就買對了豆子，還需認清莊園裡有多少品種、買到的是純種豆或混合豆。

　　巴拿馬精品咖啡集中在西部奇瑞基省（Chiriquí）的波凱蝶（Boquete）產區。翡翠和哈拉蜜幽都位於此區，除了享有火山岩沃土，還有乾濕分明的四季，年雨量達

3,500 釐米，午後常有厚雲遮擋豔陽，這些都是阿拉比卡最愛的生長環境。藝伎在衣索匹亞咖法森林的水土環境與巴拿馬大不相同，是否因為巴拿馬火山區富含礦物質才喚醒了它的芳香物，仍待研究單位找出答案。

稀有的精品咖啡

巴拿馬的咖啡品種相當多元，有古老的鐵比卡、波旁和較新進的卡杜拉、卡杜阿伊，藝伎算是稀有品種，但翡翠與哈拉蜜幽莊園一夕成名的傳奇，肯定鼓舞更多農場趕種藝伎，但品質是否一樣好，值得觀察。巴拿馬咖啡產量小，每年約產 1 萬公噸生豆，翡翠農場每年只生產 150 袋生豆，約 9,000 公斤。如以藝伎只占 3% 來計算，也只有 270 公斤，再度證明咖啡的質與量，自古難兼顧。

美國咖啡界有個耳語：頂級夏威夷柯娜喝來像巴拿馬，極品藍山近似巴拿馬，上等哥斯大黎加也有巴拿馬的味。此耳語暗示巴拿馬一豆可抵三豆用，也反應出業界摻假成風與巴拿馬咖啡被嚴重低估的問題（這裡是指西部高海拔產區的巴拿馬，而非其他低海拔的普通巴拿馬）。十幾年前震驚美國的柯娜摻假案，就是以西部波凱蝶產區的巴拿馬豆來瓜代昂貴的柯娜豆，不幸被捉包。而今，藝伎一戰成名，巴拿馬咖啡終於從默默無聞的替身或代打豆，變成最佳女主角。

—— 薩爾瓦多咖啡——變幻莫測的帕卡瑪拉 ——

別小看薩爾瓦多的咖啡能量。全盛時期，它曾經是世界第四大咖啡產國，但內戰打了數十年，幾乎拖跨咖啡栽植業。所幸近年戰亂止息，咖啡業終於恢復生機。內戰為薩國咖啡業帶來的唯一好處是，農人任田荒蕪，未能趕上近二十年來最流行的卡提摩曝晒式栽培列車，因此保住了古老的波旁、鐵比卡品種，也就是說，薩國目前仍採用最傳統遮蔭樹栽植法，對咖啡的提香有正面意義。二〇〇五年，薩國土產混血品種帕卡瑪拉（Pacamara）在「超凡杯」耀武揚威，讓國際杯測師亂了陣腳，不知如何為

高深莫測的帕卡瑪拉評分，萬萬沒料到這款「雜種」豆不但打破了咖啡既有的香醇疆界，也拓展了薩爾瓦多咖啡能見度。

薩國二〇〇三年開始參加「超凡杯」競價標售活動，古老的波旁品種幾乎囊括前十名，二〇〇四年突然殺出帕卡瑪拉的小圓豆，勇奪杯測賽第七名，當時精品咖啡界還不以為意。二〇〇五年，帕卡瑪拉軍團迅雷不及掩耳地搶下二、五、六、七名大獎，震撼精品界。二〇〇六年，帕卡瑪拉再度拿下第二、三名。二〇〇七年更一發不可收拾，帕卡瑪拉一口氣奪下一至四名，薩爾瓦多於是進入帕卡瑪拉時代。無獨有偶的，二〇〇七年，瓜地馬拉的冠軍豆也被帕卡瑪拉染指，鋒頭不輸巴拿馬的藝伎。

● 另類的變種混血豆

帕卡瑪拉是何方神聖？她是鐵比卡變種象豆（Maragojipe）與波旁變種帕卡斯（Pacas）的混血品種，爹娘都是阿拉比卡。帕卡斯是一九四九年薩爾瓦多首見的波旁變種，象豆則是一八七〇年最先在巴西北部巴希亞省發現的鐵比卡變種。一九五八年，薩國農技人員扮演紅娘牽成帕卡斯與象豆好事，生下怪胎帕卡瑪拉，未料醇香度遠勝過爹娘，只是產量低，而且豆體碩大。

帕卡瑪拉的豆長超過一公分，雖比象豆小一些，卻比一般咖啡豆大一號，連水洗處理設備都無法使用，必須另做調整，因此半世紀來乏人問津，連杯測界亦無人喝過帕卡瑪拉的香醇。直到二〇〇四到二〇〇五年，帕卡瑪拉一窩蜂殺出，讓杯測界措手不及。由此例可推論全球咖啡農不知還暗藏多少「怪胎」咖啡，靜待時機成熟，傾巢而出來嚇人。

幾年前帕卡瑪拉首度進軍「超凡杯」，各國評審不知所措，因為千變萬化的味道前所未見，不知如何評分，起初都給低分，但有人覺得不妥，認為不能因不熟悉就胡亂給分。評審們為此討論了一個小時，尋求共識。帕卡瑪拉雖有波旁血統，但不該因為期待波旁的味道落空就否定它；帕卡瑪拉甚至帶有辛香味，薑味若有似無，根本不

像波旁的酸香與花果味，但其辛香味並不突兀，而是令人愉悅的香料味，頗為另類。近年來評審已逐漸適應帕卡瑪拉的風味，頻頻給予高分，出盡鋒頭。

帕卡瑪拉的風味振幅很寬，不同烘焙度會衍生截然不同的芳香物，難以捉摸。最令人印象深刻，是她的酸味很有深度和穿透力，比象豆的膚淺酸香精彩多了。它還有一股類似甘草或仙草的甜香，但有時又喝不到藥草味，卻出現柑橘、茉莉花香、瓜果清香、莓香、黑胡椒香，醇厚度極佳。帕卡瑪拉的酸甘香苦振幅，包含上揚的酸香和低沉的悶香，與藝伎的明亮調大不相同，是嶄新的味蕾體驗。

薩爾瓦多精品咖啡集中在西部的聖塔安納（Santa Ana）和西北部恰蘭坦南果（Chalatenango）火山岩產區，這幾年的杯測賽前十名幾乎全出自這兩個產區，海拔約 900 ～ 1,500 公尺，主要以波旁為主（占 68%），其次是帕卡斯（占 29%），混血的帕卡瑪拉、拉杜艾、卡杜拉只占 3%。

── 尼加拉瓜咖啡──迷人的杏仁味 ──

同樣內戰頻繁的尼加拉瓜，近年也偃旗息鼓，發展經濟，咖啡業開始復甦。尼國北部靠近宏都拉斯的三個產區努耶瓦塞哥維亞（Nueva Segovia）、金諾提加（Jinotega）和馬塔加帕（Matagalpa）海拔約 700 ～ 1,700 公尺，品質較穩定，豆粒大顆有獨特的尼加拉瓜味，逐漸受到精品界重視。

所謂的「尼加拉瓜味」是指風味較低沉，巧克力、焦糖甜香、杏仁味明顯、酸味較低，與中美洲慣有的明亮果酸上揚調不同。也就是說，尼國咖啡喝來較悶香，可能是與海拔較低或水土有關，主要品種為卡杜拉。尼加拉瓜豆體型肥碩，有悶香傾向，深淺焙皆宜。若採淺焙，出爐前三十秒，不妨熄火滑行，風門關小，較易發展杏仁香氣。

Chapter

7

精品咖啡：亞洲與海島篇

感謝巴塔克族、蓋奧族和托拉賈族，
為世人種出香濃迷人的曼特寧與托拉賈咖啡。

——作者的致意

亞洲咖啡產量小檔案

亞洲咖啡產量僅次於中南美洲。印尼向來是亞洲第一大咖啡產國，但此情況近年有大轉變，越南在世界銀行奧援下，產量急速擴增，於一九九九年正式擠下印尼，成為亞洲最大咖啡產國。但越南以粗壯豆為主，不屬精品咖啡範疇。越南二〇一五年產出 27,500,000 袋生豆（1,650,000 噸）是亞洲最大，也是世界第二大咖啡產國，但九成以上是低海拔的羅巴斯塔豆，是世界最大的粗壯豆產國。據世界咖啡組織資料，二〇一五年全球產出 60,416,000 袋羅巴斯塔，其中 40% 以上出自越南。印尼同年生產 12,317,000 袋生豆，是亞洲第二大產國，其中七成至八成是羅巴斯塔。印度同年生產 5,833,000 袋生豆，是亞洲第三大產國。亞洲咖啡的厚實度比中南美洲與非洲豆高，但酸質較不優雅，帶有木質、木香、藥草、精油、香料與泥土味，低沉的悶香調性高於上揚的水果酸香味。

海島咖啡產量小檔案

牙買加二〇一五年產出 1260 噸生豆，夏威夷柯娜同產季生產 3682 噸生豆。海島咖啡產量小、價格貴，由於海拔不高，均屬軟豆，風味較清淡溫和。有人偏好海島豆的淡雅調，也有人嫌太單調。

—— 印尼咖啡——悶香低酸，醇厚度佳 ——

七世紀末，荷蘭東印度公司將印度的阿拉比卡樹（鐵比卡）移植到爪哇島的雅加達。由於氣候水土適宜，阿拉比卡很快擴散到爪哇島西北的蘇門答臘和東北

另一大島蘇拉維西（Sulawesi）。然而，一八八〇年代，爪哇爆發嚴重的葉鏽病，阿拉比卡枯死殆盡，荷蘭人改種抗病力強的羅巴斯塔，穩助印尼的咖啡業。直到今天，羅巴斯塔仍是印尼咖啡主力，高占咖啡產量的 90%，分布在爪哇、峇里島低海拔區。風味優雅的阿拉比卡主要分布於蘇門答臘北部、蘇拉維西、爪哇島海拔較高處，雖然只占印尼咖啡產量的 10% 左右，但曼特寧、黃金曼特寧、塔瓦湖（Lake Tawar）、蓋奧山（Gayo Mountain）、亞齊（Ache）、蘇拉維西、陳年曼特寧、爪哇老布朗（Old Brown Java）的口碑，卻讓印尼咖啡揚名精品界數十載，未受劣質羅巴斯塔拖累。

● 曼特寧應正名為巴塔克

曼特寧（Mandheling）在眾口鑠金下，似乎成了印尼精品咖啡代名詞，其實曼特寧既非印尼地名、產區名、港口名，亦非咖啡品種名，而是原先居住在蘇門答臘的民族曼代寧（Mandailing）的音誤。為何這支民族會扯上咖啡？當中有一段歪打正著的傳奇。

根據蘇門答臘的資料，二次大戰日本占領蘇門答臘期間，一名日本兵在一家咖啡館喝到香醇無比的咖啡，好奇地詢問老板：「這是什麼咖啡？」老板誤以為日本兵是在問：「你是哪裡人？」於是老板回答：「曼代寧族。」戰後這名日本兵記得曾在印尼喝過的美味咖啡好像叫做曼「特」寧，於是請印尼咖啡掮客替他運送十五公噸曼「特」寧咖啡到日本，居然大受歡迎，曼「特」寧就這樣以訛傳訛被創造出來。更有趣的是，這位掮客成就了今日印尼咖啡界赫赫有名的普旺尼咖啡公司（Pwani Coffee Company，簡稱 PWN，也是黃金曼特寧的商標所有者）。換句話說，這名日本兵唸錯字發錯音，陰錯陽差造就曼特寧與普旺尼的威名。

蘇門答臘確實有個民族叫做曼代寧。據考證，曼代寧是擅長種咖啡的巴塔克族[註1]的嫡系。幾世紀前，曼代寧族逐漸往東南移居，遠離蘇門答臘並脫離與巴塔克

註1：Batak，由包括曼代寧在內的八支族裔構成。

的密切關係。有意思的是，「曼代寧」是個方言複合字，代表「失去母親」，似乎在緬懷與巴塔克族的血源。真實情況是，目前仍在蘇門答臘中北部山區種咖啡的是巴塔克族而非曼代寧族，更非曼特寧族。若要正本清源，曼特寧咖啡應改為巴塔克咖啡或許更為貼切，但既已約定俗成，倒也無可厚非。

蘇門答臘是印尼精品豆主要產區，咖啡系統非常複雜，在此化繁為簡歸納為四種類型：

（1）眾所周知的曼特寧，是指蘇門答臘中北部托巴湖 [註2] 周遭，西南岸海拔900 ～ 1,200 公尺林東山區（Lintong）的半日晒豆或日晒豆最為出名，巴塔克族就是此區咖啡農的主幹 [註3]。

（2）黃金曼特寧，經過四次手工篩選，比一般曼特寧更高一等。

（3）塔瓦湖咖啡，指蘇門答臘最北端亞齊地區塔瓦湖附近海拔 800 ～ 1,600 公尺蓋奧山（Gayo Mountain）一帶的水洗、半水洗或日晒豆（較少）。此區可謂重兵布署，赫赫有名的哥斯大黎加拉米尼塔莊園也遠渡重洋到此指導半水洗技術，此外還有知名的荷蘭咖啡集團（Holland Coffee Group）主打蓋奧山水洗豆，可謂戰雲密布硝煙重。

（4）陳年曼特寧和爪哇老布朗。

獨具藥草、林木的沉香——曼特寧

托巴湖西南的林東山區是個新產區，直到七〇年代，產量只有 2,000 公噸，八〇年代增至 6,000 噸。九〇年代，林東的曼特寧爆紅，農民紛紛改種高產能的混血品種卡提摩或里尼（Linie-S），致使古老的鐵比卡銳減。不過，卡提摩風味不佳，近年來在消費國壓力下，林東曼特寧逐年增加鐵比卡產量，目前每年平均輸出的林東曼特寧約 1.5 ～ 1.8 萬公噸，多半為半日晒處理法。蘇門答臘素有香料島之稱，山區部落就在綠意盎然的山野中，與老虎、犀牛、吸血蝙蝠、丁香、豆蔻、胡椒為伍，以獨特的三階段乾燥方式處理咖啡豆，造就半日晒曼特寧的獨特風味。

林東曼特寧因水資源珍貴，最初以日晒處理為主，但品質不穩，遂改為類似巴西半日晒法。但印尼氣候潮濕，無法像巴西取出黏答答的帶殼豆後在戶外晾乾兩至三天，在印尼這麼做會使帶殼豆發霉，因此頂多晾乾數小時至一天以內，含水率降至20～35%，果膠層尚未凝固就由掮客收購，帶回簡陋的處理廠以機器刨除果膠層，以免果膠過度發酵而酸臭。也就是說，林東曼特寧在帶殼豆未乾就先刮掉果膠層，這是曼特寧果酸味較低、醇度高的主因。再稍加晾乾，帶殼豆裡咖啡豆含水率約18%，最後棉蘭（Medan）的出口商前來收購未乾的帶殼豆，置於大型晒豆場或以機器烘乾，直到含水量12% 即可入庫。由此可知林東曼特寧的乾燥過程，因為農民硬體設備不足，採用農人、掮客與出口商三階段分工式乾燥。曼特寧獨有的藥草香（類似燒仙草）與沉木味，肇因於濕度高，分三階段乾燥果膠層所致。這也是世界罕見的處理法，誤打誤撞創造出曼特寧特殊的低酸、濃稠和悶香風味 [註 4]。

　　由於三階段乾燥法變數多，加工手法粗糙，曼特寧堪稱品質最不穩定的精品咖啡。雜碎豆、霉豆、黑豆、未熟豆充斥，使得烘焙師傷透腦筋，烘焙前還要花不少時間挑除瑕疵豆，但這並不減損世人對醇厚曼特寧的偏好。日晒豆以藍色巴塔克曼特寧（Blue Batak Mandheling）最有名，是少數品質不錯的曼特寧日晒豆，雜味遠低於一般日晒曼特寧，卻多了明亮的酸香和濃郁的果香味。筆者很喜歡這支豆子，它比林東曼特寧半日晒「Grade 1」還精彩許多 [註 5]。

註 2：Lake Toba，湖長 100 公里，寬 30 公里，最深處達 505 公尺，是世界最大的火山湖，風景優美。

註 3：巴塔克族是托巴湖周邊栽種咖啡的主力部族，可視為曼特寧應正名為巴塔克咖啡的重要「人證」。

註 4：有人認為曼特寧獨特風味是冗長乾燥過程的缺陷味。日本公司則採兩階段乾燥讓風味更乾淨，即取出帶殼豆晾乾五至六小時即刨除果膠層，再進行最後乾燥，降低生豆腐敗風險。

註 5：我很喜歡這支豆子，覺得它比林東曼特寧半日晒「Grade 1」精彩多了。但它明明是巴塔克族的傑作，卻要加上積非成是的曼特寧，令人不解。

醇厚明亮，甜感佳——黃金曼特寧

　　為了改善曼特寧缺陷豆偏高的問題，日本人十幾年前採行更嚴格的品管，乾燥後的生豆經過密度與分色篩選後，最後又再經過四次人工挑豆，剔除缺陷豆，生產出色澤暗綠、豆相均一的黃金曼特寧，創造了另一波市場需求，連歐美也瘋狂。黃金曼喝起來比林東曼特寧乾淨，曼特寧原有的藥草味、土味和木味幾乎不見了，但焦糖甜香更為強烈，果酸味也較明亮優雅。一般林東曼特寧最好烘到二爆後再出爐，可降低雜味，但黃金曼二爆前或二爆後出爐都有很好的透明度與甜感，烘焙詮釋空間更寬廣。

　　不過，印尼的普旺尼三年前搶先註冊黃金慢特寧「Golden Mandheling」商標，迫使日本公司將黃金曼特寧改為「Gold Top Mandheling」，臺灣亦有人稱之為「鼎上黃金曼特寧」，可見黃金曼的系統也很亂。普旺尼生產的黃金曼以古老鐵比卡為主，豆型較大，日本黃金曼則以林東變種的鐵比卡為主，豆型較小。據說林東鐵比卡對葉鏽病已有抵抗力。兩者風味孰優孰劣，見仁見智，但印尼與日本皆稱自己才是正統黃金曼，加上低海拔的劣質蘇拉維西咖啡也冒稱黃金曼，致使這場「黃金」之亂不知伊於胡底！

甜如蜜——陳年曼特寧

　　酒愈陳愈香，咖啡豆亦可陳年處理。成功的陳年豆，將曼特寧不優雅的酸味磨掉了，酸澀成分經過熟成，轉為糖分，使咖啡變得更圓潤，喝來甜如蜜。但失敗的陳年豆猶如咖啡僵屍，其味難入口。

　　可能是水土、氣候和豆性的關係，目前陳年豆成功率最高、品質最優者，均在印尼與印度。幾年前瓜地馬拉也嘗試生產陳年豆，卻失敗收場。印尼陳年豆以曼特寧和爪哇老布朗最有名，取出帶殼豆晾乾，含水率達到一定程度，不刨掉帶殼豆以保護咖啡豆，然後封存入庫。倉庫的乾濕度與溫度均有一定的作業標準，且要定期翻動麻布袋裡的帶殼豆，以免上下乾濕度有落差或發霉而報廢。陳年豆的熟成至少要花兩年至

三年，堪稱工夫豆。陳年豆的色澤呈黃褐或深褐色，有點不雅，但甜味奇佳，單品或濃縮咖啡配方皆宜。

爪哇島目前幾乎以粗壯豆為主，雖有少量阿拉比卡，但很不穩定，風味多半乏香可陳，與兩百年前爪哇咖啡的威名有很大落差。但陳年處理的爪哇老布朗卻令人驚豔，甜度、醇度和乾淨度甚至優於陳年曼特寧。

● 名廠進駐塔瓦湖——亞齊咖啡

蘇門答臘最北端亞齊地區塔瓦湖周遭，知名半水洗或水洗廠林立，熱鬧非凡，哥斯大黎加著名的拉米尼塔莊園撈過界，派出顧問指導此間農民半水洗與水洗技術，生產兩支經典名豆，包括「蘇門答臘亞齊之金」（Sumatra Aceh Gold），以及「伊斯坎達」（Iskandar）。兩者豆源與處理法相同，只是豆粒大小不同，豆目大者為「伊斯坎達」，較小粒為「亞齊之金」，一般口碑，以「亞齊之金」優於較大粒的「伊斯坎達」，拉米尼塔的專家也認同此點。

說來奇怪，不知是心理作用或是半水洗技術太精湛，「蘇門答臘亞齊之金」喝起來有拉米尼塔經典的水果甜香，桃香和杏仁味明顯，果酸柔和，略帶印尼獨有的木香。令人印象最深的，是可溶芳香物極為豐富，近似果露的稠度，猶如絲綢在嘴裡律動與按摩，這絕非林東曼特寧或黃金曼所能比擬，稱之為「蘇門答臘之金」並不為過。她與拉米尼塔指導經銷的另一支蘇門答臘名豆「伊斯坎達」[註6]極為類似，可惜的是，伊斯坎達近況不佳，缺陷豆突增，看來不像「Grade 1」反而更像「Grade 2」。正常狀況下，這兩款塔瓦湖精品豆喝來都比林東曼特寧更明亮輕快，曼特寧獨有的低沉調

註6：Iskandar TP。Iskandar 是咖啡處理廠名，位於塔瓦湖畔的塔肯貢（Takengon）。TP（Triple Pick）則意指經過三次手工剔豆。

（亦即悶香）在塔瓦湖地區較不明顯，應與栽種海拔較高與精湛的半水洗處理有關。

另外，老牌的荷蘭咖啡集團八〇年代在塔瓦湖附近設立水洗處理廠，生產「蓋奧山水洗咖啡」（Gayo Mountain Wash Arabica），在臺灣頗常見。有趣的是，塔瓦湖區也有一支擅長種咖啡的蓋奧族，成立一座「蓋奧族有機咖啡農協會」（PPKGO Co-op）生產「蓋奧之地」有機咖啡（Gayo Land），與荷蘭的「蓋奧山」互別苗頭。不過，魔高一丈的荷蘭咖啡集團二〇〇八年二月，已拿下蓋奧山「Gayo Mountain」的全球商標權，今後只有該集團能使此一英文名稱，連蓋奧族的咖啡農協會產品也不得使用蓋奧山字樣。

亞齊地區還是以拉米尼塔技術指導與經銷的「亞齊之金」與「伊斯坎達」風味較優。但它們畢竟仍是印尼豆，缺陷豆比率高低無常，加上雨季乾季是否正常都可能影響咖啡樹最重要的開花與結果期，加上蟲害是否嚴重等諸多變數非人力所能控制，即使有拉米尼塔助陣亦難保年年都叫好。

習慣上，只要產自蘇門答臘的咖啡都叫做曼特寧，但這並不專業，因為托巴湖與塔瓦湖這兩大湖區的咖啡有別。

曼特寧主要是指蘇門答臘中北部托巴湖一帶或林東山區的巴塔克族所產的咖啡，多半採用無遮蔭的曝晒式栽種，並以半日晒或日晒處理為主，藥草味與土味較明顯，風味傾向下沉調的低酸與悶香，這才是曼特寧最大特色。至於最北端的塔瓦湖一帶或亞齊地區，則由另一支蓋奧族採用傳統遮蔭栽培，並以水洗或半水洗處理為主，酸香味較明亮，悶香調反而不明顯。美國精品界多半不以曼特寧稱呼此區，確有其道理，較常稱之為亞齊咖啡（Aceh Coffee）或塔瓦湖咖啡。換句話說，蘇門答臘中北部托巴湖與林東一帶可稱為曼特寧，最北部塔瓦湖一帶不妨改稱為亞齊咖啡、蓋奧咖啡或塔瓦湖咖啡，才比較專業。

量少質優花香濃——蘇拉維西

「蘇拉維西」咖啡的麻布袋上經常出現「Celebes」、「Toraja」、「Kalossi」三個英文字。「Celebes」是荷蘭統治期的該島舊稱「西里伯島」，早已改為蘇拉維西；「Toraja」就有意思了，不是地名、城市名，亦非品種名，而是住在蘇拉維西中部山區擅長種咖啡的民族「托拉賈」[註7]，也是該島精品豆的名稱，和上述的曼特（代）寧族、巴塔克族、蓋奧族同屬精通咖啡的民族；「Kalossi」則是該島中部的小鎮卡洛西，是托拉賈咖啡的集中交易地。

托拉賈也是世界稀有的精品豆，年產量約 1,000 公噸，分布在蘇拉維西中部與西南部約 1,200 公尺的崎嶇坡地，栽植、採收均不易，平均每公頃年產量只有 300 公斤，遠低於中南美 1,000 公斤以上的平均質。托拉賈的三大莊園為：「PT Kapal Api」擁有 2,000 公頃咖啡園；「CSR」排名第二大，有 1,100 公頃咖啡田；日本「Key Coffee」的「Toarco Jaya」為第三大莊園，擁有 700 公頃咖啡園[註8]。換句話說，托拉賈比曼特寧或黃金曼更珍稀。

托拉賈為水洗或半水洗，比蘇門答臘的曼特寧或黃金曼更富明亮的酸香，層次感也更明顯，有濃郁的焦糖甜香，但土騷、沉木味和醇厚度就比曼特寧收斂許多，略帶花香味。

註7：意指「山民」。傳說中，托拉賈是來自柬埔寨的民族，冒著暴風雨划著木船從北方來到蘇拉維西中北部山區定居，為了緬懷北方家鄉，住屋皆朝向北方且屋頂均有一個船型裝飾木雕。山民在荷蘭人教導下，學會種咖啡。

註8：巴塔克族是托巴湖周邊栽種咖啡的主力部族，可視為曼特寧應正名為巴塔克咖啡的重要「人證」。

巴布亞新幾內亞咖啡——最明亮的亞洲味

新幾內亞島僅次於格陵蘭，是世界第二大島。但新幾內亞島西半部為印尼所有，東半部為巴布亞新幾內亞，簡稱 PNG，島內種族繁多卻不通婚，融合不易，衍生七百多種語言，是全球語系最多的國家。PNG 位處赤道與南緯十度間，有熱帶雨林、火山岩和高原地形，海拔介於 1,200～2,500 公尺，是栽植咖啡的天堂，但產量不算大，每年約出口 5 到 7 萬公噸咖啡豆。這裡的品種頗多元，一九三一年引進藍山鐵比卡，一九五〇年從肯亞引進波旁，一九六二年從巴西移入新世界和卡杜拉，為精品咖啡奠定基石。

阿拉比卡主要栽植於西部高地的瓦吉山谷（Wahgi Valley），以席格利莊園（Sigri）為代表，東部高地則以基梅爾莊園（Kimel）、阿羅卡拉莊園（Arokara）、柯羅卡莊園（Goroka）以及阿羅納莊園（Arona）最有名，40% 的島民以咖啡為生。由於咖啡品種與印尼不同，海拔也高於蘇門答臘，加上採用水洗處理，PNG 咖啡的「地域之味」迥異於印尼的悶香與低沉味，反而較類似中南美的明亮調，甚至有點非洲味。PNG 精品咖啡喝不到另類的木香或藥草味，風味遠比印尼「正派」，上揚酸香明顯，有時還喝得到橘香與花果味，焦糖的甜香味很突出持久，略帶香料味和巧克力香。誰說亞洲沒有明亮的咖啡？

印度咖啡——風靡歐洲的臘味咖啡

阿薩姆紅茶的故鄉印度也是咖啡古國。早在一六〇〇年左右，一位名叫巴巴布丹的印度回教徒到麥加朝聖，順道從摩卡偷偷挾帶七顆咖啡種籽返回印度，栽於西南部卡納塔卡省（Karnataka）他修行的強卓吉里（Chandragiri）山區，開啟了印度咖啡栽培業。

一六九九年，荷蘭人從印度馬拉巴（Malabar）移植咖啡樹到爪哇島，造就了印尼咖啡今日榮景。雖然印度是亞洲最早種咖啡的國家，產量居世界第六，但在日本、臺灣，甚至美國並不普遍，但印度馬拉巴的「臘味」咖啡或稱風漬咖啡（Monsooned Coffee）卻迷死歐洲人，義大利是印度咖啡的最大買家。據印度咖啡局公布的資料顯示，二〇〇七年義大利再度蟬連印度咖啡的最大進口國，共進口 53,229.5 公噸印度生豆，高占印度咖啡出口量的 23.87%。義大利偏好印度豆的趨勢未變，2015 印度豆有將近 40% 進口到義大利。另外，俄羅斯、德國、日本也是印度豆的大客戶。。

印度水洗的皇家（Kaapi Royale）羅巴斯塔每公斤生豆約臺幣 250～270 元，比曼特寧還貴，堪稱勞斯萊斯級的粗壯豆，卻是義大利烘焙廠的最愛。印度咖啡並不以傳統果酸、花香見稱，反以另類「醃漬」味走紅精品界。

● 煙燻、鹹濕、風漬的怪味豆

風漬咖啡是無意間創造出來的新風味。十七到十八世紀，印度以帆船運送咖啡豆到歐洲，一趟要花上六個月，生豆置於船倉底層，吸收了海面的濕氣與鹹味，生豆運抵歐洲已變質，色澤從深綠蛻變為稻穀的黃褐色，咖啡的果酸味幾乎不見了，卻意外發展出濃濃堅果與穀物味，喝來茶感十足，有點玄米茶風味。北歐人很喜歡這種金黃色的另類咖啡。一八六九年，蘇伊士運河開通，加上汽船問世，縮短了印度與歐洲的航行時間，客戶卻開始抱怨印度咖啡「走味」了，失去昔日迷人的金黃色與堅果味，訂單銳減，印度出口商才開始研究解決之道。原來運往歐洲的咖啡，時間縮短一半以上，來不及熟成「變身」，失去原有風味，於是出口商想到印度西南部馬拉巴沿岸每年五月下旬至九月有印度洋吹來的鹹濕季風，恰似船倉裡的鹹濕環境，幾經實驗果然製造出類似昔日的金黃色無酸味咖啡，因此取名為「季風咖啡」，即俗稱的風漬咖啡。

風漬咖啡需以日晒豆來做，風漬廠房面向西邊，以便迎取西南吹來的鹹濕季風。咖啡豆平鋪在風漬場內，窗戶全開，風漬一定程度後再入袋，但咖啡豆不能裝太滿，

且咖啡袋不能堆擠太密，以免不透風而發霉，還要不時倒出咖啡豆更換麻布袋以免孳生霉菌，相當費時耗工。風漬期約十二至十六星期，熟成後還要再經過煙燻處理，以驅趕象鼻蟲，最後還要人工篩豆，挑掉未變成金黃色的失敗豆子。經過三至四個月風漬，綠色咖啡豆的體積澎脹一至兩倍大，重量和密度降低，含水率約 13%，質與量均起重大變化。

阿拉比卡風漬豆可分為三級：最高等是「風漬馬拉巴 AA」（Monsooned Malabar AA），豆寬為 18.5 目的 7.25 毫米；第二級是「風漬巴桑諾里」（Monsooned Basanally），豆寬為 16 目的 6.5 毫米；第三級是「風漬阿拉比卡碎豆」（Monsooned Arabica Triage），豆寬為 14 目的 5.5 毫米。印度亦有風漬的粗壯豆，是義大利的最愛，但產量不多，分為兩級：「風漬羅巴斯塔 AA」（Monsooned Robusta AA）以及「風漬羅巴斯塔碎豆」（Monsooned Robusta Triage）。印度每年約出口 3,000 公噸風漬豆，挪威、瑞士、法國和義大利是最大進口國，近年美國、日本亦有少量進口。

烘焙風漬豆，火候宜小

風漬豆看來肥碩搶眼，卻是外強中乾的超級軟豆，與數月的風化有關。烘焙宜小火伺候以免烘焦，最好慢炒，不要大火快炒，還要注意風漬豆不易上色的特性。一般豆子烘進二爆會變成深褐色，但風漬豆只停留在較淺的褐色。由於此豆果酸味很低，不需烘進二爆，以免芳香物全毀，艾格壯數值（Agtron Number）約 57～61，風味較佳。風漬豆低酸稠度佳，一般用做濃縮咖啡配方豆，可增加義式咖啡的堅果味與甜香，單品亦無妨，只是不像咖啡而更像茶，略帶穀物的甜味。購買時最好先試喝，因為品質不佳的風漬豆就像咖啡木乃伊，有一股腐朽味。

粗壯豆之王——Kaapi Royale

這是印度的另一支怪豆，雖是粗壯豆卻備受禮遇，栽植海拔在 1,000 公尺以上，但仍採遮蔭栽植，也採精緻水洗處理，篩豆程序與阿拉比卡無異，難怪身價比哥倫比

亞和曼特寧還要貴。豆色淡綠，豆型短圓，硬度高，一幅帝王之尊。這支豆子最大特色是風味遠比一般粗壯豆乾淨，喝不出羅巴斯塔慣有的輪胎味、臭穀物味和雜苦味，卻略帶令人愉悅的堅果甜香味，但畢竟是粗壯豆血統，不要奢望喝得到優質阿拉比卡的酸香和花香。單品「Kaapi Royale」茶感十足，但不難喝。義大利烘焙廠的高檔配方豆常添加這支帝王之豆，一般綜合豆添加 10% 粗壯豆就易喝出怪味，但這支豆添加到 15 ～ 20% 似乎還喝不出臭穀物味，是它的值錢之處。印度第二級粗壯豆為「水洗羅巴斯塔 A/B」（Robusta Parchment A/B）[註9]，也很有名。第三級為「日晒羅巴斯塔 A/B」（Robusta Cherry A/B）。

● 印度絕品——邁索金磚

「邁索金磚」（Mysore Nuggets Extra Bold）是印度最高級的阿拉比卡，豆粒碩大，色澤灰藍美觀，約 19 目，以卡納塔卡省巴巴布丹的家鄉奇克馬加盧爾（Chikmagalur）的老牌邁勒蒙尼莊園（Mylemoney）最有名。邁索金磚酸香柔和，略帶橘香、檀香與巧克力甜香，上揚酸香與低沉悶香穿插其間，風味特殊。印度好咖啡多半分布於西南部或南部卡納塔卡省、克拉納省（Kerala）和塔米爾納杜省（Tamil Nadu），海拔約 1,000 ～ 1,500 公尺。酸味柔和略帶穀物甜香與香料味是印度阿拉比卡特色。

另外，印度也是咖啡科技先進國之一，歷來培養與篩選了不少優良咖啡品種，主力品種有肯特、「S 795」、Cauvery、「Selection 9」，其中的「S 795」和肯特也大量移植東南亞和東非。[註10]

註 9：印度豆分級中，「Parchment」代表水洗豆，「Cherry」指日晒豆。

註 10：「S 795」：肯特與「S 288」混血，有「Liberica」血統。Cauvery：即印度的卡提摩。「Selection 9」：即衣索匹亞 Tafarikela 與提摩混血，風味佳，抗病力強。

牙買加藍山咖啡——幽香清甜

　　日本向來是牙買加藍山咖啡的最大買家，每年至少80%的藍山產量進口到日本，但二〇〇八年全球金融危機傷及日本經濟，買氣收手，加上鑽果蟲、果蠅、旱災、颱風，以及二〇一二以來葉鏽病重創牙買加最高級的藍山咖啡、次級的高山咖啡以及商業級的上選咖啡產量。惡運還沒完，二〇一五年牙買加咖啡產區又發生森林大火，藍山咖啡要恢復昔日榮景，恐怕又要延後幾年。

　　可喜的是，這兩年來，鑽果蟲災情受到控制，藍山品質回穩，日本市場對藍山的買氣明顯回升，牙買加咖啡管理局局長史蒂夫・羅賓森（Steve Robinson）指出，二〇一四年日本進口440噸牙買加生豆，其中283噸是頂級藍山生豆，但二〇一五年牙買加咖啡產區大火，好貨奇缺，進口到日本的牙買加生豆跌至337噸，其中的頂級藍山減至235噸。

　　國際咖啡組織的資料只查得到牙買加咖啡的產量與出口量，卻無藍山產量與出口的數據。一九九七年牙買加咖啡產出3240噸生豆的紀錄至今未破，牙買加咖啡管理局只希望能恢復到二〇〇四年的2400噸產量就不錯了。據國際咖啡組識的統計，二〇一三至二〇一六，牙買加生豆產量約在1220噸至1440頓之間，但牙買加國內就喝掉一半，另一半才供出口。

　　牙買加藍山咖啡約有80%輸往日本，據此可換算出牙買加藍山的產量，二〇一四年日本進口藍山283噸，因此該年牙買加藍山產量約為354噸（283÷80%），同理二〇一五年藍山產量約為294噸（235÷80%）。另個算法是牙買加咖啡總產量乘以25%，約略是藍山該年的產量，這會略高於80%的藍山進口到日本的算法。若以近十年來牙買加年產生豆1200至2500噸來算，藍山的產量大約在300噸至625噸左右。

牙買加計算咖啡鮮果的單位也異於一般產國，是以每個波克斯（Box）60磅重（約27公斤）來計重，而鮮果重量再除以5，才是生豆的重量，另外，每波克斯的藍山咖啡鮮果，平均只有4.7公斤通過嚴格品管進入高端市場。羅賓森指出，二〇一三／二〇一四產季牙買加收穫藍山咖啡162000波克斯，而二〇一四／二〇一五產季的藍山咖啡收穫量增加到192000波克斯，這該怎麼理解呢？這表示二〇一四～一五年產季藍山鮮果採收量為11,520,000磅（192000×60），也就是5236噸的鮮果子，再除以5，得到1047噸藍山生豆，再剔除瑕疵豆，該年藍山生豆僅有數百公噸出口。

　　藍山咖啡以產果量稀少的傳統品種鐵皮卡為主，每英畝田的鮮果產量為8到37波克斯，即每公頃545至2522公斤的生豆產量，這大概只有中南美其他產國單位產量的一半不到。近年牙買加也引進產量與抗鏽病更高的品種，未來如果喝到不是鐵皮卡的藍山就不必意外了。

　　千禧年以前，藍山咖啡的貴氣與香氣，堪稱世界之最，每公斤藍山生豆要價50至60美元，這與當時並無精品咖啡概念有關，一般產國均以商業豆為主，後製較為粗糙，而藍山的乾淨度、香氣與甜感較之一般商業豆，確實好很多，成了日本人搶買的標的。然而，二〇〇四年巴拿馬藝伎初吐驚世的花果韻，被譽為水果炸彈，每磅藝伎生豆拍賣價更高達300多美元，藍山相形見絀，走紅近半世紀的藍山似乎漸趨平淡了。

● 藍山咖啡一路坎坷

　　藍山咖啡每磅35美元身價，貴氣逼人，但牙買加咖啡業卻走得艱辛。一七二五年，英國總督羅威（Nicholas Lawes）從法屬馬丁尼克島購得七株鐵比卡咖啡樹苗，栽種在牙買加東部藍山附近聖‧安德魯（St. Andrew）自家莊園，可見藍山咖啡亦是法國海軍軍官狄克魯一七二〇年從巴黎暖房盜走「咖啡母樹」的後代。咖啡很快就在藍山擴散。

藍山經常籠罩在霧氣中，陽光照射下看似塗上一層藍色迷霧，因而得名。霧氣重有助降低午後氣溫，頗適咖啡生長。一八○○到一八三八年間，牙買加咖啡年產量達 7 萬公噸，成為當時最大咖啡產國之一。但到了一八四○年代，英國廢除黑奴制度，奴隸重獲自由，生產成本大增，加上拉丁美洲鄰國的競爭，牙買加咖啡日走下坡。一八九一年，咖啡栽培業面臨困境，當局介入教導農民正確的栽培方法，但頹勢難挽回，藍山咖啡最大買主加拿大也因品質連年下滑而拒絕下單。牙買加察覺事態嚴重，於一九四四年成立中央咖啡水洗處理廠，統籌管理藍山咖啡分級與製程，才穩住了藍山咖啡的威名，咖啡管理局也在此時設立，扶植咖啡業步上坦途。一九七三年，官方認證的咖啡處理廠有四座，即「Mavis Bank」、「Silver Hill」、「Moy Hall」和「Wallenford」，後來又加入維曼家族的老客棧莊園（Old Tavern）。這五家業者是目前握有官方認證的藍山咖啡。一九八○年以後，日本資助牙買加咖啡業並引進半水洗的咖啡果膠刨除機，也就是說藍山咖啡現在有傳統的水洗與較先進的半水洗兩種處理方式。半水洗是否不利傳統藍山優雅風味的養成，近來亦有爭議。

藍山只占牙買加產量 25%

藍山咖啡為何這麼貴？這與日本人獨鍾清香淡雅的藍山味不無關係。另外，牙買加面積小、產量低，卻天災蟲禍頻傳，無異雪上加霜。二○○○年至二○○六年，牙買加咖啡產量介於 1,260～2,400 公噸間，藍山約占總產量的 25%，即每年正宗藍山的產量約 300 噸至 600 公噸，其中 90% 被日本人包下，不貴也難。

牙買加認證的正宗藍山咖啡產區是指東部四個行政區包括聖‧安德魯、聖‧湯瑪士（St. Thomas）、聖‧瑪麗（St. Mary）與波特蘭（Portland），恰好是藍山橫跨的山麓區域。海拔在 1,000～1,700 公尺，面積大概只有 6,100 公頃，唯有在此區域栽植且符合 1,000～17,00 公尺的海拔高度，才是正宗藍山 [註 11]。既使栽種在此四行政區域內但海拔只有 500～1,000 公尺就不得稱藍山咖啡，必須降格為牙買加高山咖啡（Jamaica High Mountain）；海拔低於 500 公尺，則為更次等的牙買加上選咖啡（Jamaica Supreme）。此四大區域外的其他 1.21 萬公頃的咖啡栽植區，也不能叫藍山咖啡。牙

買加官方對藍山咖啡有嚴格規範。請切記：牙買加咖啡頂多只有 25% 符合藍山資格。

● 高度爭議的幽雅清香

藍山咖啡可分為四級，頂級的 No. 1 是 96% 生豆為 18 ／ 17 目，瑕疵豆低於 2%；No. 2 是指生豆 96% 為 16 ／ 17 目，瑕疵豆低於 2%；No. 3 指 96% 生豆為 15 ／ 16 目，瑕疵豆低於 2%。另外還有小圓豆，指生豆 96% 為小圓豆，瑕疵豆低於 2%。但有經驗的烘焙師都知道，此分級制並不牢靠。近年藍山蟲害嚴重，即使 No. 1 也常出現可觀的蟲蛀豆。

名聞遐邇的藍山，到底是惠而不貴或貴而不惠？此爭議不曾間斷。有人嫌藍山雲淡風清薄如水，也有人誇藍山優雅脫俗甜如蜜。筆者認為兩者都對，因為藍山每年品質出入很大，端視饕客的運氣如何，買到佳釀或突槌年分。佳釀的藍山酸香柔和，帶有太妃糖甜香，最迷人的是有一股脫俗幽香，類似蓮藕湯的降火清香。我喝過好幾段「香變」的藍山，活潑酸香入口前三秒是勁酸，接著果酸昇華為青椒香，繼之以杉木香氣，最後轉為巧克力甜香，「震幅」極大，暢快過癮。當然，我也常碰到凸槌的藍山，發現居然也有土腥味和朽木味，淺焙深焙都不對。

一般而言，牙買加與夏威夷同屬小海島，海拔不高，地貌不豐，水土不夠多元，咖啡風味較清淡是不爭的事實。與其說昂貴的海島豆是品質優，需求太強所致，不如說是腹地小、工資貴、生產成本超高，較為貼切。這是島嶼咖啡的宿命。另外，藍山本質較弱，最好泡濃一點，較容易喝出藍山明亮的甜香味。

註 11：藍山最高處達 2,400 公尺，是加勒比海島國的最高峰，但 1,700 公尺以上為保護林，不得種咖啡。

── 夏威夷柯娜咖啡：鑽果蟲災情已受控制 ──

二〇一〇年以來，夏威夷產區慘遭鑽果甲蟲肆虐，大島（Big Island）盛產極品咖啡的柯娜和咖霧（Ka'u）產區災情最重，有些莊園產能劇減 50%，蟲害防治專家並未噴灑農藥，改而培養鑽果甲蟲的天敵白殭菌，播散在咖啡田，以菌制蟲，收到奇效。二〇一五年受到果甲蟲侵襲的咖啡園已降低至 10% 以內。

然而，這幾年大島的雨水減少，殃及柯娜產能，柯娜高占夏威夷咖啡產量的 90%，二〇一四至二〇一五產季，夏威夷諸島共產出 8,100,000 磅生豆，即 3682 噸生豆，其中的柯娜約 3314 噸，比預期短收了 4%。

本產季夏威夷有收穫的咖啡田約 7900 英畝，平均每英畝產 1030 磅生豆，單位產量不低。但因缺雨影響了品質，本產季要挑出最高等級的 Kona Extra Fancy 相當困難，玩家均同感柯娜的品質不如往昔。

● 甩開摻假醜聞向前行

九〇年代，柯娜咖啡假貨充斥，柯娜豆年產量 200 萬磅（900 公噸），但全球銷量卻高達 2,000 萬磅（9,000 公噸）。一九九四年，柯娜產區的咖啡農，具狀指控柯娜凱公司（Kona Kai Coffee）負責人麥可·諾頓（Michael Norton）以巴拿馬和哥斯大黎加豆混充柯娜豆，大發仿冒財。加州法院二〇〇一年裁決，諾頓於一九九三到一九九六年期間購入 360 萬磅中美洲生豆冒充柯娜豆，非法得利 1,500 萬美元，判刑三十個月並支付 47.5 萬美元賠償柯娜咖啡農。

正義雖得到伸張，但這場官司卻讓柯娜咖啡聲譽破產，銷量一落千丈。官司纏訟期間，柯娜咖啡農紛紛改行棄種，咖啡栽植面積也跌到 800 公頃以下，兩百年歷史的柯娜咖啡岌岌可危，但本案喚起夏威夷當局重視本土咖啡的重要性，訂出嚴格認證標

準。夏威夷咖啡豆出口前都要先經過農業部門檢測，舉凡咖啡豆大小、顏色、產區、含水率、風味，都要通過認證。唯有栽植於夏威夷南端大島（Big Island）西側柯娜地區，即世界最大的毛納羅亞火山（Mauna Loa）與華拉萊火山（Hualali）區、北從凱魯亞柯娜（Kailua-Kona）南至宏努努（Honaunau）約 1,215～1,620 公頃的狹長地帶，才能標上 100% 柯娜咖啡認證標誌，其他島的咖啡只能打上歐胡島或毛伊島咖啡，以茲區別 [註12]。

嚴格認證制讓柯娜咖啡重獲生機。千禧年後，柯娜咖啡栽植面積已恢復到 1,215 公頃以上。夏威夷二〇〇五至二〇〇六年產期的咖啡產量 3,727 公噸，其中柯娜咖啡達 2,636 公噸，創下近來新高，高占夏威夷產量的 70% 以上，顯然已漸入佳境。但二〇〇六至二〇〇七年產期，柯娜地區較乾燥，柯娜生豆減產至 1,590 公噸，其他各島則未受影響，產量增加至 1,727 公噸，超出柯娜豆。柯娜咖啡樹每年一月至五月的花季，俗稱為「柯娜之雪」，帶有茉莉花香的白色咖啡花海值得一遊。

柯娜咖啡有悠久歷史。一八二八年，傳教士魯格斯（Samuel Ruggles）先從巴西引進波旁種，但一八九二年又從瓜地馬拉引進鐵比卡，農民發覺鐵比卡更適應柯娜水土，於是全面改種瓜國的鐵比卡，成為今日著名的品種柯娜鐵比卡（Kona Typica），豆形碩大威武。大島的柯娜咖啡栽植海拔約在 300～1,000 公尺之間，比起其他咖啡產國算是低海拔，但比起夏威夷諸島，柯娜產區已算高海拔。柯娜鐵比卡移植到其他各島卻因氣溫過高而生長不順，孕育不出柯娜獨有的柔和酸香。其他各島的氣溫較高，栽植的品種也不同，且引進混血的卡提摩，難怪味道平淡無奇，略帶土味，與正宗柯娜的潔淨酸香，明顯有別。二〇〇七年十一月，柯娜咖啡文化節杯測賽冠軍豆是由庫艾維農莊（Kuaiwi Farm）的老樹種有機咖啡贏得，海拔只有 2,200 英尺（約 687 公尺），評語為帶有甜味的萊姆酸香和茉莉花香，透澈明亮，層次感佳，每磅生豆賣到 36 美元。

註12：僅限生豆，烘焙好的熟豆則未經認證，值得注意！

柯娜產區海拔不高，果酸味卻比一般低海拔區的咖啡更為乾淨優雅。這是因為大島位於北緯十九到二十度的亞熱帶，較為涼爽，冬季最低溫也在攝氏 12 度以上不致結霜，擁有火山岩黑色沃土與豐沛雨水，午後厚雲遮豔陽，日夜溫差大，火山土質排水佳，是一般低海拔區踏破鐵鞋無覓處的優質咖啡環境。柯娜堪稱「低海拔咖啡之后」，絕不為過。

Chapter

8

咖啡烘焙概論（上）

中世紀的煉金術士企圖以基本化學將破銅爛鐵變成黃金，結果徒勞無功。然而，咖啡烘焙師卻能把不起眼的咖啡豆，透過烈燄催香，完成實驗室難以複製的熱分解與聚合反應，合成一千多種芳香成分，成為世間最香醇的飲料。

——咖啡化學家，李維拉（Joseph A. Rivera）

十五世紀末至十六世紀初，葉門的蘇非教派信徒為了熬過漫長祈禱儀式，首開喝咖啡解疲睏風氣，但蘇非教徒迷上咖啡還有更深奧的精神意涵，那就是咖啡可以昇華心靈與靈魂。此一理念來自咖啡烘焙，因為生硬如小石的咖啡豆，並無特殊迷人香，但經過烈火焠煉，小魔豆甦醒過來，轉變為酥脆芬芳，散發陣陣濃香，猶如天神的焚香，無人不為之著迷。此一蛻變隱含深奧的哲理，讓蘇非教眾有了使力點，認為喝咖啡就像煉金術將爛鐵變黃金，也可改變人的靈魂，使人超凡入聖，更易親近上帝。

蘇非教徒把咖啡烘焙神格化了，但以科學眼光來看，咖啡豆在烘焙前後，色香味與體積、質量的大變化，仍屬「物質不滅定律」：在任何物理、化學變化中，物質不會被創造或毀滅，只是從一個形態轉變為另一形態而已。目前已知咖啡生豆含有三百種前驅芳香成分，卻在烘焙過程中產生大量二氧化碳和水氣，豆體細胞急速脫水失重，密度減低，體積膨脹，經過複雜的降解與聚合反應，最後衍生成八百五十種化學成分，其中有三分之一是芳香物 [註1]。也就是說，目前已知的咖啡芳香物已遠多於葡萄酒、香草、芝麻、花生、黃豆、腰果、杏仁和可可。

咖啡是人類飲食中最香醇的飲品。

黃豆與咖啡豆，芳香物懸殊

咖啡豆與黃豆常被喻為人小鬼大的「化學倉庫」，含有豐富化學物質。以黃豆為例，所含的蛋白質與油脂，高占乾物重的 60%，碳水化合物占 35%，其他無機物占 5%。黃豆除了是絕佳蛋白質來源外，也富含多種有益健康的成分，包括甘胺酸 (Glycine)、精胺酸 (Arginine)、多元不飽和脂肪酸（亞麻油酸、次亞麻油酸）、卵磷脂、大豆皂素、大豆固醇、異黃酮素。這麼好的健康食品如果也能當咖啡喝，豈不兩全齊美？

筆者一時好奇，以家用熱氣流式袖珍烘焙機「Precision Coffee Roaster」來烘焙黃豆，喝看看味道如何。每次烘量不超過 90 克，約 5 ～ 6 分鐘出鍋，黃豆質地比咖啡豆軟且易烘，但不會有一爆與二爆，烘太深也會出油，建議不要太深。烘妥的黃豆有股類似黑豆與玄米茶的清香，與豆漿的香味大相逕庭。烘過的黃豆較軟脆，比咖啡更易研磨，刻度要調粗一點，最好用手按式砍豆機，免得磨成細麵粉就不易沖泡。建議以法式濾壓壺或日式手沖壺來泡黃豆「咖啡」，沖泡水溫攝氏 85 ～ 90 度，沖泡後的顏色與咖啡無異。第一次喝還真有點驚喜，除了有股濃濃黑豆與玄米茶味香外，還微甜帶甘，醇厚度稍薄，但最起碼沒有羅巴斯塔的怪味。只是無法與阿拉比卡比美，因為黃豆「咖啡」缺乏明亮果酸味、柑橘香、花香和焦糖香，除了玄米茶與黑豆香外，略嫌單調，但已比預料中好很多，偶爾喝喝，不失其樂。

筆者無意間發現，美國有一家有機食品業者就打出「Soyfee」商標，大力推廣烘焙好的黃豆「咖啡」，甚至有香草、榛果等花俏口味，令人莞爾。如果單獨賣黃豆「咖啡」做為健康食品，倒無可厚非，但若有奸商魚目混珠拿來摻進咖啡裡以賺取價差，那就罪過了。

註1：目前科學家僅在咖啡熟豆裡辨認出八百五十個成分，一般相信至少在一千到兩千種之間，隨著科技日新月異，被指認的芳香物會逐年增加。

試過黃豆沖泡的替代咖啡，更能體悟咖啡的魔力。相較下，黃豆「咖啡」雖不致礙口，但香味欠缺餘韻與深度，更別提咖啡獨有的酸香、花香、苦香、焦糖香和上揚的鼻腔香氣。或許黃豆得不到上帝厚愛，未暗植更豐富的前驅芳香物，所以中國老祖宗捨棄烘黃豆泡水喝，改以蒸煮方式，榨出白白的豆漿，為黃豆找到最佳歸宿。

── 咖啡芳香成分大閱兵 ──

為何同屬「化學倉庫」的黃豆與咖啡豆經過烘焙後，香味天差地遠？癥結就在化學組成不同。咖啡豆得天獨厚，植物界中只有它擁有熱分解「香變」過程必備的前驅元素，包括碳水化合物（又稱醣類）、蛋白質、油脂、有機酸、胡蘆巴鹼等。這些前驅芳香物，以絕佳的比率儲存在咖啡豆裡，一旦受熱到一定程度，立即啟動焦糖化反應（糖的氧化與褐變反應）與梅納反應（Maillard reaction，胺基酸與碳水化合物的褐變反應），猶如一場催香連鎖反應。咖啡豆富含的有機酸、蔗糖、蛋白質、油質與胡蘆巴鹼也開始發生複雜的降解與聚合反應，衍生出更龐雜芳香物。

學習烘咖啡前，最好先瞭解咖啡豆的化學組成與這些成分在熱分解過程的增減狀況。有了學理的基礎，再真槍實彈玩烘焙，會有更深刻領悟，進而從烘焙匠升格到烘焙師境界。

咖啡生豆在烘焙時，體積會膨脹一至兩倍，重量會減輕 12 ～ 25%（視烘焙度而定，愈深焙失重愈多），並釋放大量二氧化碳，平均每烘焙 1 公斤生豆，會釋放 12 公升二氧化碳。更重要的是咖啡所含的醣類、油脂類和有機酸，在烘焙前後互有消長。

請參考以下咖啡豆主要化學組成分在烘焙前後占豆子重量的百分比變化表：

生豆、熟豆、即溶咖啡化學組成（數字代表該成分占乾物的百分比）				
組成	阿拉比卡生豆	阿拉比卡熟豆	羅巴斯塔生豆	羅巴斯塔熟豆	即溶咖啡
多醣	43～45	24～39	46.9～48.3	20～35	6.5
單醣	0.2～0.5	0	0.2～0.5	0	0
蔗醣（雙醣）	6～9	0	3～5	0	0
脂類	14～18	14.5～20	9～12	11～16	1.5～1.6
蛋白質	11～13	5～8	11～13	5～8	16～21
有機酸	5.5～8	1.2～2.3	7～10	3.9～4.6	5.2～7.4（綠原酸為主）
礦物質	3～4.2	3.5～4.5	4～4.5	4.6～5	9～10
咖啡因	0.9～1.2	1 左右	1.6～2.4	2 左右	4.5～5.1
胡蘆巴鹼	1～1.8	0.5～1	0.6～1.2	0.3～0.6	1
其他酸性物	16～17	16～17	15		

＊數據參考（Parliment, T. Chemtech. Aug 1995）

從上表可看出，碳水化合物（即醣類）高占生豆重量 50% 左右，含量最高，對咖啡風味影響最大。因此我們先從醣類（即蔗糖的焦糖化）談起，再逐一解釋蛋白質（胺基酸與糖的梅納反應）、有機酸、胡蘆巴鹼、磷酸、咖啡因和油質，在烘焙過程扮演的增香提味角色。

一、醣類與蛋白質芳香成分

蔗糖：碳水化合物分成單醣、雙醣和多醣。單醣為結構最簡單的醣類，能溶於水，有甜味，包括葡萄糖、果糖、甘露糖、阿拉伯糖和半乳糖。雙醣是由兩個單醣分子脫

水而成，而蔗糖（即由葡萄糖和果糖構成，但不屬還原糖）、麥芽糖和乳糖均為雙醣。多醣由十個以上單醣分子聚合而成，是龐大的醣類物質，不溶於水，無甜味，是咖啡豆木質纖維素的主要成分。阿拉比卡與羅巴斯塔的碳水化合物組成，大同小異，唯一例外是蔗糖。阿拉比卡的蔗糖濃度占豆重的 6 ～ 9%，是羅巴斯塔 3 ～ 5% 的兩倍；這是兩個品種風味不同的重要因素。科學家發現蔗糖含量多寡與咖啡風味成正相關，即蔗糖含量愈高，咖啡愈好喝，這可從阿拉比卡風味遠優於粗壯豆得到印證。咖啡的糖分主要以蔗糖形式儲存，咖啡果子成熟後，蔗糖濃度最高。研究發現有缺陷的咖啡豆或半生不熟豆，其蔗糖含量也低。

生豆所含的蔗糖在烘焙過程扮演增甘苦（焦糖化反應）、添濃香（梅納反應）的角色，更是合成酸香物的助手，非常重要。

咖啡烘焙的焦糖化反應：咖啡豆的碳水化合物或糖分，在攝氏 170 ～ 205 度進行焦糖化（很巧合正好是烘焙進程的一爆階段）——即蔗糖脫水後，釋放水氣與二氧化碳，蔗糖顏色由無色結晶轉變為褐色，並產生芳香物質二乙醯（Diacatyl，奶油的主要成分之一）——而具有奶油糖的香味。此外，焦糖化還衍生上百種重要芳香物質，包括呋喃類（Furans，具有焦糖香味）的 HMF（hydroxymethylfurfural）以及 HAF（Hydroxyacetylfuran），和麥芽醇（Maltol，俗稱糖味香料）。呋喃化合物是構成咖啡香味最重要成分，其中的 HMF 也是蜂蜜、果汁和香菸的芳香成分，而 HAF 也有迷人的甜香。焦糖約占咖啡熟豆重量的 17%，味道苦中帶甘，是咖啡重要的滋味。

咖啡的焦糖化過度或不足，都不對。爐溫太低或失溫造成焦糖化不完整，使咖啡喝來呆板乏香沒深度；焦糖化過度則成碳化，大幅增加燥苦味，得不償失。

咖啡烘焙的梅納反應：蛋白質高占生豆重量的 11 ～ 13%，組成蛋白質的胺基酸也在咖啡烘焙中扮演重要的梅納反應。梅納反應並非單一化學反應，而是胺基酸與葡萄糖、果糖、乳糖、麥芽糖等還原糖，在持續加熱過程中，相互進行一連串複雜的降解與聚合作用。生成的芳香物與化合物，又在持續加熱與水分變化下，再度降解、聚

合，產生更多芳香化合物，並使顏色更深。梅納反應是調味工業最常用的「造香與提味」反應，因為各種蛋白質裡不同形態的胺基酸與糖分作用即可創造不同的滋味。

與焦糖化不同的是，梅納反應並無固定的溫度，有些成分在室溫下即可進行，因此梅納反應比焦糖化更為複雜，牽涉的成分也不僅碳水化合物而已，還包括各種胺基酸的複雜反應。雖然早在一九一二年，法國科學家梅納（Louis Camille Maillard，1878–1936）已發現胺基酸與碳水化合物的褐變與增香反應，但科學家至今仍無法完全瞭解梅納反應的始末，只知道肉類、糕餅、巧克力、咖啡、啤酒和穀物煎烤與烘焙時都會發生，這也是燒烤食物色香味俱全的主因。

就咖啡而言，科學家已從梅納反應分離出兩百多種的化合物，其中最重要芳香物是醣甘胺（Glycosylamine）、糖醛（Furfural，常用於香水）和黑精素（Melanoidin），是在攝氏 185 ～ 240 度烘焙過程中，胺基酸與碳水化合物進行龐雜反應生成的。黑精素是梅納反應的末端產物，也是咖啡熟豆的色素，科學家至今瞭解有限，只知道它是一種抗氧化物，組成很複雜，碳水化合物占30%，蛋白質9%、多酚33 ～ 43%，溶於水，是咖啡飲料的重要成分。科學家近年發現，咖啡 10% 的苦味來自梅納反應。

在此，我們可以做個小結論：咖啡的色香味，大部分要靠焦糖化和梅納兩大化學反應來完成，少了此二反應，咖啡就不迷人了。

● 二、有機酸芳香成分

除了蔗糖與蛋白質外，咖啡豆的有機酸 [註2] 在烘焙時，經歷一連串降解與聚合，產生龐雜又迷人的酸香物，為咖啡滋味畫龍點睛。科學家目前已從生豆和熟豆分離出一百多種酸性化合物，其中對咖啡風味影響最大的有機酸包括綠原酸、奎寧酸、醋酸、

註2：指具有酸性的有機化合物，可由植物自行合成，並含有碳分子的弱酸芳香物。

檸檬酸、蘋果酸、乳酸。咖啡豆的有機酸在烘焙前後的增減情況，以下表數據來呈現：

咖啡（阿拉比卡）烘焙前後有機酸增減數據（占乾物重百分比）					
有機酸	生豆	熟豆	酸味	香氣	整體風味
綠原酸	5.5～8	4～4.5（淺至中深焙）	2	1	1
綠原酸	同上	1.2～2.3（法式焙焙）	2	2	1
奎寧酸	0.3～0.5	0.6～1.2	1	1	1
醋酸	0.01	0.25～0.34	2	3	1
甲酸	微量	0.06～0.15	2	4	3
乳酸	微量	0.02～0.03	2	1	2
檸檬酸	0.7～1.4	0.3～1.1	3	5	4
蘋果酸	0.3～0.7	0.1～0.4	2	5	3

咖啡酸味有兩種，一為明亮活潑，令人愉悅的「香酸」（Acidity），二為尖銳呆板，酸而不香的「死酸」（Sourness）。香酸入口會有開花的驚喜，讓人想起衣索匹亞的耶加雪菲；但死酸入口就像喝醋一般難下嚥。咖啡生豆含有香酸與死酸成分，如何將香酸極大化，死酸極小化，成了烘焙師慧眼選豆，妙手催香的絕活。

綠原酸（Chlorogenic Acids）

綠原酸是咖啡豆含量最豐富的有機酸，很遺憾，屬於澀嘴苦口的死酸。阿拉比卡的綠原酸含量約占豆重 5.5～8%，羅巴斯塔則高占 7～10%。有機酸是植物光合作用與新陳代謝的重要產物，對植物細胞生長很重要，也儲存在咖啡豆裡。科學家認為綠原酸不討好的味道是植物抗蟲害的利器。

羅巴斯塔生長在低海拔，蟲害較嚴重，所以綠原酸含量多於阿拉比卡。這是粗壯豆風味遠遜於阿拉比卡的原因之一。另外，植物生長環境惡劣也會增加綠原酸濃度，

比方說波旁或鐵比卡若種在低海拔或直接曝晒（無遮蔭樹）的話，綠原酸也會增加，致使咖啡不好喝。精品咖啡要挑選栽植環境優良的莊園豆，原因在此。

咖啡豆的綠原酸含量雖高，卻不耐火候，大半會在烘焙過程中分解。淺焙至中深焙（即烘焙的一爆至二爆之間）時，約 50% 的綠原酸會降解成奎寧酸和咖啡酸，如果繼續烘下去，進入二爆後段的法式烘焙，80% 綠原酸會降解，變化如下：

綠原酸＋烘焙→奎寧酸＋咖啡酸

綠原酸遲至一九三二年才被科學家發現，而咖啡是自然界中綠原酸含量最高的植物。有趣的是，咖啡的綠原酸經常與咖啡因成正相關，即綠原酸含量愈高，咖啡因通常也會高，雖然有些情況並非如此。值得注意的是，綠原酸並非單一化合物，至少存有六種異構體（即分子相同，原子排列不同），與咖啡風味最有關係的綠原酸有兩種，即「mono-caffeoylquinic」以及「di-caffeoylquinic」，前者在烘焙中幾乎全數降解，但後者多半會殘留在熟豆裡，是咖啡苦澀的重要來源。研究同時發現，粗壯豆所含的「di-caffeoylquinic」遠高於阿拉比卡，難怪風味不優雅。另外，淺焙咖啡易有酸澀味，綠原酸是元凶之一。

綠原酸雖不討好味蕾，卻是強效抗氧化物，有助人體抗癌，也是黑咖啡含量最豐的有機酸。1,000cc 咖啡的綠原酸含量約 1,000 毫克（即一公克），亦有研究指出 6 盎司（180cc）咖啡所含的綠原酸高達 200 ～ 550 毫克（視粉量、品種和烘焙度而定），比綠茶高出一大截。咖啡是人類攝取綠原酸最主要來源。

奎寧酸（Quinic Acid）

奎寧酸亦屬酚酸的一種，無揮發性，嗅覺聞不到，但味覺能感受到苦滋味，只占生豆重量的 0.3 ～ 0.5%，但咖啡烘焙時綠原酸持續降解成奎寧酸而使之濃度漸增，最後奎寧酸約占熟豆重量的 0.6 ～ 1.2%，即烘焙後奎寧酸的濃度高於烘焙前兩倍以上。

奎寧酸濃度進入二爆後達到最大值[註3]，進入二爆中後段持續烘下去，奎寧酸就會從高峰急速降解成芳香成分苯酚（Phenol，又稱石炭酸）、兒茶酚（Catechol）、對苯二酚（Hydroquinone）和焦酚（Pyrogallol），使得深焙與淺焙的風味明顯不同。可見奎寧酸在烘焙過程中相當穩定，除非進入不尋常的重焙，否則不會輕易崩解。

另外，咖啡泡好放涼，酸味會增強，這也和奎寧酸有關，因為無酸味的奎寧內酯會水解成奎寧酸而增加酸味。一杯黑咖啡的有機酸含量，奎寧酸僅次於綠原酸，每1,000cc 咖啡約含 450 毫克奎寧酸。

奎寧酸到底是死酸還是活潑的香酸？這有兩派說法，《咖啡的風味》（The Flavour of Coffee）作者克拉克（R.J. Clarke）認為，過多的奎寧酸會造成深焙豆澀苦味，而且奎寧酸也是咖啡煮好後、久置保溫瓶中會出現酸澀味的元兇。不過，美國精品咖啡協會（SCAA）的研究報告卻持正面看法，認為奎寧酸屬水溶性，會全數溶入杯中，除了增加醇厚度外，也會增加咖啡的龐雜度與明亮感。

另外，綠原酸降解的另一產物咖啡酸（Caffeic Acid），亦屬酚酸一族，略帶澀味，也是抗氧化物。每 200cc 咖啡約含 35 ～ 175 毫克咖啡酸，濃度不高。

檸檬酸（Citric Acid）與蘋果酸（Malic Acid）

檸檬酸、蘋果酸與前面所提的綠原酸和奎寧酸，同屬咖啡樹新陳代謝的產物，已儲存在生豆裡。但檸檬酸和蘋果酸濃度會隨著烘焙進程而遞減，這與奎寧酸隨著烘焙而遞增有所不同。咖啡豆烘焙時，失重比達 9%，即一爆階段，檸檬酸和蘋果酸就開始降解；繼續烘至失重比達 14 ～ 15%，即一爆結束二爆前，檸檬酸和蘋果酸已消失50%；進入二爆末段，即咖啡豆失重比達 20 ～ 22%，檸檬酸和蘋果酸僅剩 30% 左右，這也是為何咖啡深焙後，果酸味消失的原因。

兩者屬於非揮發性的脂肪族羧酸（Non-Volatile Aliphatic Carboxylic）也就是說檸檬酸與蘋果酸不具揮發性，所以鼻子聞不到酸味，必須靠味覺才能感受到酸滋味。生豆烘焙後殘餘的檸檬酸和蘋果酸悉數溶入咖啡液中，這對增加咖啡的明亮度與酸度非常重要。但兩者濃度不宜過高，以免咖啡喝來太尖銳。要注意的是未成熟的綠色咖啡果的未熟咖啡豆含有高濃度綠原酸與檸檬酸，尖酸澀口，有損咖啡品質。反觀紅色咖啡果裡熟透的咖啡豆，大部分檸檬酸轉化成糖分與果香，成為香酸。這就是為何咖啡農必須挑選紅果子並剔除青果子的原因。另外，食品加工業也常利用檸檬酸做為酸化劑，增加食品的酸味，甚至用來做防腐劑。

　　有意思的是，檸檬酸與蘋果酸常令人聯想到檸檬與蘋果的香氣，這是美麗的誤會，如果你品嘗檸檬酸與蘋果酸，會發覺聞不到水果的香氣，因為兩者無揮發性，但味覺卻能感受不同的酸質。這兩種有機酸是因為在檸檬與蘋果的含量很高，因而得名，絕非帶有檸檬或蘋果的香氣而命名。

　　然而，檸檬酸與蘋果酸屬於脂肪族羧酸，很容易和醇類結合，產生迷人花果香氣的酯類香料，食品工業常以脂肪族羧酸與醇類，合成帶有花果香氣的脂肪族羧酸酯。衣索匹亞耶加雪菲或巴拿馬翡翠莊園的藝伎熟豆，常散發迷人的柑橘與花香，這很可能是在烘焙過程中，生豆裡的脂肪族羧酸與醇類結合成花果韻的脂肪族羧酸酯，而產生的迷人香氣！

　　生豆裡的蘋果酸濃度低於檸檬酸，經過烘焙後濃度降到只占豆重 0.1 ～ 0.4%。一般將蘋果酸歸類為香酸，蘋果含量最豐因而得名。科學家發現，高濕度環境會增加咖啡豆的蘋果酸濃度，而瓜地馬拉雨林區柯班的咖啡，喝來有豐富水果酸滋味就是蘋果酸傑作。每 1,000cc 咖啡，溶入的檸檬酸約 400 毫克，蘋果酸約 100 毫克。食品業以

註3：據美國研究機構取樣市售十三種義式濃縮綜合咖啡，每公斤熟豆的奎寧酸含量高達 8.7
　　 ～ 16.6 公克。

蘋果酸作為酸香添加劑，使用頻率僅次於磷酸。

蔗糖熱解衍生有機酸：乙酸（Acetic Acid，或稱醋酸）與乳酸（Lactic Acid）

前面曾提及，咖啡豆的糖分在烘焙時參與焦糖化與梅納反應，增加咖啡的甘苦味與香醇。科學家同時發現，糖分對提升咖啡的酸香味亦有貢獻。屬於脂肪族羧酸的醋酸（有揮發性）、乳酸（無揮發性）、甘醇酸和甲酸（有揮發性），皆是蔗糖在烘焙中創造出的香酸。

咖啡豆裡的糖分遇熱就很不穩定，低分子量的醣類在烘焙過程，分解生成 30 多種有機酸，以及數百種揮發性化合物。此一化學反應在實驗室獲得印證；科學家在生豆添加額外的蔗糖、葡萄糖和果糖，對照於未添加的一組，進行烘焙測試，結果發現有添加糖的一組，烘焙後咖啡豆測得的脂肪族羧酸包括甲酸、醋酸、甘醇酸和乳酸濃度明顯高於對照組，經特殊技術鑑定，這些脂肪族羧酸主要是來自蔗糖降解生成的，而非葡萄糖和果糖。換句話說，生豆的蔗糖濃度與烘焙後的酸香成分成正比，可視為咖啡酸味強弱的前期指標。

生豆裡幾乎不含醋酸 [註4]、乳酸、甲酸和甘醇酸，此四者是烘焙後的新產物，但濃度先增後減，即淺焙至中度烘焙時，脂肪酸濃度達到最高值，進入中深焙後急速衰減。以醋酸為例，生豆含量僅占豆重的 0.01%，但烘焙至一爆初，濃度升高到 0.25%，即烘焙前的二十五倍。一爆結束前出爐的咖啡，喝來醋感十足，應與醋酸濃度最大值有關。耐住性子往下烘，醋酸屬於揮發性脂肪族羧酸會很快衰減或散在空氣中。

筆者檢視各產地咖啡豆的蔗糖含量，也印驗了蔗糖含量愈高、咖啡愈酸的科學報告。肯亞豆堪稱全球酸味最活潑、明亮的咖啡，其蔗糖含量高占生豆重量的 8.45%；巴西豆酸味低，蔗糖含量只占生豆重量的 6.3%；至於低海拔的羅巴斯塔豆，蔗糖含量更低，占豆重均在 4% 以下，足以說明為何羅巴斯塔的酸香味遠不如阿拉比卡豆。以下為各產地咖啡豆，蔗糖含量占生豆重量的百分比：

產國	蔗糖占比	酸香度
肯亞	8.45%	酸香味強
哥倫比亞	8.3%	
新幾內亞	7.7%	酸香味次強
坦尚尼亞	7.5%	
薩爾瓦多	7.3%	
巴西	6.3%	酸香味適中
衣索匹亞	6.25%	
印尼羅巴斯塔	1.25% ～ 3%	酸味粗俗不雅
喀麥隆羅巴斯塔	3.2%	

＊百分比代表蔗糖含量占豆重比（數據參考 Silwar & Lullman 1988）

咖啡酸香成分與蜂蜜雷同

耐人尋味的是，咖啡的檸檬酸、甲酸、乳酸、蘋果酸和琥珀酸，也是構成蜂蜜重要成分。一般人以為蜂蜜很甜，不可能含酸性芳香物，其實不然。蜂蜜除了含有大量葡萄糖和果糖外，也和咖啡熟豆一樣含有檸檬酸、蘋果酸、乳酸等十多種有機酸成分，才能塑造出蜂蜜迷人風味。蜂蜜富含酸性物，平均的酸鹼 pH 值在 3.9 ～ 4 之間，比咖啡還要酸，完全出乎想像之外！今後對咖啡的酸香成分應有全新的體認。

咖啡生豆的 pH 值約在 5.7 ～ 6.2 之間，但經過烘焙後，衍生上百種酸香成分，酸香味更濃，阿拉比卡的蔗糖濃度高於粗壯豆，因此烘焙後 pH 值降至 4.8 ～ 5.3 左右，但以 pH5.0 ～ 5.3 的咖啡最為適口。粗壯豆烘焙後的 pH 值介於 5.3 ～ 5.5 之間，酸香味遠遜於阿拉比卡。科學家認為這與粗壯豆的蔗糖含量僅及阿拉比卡一半，烘焙衍生的酸香物不足所致。

註4：生豆微量的醋酸來自水洗發酵槽殘留豆表的醋酸成分。

三、其他芳香成分

胡蘆巴鹼降解物：
菸草酸（Nicotinic acid）、吡啶（pyridines）與吡咯（Pyrroles）

　　生豆所含的胡蘆巴鹼屬於植物鹼，是咖啡苦味的來源之一，同時也是咖啡諸多芳香化合物的前驅成分。阿拉比卡所含的胡蘆巴鹼約占豆重的 1 ～ 1.8%，高於粗壯豆的 0.6 ～ 1.2%，咖啡化學家認為這是阿拉比卡風味優於羅巴斯塔的部分原因。烘焙過程中，胡蘆巴鹼降解成許多芳香化合物，包括菸草酸（或稱菸鹼酸）、吡啶和吡咯（帶有焦糖香與蘑菇味）。這足以說明為何近年來咖啡栽培界努力提高羅巴斯塔的胡蘆巴鹼含量，期能改善粗壯豆風味。

　　胡蘆巴鹼帶有苦澀味，烘焙時降解愈多，愈可增加咖啡好滋味。50 ～ 80% 的胡蘆巴鹼在烘焙過程分解，大部分生成雜環化合物吡啶和吡咯，進而塑造咖啡的烘焙味道。

　　第三個重要化合物菸草酸，也就是俗稱的維他命 B3，生豆含量極微，每 10 公克僅含 0.2 毫克以下，需靠烘焙來生成。攝氏 160 度以上，胡蘆巴鹼進行脫甲基反應（Demethylation），才開始降解為菸草酸，烘焙度愈深，咖啡豆的菸草酸濃度愈高。因此有些研究人員以咖啡菸草酸濃度做為衡量烘焙度深淺的依據。菸草酸濃度與咖啡烘焙度成正比，但豆溫高達攝氏 232 度時，80% 的菸草酸會瓦解。研究發現深焙豆每 10 公克含有 4 ～ 5 毫克菸草酸（這是生豆含量的二十五倍），中度烘焙咖啡豆含量較少，每 10 公克僅含 0.8 ～ 1.5 毫克菸草酸。有趣的是，咖啡成了維他命 B3 的重要來源，醫師的建議量為每日 18 毫克（以 7 公克深焙豆萃取一小杯濃縮咖啡，約含 3 毫克菸草酸）。

　　近年科學家也發現，菸草酸具有抵消咖啡因影響睡眠的功能。研究報告指出，每杯 150cc 咖啡的菸草酸含量，約在 1.5 ～ 4 毫克左右，若能將菸草酸添加到每杯 10 ～

30毫克，就有抑制咖啡因妨礙睡眠的妙用。此一新發現也為低因咖啡找到新方向。值得注意的是，菸草酸過量對痛風病患不利。

另外，各種烘焙度衍生的菸草酸，都會提升咖啡優雅的風味。菸草酸屬於水溶性，可增強咖啡的明亮度與動感[註5]。帶有苦澀味的胡蘆巴鹼降解愈多，生成更多的菸草酸、吡咯與吡啶，因此胡蘆巴鹼降解多寡被視為烘焙是否得宜的重要指標。烘焙實驗發現，菸草酸的形成與溫度的關連性甚於烘焙時間的延長，也就是說，低溫慢炒較不易使胡蘆巴鹼降解成菸鹼酸，這是烘焙師必須正視的新發現。

磷酸（Phosphoric Acid）：有爭議的無機酸

無揮發性的磷酸不含碳分子，屬於無機酸，由於酸性遠比前面所談的有機酸還要強，為何出現在咖啡熟豆頗有爭議。咖啡樹本身不會製造無機的磷酸，一般相信，是吸收了土壤有機的植酸（Phytic Acid）。經過烘焙後，植酸降解成磷酸，再溶入杯中。研究測得磷酸濃度隨著烘焙度加深而增加，每1,000cc咖啡溶有75（淺焙豆）～120（深焙豆）毫克磷酸，濃度低於有機的蘋果酸、乳酸、檸檬酸、奎寧酸和綠原酸。但磷酸的酸性強，在咖啡的酸香度上扮演何種角色，科學家至今仍無定論。

註5：即溶咖啡例外，因為製程萃取過度，流失許多芳香物。即溶咖啡的菸草酸濃度比一般咖啡低了40%。

有一派認為磷酸是肯亞咖啡酸香迷人的主角，美國精品咖啡協會的化學家李維拉是此論的捍衛者，常以稀釋的磷酸添加在一般淡味咖啡裡，咖啡馬上變得生龍活虎，酸甜度與明亮感大增，添加其他有機酸卻無此神效。他以此實驗印證磷酸的威猛與奇效。但另有一派卻提出相反看法，認為磷酸的酸味已被咖啡裡的礦物質鉀和鎂中和了，因此深焙豆不會出現磷酸的酸味。兩派的爭論至今仍相持不下。磷酸是目前食品加工業最常使用的調味酸化劑。

咖啡因

咖啡因也屬於植物鹼，無香味略帶有苦味，但不是咖啡苦味的主要來源。科學家曾做過杯測，在低因咖啡添加咖啡因，連杯測師也喝不出低因咖啡與添加咖啡因的低因咖啡，在苦味上有何差異。這推翻了咖啡因是咖啡苦味重要來源的說法。

咖啡因的熔點高達 237℃，因此經過烘焙後的咖啡因幾乎完整保留下來，並溶入杯中。常有人誤以為深焙豆的咖啡因比淺焙豆低一些，實情可能正好相反，因為深焙豆失重 20%，必須以更多豆子來泡煮咖啡，結果喝入更多的咖啡因，所以深焙的咖啡因往往高於淺焙，此一認知很重要。不妨自己算算看，10 公克深焙豆有幾顆？肯定多於淺焙豆。

咖啡因含量高低與品種有絕對關係，即使同為阿拉比卡，也有不小出入。原則上，鐵比卡的咖啡因較低，咖啡因約占豆重的 1.05 ～ 1.2%。卡杜阿伊較高，約占豆重 1.35%；肯亞和瓜地馬拉高海拔極硬豆，咖啡因也不低，約占豆重 1.3% 以上。衣索匹亞品種浩繁，有天然低因品種，約占豆種 0.06 ～ 0.07%，亦有咖啡因高占豆重 2.4%、不輸粗壯豆的阿拉比卡。平均而言，阿拉比卡的咖啡因約占豆重 1.1 ～ 1.4% 之間，粗壯豆咖啡因平均占豆重 2.4% 以上。咖啡因頗耐火候，欲加深烘焙度來降低咖啡因是不切實際的做法。

＊ 阿拉比卡相關品種咖啡因含量表請參附錄三。（參見附錄三第 431 頁）

脂類：芳香物的濃縮油精

又稱脂質，泛指脂肪、油類和蠟，咖啡豆的油脂大部分儲存在豆胚內，僅有極少部分以蠟的形式覆蓋在豆子表面。阿拉比卡的脂類約占豆重 15 ～ 17%，比羅巴斯塔高出 60%。脂類含量豐富，也是阿拉比卡在香味詮釋上遠優於粗壯豆的因素之一，因為許多芳香性脂肪族羧酸（包括檸檬酸、蘋果酸、醋酸、乳酸和甲酸），均溶於油脂內。科學家研究中南美洲咖啡也發現，脂類含量豐富的咖啡杯測分數明顯較高。

咖啡的脂類經過烘焙後不減反增，這與蛋白質和醣類大部分在烘焙中降解大異其趣。咖啡烘焙後的脂類，75% 以三酸甘油酯、19% 以脂肪酸的方式呈現。阿拉比卡大部分的芳香物濃縮在兩種油脂內，那就是咖啡醇（Cafestol）和咖啡白醇（Kahweol），是咖啡香味的最佳男女主角。但羅巴斯塔的咖啡醇只有阿拉比卡的一半，卻幾乎不含咖啡白醇，因此咖啡白醇（阿拉比卡獨有）的含量常被用來檢測綜合配方中羅巴斯塔豆與阿拉比卡豆的混合比例。

科學家也發現，咖啡熟豆的芳香精華全部濃縮在咖啡醇和咖啡白醇的油脂中，重量不到咖啡熟豆的 3%，如果沒有咖啡油脂，黑咖啡就成了平淡無奇的苦水，可能比黃豆還不如。換句話說，咖啡熟豆的 97% 都是無關香醇的碳化纖維、咖啡因或其他礦物質。如果你花 1,000 元買 1,000 公克咖啡熟豆，喝到的芳香物大概只有 30 克，即每公克咖啡油 33.3 元！

── 小結 ──

科學家至今已從咖啡熟豆分離出八百多種芳香物，主要是由生豆的醣類、蛋白質、有機酸、胡蘆巴鹼、脂肪在短短 8 ～ 20 分鐘烘焙過程，完成焦糖化、梅納反應、降解與聚合，而創造出世間最芳香的化合物，其複雜程度已超出當今高科技實驗室所能複製。

科學家認為，糖的熱分解所生成的呋喃類化合物（Furans group of compounds）是構成咖啡香味的主力成分，是咖啡焦糖香的重要來源。含量第二高的芳香成分是吡嗪化合物（Pyrazines compounds），呈現咖啡的堅果香、烤麵包與穀物的香味。另外，吡咯化合物（Pyrroles compounds）也是甜香、焦糖香及磨菇清香味的成分。比較另類的是噻吩化合物（Thiophens compounds），是由硫胺酸與碳水化合物在梅納反應產生的肉味芳香物。二乙醯（Diacetyl）則是奶油香的重要來源。大馬酮（Damascenone）是咖啡水果甜香味來源，而癒創木酚（Guaiacol）則呈現咖啡的辛香味。

下表是咖啡芳香化合物的統計數據。目前已辦認出的芳香物超出八百種，但筆者握有的資料僅六百五十五種。在此拋磚引玉，希望能對讀者有幫助。

咖啡熟豆芳香成分統計表	
化合物類別	數目
呋喃	99
吡嗪	79
酮	70
吡咯	67
碳氫	50
酚	42
酯	29
醛	28
噻唑	28
呃唑	27
噻吩	26
胺類	24
醇	20
酸類	20
硫	16
吡啶	13
無法分類	9
內酯	8
總計	655

── 認識烘焙機 ──

　　瞭解咖啡豆主要化學成分在烘焙前後的增減情形後，接著談談如何駕馭烘焙機為咖啡豆催香。咖啡烘焙機的熱能來源有電力、瓦斯、柴油和太陽能四種，美國已有業者倡導環保，推出太陽能烘咖啡，但臺灣尚未見太陽能烘焙機。臺灣主要以電力和瓦斯烘焙機為主，至於爐內的導熱方式有三種：（1）金屬導熱，即直火式烘焙機（2）金屬導熱與熱氣流導熱相輔相成的半直火式，又稱半熱風式烘焙機，是目前使用最廣泛機種（3）現代感十足的熱氣流或氣動式烘焙機，不需借助金屬導熱，全賴熱氣流高效率導熱。目前全球以第二種半直火式最普及，但第三種熱氣流式烘焙機最省工時、咖啡豆的失重比最低，最符經濟效益，後勢看俏。

● 烘焙機三大導熱方式

　　直火式：最大特徵是滾筒有小孔，爐火可直接燒到豆表，很容易出現焦黑點，或烘焦豆子，火候不易控制。經常烘焦了豆表。目前已很少見直火式烘焙機，但若使用得當，香氣厚實。

　　半直火式：即半熱風式烘焙機，滾筒與火燄的接觸面無孔，看似密閉的滾筒，其實不然，滾筒最裡側 [註6] 開有小孔，可引導熱氣流入爐，輔助滾筒的金屬導熱，讓豆子更均勻烘焙。半直火式是臺灣與美國精品咖啡使用最普遍的烘焙機。德國波巴特（Probat）最擅長製造半熱風烘焙機，從最小每爐 1.2 公斤至最大 240 公斤爐皆有。另外，還有一種是以陶瓷板加熱的紅外線熱輻射提供穩定熱源來烘豆，美國的 Diedrich Roaster 最擅長此道。半直火式烘焙機每爐最大產能很少超過 240 公斤。

註6：即打開爐門向裡看，或用手向內伸到底即可觸摸到小孔，小心別被刮傷。

半直火式的最大好處是火候的微調很方便，深焙淺焙皆宜，尤其適合詮釋重深焙豆甘甜渾厚的風味，是熱氣式所不能及的。

熱氣流式：美國已故咖啡專家麥可席維茲（Mike Sivetz）於七〇年代大力倡導熱氣流式烘焙機，以強力高溫熱氣流吹拂爐內的豆子，使豆子飛舞起來，導熱效果最佳，是最省工時的烘焙法，但烘焙速度太快，常造成咖啡香氣發展不完全或太酸澀。席維茲數十年來不遺餘力抨擊德國老牌 Probat 的滾筒式烘焙機，易烘焦豆子喝來常有不乾淨的煙嗆味，但使用過的人未必認同席維茲的論點，滾筒式烘焙機目前仍是最普及的機種。熱氣流式與半直火式烘焙機，孰優孰劣，此問題已爭吵了四十年，尚無定論。持平而論，兩者各有千秋，端視操爐者是否正確操控火候，熱氣流式具有快速省時，咖啡風味乾淨明亮之優點，但半直火式則有餘韻厚實較甘甜之優點，如果半直火式真如席維茲所述缺點那麼多，早就被熱氣式烘焙機取代，但現況並非如此，熱氣式烘機雖然漸受歡迎但仍無法取代半直火式的主流地位，尤其精品咖啡界八成以上皆採用半直火式機種。熱氣流式烘焙機最大優點是熟豆的失重比，低於半直火式 1～2%，這對大型烘焙廠就很重要了，加上縮短工時，一般大型咖啡烘焙業者幾乎全採用熱氣式烘焙機，每爐動輒數百或數千公斤，稱得上巨無霸烘焙機，但也可小到家用爆米花機每爐 100 公克左右，大小彈性無限大，使得熱氣式機種最具開發潛力。

● 烘焙機機種類型

家用爆米花機：早期的熱氣式爆米花機沒有溫控，一火到底，烘焙品質不佳，尤其不適合深焙，因為進入一爆或二爆的放熱階段，爐溫如脫韁野馬，迅速上升，卻沒有降溫功能，很容易烘出焦嗆咖啡，所以爆米花機最好是在一爆結束至二爆前就要出鍋，免得太焦苦，爆米花機較適合淺焙到中度烘焙，來詮釋淺焙明亮酸甜的特色。爆米花機沒有溫控設計，很難烘出甘甜潤喉又不焦苦的深焙風味。

但近年不斷改良的爆米花機，如 Hearthware i-Roast Coffee Roasters-the iRoast 2 就可設定溫度，要一火到底或三段溫控皆可事先設訂，照著曲線跑，讓家用熱氣式小烘

機有了詮釋深焙咖啡的空間，每爐可烘 150 公克。但一臺約 6,000 ～ 7,000 元臺幣的烘焙機，不必指望溫控有多精準。每臺機器的溫度計靈敏度似乎不同，且夏天和冬天的烘焙曲線出入很大，在攝氏 15 度以下的低溫環境，有時還衝不上一爆，最大缺點則是不能連續烘焙，故障率高，說明書上還提醒每週不得使用超過七次，以免烘掛了。另外一款爆米花機 Fresh Roast 雖靠烘焙時間的長短來控制深淺度，欠缺溫控裝置也不適合深焙，卻更耐操，可連續烘焙。由於烘焙室很小，馬達和噪音也小，每鍋不宜超過 70 公克，約 5 ～ 6 分鐘就可烘至中深焙。不少咖啡迷為此機加裝額外的溫控，也能烘出最起碼的深焙。一般而言，家用型熱氣烘焙機溫控較差，不宜烘太深。

家用滾筒式烘焙機：臺灣製造的 Hot Top 電力滾筒式烘焙機蠻令人驚艷，詮釋中深焙和淺焙的性能不輸爆米花機，但仍無法用來深度烘焙，滾筒左內側有類似烤麵包機使用的加熱管，皮屑從滾筒的網孔落入底盤，烘焙品質近似半直火烘焙機。

本機可設定淺焙、中深焙和深焙等多種烘焙度，使用者只需選好代表烘焙度的阿拉伯數字，深焙淺焙全照著曲線跑，爐溫太高，加熱管會自動停止加溫，烘焙的豆相飽滿、豆色均一美觀。此機最令人激賞的，是具有強制出爐與繼續烘焙選鈕，萬一事先設訂的曲線還未烘到自己喜歡的烘焙度，可在機子發出下豆警訊時，按下繼續烘焙，即可延長烘焙。如果發覺已烘到自己喜歡的焙度，也可按下強制出爐鈕，彌補傻瓜機的不足。此機一爆與二爆很清晰，亦可透過爐口的耐熱鏡，觀察豆色與豆相的變化，適合教學或初學者使用。污煙大是最大缺點，不妨置於廚房排油煙機下方，烘焙時一起排煙即可解決煙嗆味問題。

本機烘焙量在 250 ～ 300 公克，但最好不要超出 250 克，以免烘焙不均，烘焙時間約 15 ～ 20 分鐘，爐口下方有冷卻盤。烘焙後記得清理底盤和爐內的皮屑，以免在爐內燃燒，影響品質與安全。有些小咖啡店採用此機自家烘焙，品質不比批來的豆子差，也有烘焙廠採用此機來試烘樣品豆。售價約 30,000 元並不便宜，但烘焙品質優於市面上的爆米機，是值得推薦的好烘機。

大型熱氣式烘焙機：規模較大的烘焙廠多半採用電腦控溫的高效率熱氣式烘焙機，過去專門製造傳統半直火式烘焙機的德國「波巴特」，近十多年來也推出不少大型熱氣式烘機，畢竟唯有借助高效率的氣流導熱才有可能一小時生產數公噸熟豆，以半直火式的效率是辦不到的。一九一八年創立於巴西聖保羅的烘焙機製造廠利拉（Lilla Roasters）近年也闖出名氣，該廠以熱氣式烘機為主，已打進美國精品咖啡市場。美國最老牌的精品咖啡烘焙廠「吉利咖啡公司」（Gillies Coffee Company）幾年前淘汰舊有的半直火式烘機，改用巴西「Lilla Model CG-20」，每爐可生產 165～235 公斤。此舉曾引起精品咖啡界質疑，這家老牌烘焙廠是否已放棄精品咖啡改走大宗路線，但「吉利」的老闆唐納‧蕭霍（Donald N. Schoenholt）卻辯護說，換機前經過謹慎的試烘比較，才決定揚棄傳統半直火烘焙機，改用先進的熱氣式烘焙機。「Lilla」諸多機種的最大特色是無煙烘焙，也就是烘焙、冷卻與除煙焚化爐均整合在機體內的密閉空間裡，使室內的煙害降至最低，而且附有自動清潔與管線除污功能。這些新穎設計逐漸受到精品界重視。

加裝電腦溫控並可設訂烘焙曲線的先進熱氣式烘焙機，能否取代傳統半直火式？這得取決於熱氣式的深焙效果如何。

如果熱氣式也能完美詮釋深焙豆甘甜潤喉的特色，加上每爐 10～12 分鐘的高效率烘焙與低失重比，沒有道理不能取而代之。可惜的是，就筆者所知，目前最先進的熱氣式烘焙機仍主攻淺焙至中深焙，失重比超出 18% 的重焙豆仍以半直火式效果較佳。臺灣和中國大陸主要採用傳統半直火式烘焙機，本書也以此機種為主要論述焦點。

半直火式烘焙機重要組件

　　使用半直火式烘焙機前，務必先瞭解其基本構造與重要操爐組件。此型烘焙機主要由出豆的冷卻盤、烘焙的滾筒、加熱的燃燒器、排氣的風門（排氣閥），以及收集銀皮的集塵器這五大部分構成。

　　1. 冷卻盤：就在爐門前方，冷卻盤內有幾枝旋轉棒，下豆時啟動散熱馬達，以強大負壓快速吸取豆體散發的熱氣和污煙。務必在下豆前就先啟動冷卻盤的散熱馬達與攪拌器，等下豆後再啟動就太慢了，多擔擱幾秒會加深咖啡的烘焙度，不得不慎。

　　2. 烘焙滾筒：滾筒材質好壞很重要，會影響導熱與鎖熱效果。一般而言，鎢鋼或合金鋼滾筒優於鐵筒。另外，滾筒內的攪拌葉片也是一大學問。葉片位置與傾斜角度，需經過精密測試與設計，才能在爐內發揮均勻攪拌功能。如果葉片設計不良，只會把爐內生豆往前推或集中某處，無法平均分散生豆在爐內做上下前後左右均衡滾動與受熱，因此造成烘焙不均的黑焦點。滾筒的轉速有些烘焙機已固定好，有些可自行設定。一般而言，每分鐘轉速在 45 ～ 55 轉都算正常。轉速太快，生豆會被離心力固定在某個位置，不易四處翻動。要知道，滾筒前後上下左右的位置溫度不盡相同，若被離心力推到某定點，受熱不易均衡。轉速太慢也容易造成受熱不均，不得不慎。各廠牌的滾筒轉速，理應配合攪拌葉片的設計才準。

　　3. 燃燒器：燃燒器是烘焙機的火力來源，有些烘焙機燃繞器是由四至八枚瓦斯爐嘴組成，火力大小不一，容易造成爐內受熱不均勻。另有些高檔烘焙機的瓦斯爐嘴呈排狀分布，一整排細小爐嘴綿密火燄均勻包裹住滾筒，加熱效果佳，不但可節省烘焙時間，也很容易烘出豆色均一的咖啡。烘焙機的瓦斯管接口處最好加裝瓦斯流量表，即可依靠數值大小來管控火力。只靠目測自由心證來決定火力大小，很難為咖啡烘焙訂出數據化的管控標準，更不易做好品管，結果是每爐咖啡的火力節奏、時間和深淺度都有出入，很難做到豆色與風味的穩定性。故務必加裝瓦斯流量表或火力段數旋鈕，以方便操爐。

4. 瓦斯噴頭：選購烘焙機時，務必先確定自己要用天然瓦斯或筒裝瓦斯。兩者適用的瓦斯噴頭，口徑不同。弄錯噴頭，烘焙機火力不是太大就是太小，而無法烘出好咖啡。筒裝瓦斯的壓力大於天然瓦斯，所以使用筒裝瓦斯烘焙機的瓦斯噴頭較小。如果以筒裝瓦斯的噴頭來使用天然瓦斯，則會出現火力太弱，無法正常烘焙。反之，如果以天然瓦斯口徑較大的噴頭接上筒裝瓦斯，會出現火力過猛，而烘出燥味豆。因此，買烘機前務必弄清楚你的烘焙廠是使用天然瓦斯或筒裝瓦斯，並確認廠址有無天然瓦斯管線，再請烘焙機製造商裝上適用的瓦斯噴頭。

另外，臺灣的天然瓦斯壓力似乎比泰國、美國等地來得低，買進口烘焙機又打算使用國內天然瓦斯，最好先告知製造商臺灣天然瓦斯的壓力，免得噴頭不合用。比方說，若你選購美國天然瓦斯噴頭的烘焙機，接上臺灣天然瓦斯，則可能因美規口徑較小（因為美國天然瓦斯壓力大於臺灣），出現火力太小的窘境。反之，臺灣天然瓦斯噴頭的口徑較大，拿到美國接上天然瓦斯，則會火力過猛。

若採用筒裝瓦斯，反而問題不大，因為各國標準差不多。最麻煩是購買進口貨，又要從筒裝改為天然瓦斯，變數就大了。但並非無法克服，可請有經驗的瓦斯器具行協助更換噴頭口徑，多試烘即可找出最佳火力的噴頭。

中低檔小型烘焙機的燃燒器由四到八根瓦斯噴嘴構成，每根有一顆瓦斯噴頭，但高檔烘焙機的燃燒器是由一個瓦斯噴頭控制一整排噴嘴，火力綿密，較容易烘出好咖啡。

5. 排氣閥：小東西學問大。各廠牌烘焙機的排氣閥位置不盡相同，有的位於滾筒上方，有的位於下方或後面。排氣閥就是控制爐內氣體或污煙進入排煙管的閥門，也就是控制烘焙機吐氣量的樞紐。排氣閥全開，爐內廢氣或熱氣盡情排放，可減少懸浮碳化粒子堆積在豆表上。換句話說，可因此減少咖啡雜味與焦苦味，因此有些烘焙師習慣全開排氣閥門來烘焙，但卻易造成爐內失溫，被迫以較大火力來烘焙，致使咖啡燙傷而不自知，折損了明亮與潔淨風味。另有些烘焙師在入豆後關閉排氣閥以收鎖溫

脫水之效，但烘至一爆和二爆時卻忘了調小火力並打開閥門來疏散熱氣，造成閥門與烘焙機間的管線溫度過高而自燃，甚至釀成火災，因此排氣閥的大小管控一定要小心為之。切記，排氣閥關愈小，愈有鎖溫效果，卻愈易在豆表堆積廢氣粒子。反之，排氣閥開愈大，愈有散熱和排放廢氣粒子的效果，卻有失溫之虞。烘焙師必須用心體會排氣閥的妙用，善加利用來調整烘焙進程。原則上，烘焙初期可關小風門，但到了一爆快來前，爐內廢氣量大增，就要開大風門因應。

6. 集塵器：生豆的表層皮屑（俗稱銀皮）會在烘焙的脫水期剝落，堆積爐內很容易燃燒而產生碳化污煙，增加咖啡雜苦味，因此烘焙時會把銀皮吸納到後面的集塵器，以確保咖啡品質。每烘焙五至十爐或結束烘焙後，要記得清理集塵器裡的銀皮。這些輕飄飄的皮屑很容易燃燒，若堆積太多，下次烘焙時會有火災風險。每次烘焙前，務必檢查集塵器裡的銀皮是否清除乾淨，以策安全。

7. 除煙設備：對每爐 2 公斤以下的小型烘焙機而言，可能不需要除煙設備，但 5 公斤以上的烘焙機，進入二爆後的深焙所產生的焦煙味很嗆，有必要加裝除煙設備。一般而言，5 公斤以下的烘焙機加裝靜電集塵器即可大幅改善煙害問題，有必要時可再加裝一套水處理設備，一起運作，效果更佳。但每爐 15 公斤以上時，靜電和水處理設備就力有未逮，對深焙豆的排煙更是難以處理，這時就要加裝焚化爐，以攝氏 500 度以上高溫將廢氣和懸浮粒子，焚燒成較乾淨的水蒸氣，大幅減少公害問題，唯焚化爐耗費瓦斯甚鉅，約為烘焙機的三、四倍。

烘焙度界定標準

　　動手烘豆前，有必要先瞭解烘焙度深淺問題。咖啡烘焙度大家都能朗朗上口，不外乎淺焙、中深焙和深焙，但標準何在？很遺憾，國內外咖啡界至今尚未取得共識遵循統一的烘焙度標準，可謂「各家一把號，各吹各的調」。美國市場雖然以「肉桂烘焙」（Cinnamon Roast，或稱極淺焙）」、「城市烘焙」（City Roast，或稱淺焙）、「全城市烘焙」（Full City Roast，或稱中深焙）、「北義烘焙，」（Northern Italian Roast，或稱深焙）、「南義烘焙」（Southern Italian Roast，或稱重焙）、「法式烘焙（French Roast，或稱極度深焙）」由淺入深來辨識咖啡的烘焙度，但仍缺乏確切的數據標準，至今仍是自由心證；某業者的淺焙豆在其他業者的眼中可能是中深焙，某業者的中深焙卻又是另一業者的深焙。咖啡烘焙是個老死不相往來、自以為是的「自閉」行業，誰也不服誰，此奇特現象短期內不可能有解。

　　有鑑於此，美國精品咖啡協會與美國食品科技先鋒艾格壯公司（Agtron Inc.），於一九九六年揭櫫一套放諸四海而皆準的烘焙度數據，試圖統一咖啡烘焙深淺度的標準，用意甚佳。但一臺艾格壯咖啡烘焙度分析儀 [註7] 至少1.5～2萬美元，造價昂貴，非一般業者能負擔，臺灣咖啡業界擁有艾格壯系統者，屈指可數。擁有了這套豪華設備，確實有助於事後的相關檢測工作，讓各種烘焙度有了統一的數據標準。這套烘焙度分析儀是以近紅外線照射烘焙好的咖啡豆表或咖啡粉，原理很簡單：烘焙度愈深、焦糖化（或碳化）就愈深，豆表愈黑則反射的光線就愈弱，所測得數據就愈低；反之，烘焙度愈淺則表示碳化愈低，豆表愈不黑，反射的光線就愈強，測得的數值就愈高。數換句話說，艾格壯數值（Agtron Number）與烘焙度成反比；數值愈高代表烘焙度愈淺，數值愈低表示烘焙度愈深。

　　此系統售價昂貴，但有了它未必表示咖啡品質一定好，因此國內外同業並未普遍採買這套分析儀。如果嫌貴，不妨捨分析儀，改買艾格壯的烘焙度色盤系統（Agtron Roast Classification System）亦可。烘焙後，將豆子磨成粉，置入玻璃圓盤內壓緊，再

與八個樣本色盤對照豆色，各色盤附有艾格壯數值的讀數，即可區別不同的烘焙度，使用很方便。

值得一提的是，艾格壯烘焙度分析儀亦有盲點，有可能測得的艾格壯數值一致，不表示咖啡風味一致。比方說，烘了兩爐同一農莊、含水量相同的肯亞豆，其艾格壯數值同為 #45，充其量只能表示烘焙度相同，但不表示杯測結果一定相同，因為烘焙節奏才是決定咖啡風味的主因，豆色只是參考而已。

舉例來說，艾格壯數值同為 #45，如果第一爐採慢炒，烘到 18 分鐘才出爐，另一爐採快炒，12 分鐘出爐，雖然烘焙度一致，但杯測結果明顯不同。這就是該系統的盲點。唯有烘焙節奏相同——即入豆溫、每分鐘溫差雷同，烘焙時間雷同，出爐溫相近，風門關合相似——最後測得的艾格壯數值才會相近。這諸多變數都掌握了，才能確保每爐咖啡杯測結果一致。換句話說，烘焙度相同且艾格壯數值誤差在正負 1 以內，還要加上同款豆烘焙節奏相似，才能確保每爐咖啡風味的一致性。僅有艾格壯數值相同，不一定代表風味一致，此一認知很重要。

● 艾格壯數值對照中文烘焙度

雖然咖啡界對烘焙深淺度各吹各的調，但有個公認標準對消費大眾採買熟豆會更有保障，淺焙究竟要多淺，深焙究竟要多深，有個數據可供參考遠比自由心證更明確。在此拋磚引玉，以艾格壯數值對等中文烘焙名稱和失重比，供消費者和烘焙業者參考，希望有助提升消費者與業者的良性互動。艾格壯數值對稱中文烘焙度，可區分為八種深淺不同的等級，淺焙至中焙的烘焙時間約 9 至 12 分，中深焙至重焙，烘焙時間約 12 至 17 分，表格如下：

註 7：Agtron Coffee Roast Analyzers，其他廠牌的烘焙度測定儀包括 Hunter Colour Scales、Gardiner 等。

烘焙深淺數據、名稱與進程表格

艾格壯數值（粉末）	烘焙度	失重比	烘焙進程與位置
#80 ～ #95	極淺焙	11% ～ 13.5%	第一爆初至密集爆，酸味尖銳，消費者不易接受，但優質的北歐式烘焙另當別論。
#65 ～ #79	淺焙	12% ～ 14.5%	一爆結束，硬豆的豆表仍有些許黑皺摺，但巴西等軟豆則無，酸香味重，嗜酸族可接受。
#60 ～ #64	淺中焙	13% ～ 15.5%	一爆結束約 30 ～ 40 秒，豆表皺摺漸拉平，豆表更為均勻平滑，可謂拉皮成功，酸味稍溫和。
#55 ～ #59	中焙	14% ～ 16%	一爆結束接近二爆前，豆體從放熱改為吸熱，豆表仍無油光，但尖酸轉為柔酸，此時出爐易喝到咖啡的酸甜本質。二爆約在 #54 ～ #50 左右，視豆子軟硬度而定。
#44 ～ #54	中深焙	16% ～ 18%	二爆開始20～40秒的初爆放熱階段，爐溫劇升，有焦香味浮現，油質尚未大量溢出豆表，呈點狀出油。即北義烘焙。
#36 ～ #43	深焙	17% ～ 19%	二爆後約 40 ～ 100 秒左右出現密集爆裂聲，出油狀更明顯，進入深焙世界，煙量大增。義大利中部地區慣見的焙度。
#30 ～ #35	南義深焙	19% ～ 21%	二爆約 100 秒後進入尾爆，油質呈片狀溢出豆表，油光明顯。這是南義重焙風格。
#35 以下	法式重焙	21% ～ 23%	二爆結束，豆表油滋滋，白煙轉為藍煙。需小心火災。

說明：

1. 極淺焙：此焙度失重比很低，雖有助業者節省成本提高利潤，但烘焙不得法的極淺焙難有市場，因為綠原酸、胡蘆巴鹼殘留過多而且咖啡的芳香成份發展不全，不過，時興的北歐炒法卻可提升此焙度的酸甜震味譜，頗受歡迎。

2. 淺焙：即美國所謂的 Light Roast，一爆結束就出爐的咖啡如能拖長到 12 分鐘左右再出豆，活潑明亮又多變的酸香味，確實吸引不少嗜酸客，這也是精品咖啡的烘焙度起點。

3. 淺中焙：即 Medium Ligh 或 City Raost，一爆結束後又進入沉靜期，至二爆開始，約有 2 分鐘時間。淺中焙是指一爆結束後沉靜期的前半段出豆，酸味比淺焙溫和，焦糖的甜香更明顯。

4. 中焙：即 Medium Roast，或 Full City Roast，一爆結束的沉靜期後半段，拗至二爆前出豆，艾格壯數值 #55 左右，這是美國精品咖啡最愛的烘焙度，說淺不淺說深不深，酸甘苦最為平衡。這也是美國精品咖啡先驅喬治·豪爾倡導最力的烘焙度，大師甚至形容此烘焙度為「全風味烘焙」（Full Flavor Roast）。

5. 中深焙：即 Medium Dark，或北義烘焙（Northern Italian Roast）。義大利咖啡的烘焙度，北部稍淺，愈南愈深。北義烘焙以托斯卡尼地區的十個省分為主，包括佛羅倫斯、席耶納等省。北義烘焙在二爆初至密集爆之間出爐，豆表或有少許油質，但不很明顯，呈點狀出油。巴西等軟豆烘至此已無酸味，但 5,000 英尺以上的硬豆（如肯亞豆），仍有明顯果酸味。此焙度的咖啡已帶有微微煙燻味，苦香味比中焙明顯，但焦糖香與甜感仍未流失。這是臺灣最常見的烘焙度，也最受歡迎。

6. 深焙：咖啡烘至二爆劇烈的階段，即進入深焙（Dark Roast）的世界，此時豆體纖維質斷裂，發出急促且微小的裂爆聲，油質迸出豆表，呈片狀出油，且煙量大增。這是義大利中部拉吉歐地區（Lazio）或羅馬一帶典型烘焙度。高海拔硬豆烘焙至此，酸味已不明顯了。美國西雅圖或舊金山一帶的深焙咖啡，最起碼有此深度。臺灣怕酸不怕苦的喝咖啡習性，頗能適應此一烘焙度，也是臺灣最普遍的烘焙度。

7. 南義深焙：過了二爆密集階段，進入氣息奄奄的尾爆，豆表滲油更為明顯，豆表油亮亮，臺灣常以此焙度做冰咖啡。這是義大利南部卡布里島（Capri）或西西里

島一帶典型烘焙，就怕咖啡不夠油亮不夠美。咖啡的精緻風味致此蕩然無存，不要奢望喝得到果酸、堅果和焦糖甜味，但「嗜黑族」就是愛重焙獨特的甘苦味，甚至帶有酒的發酵香味，優質深焙豆特有的甘味和苦香味，喝來不但不苦口，甘潤餘韻持久，絕非淺焙豆所能表現。

8. 法式烘焙：藝高人膽大的烘焙師二爆結束後繼續微火或熄火滑行下去，直到豆子表面油滋滋才出豆，豆體碳化嚴重，技術好則仍喝得到甘味。油滋滋的咖啡豆最難保存，出爐後即使隔絕氧氣用心保存，七天不到就很容易變成又苦又鹹的咖啡。臺灣常用來做冰咖啡。

需留意的是，失重比與烘焙的快慢有關係。同一烘焙度如採快炒，失重比會比慢炒稍微小一些，而且同一烘焙度的熱氣式烘焙機的失重比，會較滾筒式低一點，這就是為何雀巢、麥斯威爾等大型烘焙商喜歡用熱氣式烘機的原因，要知道每爐失重比少個 1%，一年下來可增加可觀利潤。另外，小型烘焙機的失重比也較中大型為低。

美國農業部四大烘焙度

另外，美國農業部也將咖啡烘焙度粗分為四大類：

1. 淺焙（Light roasts）：咖啡研磨後呈淺褐色，艾格壯數值介於 #90 ～ 80 之間，美國精品咖啡協會界定的艾格壯數值為 #85。豆表乾燥無油光或油質，澀酸味高於香味。

2. 中焙（Medium roasts）：咖啡研磨後呈中度褐色，艾格壯數值介於 #50 ～ 60 之間，美國精品咖啡協會界定的艾格壯數值為 #55。酸味與香味平衡，豆表乾燥或略帶油光，多擱置幾天會有少許油質溢出豆表。

3. 中深焙（Moderately dark roasts）：咖啡研磨後呈深褐色，艾格壯數值介於 #40

～ 50 之間，美國精品咖啡協會界定的艾格壯數值為 #45。略帶酸味，甘苦平衡，豆表有點狀油質出現。

4. 深焙（Dark roasts）： 咖啡豆表呈油亮亮的黑色，艾格壯數值介於 #30 ～ 40 之間，美國精品咖啡協會界定的艾格壯數值為 #35。無酸味，苦味明顯，並有煙燻味。

咖啡品質協會之烘焙度檢測數據

再補充美國精品咖啡協會的非營利附屬單位咖啡品質協會（Coffee Quality Institute）所做的一項咖啡烘焙度檢測數據。此項數據是該協會以義大利知名烘焙機製造商英畢安提（STA Impianti）的每爐 500 公克實驗用樣品豆烘焙機，取樣哥倫比亞拉沃瑞達（La Vereda）生豆的烘焙數據。（註：失重比似乎偏低。）

艾格壯數值	烘焙時間（分）	入豆溫（℃）	出豆溫（℃）	失重比
74	9.3	177	179.4	8.77
65.1	10.1	177	185	11.13
55	10.20	177	196.1	13.71
43.7	11.5	177	198.3	15.9
36.7	12.2	177	205	18.09
26.5	13	177	208.9	23.27

筆者不揣淺陋，制訂烘焙度名稱、艾格壯數值和失重比，對照烘焙進程，旨在拋磚引玉，協助國內業者更精準掌握每一爐的變數，這些數據雖與美國農業部和美國咖啡品質學會的資料，有些許出入，但卻存在一個最大公約數，可供國內烘焙業者參考或引用，烘焙度深淺最忌自由心證，沒有標準就是標準，對咖啡烘焙界及消費市場絕非好事。制訂一個四海皆準的烘焙度標準，實際上有其困難，因為變數太大了，光是失重比就涉及快炒或慢炒，滾筒式或熱風式，大機子或小機子，生豆軟硬度，業者不妨參考上述數據，製訂一個最符合自家需求的烘焙度標準，再配合烘焙記錄表，確實

捉緊同款咖啡入豆溫、每分鐘溫差、一爆二爆時間與溫度、出爐時間與溫度以及失重比等數據，即可游刃有餘做到每爐一致的烘焙度與品質。換句話說，只要切實記錄每爐烘焙數據，盡量做到數據差距最小，最後再以杯測來驗收並做必要的烘焙調整，至於要不要購買昂貴的烘焙度分析儀就不重要了，唯有不畏酷熱滿懷熱情，緊盯每一爐的數據，才能做到品質始終如一的境界。

初學入門的烘豆節奏

　　瞭解咖啡豆的酸香澀苦成分、重要化學反應與烘焙機基本構造和烘焙度後，接著探討咖啡學最深奧有趣的領域——烘焙。儘管小魔豆富含上千種芳香成分，但若烘焙催香不得法，亦喚不醒小魔豆的前驅芳香物，再好的咖啡豆也枉然。傑出的咖啡烘焙師傅，是半個科學家與半個藝術家的結合體，缺一不可。咖啡烘焙有時要藉助科學的輔助，科學無法解釋時，就要靠第六感與經驗值補足。少了科學的烘焙，熟豆品質始終不一；少了藝術的烘焙，熟豆風味始終單調。對烘焙懷有高度熱忱者，即使盛夏揮汗如雨，亦樂此不疲，幾天不烘豆，頓覺面目可憎。有慧根的人學烘焙很快就能上手；少根筋的人，學習數年也捉不準何時該加溫、降火與出豆。總之，咖啡烘焙不是凡夫俗子的技藝，端賴有慧根與高度熱情，才能順心駕馭千變萬化的烘焙進程。

　　學習烘咖啡，不妨先從最易上手的基本節奏的五大階段學起，在每階段裡有哪些重要的豆相、味道、聲音與色澤，然後再參考以分鐘計時的溫度變化，即可捉準最佳蜜點出爐。歐美日傳統派的烘焙節奏大致可分為五大階段：（1）脫水階段（2）催火階段（3）一爆降火階段（4）二爆微調階段（5）出豆冷卻階段。

　　初學者熟悉最基本的五大烘焙節奏，即可烘出很好的產品。至於盛行於歐陸及美國的威力烘焙技法（Power Roasting）以及大型烘焙機（每爐數百甚至數千公斤）的烘焙理論，與傳統的五大節奏出入不小，因為大、小型烘焙機的條件以及導熱方式不盡相同，本章先聚焦五大節奏的基本功，第九章再對另類的威力烘焙技法稍做解釋。相信每爐小至 500 公克大至 60 公斤的半直火式烘焙機，採用上述五大節奏，即可游刃有餘駕馭烘焙。

國內一般使用的滾筒式烘焙機多半是滾筒無孔的半直火（即半熱風）式，即以熱氣導熱為主，金屬導熱為輔，火候控制尤其重要，應盡量避免火力失當，致使生豆表面被熾熱金屬燙傷，出現黑色焦點[註8]，加重了咖啡的雜味與焦苦味。豆表黑色焦點的多寡，是評斷烘焙火候是否控制得宜的重要參考。黑色焦點是滾筒式烘焙機最常見的火力過猛產物，不得不慎。

傳統派烘焙技法以循序漸進式加溫，就是為了避免灼傷豆表，溫度過高前就要先予降火，否則等到發覺豆表有黑焦點，再降火已太晚，因為燙傷已造成。物體受熱時，表面不會立即燙傷，表面先把熱力傳導到中心更涼冷的部分，平均分散熱力；如果持續加熱，中心部分吸納過多熱力後，表面傳導給中心的散熱能力就會銳減，此時表面就很容易被燙傷。

大家都玩過手掌迅速畫過燭火的遊戲，就是這道理。剛開始幾回，手掌不覺得熱；但連續幾次之後，就會有灼熱感，因為手掌表面肌膚無法再把熱力傳導給不堪負荷的手心，此時唯一能做的就是把燭火弄小，或能減低灼燙感再多玩幾回，否則就喊停。咖啡烘焙也一樣。

烘焙師要有先知先覺的能耐，在豆表受傷出現黑焦點前，先行降火。一來適當延長烘焙時間，讓綠原酸、奎寧酸和胡蘆巴鹼等澀苦物質有充分時間降解；二來讓芳香物有充分時間聚合與發展。但也不能矯枉過正而全以小火烘焙，因為溫度太低會造成焦糖化與梅納反應不完全，香味出不來。而且，低溫慢炒的豆子，容易使揮發性芳香物消散，豆相雖佳，不會有黑焦點，咖啡喝來較厚實且保鮮期較長，這是慢炒的優點，但缺點是，風味呆鈍、香氣疲弱沒動感，喝來像是死豆一般。反之，一味暴力式大火快炒，很容易出現黑焦點，且綠原酸、奎寧酸和胡蘆巴鹼來不及分解，殘留過多，會有尖銳的酸澀味和半生不熟的雜苦味。

註8：黑焦點是豆表燙傷所致，殞石坑是二爆常見的豆相，兩者不同。

玩烘焙就是玩火候控制的藝術，切忌走極端，過猶不及，唯有循序漸進分階段執行的烘焙火力，咖啡香氣才飽滿，風味才有層次與動感。有以上認知，再來解析烘焙五大節奏：脫水階段、催火階段、一爆降火階段、二爆微調階段和出豆冷卻階段。

● 一、脫水階段：由綠變黃

一般生豆的水分含量在 10% ～ 12% 左右，這是最適合烘焙的含水量，但會隨著大環境的溼度而增減，生豆儲存室太潮溼，生豆易吸收氣水分，致使含水量超過 12%，如果在高溼環境存放過久，生豆色澤變暗容易發霉，咖啡易有發酵味和肥皂味。反之，空氣太乾燥，生豆水分快速揮發，如果含水量低於 10%，豆色變淡成白黃色，雖然易烘卻不香。生豆含水量多寡很重要，事關脫水階段的長短，含水量超過 12%，脫水的火候就要大一點，含水量低於 10%，火候就要溫和點。

咖啡生豆入鍋後，爐溫開始大幅下滑，這就是第一階段的吸熱（Endothermic）現象，也就是脫水階段，生豆水分大部分在此階段去除，為焦糖化和梅納反應預做準備。要知道生豆的水分有一部分是來去自如的「自由」水（係紅果子水洗或日晒處理後殘留的多餘水分）另一部分水分則封閉在細胞的碳水化合物分子裡，而脫水就是以熱力蒸發豆裡多餘的自由水。生豆加熱後，自由水扮演導熱大使，把熱能均勻傳導到豆體，水份逐漸乾燥才會引動豆子芳香物一連串化學反應。豆溫上升到攝氏 100 度，自由水開始蒸發成水氣，有些直接從豆表蒸發，有些則閉鎖在細胞壁內，累積化學反應的能量。

此階段火力太大或太小會造成脫水太快或太慢，均不利化學反應。脫水是否完成可從豆子顏色和味道來判斷。生豆水分逐漸蒸發，葉綠素和花青素開始崩解變色，抽出取樣杓，豆子從最初的綠灰或綠藍，先轉為淡綠或綠白，再轉為綠黃、淡黃，接著變為黃色，再變為黃褐色，此時抽出取樣杓聞味道，豆子青草味和穀物味不見了，轉為烤麵包味即可斷定脫水完成。脫水期的文火旨在讓爐內大小不均、軟硬不同、含水量有異的豆子，彼此磨蹭互動與平衡，為下一階段蓄勢待發。

二、催火階段：製造熱衝力

豆色由綠變黃，青草味不見了，脫水大功告成，經過脫水期的暖身後，豆體不再堅硬，稍微變軟後，開始加大火力，此階段的瓦斯流量及火力應是烘豆五階段的最大值，如果不在此時先取得熱衝力，等到第三階段或第四階段再來補火，就很容易毀了一爐好豆，因為第三和第四階段的豆子已受烈火煎熬十多分鐘，豆子相當脆弱，再來補以大火，很容易碳化變苦，所以暖身後的第二階段最宜催火，製造熱衝力，為下一階段的焦糖化和梅納反應，醞釀最佳熱力環境，這點很重要，如果無法在此時製造足夠的熱衝力，就會增加無謂的烘焙時間，不但浪費瓦斯，亦無益咖啡風味的提升。切記大火只宜在烘焙前半段為之，後半段再催火，只會增加焦苦味或造成豆色不均。

三、一爆降火階段：芳香物降解與聚合

成功製造熱衝力後，就能借力使力，迅速攀上焦糖化與梅納反應所需的溫度環境，約在攝氏 170 度至 205 度之間（註：焦糖的熔點在 186℃）巧合的是一般傳統滾筒式烘焙機的一爆溫度落在攝氏 180 ～ 190 度左右，正好是諸多化學反應的最佳「溫室」。

爐溫升至攝氏 160 度以上，一爆出現前豆表會呈現奇醜無比的皺摺或黑色斑紋，咖啡細胞裡的水分不斷蒸發成水氣，引動複雜的化學反應，攝氏 180 度左右細胞裡的糖分開始進行焦糖化褐變反應，而且胺基酸也與碳水化合物進行梅納褐變反應，製造大量二氧化碳和水氣，細胞壁承受高於大氣壓 20 至 25 倍的龐大壓力，二氧化碳終於破壁而出，發出爆裂聲，也就是所謂的一爆，約持續 1 ～ 2 分鐘，豆子體積增大，密度劇降，失重持續增加，此時爐內咖啡豆立即從之前的吸熱狀態，大逆轉為「放熱」階段（Exothermic）爐溫會迅速竄升，務必全神貫注豆子與爐溫變化，及時降火，讓豆子安然過度放熱階段，此時如果不做降火動作，爐溫和豆溫會迅速飆升失控，不正常的加快烘豆進程，致使澀苦成份降解太少，芳香物來不及聚合，而且還會造成豆色不均，毀了一爐咖啡。烘焙師聽到一爆聲響，即使天塌下來，也得堅守崗位，陪咖啡

豆共度最難熬的「香變」期。

　　有趣的是，一爆前豆表醜陋的皺摺與黑紋路，在一爆結束後至二爆前，似乎被「拉皮」整形成功，豆相變得平滑整齊。一爆期的化學反應不但大幅提升咖啡的香味，也讓咖啡更為膨脹，表面更為平整。但此時的酸性成分尚未完全降解，喜好酸香味的人會趕在二爆前出爐，但不愛酸咖啡的人則繼續烘下去，靜候二爆來臨。

● 四、二爆微調階段：宜小不宜大

　　一爆結束後會沉靜一至二分鐘左右，此階段咖啡豆又從放熱轉為吸熱，爐溫升至攝氏 210 度以上 [註9]，咖啡豆細胞壁承受不了內部壓力與火候煎熬而斷裂，發出第二次爆裂聲，向爐火屈服，此時咖啡豆又從吸熱轉為放熱，二爆聲比一爆聲細小急促，此時開始進入中深焙世界，細胞內的木質纖維素所含的諸多芳香成分，開始揮發，散發深焙豆獨有的濃香，而油脂、胺基酸、醣類、礦物質、蛋白質、胡蘆巴鹼、奎寧酸、菸草酸，進一步發生複雜的降解與聚合作用，濃縮成精華的咖啡油，換句話說咖啡醇、咖啡白醇、黑精素、醣甘胺、呋喃、吡嗪、吡咯等咖啡重要芳香化合物皆在一爆與二爆期蛻變完成。

　　二爆後的世界，操爐要非常小心，因為豆體經過焦糖化已經很脆弱，且有一部分纖維也已碳化，又處於放熱階段，火力有必要再轉小改以微火或關火滑行來操爐，可減少碳化程度。二爆後的微火操爐有助豆色均勻度與滋味的發展。此時咖啡豆的含水量已從原先的 10 ～ 12%，降到 3 ～ 5%。總之，烘焙度愈深，焦糖化也愈深，終至全數碳化，如何在提高焦糖化的同時，也減少碳化程度，是重焙豆成敗關鍵。如果催火階段成功製造熱衝力，一爆以後的降火動作就不致發生失溫狀況，二爆後也還可再降火，輕鬆操爐，也就是說催火階段切實執行，烘焙末段即可享受更小火候的「收爐」快感，大幅降低烘焙失敗的風險。如果到了末段還要補火，百分之九十九是失敗的烘

焙。

● 五、下豆冷卻：快快快

咖啡豆能承受多高爐溫而不自燃？烘焙末段，爐溫最好不要超過攝氏 230 度，以免發生火災。不論你是要淺焙、中深焙或深焙，時時牢記，出爐瞬間咖啡豆仍在烘焙狀態，如果烘焙機冷卻盤的負壓吸熱效果不佳，出豆後淺焙有可能變成中深焙、中深焙可能升格為深焙，深焙更可能變成木碳豆而報廢，冷卻效果好壞，影響深焙豆品質至巨，切勿輕忽最後的冷卻，免得功虧一簣。想想看一爐五公斤的豆子在攝氏二百多度高溫出爐，要在短短的二至三分鐘至少降溫攝氏 170 度，回到室溫，並非易事。如果烘焙機冷卻盤的散熱馬達不夠力，無法瞬間降溫，使得冷卻時間拖到五分鐘以上，對品質是一大傷害。

如果烘焙機冷卻效果不甚理想，不妨在冷卻盤上方加裝大風扇，出豆同時開啟，以收上吹下吸之奇效，亦可大幅縮減冷卻時間，保住深焙豆品質。冷卻效果好壞，對中大型烘焙機更具決定性影響，數十甚至數百公斤的咖啡豆出爐，其悶燒增黑效果更是驚人，目前有很多中大型烘焙機是以噴水霧的冷卻方式來瞬間降溫，效果奇佳，但水霧會殘留豆表，影響咖啡品質，不若負壓式受歡迎。

── 時間、溫度、風門與烘焙曲線 ──

瞭解咖啡烘焙五大基本節奏後，再進一步探討時間、溫度、排氣閥（風門）與烘焙各階段的關係。我們先以歐美最傳統的 15 分鐘快炒節奏來說明，接著再以日式 25 分鐘慢炒節奏做比較。

註 9：溫度探針如果偵測排氣溫，可能高達攝氏 230 度至 240 度。

● 歐美式：快炒 12 至 15 分鐘（參見附錄一〔表一〕第 459 頁）

1. 脫水期（0～5分鐘）：入豆溫 180～200 度，排氣閥全閉或開三分之一

烘焙機先以小火暖機 10 至 15 分鐘，至攝氏 180～200 度，即可入豆，火力升至中小火或中火（視烘機性能而定），排氣閥全閉或微開三分之一。豆子在爐內開始吸熱，爐溫下滑至攝氏 100 度左右（視烘焙廠牌而定，有些烘機要滑落到攝氏 70～80度才止穩），入豆後 1 至 2 分鐘左右，爐溫即止跌回穩，這就是回溫點，開始往上升溫。此時，抽出取樣杓聞豆味，仍有股濃濃青草香，繼續以中小或中火脫水。

5 分鐘左右，豆色變黃，爐溫至攝氏 120～130 度，抽出取樣杓聞聞，青草味消失轉為烤麵包味或烤穀物香味，脫水完成，風門全開，將剝落的銀皮快速抽離爐內。此動作很重要，以免銀皮在爐內燃燒，徒增碳粒子污染豆表，累積苦味。

2. 催火期（5～10分鐘）：攝氏 120～180 度，風門全開，加大火力製造熱衝力

豆子經過 5 分鐘脫水期暖身，豆體稍軟，爐內滾動聲由入鍋時較堅硬的高調聲響轉為較鬆軟的低沉聲，此時不要手軟，第 5 分至第 6 分鐘火力全開，或至少開八成火力（視烘機火力而定，以不出現黑焦點為原則）。再檢查一次風門是否全開，好讓烘焙順利排氣，以免堆積過多碳粒子（此後風門維持全開，如果烘機鎖溫功能稍差，可開一半風門減少失溫）。進入此一時期，每分鐘的爐溫會穩定上升，約維持每分鐘升溫 10 度左右，催火至第 4 或第 5 分鐘（即烘焙的第 9 或第 10 分鐘），爐溫可升至攝氏 180 度上下 10 度區域，進入一爆化學變化的殿堂。切記，此階段如果手軟火力不足，就要到烘焙後半段補火，反而容易造成豆色不均、焦苦味過重的惡果。

3. 一爆期（10～13分鐘）：攝氏 175～200 度，適度降火，切忌失溫

爐溫升至攝氏 170 度以上，烘焙師務必心無旁騖，全神貫注，眼鼻耳手全數用

上，迎接一爆的到來。大多數滾筒半熱風烘焙機如採歐美快炒，爐溫升至攝氏 175 度至 185 度之間會出現一爆聲，頑強的咖啡豆此時不得不向烈燄煎熬屈服，並發出「啪啪啪」的臣服「抱怨」聲，豆體由先前的吸熱轉為放熱，爐溫迅速上升，煙量大增，務必再確認風門是否全開。烘焙師得因勢利導，適度降火，借用爆裂增溫的熱力來推動烘焙進程。此時如果火上加油，加大火力，豆表易受灼傷，添增碳化程度。

一爆無異表示咖啡的芳香物開始甦醒，忙著進行一連串化學反應，諸如先前所提的降解、聚合、焦糖化和梅納反應，均在一爆啟動。一爆有三階段，即零星爆裂聲的初爆，接著劇烈密集爆裂聲，最後爆聲稀落，歸於沉靜的尾爆。初爆至尾爆約 2 分鐘左右。初爆來臨時就要降火，但更重要的是適度降火，切勿矯枉過正，關火或降火幅度太大，反而妨礙化學反應順利進行。最要命的是降火過劇，造成一爆不全或縮了回去，只聽到零星幾響微弱爆裂聲而沒有密集爆裂聲。這樣也不對。一爆最好經歷初爆、密爆與尾爆三階段才算功成圓滿。

因為焦糖化等諸多反應一旦啟動，最怕失溫，否則會中斷芳香分子間的長聚合鏈，並使得斷掉的長鏈接連到其他成分，破壞應有的焦糖化進程或軌道。換句話說，一爆後的降火幅度應以不影響正常爆裂為準則，但也不能怕麻煩乾脆不降火。如果以中大火直搗一爆，只會突然加快烘焙速度，燒掉更多芳香成分，造成豆香平淡或出現黑色焦點諸多缺點。到底該降多少火候，協助爐內豆子順利進行重要的化學反應？這得視烘焙機的鎖溫性能與製造的熱衝力而定，有賴烘焙師的經驗來定奪。降火動作將使原先每分鐘升溫攝氏 10 ～ 12 度，逐漸下滑到每分鐘 7 ～ 8 度或 4 ～ 5 度，這都算正常。如果只剩下每分鐘增溫 1 ～ 2 度，恐有失溫之虞，導致一爆不完全的風險，必須特別留意。

12 分鐘左右尚未進入二爆即出爐，就屬於淺焙、淺中焙或中焙，咖啡喝來果酸明亮，透明度佳，但有不少人不習慣酸嘴咖啡，繼續烘下去磨掉酸味。

4. 二爆期（13 ～ 15 分鐘）：攝氏 200 ～ 230 度，微火或熄火滑行

一爆結束後，豆子又從放熱回復到吸熱，約 2 ～ 3 分鐘，爐溫升至攝氏 210 度上下 10 度，會出現第二爆。歡迎涉險進入中深焙世界。來到 200 度以上，不只要全神貫注而已，還得繃緊神經應變。二爆期的豆體細胞壁的木質纖維素斷裂、釋放出揮發性芳香物，細胞內油質亦隨爆裂聲迸出，使豆表逐漸泛出油光。二爆也分成初爆、密爆和尾爆三階段，在密爆期豆表呈現點狀出油，是濃縮咖啡豆出爐的「豆相」，要注意掌握契機。密爆結束後就進入深焙階段，尾爆結束後進入重度深焙，即法式烘焙階段。進入二爆中後段如果還想繼續烘下去，建議採微火或熄火滑行，可大幅降低碳化程度。

5. 烘焙機冷卻至攝氏 70 度以下再關機

豆子出爐不再烘焙了，關掉瓦斯後，切記要維持風門與爐門全開狀態，烘焙滾筒繼續運轉下去，排氣馬達不要關，讓烘焙機持續散熱，爐溫降到攝氏 70 度以下再關機，以免發生火災。如果你在攝氏 100 度就關機出門，很可能回來後發現房子已經被燒掉了，因為關機後，爐子沒有馬達抽風散熱，爐溫很快就飆升到 150 度以上，容易引燃煙管油垢。務必謹慎以對。

另外要留意的是，第一爐的品質比較不穩定，一爆與二爆會來得較快，溫控上不易捏拿，很容易烘出焦黑豆。所以，掌第一爐時，升溫要保守一點，出爐溫可能要低一些，以免衝過頭，第二爐以後就可恢復常態。這可能是第一爐溫機十幾分鐘，所有能量全被第一爐的生豆吸收了。

風門大小，問題不小

綜合上述，歐美快炒派的烘焙曲線（溫度為縱軸，時間為橫軸）應該是入豆後開始吸熱，溫度曲線先從攝氏 200 度往下走，觸及回溫點再上揚，到了一爆降火後，升溫仰角稍平，呈溫和升溫狀態，直到出爐。至於排氣閥則先小後大，即脫水期風門全閉或小開，催火期以後維持全開或半開。如果一爆期污煙大增忘了打開風門，使得熱

氣出不去，亦可能發生內燃危險，即使未發生內燃，豆子也完了，因為碳化粒子全堆積在爐內，並污染豆表，咖啡喝起來奇苦無比，碳粒子完全掩蓋咖啡優雅風味，所以風門管控好壞，攸關烘焙安全性和咖啡風味好壞，掌爐者務必細心體會風門能成事亦能敗事。

很多烘焙師傅以為咖啡的苦味是火候過猛，黑焦點過多所致，而忽略苦味的另一原凶就是排煙不暢，也就是煙害所致。為了進一步瞭解煙害問題，建議初學者不妨做個小實驗加深印象，風門僅開五分之一，照上述節奏試烘一爐，會發覺全程只開五分之一風門的咖啡，即使以小火烘焙，也會烘出特苦咖啡，因為一爆與二爆產生的污煙無法暢順排出，苦味堆積在豆表。

但有些業者卻矯枉過正，加裝更強大排煙馬達，誤以為排煙吸力愈強，咖啡喝來愈乾淨，卻適得其反，因為吸力過猛，造成爐內失溫，而必需以更大火候來烘焙，徒增碳化程度，結果還是得到焦苦難入口的咖啡。所以排煙馬達的馬力大小過猶不及，改裝前務必經過精算與試烘，以免愈改愈糟。

● 日式慢炒：15 ～ 30 分鐘

臺灣老一代咖啡烘焙師多半師承日本慢炒技法，每爐烘焙時間很少低於 15 分鐘，拖到 20 分鐘以上不稀奇。日式慢炒的好處是，豆相飽滿勻稱，色澤畫一，賣相較佳，且餘韻厚實，缺點是容易把明亮果酸味磨掉。由於滯爐期比歐美快炒至少拖長 5 分鐘以上，因此不是所有烘焙機都適合日式慢炒，尤其排煙力較差的烘焙機或排煙管不常清理，烘焙時間拖得太長時，反而易有焦苦味，咖啡風味少了動感卻多了呆滯感。但火候和排煙控制得宜，日式慢炒的香氣厚實持久，別有一番滋味。

日式慢炒的節奏和理論與歐美快炒派有很大出入，精髓在於細火慢烘，脫水期較長，約 8 至 15 分鐘；火候上只用到小火和中火，很少加到大火，操爐較容易上手、輕鬆，而且同一爐的豆子顏色均一（因為拉長烘焙時間，愈易把豆色磨到一致），色

差比歐美快炒小得多，醇厚度雖較佳，卻易犧牲咖啡的酸亮動感與活潑度。有趣的是，美國烘焙業者常掛在嘴邊的 15 ～ 18 分鐘慢炒，對日本而言，卻成了快炒。烘焙的標準，東西方存有不小的歧見。

很多人都想問日式 20 分鐘的慢炒與歐美 15 分鐘以內快炒孰優孰劣，筆者認為這不是優劣對錯問題，端視烘焙機性能與掌爐者的個性，以及對咖啡美學的詮釋角度（急性子適合快炒，慢條斯理者適合慢炒）。原則上，中小火拉長烘焙時間的優點是豆相較佳且酸澀味低，醇厚度和甘苦味較高；缺點是易有煙害與焦苦味。反之，中大火的歐美快炒，優點是酸香與酸甜度較高，富有明亮感的動感，缺點是酸澀味較重，豆色較不均，常有黑焦點出現，增加雜苦味。換句話說，如果你追求明亮輕快的酸香味與豆子的本質風味，不妨採用快炒；如果你不喜歡酸味，偏好咖啡的醇厚度、甘苦或苦香味，可採用慢炒。

日式慢炒的三種不同炒法：

1. 一火到底： 即固定中小火的瓦斯流量，以風門來控制烘焙進程。爐溫攝氏 180 ～ 200 度入豆後，關閉風門或微開風門，脫水至第 4 或第 5 分時，全開風門順利排出爐內脫落的咖啡皮屑，以免在爐內燃燒污染豆表。風門全開 1 至 2 分鐘後關閉或微開，繼續脫水，直到第 15 ～ 18 分鐘出現一爆聲，火力維持不變，但風門開 70 ～ 80%，方便排煙。第 21 ～ 23 分出現二爆聲，風門全開，火力不變或再調小點，直到出爐。一火到底烘焙法，只要一開始調到所需火候就很容易上手，中間動作很少，比歐美 12 ～ 15 分鐘快炒容易許多。要注意的是，有很多烘焙機不適合這種懶人炒法，尤其風門敏感度不夠、排煙力差的烘焙機很容易烘出焦苦咖啡。好處是豆色均一，豆相飽滿，苦中帶甘，餘韻厚實。缺點是過度強調甘苦味，失去明亮活潑度。（參見附錄一〔表二〕第 460 頁）

2. 傳統三段或四段式慢炒：筆者看過烘豆老手同時操控 60 公斤爐、15 公斤爐和 2 公斤爐，神乎其技同時運作，令人大開眼界。更厲害的是，同時操爐的杯測結果，均在 80 分以上。典型的三段式慢炒，先小火脫水 8 ～ 10 分鐘至豆色變為褐黃色，再升為中火，至一爆再調為小火，直到出爐，烘焙時間在 18 ～ 30 分鐘。但 2 公斤的烘焙機進程較快，很少拖到 16 分鐘以上。15 公斤以上的烘焙機，進程較慢，很少低於 20 分鐘。烘焙機的風門先半開，第 6 至 10 分鐘脫水後再轉為全開。三段式慢炒的口訣為：「火力小、中、小，不必動大火」，風門半開，6 分鐘後全開，很容易上手。臺灣老一代烘焙師最常使用三段式慢炒。

土耳其進口的 Lysander 烘焙機一爆約 150 度，二爆約 168 度，出豆溫明顯低於一般烘焙機，這與溫度計插入內鍋的位置有關，絕非業者宣稱低溫烘焙的神話。（參見附錄一〔表三〕與〔表四〕第 461 ～ 462 頁）

3. 改良式三段慢炒：此改良式慢炒的理論與傳統三段式慢炒或歐美快炒大異其趣。傳統三段火慢炒與歐美快炒，均在一爆時務必降火，但改良式三段火慢炒，卻在進入一爆時不急著降火，讓爆裂更完全，直到尾爆才降火。前 15 分鐘以中小火脫水，至 170 度以上，即一爆前才開始催火，重點就在催促一爆火力的大小，太大就會烘壞，太小一爆會不完全，有些機子中火即可，有些要中大火才夠。原則上不必動用到大火，是此派最難揑拿之處。中火直搗一爆時不必降火，讓爆裂更完整，直到一爆尾左右，再降為微小火（忘了降火會加劇碳化）。此法先以中小火暖身脫水 15 分鐘，爐溫升上 170 度再調升中火催促一爆，直到一爆尾至二爆來臨前，降為小火或微火，操爐技巧比傳統三段火更困難，但熟練後，可烘出風味迥異於傳統三段火的咖啡，增加產品口味的豐富性。（參見附錄一〔表五〕第 463 頁）

歐美快炒 VS. 日式慢炒

　　日式 20 分鐘慢炒與歐美 15 分鐘快炒，火力配置同為三段或四段，但快炒重點在於脫水後，以大火催爆。反觀日式慢炒則不用大火催爆，改以中火或中大火催爆，因而延長了烘焙時間。可視烘焙機性能與杯測結果，選用快炒或慢炒。快炒和慢炒並無對錯問題，要看烘焙師對咖啡美學的詮釋角度與偏好而定。筆者認為快炒較不易操爐，稍有不慎易有燥苦味，但若烘焙機排煙性能佳，火候配置得宜，快炒風味較活潑，富動感。慢炒雖較費工，卻易操控，但苦香或悶香味較重，風味厚實，餘韻深遠，豆相也較佳。

　　歐美 12 ～ 15 分鐘快炒與日式 15 ～ 30 分鐘慢炒，最大不同點在於操爐的火力：歐美快炒以最大火力來製造熱衝力，但日式慢炒不動大火，頂多以中火來催爆，因此造就兩派迥異的咖啡風味。這沒有對錯問題，只是東西方對咖啡美學的詮釋角度不同而已。我個人的經驗是，快炒較能詮釋淺焙的活潑香酸與太妃糖甜香，但火力過猛，進程太快，咖啡易有半生不熟的燥味；慢炒可用來磨掉酸味，增加咖啡的悶香與甘醇度，但滯爐太久，咖啡喝來有鈍感，甚至成了一杯苦水。烘焙火力大小，進程快慢，全靠烘焙師的慧根與經驗值。咖啡烘焙是一門難學難精的藝術，烘焙師務必摸熟自家烘焙機特性，期能達到人機一體境界，才有可能烘出好咖啡。各廠牌烘焙機的材質、燃燒器、鎖溫與排煙效果不同，當然會有不同的升溫模式，所以一爆、二爆與出爐溫，也不會相同。

　　選購烘焙機前務必多做試烘與比較，最好以自己最熟悉的一支單品豆和一支綜合配方來測試烘焙機的性能和成品。如果每次試烘都用不同豆子，就失去試烘的標準。

「公豆」比「母豆」易於烘焙

　　咖啡果子裡通常有兩瓣豆子，兩豆交接面呈扁平狀，因此正常咖啡豆又稱為扁平豆（Flatbean），但有 5% 左右的咖啡果子只含一顆咖啡豆，形狀較小而橢圓，這類

不正常豆又稱為小圓豆（Peaberry）。有趣的是，近來有些業者居然把咖啡豆分為「公豆」（小圓豆）和「母豆」（扁平豆），始作俑者應是印尼峇里島的業者。全球大概只有臺灣和峇里島把咖啡豆性別化。其實咖啡豆並無公母之分，要知道阿拉比卡咖啡樹是雌雄同株，自花授粉，種籽何來公母之分，當做行銷噱頭即可。

小圓豆如何形成，至今仍無定論。一株咖啡樹約有 2 ～ 10% 的果子，含有單顆豆子的小圓豆，以非洲咖啡最多見。有人認為小圓豆是咖啡的自然現象，也有人認為與風雨的反常有關。更有專家懷疑應與修剪器具和機械力干擾有關，因為結出小圓豆的果子多半出現在咖啡樹的最外端枝節，可能經常接受外力影響，使得果子裡的豆子無法正常分裂為兩顆豆。反觀靠近內側干擾較少的樹枝，結出的果子就較少出現小圓豆。過去小圓豆被咖啡農視為瑕疵豆，除之而後快，後來烘焙師發覺小圓豆的風味比正常的扁平豆更香濃，果酸味也更明亮，於是敦促咖啡農另外分離出小圓豆，並可售得更高價。然而，瓜地馬拉知名莊園拉塔奇塔（La Tacita）這兩年來卻拒絕為客戶挑出小圓豆，因為自從挑出小圓豆後，該莊園的精品咖啡就不再得獎，莊主懷疑小圓豆被挑光，剩下的扁平豆風味變得更單調。

一般認為小圓豆在咖啡果子內，一豆獨吞兩豆的養分，所以含有更豐富的芳香物，風味明顯優於扁平豆。但科學家至仍未對小圓豆的可溶性芳香物進行研究，尚未證實小圓豆的芳香物確實多於扁平豆。目前僅知小圓豆的油脂含量與礦物質比扁平豆豐富。

小圓豆較為橢圓，在爐內比扁平豆更易翻轉，均勻受熱，且小圓豆顆粒較小，一爆與二爆明顯比扁平豆來得早，烘焙速度較快，因此單獨烘焙小圓豆的火力要小一些，以免烘焦。另外，小圓豆的失重比也較扁平豆小一點。過去被視為瑕疵品的小圓豆，而今卻被奉為咖啡嬌客或珍珠咖啡，售價也高於一般扁平豆……咖啡界的話題真是永遠炒不完！

編製烘焙記錄表

　　咖啡烘焙貴在品質始終如一，最忌忽好忽壞。這次買回家泡的味道和上回完全不同，買咖啡猶如買彩券要碰運氣——這似乎是咖啡迷的共通經驗。老練的烘焙師都知道，「品質始終如一」這句話知易行難，因為影響烘豆品質的變數太複雜，實難一一掌控。從上游生豆品質來看，即使是同一農莊，每年降雨量、乾濕季與平均溫度難免有波動，直接影響到咖啡豆的芳香成分。再者，生豆每批含水量也常因到貨的先後或儲存的長短而有出入，這都會影響烘焙曲線。含水量過高的新豆會拉長脫水期，含水量較低的老豆就不必脫水太久。另外，烘焙機保養情況好壞與排煙管是否疏於清理，都會嚴重影響烘豆品質。但影響最大者，莫過於烘焙師對自己的要求是否嚴格，每一批、每一款軟硬度或含水量不同咖啡豆，是否訂有依循的烘焙曲線，每次烘焙是否留有記錄，再與杯測結果做最後驗收、檢討，並適時修正與調整烘焙節奏。

　　烘焙記錄表的重要性就如同醫生每次應診時必須詳加記載的病歷表一樣，如果烘焙師傅勤於記錄每一爐的烘焙數據與杯測結果，累積幾年下來，就成了烘焙資料寶庫。舉凡各產地咖啡的軟硬度、含水量、溫度與濕度對烘焙的影響，各莊園豆的特色等，都可從記錄表中歸納整理出一套可靠的系統。烘焙記錄表就好比醫生為病患詳實記錄的病歷表，每一爐都在寫歷史、記經驗，這是烘焙師最大的資產。可以這麼說，烘焙師與烘焙匠就差在前者勤於記錄每爐數據與杯測檢討，後者只會把生豆烘成熟豆，交差了事，好壞只有天知道。要做一名稱職的烘焙師，烘焙記錄表是每日必操的功課。

烘焙記錄表必備元素

1. 烘焙日期、第幾爐：日期與第幾爐的編號，方便存檔與日後追蹤。

2. 氣溫、濕度、雨天、晴天、陰天、大氣壓：可瞭解陰晴乾濕冷熱和大氣壓力對烘焙的影響。1,000 公尺的高地，氣壓低，影響火候至鉅，宜小火慢炒。

3. 烘焙品項、綜合、單品：方便歸類各烘焙品項的曲線。

4. 咖啡豆產地、農莊、含水量、硬度：如果缺少相關測量儀器，可請豆商提供數據，有助掌握烘焙火候大小，減少失敗機率。基本上，海拔愈高的生豆，密度愈高，密度檢測結果在 800 公克／公升以上，硬度算高了，不足 800 算軟豆，以臺灣豆而言，海拔 400 公尺以下，密度多半只有 700 多而已。

5. 烘焙程度、淺焙、中深焙、深焙：方便歸類，訂定各產地、各農莊最適合的烘焙程度。近紅外線偵測咖啡烘焙度的艾格壯數值愈大代表烘焙度愈淺，數值愈小代表烘焙度愈深。

6. 入豆溫、入豆重量、出豆重量、失重比：失重比很重要，事涉成本。失重比亦可做為烘焙度重要參考。失重百分比＝〔（入豆重－出豆重）÷ 入豆重〕×100。原則上淺焙豆失重比介於 12 ～ 14%，淺中焙（即一爆結束 40 秒左右）失重比約 14 ～ 15%，中焙（一爆結束 100 秒左右，接近二爆）約 15 ～ 16%，中深焙（二爆初至密集爆）失重比約 16% ～ 18%，深焙（二爆密集爆之後）失重比在 18% ～ 20%，重深焙（二爆平息後）失重比達 21% ～ 23%。失重比與烘焙速度有關，速度愈快失重較低，即快炒失重比低於慢炒。

7. 回溫點：入豆後 1 ～ 3 分鐘爐溫開始回升，中火入豆約 1 分鐘回溫，小火入豆約 2 ～ 3 分回溫。掌握回溫點有助火候的控制。

8. 一爆、時間、溫度：火候控制得宜，同產地含水量相同的咖啡，一爆時間點與溫度均落在同一區間。如果一爆時間與溫度每爐差距過大，表示火候控制有問題，或已更改烘焙節奏和配方。

9. 二爆、時間、溫度：同上，一爆與二爆的時間點與溫度要切實記錄，會因產地咖啡含水量與密度而有差異。

10. 每分鐘溫差：緊盯爐溫每分鐘的差距，有助精確掌握烘焙進程，提早發現爐溫有異，及早補火或降火。此項目很重要也很費工，可養成每分每秒緊盯烘焙的好習慣。

11. 出豆溫、豆相：各產地咖啡最佳出爐溫與最佳烘焙度，是烘焙師的重要資產。出豆色澤是否均一，焦黑點多不多，豆體是否均一膨脹，是烘焙好壞重要參考。

12. 火力安排：烘焙前先寫下火力或瓦斯流量大小的安排程序，事先溫習一遍有助操爐。

13. 風門安排：脫水期、催火期和爆裂期，風門如何調整，先寫出以方便操爐。

14. 杯測檢討：烘焙後務必把杯測結果補上，才算有頭有尾。咖啡出爐冷卻後，當天即可進行杯測，無需矯枉過正地先養豆兩天再進行杯測，因為這很容易打亂杯測流程。其實，咖啡的優缺點，冷卻後即可從杯測檢驗出來，當天杯測覺得不錯，養豆兩天再喝未必更好或更壞，所以先養豆再杯測，無異多此一舉。

根據上述元素可編製烘焙記錄表，各家烘焙業者可根據自身需求與習慣，繪製最符合所需的表格。其中的艾格壯烘焙度分析儀「Agtron」很昂貴，大約可買一部計程車，不妨使用美國精品咖啡協會的烘焙度色盤系統，較為經濟實惠。

如何決定烘焙度與出爐契機

烘焙咖啡除了仔細掌控火候外，更重要的是抓準出爐契機，精確烘出客戶想要的淺焙、中深焙、深焙或重焙咖啡，最忌諱每次交貨的烘焙度都有出入，咖啡品質變來變去。烘焙師的最大挑戰在於能否掌握最佳出爐時機，滯爐期多個五秒或少個五秒，爐溫多 2 度或少 1 度，足以影響杯測結果。出爐時機的捏拿，一直是烘焙師最大的成就與挫折！

兩百多年前，咖啡烘焙在法國和德國興起之初，烘焙師也為何時該出爐傷透腦筋。當時的烘焙機很簡陋，只有一個手工轉動的鐵製滾筒在爐火上烘烤，連取樣杓也沒有，烘咖啡猶如瞎子摸象，品質很難控管。直到一八四六年，獲得專利的法國杜塞烘焙機（Daussé roaster）利用烘焙過程咖啡豆的失重比做為停止烘焙的依據，這是第一部以咖啡失重比決定烘焙度與出爐點的烘焙機。杜塞的設計頗具巧思，他將烘焙機置於特製磅秤上，咖啡持續加溫烘焙，喪失的水分愈來愈多，失重比愈來愈高，烘焙度也愈來愈深，達到先前設定的失重比就立即停火出爐，因此大幅提高烘焙成功率，在當時算是烘焙科技的一大創舉。杜塞還為當時歐洲最常用的豆子訂出最佳出爐的失重比：加勒比海諸島的咖啡失重比達 20% 就出爐，波旁豆失重比 16% 出豆，摩卡豆失重比 14% 出豆。從這些數據可知，當時烘焙師對加勒比海的咖啡採深焙，波旁豆採中深焙，而摩卡豆則偏好淺焙。

科技昌明的今日已不採行這套出爐機制，大型烘焙機每爐數百甚至數千公斤，烘壞一爐損失不輕，因此大型商用烘焙機均加裝焦糖化偵測器，或烘焙度測定器輔助最佳出爐點，大大降低烘焙師的壓力。然而，中小型烘焙機還是得依靠硬工夫來決定出爐時機。上述的烘焙記錄表所提供的烘焙時間與爐溫數據，即可派上用場，協助烘焙師定奪最佳出爐點。

勤於記錄烘焙數據的烘焙師會發覺，生豆含水量相近且烘焙節奏相似的咖啡，其深焙或淺焙的最佳出爐時間點與溫度均落在同一區間。也就是說，類似的豆子只要烘

焙節奏相近，幾乎在同一溫度與同一時間一爆或二爆，甚至出爐點也相近，其豆色或豆相幾乎相同。有了烘焙「病歷卡」供參考，即可減少操爐壓力，輕鬆烘出每爐品質一致的好咖啡。

　　烘焙時間、爐溫與豆相是決定出爐的最重要三大指標，在出爐前務必再次確認烘焙時間與爐溫是否到了出豆點，最後再抽出取樣杓，檢驗豆相，包括豆色是否符合烘焙樣本的深淺度、豆子膨脹是否充分、豆子色差是否最小，一切無誤即可出豆。附帶一提，同一爐豆子即使出自同一莊園，難免會因混有成熟度不同豆子，而有不同含水量與軟硬度，這在烘焙時會出現或多或少的色差。如果是採混合豆一起炒，不均狀況更為明顯。出豆前抽看取樣杓裡的豆相，旨在取其最大公約數，九成以上的豆相均一即可出豆，一味計較剩下少數幾顆豆色不均，繼續炒下去，只會把毀了九成以上的好豆。此一認知很重要。出爐後再挑掉無法著色的白目豆即可。

　　出豆後不要忘了留下每爐樣品豆，並詳加編號，以便停爐後的相關檢測。最好當天烘完就進行杯測，因為當天的烘焙狀況自己最清楚，敏感度也最高。有人為了養豆而拖延杯測的日子，並不恰當，經常弄亂了豆子的批號。如果有買焦糖化測定器，最好分成全豆與粉狀兩種方式來檢測烘焙度，因為全豆只偵測到豆表焦糖化程度，數值會較低，即焦糖化較高;而研磨咖啡粉可偵測到整顆豆的豆芯與豆表的焦糖化平均值，數值會較高，即焦糖化較低。如果沒有焦糖化測定器，也沒關係，可參照美國精品咖啡製定的烘焙度色卡，但最好也採用全豆與研磨兩種方式來檢驗烘焙度。

　　第九章烘焙進階篇，筆者將輔以臺灣大昌嘉華進口德國 Probat 每爐 1.2 公斤的Tino 機，進一步詮釋不同機種的實戰曲線。

Chapter

9

咖啡烘焙概論（下）

將咖啡豆烘到烏黑出油狀並不難，
但油亮亮的深焙豆不等於「畢茲咖啡」，
好比閃閃發光的東西，未必是黃金。

——「畢茲咖啡」已故創辦人，艾佛瑞・畢特

敏感的餐飲業者會發覺，近幾年來，自己動手烘豆的咖啡館愈來愈多。臺北世貿美食展或食品機械展會場，展示咖啡館專用烘豆機種——不論進口或國內製造的大小機型——爭相出籠，百家爭鳴。

自家烘焙已成為銳不可擋新趨勢，是微利時代提升咖啡館競爭力不可或缺的利器。本書第八章已介紹較傳統的基本烘焙技法，供初學者參考，只要勤加練習，再依據烘焙機性能與杯測結果，便可以調整出最適合自己個性、偏好、消費市場需求的烘焙節奏與產品。不論快炒或慢炒，不管深焙或淺焙，絕非孰優孰劣問題，而是烘焙者對咖啡美學的詮釋角度與偏好問題，當然還要兼顧產品的市場定位，以及消費者接受度，最後再教育消費者重新體驗你滿懷熱情為咖啡迷新開發的淺焙、深焙配方豆或單品莊園豆。相信店家自我提升的創新做法，必能感動消費者，開創新商機，並為咖啡市場注入新鮮感與新能量。

店內烘豆的好處很多，除了塑造咖啡館專業形象，亦可營造與眾不同的香味美學，增加業主與舊雨新知的良性互動，更重要的是可節省成本，提高利潤。

咖啡館使用的代工綜合咖啡，純阿拉比卡的批發進價 1 磅至少要新臺幣 120 ～ 180 元；如果受制於連鎖店合約的束縛，則成本更高，每磅進價至少要 200 元以上，而且品質和新鮮度都大有問題。若能自己動手烘豆，每磅不添加劣質粗壯豆的阿拉比卡綜合咖啡，成本約在新臺幣 60 ～ 80 元左右（已包括人工、燃料、水電等開支），

也就是說，自家烘豆每磅至少可省下 60 ～ 140 元成本。在原物料漲勢不休的今日，咖啡館業者近年已體認到自家烘豆的必然性，愈來愈多業者在店內增設烘焙室，提高咖啡館的話題性與動感。

　　筆者深信這股新趨勢正帶動國內咖啡館進行一場「品質大革命」、「獲利大躍進」的維新運動，是新一代咖啡館不得不然的進化與自我升級。反觀原地踏步、不知精進的連鎖咖啡系統，很可能會在這場品質與成本戰中，敵不過來勢洶洶且更專業的自家烘焙咖啡館，而逐漸喪失競爭力。與其簽下綁手綁腳的加盟合約，成就加盟總部，何不早日脫離苦海，自己烘豆，不僅培養一技之長成就自己，也回饋消費者更物美價廉的精品咖啡？

　　本章將一改第八章嚴肅探討烘焙技術的基調，以更大格局進一步分享咖啡烘焙的諸多面相，舉凡深焙與淺焙鬥爭史、硬豆與軟豆的不同烘法、非傳統的前衛烘焙技法、名牌烘焙機試烘報告、烘焙機如何保養等實務，本章均將公開探討，期能為自家烘焙風氣略盡棉薄，並希望讀者能仔細咀嚼「畢茲咖啡與茶」（Peet's Coffee & Tea）與「咖啡關係」（Coffee Connection，「喬治‧豪爾咖啡公司」的「前身」）這兩家代表美國西岸與東岸不同烘焙風格的咖啡館，如何堅持產品的獨特性，進而引發精品咖啡熱潮。這兩家重量級咖啡館的共通點是：自己動手烘豆，創造個性美，成功感動了消費者，進而創造源源不絕的需求。

畢茲歐式重焙風，點燃精品咖啡熱

　　究竟深焙好，抑或淺焙佳，此問題已角力了半世紀，至今依舊各擁信眾，難分難解。深焙與淺焙的鬥爭史，相當有趣，值得詳述。美國如何擺脫「牛仔咖啡」、「洗碗水咖啡」的污名，又在何種因緣際會引動精品咖啡革命，洗刷美式淡咖啡的壞形象？不容諱言，重度深焙風是精品咖啡的火苗，油亮亮黑滋滋的深焙豆似乎成了早期精品咖啡的主流。不甘被冷落的淺焙風接著反撲，深焙、淺焙交相爭鋒迸出火花。千禧年後，美國精品咖啡已不再是重焙當道了，淺焙風日漸盛行，分庭抗禮。美國順理成章執起國際精品咖啡的牛耳，這一段深焙與淺焙鬥爭史，是咖啡烘焙師必修的人文學分。

　　美國過去一向與精緻咖啡沾不上邊。從十九世紀的「牛仔咖啡」，乃至第二次世界大戰結束後的「洗碗水咖啡」，都是歐洲人揶揄美國不懂咖啡、沒有咖啡文化的諷刺語。但一九六六年以後，美國默默掀起一場長達數十載的精品咖啡革命，至今仍未稍歇。荷蘭裔的烘焙師艾佛瑞・畢特是帶頭大哥，他開設的「畢茲咖啡、茶與香料」（Peet's Coffee, Tea, and Spices）被譽為美國重焙時尚與濃咖啡的發源地。星巴克創業三元老傑瑞・鮑德溫（Jerry Baldwin）、戈登・波克（Gordon Bowker）、吉夫・席格（Zev Siegl）就是在「畢茲咖啡」得到啟蒙。三人也在畢特親手調教下學習烘焙，一九七一年轉赴西雅圖開設星巴克咖啡，開店頭一年的咖啡豆還是由「畢茲咖啡」代工，第二年才設立星巴克自家的烘焙廠，由鮑德溫接下烘焙重任。至於大家耳熟能詳的現任星巴克總舵手霍華・蕭茲（Howard Schultz），當時尚不知咖啡是何物，直到一九八二年才獲聘進入星巴克擔任行銷主管。一九八七年，蕭茲順利引進外部資金買下星巴克，繼承星巴克十多年來的遺緒，並改造星巴克，把重焙豆專賣店轉型為賣飲料的連鎖咖啡館，躍升為國際品牌。蕭茲領導轉型的星巴克至今仍奉畢特為精神領袖。就連美國東岸淺焙大師、同時也是「超凡杯」國際精品豆標售活動創辦人之一的喬治・豪爾，早期也是「畢茲」重焙咖啡的信徒，後來背叛畢特的重焙風格，轉而擁抱淺焙風，並抨擊重焙咖啡無異暴殄天物，點燃了深焙與淺焙大論戰，激起精品咖啡熊熊火花。

我們可以說，畢特是美國精品咖啡的教父，沒有他創辦的「畢茲咖啡」，就沒有今日的星巴克，更沒有喬治·豪爾自成一家言的淺焙論述，連帶的也就沒有「超凡杯」國際精品咖啡競標活動。加州柏克萊的「畢茲咖啡」創始店，堪稱美國最富傳奇色彩的師祖級咖啡館，目前仍是全球咖啡玩家的朝聖地。

「畢茲咖啡」崛起於六〇年代，有其時代背景的必然性。二次大戰後，美國咖啡消費量逐年躍增，當時的烘焙商為了擴大利潤，愈烘愈淺，一來可節省工時與燃料費，二來可減少熟豆的失重比。當時，咖啡豆烘到一爆才剛開始，就急著出爐，失重比還不到 9%；相較於二爆後出爐的深焙豆失重比高達 18%，淺焙豆的利潤至少比深焙豆多出一成，這就是早期不肖業者慣用的淺焙賺錢戲法，甚至還變本加厲混入大量日晒粗壯豆。當時的咖啡有多難喝，可想而知，難怪被恥笑為「洗碗水咖啡」。但消費者早已習於半生不熟的酸澀苦咖啡，為了更順口，只好多加點水稀釋，因此清淡如水的薄咖啡，是當時流行的口味。只要有咖啡因提神就好，不管咖啡像不像酸臭的餿水。這得怪美國軍方在大戰期間為了保存方便，配給前線官兵的咖啡，不是極淺焙的，就是即溶咖啡。這些人退役後進入社會，很自然地將過度稀釋的淡咖啡口味帶進職場。戰後一、二十年間，美國烘焙大廠佛吉斯（Folgers）、席爾斯兄弟（Hills Bros）傾力推銷極淺焙的罐頭咖啡，久而久之，民眾不知新鮮咖啡是何物，已習於走味咖啡，拚命加糖添奶精一樣好喝。爛咖啡充斥是戰後的後遺症，歐洲亦有此現象，因為民間全力搞重建，何來餘裕論吃喝。

美國烘焙業只圖坐享暴利，沒有道德勇氣撻伐這股變相的淺焙「A 錢」歪風。直到一九五五年，從印尼、紐西蘭輾轉移民舊金山的荷蘭裔咖啡烘焙師畢特，看不慣多金富有的美國竟充斥著難以入口的餿水咖啡，想喝一杯像樣的好咖啡難如登天，決定開一家咖啡館來教育老美什麼是「濃醇如美酒，香甜如玉液」的好咖啡。畢特究竟是何許人也，影響美國咖啡文化至深且鉅？

畢特踏上美國樂土前，只是一名玩咖啡不惜荒廢學業的壞小孩。一九二〇年，他在荷蘭出生，父親是在荷蘭小鎮艾克瑪（Alkmaar）執業的咖啡烘焙師，卻嫌烘豆太

辛苦不希望兒子畢特接棒，要他多讀書將來做個文書工作者。但畢特從小不愛上學讀書，老愛流連老爸的烘焙廠聞香玩咖啡。他十八歲時學會了歐式重烘技法和配豆祕訣，二次大戰期間還被德國捉到勞動營為德軍烘咖啡。他於一九四八年戰後返家，卻與老爸合不來，憤而離家出走，遠赴印尼與咖啡農、茶農為伍，實踐他的咖啡大夢，因此對爪哇、蘇門答臘、新幾內亞等亞洲豆知之甚詳，為日後配出聞名全美的綜合咖啡「迪卡森少校綜合咖啡」[註1]、「加魯達」（Garuda Blend）和「太平洋系列」（Pacific Blend）熱身。一九五五年，畢特以三十五歲之年隻身移民舊金山，在一家咖啡豆進口商工作，看不慣老板在配方豆添加大量粗壯豆並販賣半生不熟的淺焙咖啡，於一九六五年頂撞老板而遭開除。隔年，畢特決定開一家歐式咖啡館專賣重焙豆和特濃咖啡（將淺焙與粗壯豆列為拒絕往來戶），讓老美見識什麼是濃而不苦、醇而潤喉的好咖啡。

畢特自許為重質不重量的咖啡老饕，這在淡咖啡當道的年代尤為突兀，他說：「很多人以為我愛特濃咖啡、是無可救藥的酗咖啡族，其實不然。我是頑固的咖啡鑑賞家，我愛量小而濃、質高量精的好咖啡。我痛恨淡而無味的爛咖啡。常有人不懂裝懂，說什麼每天要喝六杯以上才叫做咖啡達人，我要問他們到底是在喝茶還是喝咖啡！每天喝兩杯濃醇的香咖啡，勝過十杯稀薄如水的淡咖啡。」六〇年代淡咖啡當道，畢特的歐式重焙咖啡尤顯格格不入，難有市場。但不要忘了，戰後的美國嬰兒潮，誕生了一批未經戰火洗禮、味蕾敏感、吃喝挑剔的享樂青年，這些人很自然成為「畢茲咖啡」的鐵衛或死忠。「畢茲咖啡」強調只售新鮮烘焙豆，因此脫穎而出，黝黑香濃的重焙咖啡如星火燎原般，席捲全美，成了競相模仿的咖啡新時尚，未出油的淺焙豆或罐頭咖啡被崛起的嬰兒潮世代仇視為爛咖啡。

一九六六年四月一日，畢特在舊金山柏克萊大學附近的胡桃街與藤蔓街（Walnut and Vine Streets）交會處開立「畢茲咖啡、茶與香料」創始店，零售新鮮烘焙的全豆咖啡（Whole Beans），賣場不大，只容得下六張小凳，提供物超所值的香濃咖啡。「畢茲咖啡」的烘焙方式、配豆和行銷手法，與當時流行的淺焙、添加粗壯豆和訴諸電視廣告的做法，背道而馳。「畢茲咖啡」不屑當時最流行的半生不熟淺焙豆，改走深度

烘焙（Deep Roast）路線，不管單品或綜合豆，皆烘到二爆中後段才出爐，並改用較耐火候的阿拉比卡硬豆做配方，也就是說在「畢茲咖啡」你絕對喝不到二爆前的淺焙豆或羅巴斯塔豆。

畢特不訴諸媒體廣告，親自坐鎮店內，一心兩用——邊烘豆、邊向購買咖啡的客人講解各產地咖啡的異同處——並教導大家正確沖泡法。他以當時盛行的淡味咖啡的兩倍濃度來沖泡，也就是以 30 公克現場研磨咖啡粉，用法式濾壓壺來沖泡 360cc 的咖啡，一改過去以 10 ～ 15 公克泡 360cc 淡咖啡的惡習。第一次喝「畢茲咖啡」的人，多半會喊出：「哇塞，你要毒死我嗎？這麼濃！」隨後當咖啡在口腔內「開花釋香」、經歷一場味蕾震撼教育後，便紛紛改口說：「哇塞，濃得過癮，嗆得好爽，甘得潤喉！」識貨者初期多半是歐洲移民，總算在美國找到瓊漿玉液的咖啡。有趣的是，數日不洗澡的臭嬉皮喜歡聚集在「畢茲咖啡」，或坐或臥，彷彿來此接受重焙豆的燻香浴。嬉皮成群賴在店裡是「畢茲咖啡」一大特色，雖然館內臭香兼而有之，但走進「畢茲咖啡」的人，都忍不住要大吸一口氣，體驗臭中有香、香中有臭的異味世界，包括重焙豆特有的焦香、酒香、咖啡精油香、香蕉油香，以及嬉皮獨有的臭襪味與體臭味，可謂香臭交融，百味雜陳！

當時買咖啡豆的多半是婦女，深受畢特親自講解咖啡的熱情感動，再上門時都會帶著老公或朋友隨行，一同感受畢特獨有的熱情。人潮愈來愈多，早上一開店就大排長龍，也帶動附近商店的生意。畢特忙不過來，初期聘雇了兩名年輕女子。他教導新進職員如何用鼻子、眼睛和嘴巴評鑑咖啡的好壞，最常掛在嘴邊的話是：「咖啡豆會說話。要瞭解他們的語言，就要長期學習，至少要花一年才聽得懂深奧的豆言豆語。」

註 1：Major Dickason's Blend，四十多年來一直是「畢茲咖啡」的招牌產品，也是全美名氣最響亮的綜合豆，名稱有其典故。六〇年代末期，一位名叫凱伊·迪卡森（Key Dickason）的軍方熟客買了幾款「畢茲」單品豆，加以混合，發覺遠比單品更為甘醇，於是請畢特鑑賞他的新發現。畢特杯測後驚為天人，讚嘆此配方將重焙美學發揮得淋漓盡致。畢特稍微調整配比，取名為「迪卡森少校綜合咖啡」，以紀念這位熟客的靈感！

在他調教下窺得咖啡堂奧的職員，很興奮地將心得傳授給客人，這股熱情因此也傳染給消費者，名氣不脛而走。

畢特賣咖啡豆的方式堪稱一絕。他從不打廣告，依舊門庭若市。他常說：「產品為我行銷，豆子為我說話。喝到窩心處，客人自會來！」他不屑在客人面前吹噓「畢茲」的重焙豆與眾不同，堅信一切靠品質來說話。賣豆前，他會先親自泡上一壺請客人喝，讓他們品嘗一下想買的咖啡味道如何，夠不夠濃郁、甘甜、新鮮。幾乎無人抗拒得了畢特現泡現賣的攻勢，紛紛掏出腰包，不但買回新鮮豆，也買回畢特的熱情。畢特的經營方式在那個只賣走味罐頭咖啡的時代，堪稱異類；他賣熟豆、茶和香料等物料，不賣一杯杯的咖啡飲料，卻樂意請上門客人免費試喝咖啡，順便聽他的重焙咖啡經，以及新鮮烘焙、現磨現泡的重要性。這與目前的咖啡館以賣飲料為主、賣熟豆為輔，正好相反。

柏克萊店很快就應付不了四面八方的需求。一九七一年，畢特又在奧克蘭的梅洛公園（Menlo Park）開立第二家店；一九七八年，在奧克蘭的皮德蒙街（Piedmont Avenue）再開第三店。但客人還要求畢特再開店，於是一九八〇年又在柏克萊開立第四店。到此為止，畢特深知重焙豆務必在地烘焙，他的小型烘焙廠頂多能應付四家店的用量，再追開店面只會影響咖啡品質。維持小而美是他經營「畢茲」的基本信條。

畢特為人固執，事必躬親，不肯下放權力，對員工要求甚嚴，卻不善溝通，職員不堪負荷，離職潮不曾間斷。一九七九年，他年屆六十，也玩累了，便將「畢茲咖啡」高價賣給合夥人波納維塔（Sal Bonavita）。畢特的徒弟──星巴克老闆鮑德溫──錯失買下師父店面的機會，後悔不已。一九八四年，鮑德溫得知「畢茲咖啡」又要轉手，這回不惜舉債，以 400 萬美元將「畢茲咖啡」從波納維塔手中買回來，並與星巴克合併經營。未料企業文化格格不入，發生兩方人馬水火不融的衝突，而當時擔任星巴克行銷主管的霍華‧蕭茲也因展店理念與鮑德溫不合，掛冠求去，自立門戶。一九八七年，霍華‧蕭茲找來創投資金，以 380 萬美元買下星巴克（這筆交易包括商標、烘焙廠和六家店，但不含「畢茲咖啡」）。鮑德溫棄守星巴克，遠走舊金山，專心經營名

氣更響亮、地位更崇高的「畢茲咖啡」，繼續宣揚畢特的歐式重烘熱情。自此星巴克又與「畢茲咖啡」分家，而且彼此成了最大勁敵。畢特與鮑德溫、蕭茲的三角關係，以及星巴克與「畢茲咖啡」的恩怨情仇，剪不斷理還亂，一直是美國精品咖啡界的話題。

● 重焙頑童扮演咖啡警察

一九七九年，畢特閃電淡出一手創辦的「畢茲咖啡」，耳語四起。為何他在威望如日中天之際急流勇退？外界很難洞悉內情，但二十多年來他默默奉獻咖啡事業。二〇〇一年畢特已從舊金山搬到北鄰的俄勒岡州西南部麥德福市（Medford）養老，就住在惡棍谷（Rogue Valley）一棟豪宅的八樓，但他並沒閒著。老頑童經常扮起咖啡警察隨興出巡，數年如一日，暗訪附近的咖啡烘焙廠，四處嚇人兼指點烘豆迷津，傳為美談。

灰熊頂烘焙坊（Grizzly Peak Roasting Co.）的烘焙師羅格斯（Rogers），在俄勒岡州艾許蘭（Ashland）小有名氣，就被畢特嚇過一次。羅格斯說：「有一天我在烘豆，一位氣色紅潤的老先生，門也不敲就大搖大擺走進來，不待我請教來意，老人家就說：『我大半輩子玩烘豆，在柏克萊曾經有一座小烘焙廠。』」羅格斯接著問：「那你一定認識大名鼎鼎的咖啡教父艾佛瑞·畢特。」老先生回答：「嘿嘿，我就是畢特啦！」大師似乎樂見別人驚訝的表情。二〇〇一年以來，麥德福市附近的烘焙廠，不論山間小徑或名山小溪旁，都有老頑童出巡、分享烘焙經驗的身影。畢特不定期出現在各烘焙廠扮演咖啡警察，確實讓不少烘焙師又驚又喜。

畢特雖有點重聽，但味蕾依舊敏感，仍有許多咖啡業者郵寄生豆請他鑑定好壞，最遠甚至有來自歐洲精品咖啡業。這二十年多來，畢特退而不休，仍是炙手可熱的烘焙顧問兼生豆鑑賞家，但他最喜歡的頭銜不是顧問、教父或鑑賞家，而是監督美國烘豆品質的咖啡警察，即使拖著老骨頭也樂此不疲。

咖啡俏皮話：「畢尼克」、「焦巴克」

若說「畢茲咖啡是當今最富傳奇色彩的咖啡館」並不為過，因為「畢茲咖啡」催生了美國——乃至全球——的精品咖啡運動；「畢茲咖啡」猶如一條提供養分的臍帶，滋潤早期星巴克的茁莊。「畢茲咖啡」還有一個很有趣的文化現象，那就是「畢茲」的擁護者不約而同地以「畢尼克」（Peetnik）相稱。此語出現在六〇年代末至七〇年代初，沿用至今。

加州柏克萊的居民都知道，胡桃街與藤蔓街交會處的「畢茲咖啡」母店打從早上開門就聚集一大群咖啡怪客，人人手持陶杯，喝著招牌的「迪卡森少校綜合咖啡」（Major Dickason's Blend）談論天下事。柏克萊大學的師生以濃咖啡代酒，辯論學術意見，衣裝不整的臭嬉皮也進來做「燻香浴」，人聲鼎沸，看似幫派分子聚眾鬧事，引起警方注意。舊金山警方後來發現這批畢茲迷，人怪心不惡，索性借用 Beatnik 一字（指奇裝異服舉止怪異之人），移花接木成另一個諧音字 Peetnik（畢尼克），挖苦聚集「畢茲」門口的咖啡怪客。這批怪腳也回敬警方，很有默契地穿上咖啡色 T 恤，凸顯自己就是與眾不同的畢茲幫。而今，「畢尼克」已成為廣大畢茲咖啡迷的謔稱。如果你到舊金山，別忘了說一句「I'm a Peetnik too」，拉近與當地居民的距離。全世界大概只有畢茲迷才有這股神奇的向心力和屬於自己的術語。此一文化現象相當難得。

至於「畢茲咖啡」的「徒弟」星巴克，在美國也有一個封號，那就是「Charbucks」，中文可譯為「焦巴克」，借以挪揄星巴克的咖啡烘得太焦苦。更有趣的是，此字眼的始作俑者是東岸大名鼎鼎的淺焙教父喬治·豪爾。筆者一九九八年遠赴西雅圖採訪幾家烘焙公司，當地知名的「藝術咖啡」（Caffe D'arte）老闆契波拉（Mauro Cipolla）曾告訴我「Charbucks」的典故（Char 意指燒焦或木炭），令人發噱。豪爾是在一九九四年他苦心經營的「咖啡關係」被星巴克購併前，創造了這個挪揄星巴克的新語，成為當時波士頓地區流行用語，但亂用這個字可能會為自己惹上麻煩。二〇〇二年美國新罕布夏州一家規模不大、名氣不小的黑熊烘焙公司，以「Charbucks Blend」

做為深焙豆的商標，被星巴克告上法庭。二〇〇五年法院裁示星巴克敗訴，因為星巴克無法證明「Charbucks」字眼損及其商譽。咖啡界的奇聞怪事，真是一輩子說不完道不盡。

重焙染指美東

我們可以這麼說，一九九二年星巴克在納斯達克上市前，尚無餘力搶攻美東市場，東北部新英格蘭地區仍是豆表不出油的淺焙大本營，未受西岸舊金山或西雅圖豆表出油重焙風影響。美國咖啡口味從西向東由深而淺，所以有西岸深焙、東岸淺焙之分。對照義大利，咖啡從北往南由淺而深，所以有北義烘焙（約二爆初就出爐，帶有微酸）與南義烘焙（二爆中後段才出爐，無酸味）之辨，這是很有趣的現象。美國東岸不出油的淺焙風捍衛者，首推大師級的喬治·豪爾一九七五年在波士頓創立的「咖啡關係」，以及鮑伯·史提勒（Bob Stiller）一九八一年在佛蒙特州創立的「綠山咖啡」（Green Mountain Coffee Roasters），兩者皆為美東地區明亮活潑、帶有上揚酸香的淺焙風翹楚。

然而，師承畢特重烘風格的星巴克，在一九八七年蕭茲入主後急速展店，九二年成功上市，籌得大筆資金，開始向美國東岸大肆展店，輸出重焙時尚。油滋滋的「黑色」大軍直搗淺焙淨土，引發深淺焙孰優孰劣大論戰。當時的東、西兩岸媒體也樂得加入筆戰，熱鬧非凡。

星巴克的黑色大軍並不孤單。早在星巴克三元老鮑德溫、波克與席格於一九八四年賣掉手中持股給蕭茲後，就有意染指東岸的重焙處女地。三人是重焙豆基本教義派，認為淺焙咖啡不夠濃郁，甘甜度與潤喉感亦遠不及重焙豆，愈早到東部播下重焙種籽會愈有利基。一九九三年，鮑德溫等三人搶在星巴克之前，在美東馬里蘭州的洛克維爾（Rockville）開設首家主打西岸重焙風的「夸特曼咖啡烘焙公司」（Quartermaine Coffee Roasters），烘焙師由「畢茲咖啡」代訓，烘焙度甚至比「畢茲」還要深。夸

特曼咖啡由鮑德溫的親人主事，成了「畢茲咖啡」的東岸代言人，以咖啡豆零售或批發業務搶攻美東市場。星巴克見狀，加快腳步，同年在華盛頓地區火速展店，引進西岸油亮亮重焙豆和奶香四溢的拿鐵，讓東岸有了更多元的咖啡文化。當時的東岸仍以黑咖啡為主，不流行加奶或奶油的白咖啡。「咖啡關係」創辦人喬治·豪爾為了捍衛十多年深耕的淺焙基業，決定與「黑色大軍」一決高下，星巴克卻暗中進行一場銀彈招降交易，試圖降服美東的淺焙宗師喬治·豪爾，把深焙淺焙的鬥爭帶進最高潮。

● 淺焙陣營不敵黑色兵團

喬治·豪爾是何方神聖，讓星巴克不惜重金招降？豪爾確有獨到的特質。他是耶魯大學藝術史與歐洲文學的高材生。一九七五年四月，他在波士頓精華地段霍華德廣場開設「咖啡關係」創始店後，就一肩挑起咖啡教育的重任，桃李滿天下，被譽為「走動的咖啡百科全書」。是美東首屈一指的咖啡大師，與美西輩分更高的畢特齊名，在美國咖啡界素有「東豪爾，西畢特」之謂。而舊金山「畢茲咖啡」與波士頓的「咖啡關係」，在八〇年代至九〇年代被視為重烘焙與淺烘焙的聖地麥加。

星巴克總舵手蕭茲表示：「豪爾調教下的『咖啡關係』，不論專業能力和戰鬥力，都比我們過去遭遇的對手強上數百倍。因此，與其兩敗俱傷，不如攜手合作。」此話說來委婉動聽，骨子裡卻是想擒賊擒王。星巴克進軍東岸的同時，如能先發制人，買下最具聲望的「咖啡關係」，對星巴克的品牌是一大宣傳，而且也可接收「咖啡關係」十多年來培養的廣大客群。

一九九二年，「咖啡關係」在波士頓已有十一家門市；一九九三至一九九四年，喬治·豪爾為了迎戰星巴克，獲得創投公司的資金挹注，再增開十五家店。蕭茲不願見咖啡大戰開打，於是加快購併進程。就在媒體一陣錯愕下，一九九四年六月，星巴克宣布以 2,400 萬美元股票成功購併「咖啡關係」，淺焙大老喬治·豪爾則擔任星巴克顧問。此後幾年，大師似乎人間蒸發，淺焙淨土一一淪陷，隨處可見油滋滋的重焙豆，西岸重焙風主導了美國九〇年代的咖啡時尚。

喬治‧豪爾為何一夕間向星巴克繳械稱臣？這位淺焙大師是否受到深焙大師畢特的啟蒙，才踏入咖啡世界？如果是受到畢特啟發，為何如此痛恨重焙豆？這些問題直到二○○五年喬治‧豪爾接受美國媒體專訪才一一解密。

● 「咖啡關係」效法「畢茲咖啡」

　　喬治‧豪爾在訪談中，坦承最初是受「畢茲咖啡」的啟蒙才愛上咖啡：

　　一九六八年，我帶著妻小從美東搬到舊金山，開車行經柏克萊「畢茲咖啡」母店，看到一群人拿著陶杯站門口邊喝邊聊天，像是在開派對，一時好奇停車前往看究竟。走進店內，濃香撲鼻，室內陳設像是古代的化學實驗室，店員以為我要買豆，先奉上一杯咖啡讓我試飲。小啜一口，哇塞，這是什麼好東西，香濃有勁，一點也不苦，甘醇潤喉，一口氣喝完，這輩子第一次喝過如此濃稠的好咖啡……從此成了畢茲的死忠，但也常到附近另一家烘焙度稍淺的咖啡館，有時換換口味也不錯。一九七四年決定搬回波士頓，開車從美西殺回美東，當然也帶了畢茲最著名的「迪卡森少校綜合咖啡」和手搖磨豆機、法式濾壓壺隨行，想喝咖啡就在沿路的連鎖汽車旅館停站休息，上洗手間也不忘帶磨豆機進去，先磨好豆子再上小號，讓廁所的氣味好聞多了，功德一件。磨好豆子後返回旅館櫃檯，付 35 美分請店員提供熱水讓我現泡咖啡。咖啡濃香吸引一群人圍觀，指指點點的，每次現泡咖啡都造成不小騷動。現磨現泡的新鮮咖啡在七○年代的美國尚屬少見，習慣是罐頭咖啡或即溶咖啡。畢特倡導的店內新鮮烘焙、現磨現泡的法式濾壓壺咖啡，是一大創意，我每次現泡咖啡就會吸引一票人圍觀，是商機的最佳佐證。返回波士頓後，就決定在東岸開一家類似「畢茲咖啡」的店，因為這裡的咖啡盡是些走味豆，在茶館才買得到罐頭咖啡豆，研磨後毫無香氣，像是木屑粉末，糟透了！

　　畢特在舊金山倡導的新鮮烘焙風，在東岸還沒人如此做，我是第一人引進西岸的咖啡時尚，不明白為何這裡沒人重視新鮮這回事。老婆蘿莉也同意開店，她為我想好了店名，就叫「咖啡關係」。我很重視新鮮問題，也找到一家名氣不小的烘焙廠為我

代工，每週定期供應新鮮咖啡豆，但與烘焙廠業務經理深談過後，決定自己動手較有保障，因為他們只有哥倫比亞和巴西兩種基豆，再利用配比與深淺焙度來模擬藍山、肯亞等單品豆的風味，反正沒人喝得出差別與好壞。這太離譜了，與詐騙有何不同？怎麼也沒想到美東的業者如此墮落。咖啡烘焙是這麼的搞法，我可敬謝不敏。

求人不如求己，我決定走畢茲自家烘焙的路子，但又沒人肯教烘焙，這是一門很封閉的技術，我只好硬著頭皮困知勉行，自己摸索。舊金山精品咖啡女強人娥娜‧努森[註2]協助我弄了一臺德國二手波巴特（Probat）烘焙機，我不知烘壞了幾百公斤生豆，發生多少次小火災，才定出烘焙度的深淺與節奏[註3]。

二十年來，「咖啡關係」的生豆有五成是努森供應的。想想看，從舊金山運到波士頓，要增加多少成本，但我甘之如飴。努森的豆子品質我最放心。「咖啡關係」以畢茲為榜樣，賣咖啡豆前，先以法式濾壓壺沖一杯請喝，證明咖啡品質與新鮮度無誤。當時我們賣十二種豆子，有時會泡十二壺不同產地的咖啡請客人比較，這在東岸是一大創舉，「咖啡關係」在波士頓一炮而紅，畢茲的經營方式給我莫大啟示……美東地區只有「綠山咖啡」與我們分庭抗禮，但「綠山」主攻大批發業務，也沒有請喝咖啡的做法，市場上井水不犯河水。另外，「咖啡關係」也學畢特在咖啡容器或咖啡袋上註明豆子的出爐日期。當時東岸只有我們如此做，重視新鮮與客人權益，是我們迅速竄紅的主因[註4]。

至於星巴克購併之事，我並不是怕競爭才打退堂鼓，而是我不想浪費生命在籌資、營運、管理人事與展店上。這些瑣事讓我無法專心顧好咖啡品質，讓我頓覺與咖啡的根愈離愈遠，而且星巴克的重焙豆與拿鐵掀起全美新時尚，形成莫之能逆的星巴克現象，顧客紛紛要求更深焙的咖啡和加奶的白咖啡，這都不是我想賣的，生意雖然好卻愈做愈乏味，成長最多的竟然是深焙豆，油滋滋的重焙豆成了精品咖啡的代名詞，而豆表乾燥的淺焙豆卻被醜化成低檔的商業用豆，我這才興起賣掉的念頭。而且蕭茲也很有誠意，同意購併後不改我們的店招和淺焙方式。未料成交後，他食言而肥，二十四家「咖啡關係」立即改為綠色美人魚，二十年來「咖啡關係」備受推崇的

淺焙風，一夕間改成豆表出油的深焙，這最令我痛心。我也依照合約幾年內不再涉足咖啡館事業，迫不及待地遠赴巴西等產豆國與咖啡農為伍，擔任消費國與生產國間的橋梁，協助改善生豆品質。這些年學了不少，這才是我最有成就感的美事……

● 喬治・豪爾堅持單品，宣揚淺焙美學

豪爾淡出割喉的咖啡館大戰後，更有餘裕投入精品咖啡的研究與推廣工作。一九九六年，他獲美國精品咖啡協會（SCAA）頒贈終身成就獎，表揚他獻身精品咖啡小尖兵角色。此大獎確立他在精品咖啡的崇高地位，可謂「失之東隅；收之桑榆」。

一九九五年後，豪爾遠離美國，浪跡中南美和亞洲的咖啡產國，巴西、哥倫比亞、瓜地馬拉、墨西哥、尼加拉瓜、祕魯、蘇門答臘和印度，皆有大師巡視咖啡園的足跡，提供建言協助咖啡農改善咖啡品質，進而賣得更高價格。一九九七年，豪爾替聯合國、國際咖啡組織（International Coffee Organization）工作，為巴西等五個產豆國推動一項「精品計畫」，幫助咖啡農創造一個在經濟上能永續經營的模式。這項計畫讓豪爾福至心靈——何不舉辦國際規格的「超凡杯」精品豆競賽活動？在相關人士奔走下，第一屆「超凡杯」一九九九年率先在巴西登場。勝出的巴西農莊艾特羅沙（Alterosa）

註2：Erna Knutsen，出生於挪威，從小隨父母移民美國，早年曾擔任過模特兒，一生多彩多姿。四十多歲才涉足咖啡業，憑著超敏感味蕾見稱杯測界，目前已高齡八十多，體況硬朗依舊，被譽為「精品咖啡教母」。「精品咖啡」（Specialty Coffee）就是她在七〇年代初期創造的新語，全球廣為採用。

註3：喬治・豪爾避重就輕，未說明為何背叛畢特的歐式重焙，改走淺焙路線。業界的說法是豪爾曾試圖模仿「畢茲」的重焙風，不得要領，烘出的深焙豆焦苦難入口，失去「畢茲咖啡」濃而不苦，甘甜潤口的特質，百般無奈下只好放棄重焙，改而鑽研淺焙，有了心得，執起捍衛東岸傳統淺焙風的大旗，有了使力點，遂與西岸重焙別互苗頭！

註4：在包裝袋上註明出爐日期對業者是一大風險，至今很少有業界敢跟進。一般大廠只敢標明到期日或賞味期限，至少長達半年至一年，企圖矇混過關。畢特與豪爾當時敢逆勢而為，標示出爐日期，令人敬佩，不愧為精品咖啡教父。

國寶豆在國際級杯測師背書下，身價大漲，每磅生豆喊價到 2.6 美元，農民笑呵呵，一掃過去巴西豆平淡無奇、只宜做配方豆的刻板印象。當時美國紐約期貨市場的巴西桑多士生豆，每磅國際行情只有 40～50 美分。也就是說，勝出的巴西國寶豆身價超出一般巴西豆售價的五倍以上。令人欣慰的是，「超凡杯」脫穎而出的國寶豆身價，年年上揚，二〇〇六年巴西第一名國寶豆出自「希望農莊」[註5]，每磅飆至 13.2 美元，至少是一般巴西豆的十三倍身價。而瓜地馬拉二〇〇六「超凡杯」勝出國寶豆，更飆到每磅 25.2 美元，令人咋舌。

這項競賽豆活動在一九九九年首次舉行就打響國知名度，豪爾居功最偉。「超凡杯」活動拉大了精品豆與商業豆的價格差距，讓用心栽植的農民有了更好的報酬與鼓舞，大大改善生計，也有餘力更新生產設備，對咖啡業而言是個良性循環。「超凡杯」目前已成為全球精品咖啡最受矚目的盛會，報名參加杯測評比的產豆國愈來愈多，包括巴西、哥倫比亞、玻利維亞、宏都拉斯、多明尼加、瓜地馬拉、哥斯大黎加、薩爾瓦多等，讓全球咖啡迷對各國精品豆有更深入瞭解。

豪爾炒熱了「超凡杯」國寶豆標售活動，深切體會到高檔莊園豆市場逐漸增溫，二〇〇二年毅然離開他一手扶植的「超凡杯」，返回麻薩諸塞州成立「喬治·豪爾咖啡公司」（George Howell Coffee Company），全力拓展美國精品豆市場，並推出一系列以 Terroir 為品牌的莊園豆系列，以挑嘴的咖啡老饕為訴求。「Terroir」是法文，原意為土壤。豪爾有深厚的文學根基，才相中此字做為單品豆商標。法國品酒界常用「Terroir」來形容葡萄酒的特色與栽種環境息息相關，也就是說土壤、氣候和品種是呈現各地葡萄酒不同風味的三要素。大師借用品酒術語來凸顯各產豆國因栽植水土、氣候與品種不同而有不同的特色，即「地域之味」來標榜產地國各莊園豆之美，再恰當不過，因為即使是同一咖啡產國，不同莊園的海拔、日夜溫差、土壤酸鹼度、養分、乾濕度、雨量、遮蔭樹種類、向陽面或背陽面、日照強弱和水質，均有不同。栽種環境的差異性均會反應在各莊園豆獨特風味上，這就是莊園豆令饕客驚艷、上癮的個性之美。

豪爾認為，產地精品豆或國寶豆自有獨特風味，只有單品，才喝得出豆子不同的水土、環境、氣候與品種的特質，也就是喝出豆子的「地域之味」，不宜與其他豆子混合成綜合豆，否則就是暴殄天物。他販賣的產品99%是各產地精品豆，幾乎不賣綜合豆，甚至以巴西國寶級莊園豆來做北義濃縮單品咖啡或南義濃縮單品咖啡，喝來不但不單調，風味反而比傳統的義大利綜合豆更豐富飽滿，橘皮香和蔗糖香，濃郁迷人，很容易喝出巴西優質的「地域之味」。

豪爾對咖啡的烘焙度自有堅持，很少讓咖啡豆烘進二爆，多半在二爆前就出爐，認為一爆結束至二爆前出鍋，最能詮釋精品豆的「地域之味」，還為這種烘焙度取名為「全風味烘焙」。

筆者曾以艾格壯烘焙度分析儀檢測豪爾的「全風味烘焙」，其艾格壯數值大部分落在#52～#70之間，不曾低於#50，換句話說，不曾深過二爆的初爆階段，但也很少有高於#75的極淺焙半生不熟產品。對照筆者第八章所列的烘焙度深淺表，豪爾的「全風味烘焙」多半落在淺中焙或中度烘焙之間，也就是未進入二爆階段就出爐，即使少數進入二爆也是點到為止，豆表尚無油質出現。以豪爾 Terroir 系列烘焙度最深的「巴西達泰拉莊園南義烘焙」（Brazil Daterra South Italian Style Espresso）為例，全豆的艾格壯數值為#54，磨成粉的艾格壯數值為#66，兩者平均值#60，屬於淺中焙〔註6〕，比一般南義濃縮咖啡豆淺很多。一般南義濃縮豆的艾格壯數值，全豆介於#26～#35之間，咖啡粉介於#30～#45之間。但豪爾以中度烘焙至淺中焙詮釋的南義濃咖啡，喝來卻不覺尖酸，因為全部是以巴西知名達泰拉莊園的冠軍競賽豆來烘焙，酸味柔和，香味動感十足，因此不需進入二爆即可用來做濃縮咖啡，可見得選豆很重要。

註5：Fazenda Esperança，臺中的歐舍咖啡標得一部分，在二〇〇七年臺北世貿食品展有售。
註6：全豆外表碳化程度較高，所以測得的艾格壯數值低，反觀磨粉咖啡含有內芯碳化較淺的部分，讀數自然較高，數值與碳化程度成反比。

若以一般桑多士來做，土腥味一定很重；如果以瓜地馬拉或肯亞豆未進入二爆的中度烘焙來詮釋濃縮咖啡，肯定尖酸澀嘴難入喉，一般消費者很難接受。可以這麼說，精選好豆是豪爾發揚淺焙美學的基石，豆子稍有一丁點瑕疵，會很不客氣在淺焙中曝露無遺，自取其辱。唯豪爾雖貴為淺焙大師，但有些單品豆卻矯枉過正，烘得太快或太淺，致使綠原酸和胡蘆巴鹼殘留過多，喝來有股半生不熟的苦澀味和尖酸，也不是每款精品豆都精彩。

── 星巴克背叛深焙 ──

可喜的是，豪爾近年來大力宣揚淺焙，起了潛移默化效果。九〇年代以降，美國精品咖啡界流行的重焙出油時尚，近年似有退燒跡象。諷刺的是，最先背叛重焙時尚、響應豪爾淺焙美學的，就是星巴克。這對一九七一年創業以來不屑淺焙的綠色美人魚來說，是一件非同小可的大事。

一九九八年，星巴克在東岸市場壓力下，破天荒推出幾款二爆前出爐的綜合豆，包括「淺焙小調」（Light Note）以及「早餐綜合」（Breakfast Blend）。後者應是星巴克最淺焙的產品，測得的艾格壯數值為全豆 #47，磨粉後為 #56，是星巴克少數未烘入二爆的淺焙豆，也使產品更趨多元化。向中間靠攏，是無可厚非的商業考量。

但重焙死硬派仍不為所動，繼續推廣重焙的出油美學。「畢茲咖啡」保守經營了35 年後，二〇〇一年終於上市，開始引進資金，拓展連鎖系統。二〇〇七年，「畢茲咖啡」在全美擁有 166 家門市（其中 130 家設於加州），並在全美 5,700 個超市或雜貨店販售熟豆，該年營業額達 2.49 億美元。挾著精品咖啡點火者的威名，「畢茲咖啡」成長迅速，位於舊金山艾莫里維爾 Emeryville 的烘焙廠已不敷所需，二〇〇七年五月，占地 1.68 萬坪、斥資 2,900 萬美元（約 9 億 5,700 百萬新臺幣）的新烘焙廠在舊金山奧克蘭國際機場附近啟用。有五臺德國 Probat G120 烘焙機（每爐可烘 120公斤，由七名資深且簽 10 年約的烘焙師操爐），可 24 小時全天候運轉，預計業績一

年內可倍數成長到 5 億美元。「畢茲咖啡」老闆鮑德溫也在二〇〇一年上市後退居幕後，擔任顧問工作。相較於喝著「畢茲」奶水茁壯的星巴克，「畢茲」就顯得小巫見大巫。星巴克二〇〇七年分布全球四十多國的總店數超出 13,000 家，總營業額高達 94 億美元。但「畢茲」執行長歐迪亞（Patrick O'Dea）表示：「我們的經營形式與星巴克不同，無意在每個街角都開一家店，布建咖啡豆通路才是畢茲的重點。美國大概有 10% 的人自認是咖啡老饕，我們寧願爭取這群頂尖客百分之百的生意，而不願降格以求，去搶另外那 90% 的牛飲大餅！」

至於精神領袖畢特對上市一事有何看法？美國媒體曾問畢特：「眼睜睜看著這家掛著您老人家大名的傳奇咖啡館上市了，你後悔太早退出嗎？」快人快語的咖啡老頑童畢特回答：「我不認為大就是好，我寧願看到一千家咖啡館是由一千位滿懷咖啡熱情的人開出來，產品會更有個性，品質更有保障，這總比同一基因複製出沒有特色的咖啡館更有意思。不要忘了，舊金山曾經是『佛吉斯』、『席爾斯兄弟』和『MJB』的發跡地，但那又怎麼樣！」頑童言下之意，是指十九世紀在舊金山開業、揚名全美的這三家咖啡烘焙大品牌，最後也因搞太大，由盛而衰，品質失控而落到被購併，成為即溶咖啡的下場。他似乎暗示著，走向連鎖系統的星巴克和「畢茲」，難保不會步上後塵！

畢茲堅持出油美學

「畢茲」上市六年來，面對更大的市場競爭，仍不改其重焙就是美的烘焙哲學，不論是綜合或莊園精品豆，都很用力烘到出油才罷休，但舊雨新知不但未減，重焙豆銷量還隨著賣場通路增多而快速成長。顯然美國近年來的莊園咖啡淺焙風並未影響「畢茲」堅守的重焙傳統，門市或大賣場的「畢茲咖啡」，沒有不出油的，擇善固執之決心，令人佩服。

「畢茲」的出油烘焙美學，恰與豪爾的不出油形成強烈對比。豪爾不曾烘進二爆，但「畢茲」卻硬要烘進二爆，還硬拗到二爆劇烈爆以後，甚至二爆結束才收手。對「畢

茲」而言，二爆前出爐的半生不熟豆，醇厚度還沒出來，不值得喝。以艾格壯烘焙度分析儀來測「畢茲」的重焙豆，數值多半介於 #30（全豆）～ #43（咖啡粉）之間；下手最重的法式烘焙，艾格壯數值則低到 #23（全豆）～ #32（咖啡粉）之間。但神奇的是，新鮮的「畢茲咖啡」喝來深而不苦，濃而不嗆，焦而不烈，稠而不澀，甘甜潤喉，與市面上焦苦澀嗆的重焙豆有天壤之別，這就是「畢茲」堅持重焙四十一年如一日的能耐，否則早就被市場淘汰了。筆者對「畢茲」重焙豆圓潤甘甜、濃而不苦，印象深刻。業界有人笑說，如果哪天「畢茲」也推出淺焙豆，就表示「畢茲」玩完了，因為這無異背叛四十多年來的重焙文化與廣大「畢尼克」的嗜好。

「畢茲」上市六年來，仍堅守重焙風格，此一毫無妥協的僵硬政策，頗不利多元市場的拓展，是福是禍，見仁見智。有人認為「畢茲」產品具有獨特性，唯有不忘本，堅持重焙的根，打死不退才能繼續在業界出類拔萃。但筆者認為「畢茲」上市搞大後，面臨最大的風險，不在業界的競爭，而在自家重焙豆的保鮮問題。「畢茲咖啡」的豆表，像是抹上一層髮油，總是光鮮油亮，由於豆子的細胞壁纖維質已在重焙過程中受創，芳香的咖啡醇已溢出豆表，最易氧化，保鮮期頂多一週。而今走向連鎖，大肆展店，近在加州境內、遠至俄亥俄州、伊利諾州和東岸的麻薩諸塞州，重焙豆如何從舊金山的烘焙廠及時運補，是個大問題。老頑童畢特一九七九年會賣掉如日中天的「畢茲咖啡」，重要原因就是員工要求他多開幾家店，讓大夥有更好的升遷機會，但畢特深諳自家重焙的罩門，在於賞味期超短，後勤補給不易，所以堅持不能搞大，以免品質不保。畢特為此與員工爭執不下，一氣之下才賣掉苦心灌溉的名店。

鮑德溫於一九八四年買下「畢茲咖啡」後，仍堅守老頑童不得把「畢茲」搞大的「館規」，但二〇〇一年卻在各界驚訝聲中搶灘上市，轉守為攻，步上星巴克展店後塵。鮑德溫為何打破禁忌，不再維持「畢茲」小而美的體質，改走大型連鎖，內幕外界不得而知，但負面效果也顯現出來。二〇〇二年，「畢茲」在東京一口氣開出四家店，二〇〇三年卻草草收場。有人說桃太郎喝不慣如此深焙的咖啡，但筆者認為，問題核心應在於重焙豆不堪長途運補，「畢茲咖啡」濃而不苦、甘甜潤喉的精華，早在

運輸途中氧化走味了。日本人喝到的「畢茲咖啡」就只有焦、苦、嗆三個味，與一般深焙豆沒啥兩樣，難怪日本人不愛。

其實，「畢茲」上市後已在重焙豆的後勤保鮮上，投入不少心力，每日為了供應連鎖門市最新鮮咖啡豆，舊金山艾莫里維爾烘焙廠從凌晨開始出貨，以便一大早各門市一開門，大批「畢尼克」就能喝到最新鮮的咖啡。但是大卡車半夜進廠運補的巨大噪音，遭致強烈民怨，幾經協調，「畢茲」烘焙廠允諾深夜十時以後停工，第二天清晨六時才進行運補作業，平息了紛爭。但隨著門市愈來愈多，後勤戰線愈拉愈長，有必要深夜開始出貨，才趕得上較遠地區早上營業時間。為了避免民怨，「畢茲」被迫結束舊烘焙廠的運作，二〇〇七年五月在舊金山郊區阿拉梅達（Alameda）的奧克蘭國際機場附近啟用另一座更大型烘焙廠，可供 24 小時馬拉松作業。此舉解決了噪音擾民問題，代價是 2,900 萬美元。保鮮不易是出油豆的宿命，新鮮的「畢茲咖啡」喝來濃稠甘甜，走味的「畢茲咖啡」喝來苦嘴咬喉，與一般深焙豆無異。保鮮問題將是「畢茲」傳奇能否天長地久的關鍵。

── JAB Holding Co. 購併畢茲 ──

二〇一二年七月，美國咖啡界大地震，德國控股公司 Joh. A. Benckiser 宣布以 9 億 7 千 4 百萬美元購併畢茲，即每股 73.5 美元（溢價 29%）買下當時已有 190 家門市的畢茲咖啡，交易完成後，Joh. A. Benckiser 更名為 JAB Holding Co.。該控股公司為德國已故億萬富豪艾伯特・芮曼（Albert Reimann, Jr.）家族所有，低調且神秘的 JAB Holding Co. 擅長投資全球消費產品，諸如香水、時裝、清潔用品、餐飲業。

這三年多來，畢茲咖啡的門市從 190 家增至 250 家，二〇一五年營業額達 7 億美元，預計二〇一八年在全美的門市達 500 家，總營收突破 10 億美元。但比起星巴克二〇一五年全球總營收 190 億美元，畢茲仍是小巫見大巫。

畢茲購併樹墩城與知識份子

二○一五年十月，畢茲一口氣吃下美國第三波的兩大旗竿咖啡館，十月五日畢茲宣布購併總部設於波特蘭，在全美有 10 家店擅長淺焙的樹墩城咖啡（Stumptown Coffee Roasters），接著十月三十日又買下總部位於芝加哥，在全美有 12 家店精通淺焙的知識份子（Intelligentsia Coffee）。這還沒完，十二月畢茲的金主 JAB Holding Co. 又斥巨資 139 億美元購併柯里格綠山咖啡的 K-Cup 易理包系統（Keurig Green Mountain Inc.），一連串的大購併，震撼全美咖啡業，第二波教父級的重焙咖啡連鎖企業畢茲，三十天不到，狂吞第三波威名遠播的淺焙雙星和 K-Cup 易理包系統，各媒體大篇幅報導。一般認為德國的芮曼家族展現問鼎咖啡巨擘的雄心，進而挑戰雀巢和星巴克的霸主地位。

因應第三波，畢茲破天荒推淺焙

二○一○年以降，第三波淺焙時尚在北美風行草偃，被譽為第二波重焙捍衛者的畢茲也打破家規，於二○一二年推出二爆前的中焙熟豆，二○一五年五月，加碼推出五十年來唯一的淺焙熟豆「明亮哥倫比亞」（Colombia Luminosa），每磅 14.95 美元，風評不錯。

二○一六年是畢茲開業 50 周年慶，四月間我趁著美國行程，順道走訪位於舊金山柏克萊大學附近的畢茲創始店，摸摸畢特當年使用過的美製烘豆機，追思美國精品咖啡教父的遺緒，店內客群以老咖啡迷為主，不少老嬉皮坐著發呆，這家老店是我去過最有歷史積澱的美國咖啡館。我也買了半磅畢茲破天荒的淺焙豆「明亮哥倫比亞」，回到家後，檢測它的焙度值，豆表艾格壯值 # 53，磨粉為 # 60，這比北歐淺焙的艾格壯值在 # 75 至 # 95，深了許多，但對重焙起家的畢茲而言，已算是淺焙了，喝來柔酸，帶有榛果的甜香氣，餘韻深遠，很值得一嘗。

畢茲的門市與規模雖然遠不及星巴克，但半世紀來，畢茲宣導美國民眾揚棄即溶

咖啡和罐頭咖啡，改喝鮮咖啡，做出很大貢獻，連星巴克早年也是在畢茲羽翼下成長茁壯。

　　二〇〇七年，畢茲的創辦人艾佛瑞・畢特（Alfred Peet）以 87 歲高齡仙逝，美國三大報《紐約時報》、《華盛頓郵報》、《洛杉磯時報》和 CNN，不約而同，發表專文，讚揚畢特帶領美國遠離不新鮮的洗腳水咖啡，追封畢特為美國精品咖啡教父，全球咖啡界至今無人享此殊榮。

畢茲大事紀

1966 年
荷蘭裔烘豆師 AlfredPeet 在舊金山柏克萊創辦 Peet's Coffee, Tea, and Spice

1969 年
星巴克三元老求業於畢茲

1971 年
星巴克在西雅圖派克地市場開業，早期熟豆由畢茲供應

1979 年
畢茲賣給波納維塔（Sal Bonavita），畢特退居顧問

1984 年
星巴克三元老從波納維塔手中買下畢茲，試圖整合星巴克與畢茲卻失敗了

1987 年
星巴克執行長傑瑞・鮑德溫（Jerry Baldwin）將星巴克賣給當時的行銷經理霍華・蕭茲（Howard Schultz）引進的創投集團，畢茲與星巴分家，鮑德溫固守恩師的名店畢茲咖啡

2001 年
畢茲首度公開募股（IPO）成功，成為上市公司，開始展店

2007 年
畢茲創辦人畢特仙逝

2012 年
德國 JAB Holding Co. 購併畢茲

2015 年
第二波教父畢茲購併第三波淺焙雙星樹墩城與知識份子

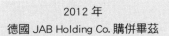

—— 畢茲重焙技法大剖析 ——

「畢茲咖啡」創辦人畢特曾撂下狠話:「將咖啡豆烘到烏黑出油狀並不難,但油亮亮的深焙豆不等於『畢茲咖啡』,好比閃閃發光的東西,未必是黃金。重焙沒那麼簡單!」此語一點也沒錯。四十多年來,試圖模仿「畢茲」重焙風格的業者,難以計數,但學得像一回事的,卻屈指可數,就連轉型後的星巴克重焙豆也愈來愈不像「畢茲」血統。尤其在鮑德溫一九八四年把星巴克賣給蕭茲,並帶走當時鎮守星巴克的首席烘焙師金·雷諾斯轉進「畢茲咖啡」後 [註7],星巴克少了鎮店之寶,重焙熱情大打折扣,才會發生一九九八年星巴克打破傳統,推出較淺焙的產品,震驚業界,卻成功開拓淺焙的客層,策略成功。

「畢茲咖啡」的重焙技法,美國業界苦學不來,狗尾續貂者倒是不少,主因就在於大家誤以為「畢茲」採用慢炒,因為「畢茲」使用德國 Probat 滾筒式半直火烘焙機,而非熱氣流式烘焙機,而一般認為滾筒式烘焙機只宜慢炒,才會誤認「畢茲」應採用慢炒。其實正好相反,「畢茲」每爐烘焙時間不會超過十五分鐘,如以日式淺焙的進程來看,可能才剛一爆而已。「畢茲」重焙豆的祕訣是以快炒來減少滯爐時間,從而減低豆表堆積過多的苦味碳化粒子,讓重焙咖啡喝來乾淨無焦煙味。其烘焙機也可能改裝過,加強排煙能力,這些祕招都非外界所能洞悉,沒頭沒腦跟進,只會自討苦吃。

可以確定的是，重焙豆一定要快炒，降低滯爐時間，如一味慢炒很容易烘出焦苦味十足的煙燻咖啡，喝來就與坊間的深焙豆沒啥兩樣。以下是「畢茲」首席烘焙師偉佛（John Weaver，二〇〇八年初已離職，自立門戶）[註8]公開的烘焙節奏，值得參考，但國內業者務必注意，各款烘焙機性能差異很大，照著做未必成功，就當做知己知彼的參考吧。

● 剖析畢茲深度烘焙節奏

1～5分鐘：爐溫華氏 400 度（約攝氏 204 度），入豆 3 分鐘左右仍可嗅到青草味，豆色變淺綠，5 分鐘左右豆色由淺綠轉為淡黃，味道轉變為穀物燒烤味或烤麵包味。值得留意的是，前 5 分鐘脫水期的火力，「畢茲」公開的資料是採小火，筆者強烈懷疑有誤導之嫌，因為小火無法在 5 分鐘內讓翠綠的豆色轉為淡黃，因此脫水期的火力至少要小火以上才能成事。這與一般熟知的小火脫水大異其趣。

6～9分鐘：約 9 分鐘左右，脫水即將完成，豆色由黃轉為淺褐色，豆表出現皺摺與黑色斑紋，軟豆較不明顯，高海拔硬豆尤其明顯。這是一爆快來的豆相，奇醜無比，看似烘毀的豆子，但要有耐性堅持下去。

註7：Jim Reynolds，是畢特親手調教的烘焙師及其傳人，也是「畢茲咖啡」的碩老，二〇〇四年已退休。星巴克三元老授業於畢特，早期的星巴克與畢茲關係密切，烘焙師彼此支援。一九八七年鮑德溫賣掉星巴克，全心經營舊金山畢茲，兩家分道揚鑣後，因市場競爭，形同水火。但星巴克掌舵手霍華・蕭茲至今仍尊封畢特為精神領袖。

註8：二〇〇七年以來，畢茲經歷重大變革，新烘焙廠啟用後，首席烘焙師偉佛卻掛冠求去，似乎已影響到畢茲的重焙品質。筆者近幾月委託友人從舊金山帶回迪卡森少校綜合豆，發覺烘焙度比過去淺了一點，且經典的潤喉甘甜味不見了，這可能跟邊廠調整期與偉佛離職多少有關係。不禁令筆者神傷，似乎印驗了創辦人畢特「重焙事業不得搞大！」的警語。寄望新廠順利運作後，早日恢復昔日重焙品質。

10 ～ 13 分： 10 分鐘左右，出現零星爆裂聲，這是一爆的初爆，烤麵包味轉為咖啡香，豆體明顯膨脹，醜陋的皺摺逐漸被拉平，接著進入一爆的密集爆，豆表也比初爆更平整，但還有些許皺摺。極淺焙就在此時出爐，稱為「肉桂色烘焙」，酸味還很強。「畢茲」此時不屑出爐，以免喝來太尖酸又沒稠度。11 分鐘後，爐溫到華氏 400 度（約攝氏 204 度），一爆結束，豆表的皺摺與紋路幾乎全被拉平了，色差也較平均，漂亮多了，豆色由淺褐轉為褐色。接近二爆前，咖啡味愈來愈濃，此時出爐就是所謂的全城市烘焙（Full City，即筆者所稱的中深焙），但「畢茲」還氣定神閒不出爐。進入 12 分鐘後，出現二爆的初爆階段，也就是「北義烘焙」的領域。「畢茲」烘焙師開始繃緊神經，此後的豆子色澤和味道變化很快，要不停抽出取樣杓查看豆相並聞味道，但以「畢茲」標準還不能出豆，稍安勿躁。二爆與一爆都屬於烘豆的放熱階段而非吸熱，火候控制稍有不慎很容易烘壞一爐豆。13 分鐘開始劇烈爆，焦香味出現，但還不要出豆。

14 ～ 15 分： 15 分鐘左右，二爆的劇烈爆結束，進入尾爆，也就是「畢茲」深度烘焙的領域。視豆性而定，有些在劇烈爆後出爐，有些在二爆結束才出爐。此階段猶如在剃刀邊緣玩耍，「畢茲」犧牲了部分果酸味來換取咖啡的醇厚度和甘甜味。淺焙派經常炮轟「畢茲咖啡」烘得太焦黑，但首席烘焙師偉佛卻辯稱：「畢茲咖啡的深黑油亮，只是詮釋畢茲美學附帶的豆相而非必然性。我們的烘焙度以杯測為憑，而不是看顏色決定。一般深焙豆不能和畢茲咖啡畫上等號！」

● 豆芯焦糖化高於豆表

「畢茲咖啡」很忌諱被歸類為「Dark Roast」，因為美國九成以上的「Dark Roast」喝來只有焦苦味而沒有圓潤的甘甜感 [註9]，因此「畢茲」自創「深度烘焙」（Deep Roast）一詞，來凸顯「畢茲」烘焙技法與一般泛稱的深焙不同。首席烘焙師

偉佛甚至宣稱，剖開「畢茲」的重焙豆，內芯甚至比豆表還要深，這就是烘進豆芯的見證。這確實是「畢茲」獨門功夫，有別於一般深焙豆外表往往比內芯焦黑、外焦裡不熟的狀況。事實是如此嗎？筆者做了以下測試，供業界參考。

「畢茲」至少有兩款重焙豆的內芯焦糖化程度，明顯高於豆表，外界風評極高，那就是「太平洋綜合鮮豆」（New Crop Pacific Blend，視節令推出），以及「金．雷諾斯典藏咖啡」（Jim Reynolds Reserve Blend）。「太平洋綜合鮮豆」集合畢特最愛的蘇門答臘、爪哇、帝汶和新幾內亞新採收的鮮豆，彰顯獨特的亞洲異國風味。這支綜合豆的艾格壯烘焙度數值，全豆為 #38，咖啡粉為 #33，也就是說含有內芯部分的焦糖化讀數 #33，比外表焦糖化讀數 #38，低了 5 度，即內芯焦糖化高於外表，這相當罕見，印驗了首席烘焙師偉佛的「豪語」。美國精品咖啡界抨擊深焙豆不遺餘力的毒舌派、同時也是諸多咖啡專書的作者戴維茲（Kenneth Davids）杯測這支綜合豆，驚為天人地表示：

深焙豆能呈現如此甘甜、圓潤的口感，乾淨無焦苦味，幾乎是不可能。風味飽滿豐富，水果香若有似無，又像杏仁味，慢慢體會，巧克力味浮現。深焙至此，卻如此滑順，毫無嗆苦味，堪稱奇蹟！

另一支「金．雷諾斯典藏咖啡」是畢特大弟子金．雷諾斯集 40 年來採購生豆經驗，所創造的極品配方豆，全豆的艾格壯數值為 #34，咖啡粉為 #31。這也是內芯部分焦糖化比外表深，深焙豆的仇家戴維茲卻大加恭維：

註9：臺灣情況更糟，尤其是連鎖咖啡系統，不但深焙不得法，還添加廉價粗壯豆，庫存時間甚至長達半年以上，難怪焦苦難入口，必須添加大量牛奶和糖來稀釋惡味。深焙豆出油是正常現象，如果打開包裝袋，豆表油脂已氧化乾枯了，肯定是儲存數月至數年的「骨董」豆。可悲的是，乾巴巴的深焙走味豆在臺灣很普遍，加上烘焙節奏不正確，消費者喝到的只剩咖啡因了。臺灣也有少數精益求精的業者，重焙功力不錯，能烘出甘甜潤喉的深焙豆，但都不是咖啡連鎖店。不長進的連鎖系統似乎成了咖啡美學的殺手！

這支深焙豆很巧妙地平衡了酸甘苦風味，如此深焙居然還留下明亮的果酸、花香、橘香、水果香，或許是葡萄味，恰有似無，夠性感的。尾韻仍有些許深焙豆的嗆，是最大憾事！

並非所有「畢茲」重焙豆的內芯都比外表深。「畢茲」一般重焙豆，全豆的艾格壯數值多半在 #23 ～ #35，磨粉後數值在 #23 ～ #43 之間，只有最深焙的法式烘焙兩者數值相同，即全豆和咖啡粉的艾格壯數值均為 #23，可謂超深焙。「畢茲」最經典的「迪卡森少校綜合咖啡」的艾格壯數值，全豆為 #34，咖啡粉為 #40，也顯示豆表比豆芯還焦。為何「畢茲咖啡」有些豆子的內芯比外表焦，而有些則與坊間深焙沒兩樣（豆表比豆芯焦），其間必有大道理。這或許是「畢茲」烘焙師的最高機密吧。

有趣的是，淺焙大師喬治‧豪爾的咖啡就沒有豆芯比豆表焦的異象。豪爾的豆子外表焦糖化比內芯高很多。以大師著名的「巴西達泰拉莊園南義烘焙豆」為例，全豆的艾格壯數值為 #54，磨成粉的艾格壯數值為 #66，顯示外表比內芯碳化深，其間落差達 10 度。再以豪爾備受好評的肯亞名豆「卡洛加托」（Karogoto）為例，全豆艾格壯數值為 #53，咖啡粉為 #73，顯示豆表的焦糖化程度深過內芯，兩者落差達 20 度。最後以哥倫比亞國寶豆「托利瑪」（Tolima）的烘焙度為例，豪爾也採淺中焙，全豆的艾格壯數值為 #57，咖啡粉為 #69，落差達 12 度。

另外，崛起於芝加哥、擅長淺焙與深焙的後起之秀「知識分子」（Intelligentsia）也值得測試一下。他們的瓜地馬拉「薇薇特南果」（Huehuetenango）口碑甚佳，全豆的艾格壯數值為 #49，磨粉後為 #68，落差很大將近 20 度，卻是得獎作品。

總之，這些單品豆喝來酸味迷人，香氣有勁。筆者發覺二爆前的中度烘焙或淺中焙，豆表與豆芯焦糖化數值差距愈大，風味愈多元，層次感愈明顯。這與一般烘焙師認知的豆子表裡深淺要一致，顯然有很大出入。但數字與杯測會說話，證明了豆子表裡色差大，反而是好事。如果表裡如一，風味反而單調，香氣亦缺乏動感與活潑性。換句話說，豆子裡外色澤有落差，才是咖啡有層次感的保證。如果豆表和豆芯的深淺

度一樣，表示裡外碳化或焦糖化一樣，反而使咖啡喝來呆板沒深度，缺乏驚喜的動感。這是很重要的新觀念。

至於二爆後的深焙豆，表裡焦糖化程度的落差逐漸縮小，難怪深焙豆的風味較低沉且狹窄，欠缺縱深度與層次感，明亮度也差。所幸深焙豆要的不是酸香與明亮的動感，而是淺焙豆所喝不到的甘甜潤喉感。就如同「畢茲」首席烘焙師偉佛所言：「犧牲部分果酸換取甘甜與稠度……」但若重焙豆欠缺明顯的甘甜、醇厚度與發酵的酒香，那就是失敗的出油豆。

── 另類快炒：威力烘焙技法探祕 ──

「畢茲咖啡」雖然大方公開烘焙節奏，但未詳述火力大小與時間的分配，很難洞悉「畢茲」如何將豆芯的焦糖化程度烘得比豆表深。從時間來看，15 分鐘內要烘到二爆收尾才出爐，這絕非慢炒的曲線，而是快炒節奏。筆者強烈懷疑「畢茲」並非採用傳統的烘焙技法（即第八章所述的歐美傳統 15 分鐘快炒或日式 20 分鐘慢炒）。偉佛當然也不可能把私房的深度烘焙曲線一五一十公諸於世，雖然「畢茲」曾多次強調是「慢炒」（Slow Roast）的信徒，但咖啡烘焙業的技法一點就通，兵不厭詐，誰會傻到全盤托出自家烘豆祕招，折損自己的競爭力？「畢茲」公開招認的「慢炒」也許只是障眼法罷了，難怪那麼多業者爭相模仿「畢茲」的「慢炒」式重焙，下場則是畫虎不成反類犬。最後竊笑的贏家還是「畢茲」。畢特承襲乃父的歐式重焙風，應以另類的快炒居多。

在此與業界分享盛行南歐的「威力烘焙技法」（Power Roasting），這是深焙快炒的新烘法，烘焙節奏與理論皆迥異於傳統派論點，但歐美採用此法的業者漸增，而且都以重焙業者居多。威力烘焙詮釋深度烘焙的效果，遠優於淺焙，因為威力烘焙時間短，只會增加淺焙的尖酸，亦無助醇厚度的提升，所以比較不適合淺焙。然而，威力烘焙卻可縮短重焙豆的滯爐時間，並降低煙害污染豆表的問題，亦可節省能源與工

時。愈是深焙，愈不宜拖長時間，這就是威力烘焙的基本理論，恰好與日式慢炒相反。

威力烘焙雖有好幾種火力與時間曲線，在此只說明最基本的一招，即兩段火力控制，那就是大火和關火，簡單明瞭不拖泥帶水，至於其他較繁瑣，進化版的威力技法，請參考第十一章《北歐烈火輕焙的內容》。

● 省時、省工、省事、省燃料

兩段火力的威力烘焙技法，入豆後就以大火來快速脫水，與傳統的慢火脫水大異其趣。至於火要多大才叫大火，這得視各烘焙機性能與是否加裝強力抽煙馬達而定。如有強力抽煙馬達，爐子較易失溫，火可能就要開很大；如果未改裝強力抽煙馬達，火力可能不必開到極限。入鍋後大火烘豆，翠綠的豆色約 4 ～ 5 分鐘轉變成淡黃色，看看豆表，應不致出現黑焦點（如出現黑焦點表示火太旺），因為還在熱身初期，豆體吸熱能力很強，繼續大火烘下去。

入豆後風門可全開或半開，視機子排煙通暢度而定，這一點對威力烘焙很重要。風門全開排煙順暢，可減少雜味堆積。如果關閉或關小風門來進行威力烘焙，易導致熱氣、廢氣排不出，而發生悶燒現象，輕則污染豆子易有雜苦味，重則發生火災，不可不慎。

大火烘至 8 ～ 9 分鐘一爆來臨前就要開始注意了，檢查風門是否全開，隨時準備進入第二階段的關火悶烘期，這是威力烘焙的精髓所在。也就是利用前半段旺火烘焙期，豆體與爐體所累積的龐大熱能，不需其他火力即可熄火滑行完成後半段的烘焙。換句話說就是借力使力，利用前段的龐大熱能來推動後半段的關火悶烘。問題是：如何決定關火點？關火點的拿捏攸關後半段悶烘的成敗，但沒有一個放諸四海而皆準的溫度點與時間點，端視各廠牌烘焙機的鎖溫性能而定。原則上，以關火悶烘後溫度持續上升、不需添火即可完成二爆結束至出爐為止所需的能量為依據。這需要有耐性試烘好幾次，詳加記錄與杯測才能定出最佳的關火點。

以美製安貝斯 5 公斤烘焙機為例，關火點在攝氏 191 ～ 193 度，即可在停火後借助前段的熱力繼續爬升 20 多度（至 214 ～ 218 度），二爆收尾階段出豆。德國波巴特（Probat）1.2 公斤的 TINO 烘焙機關火點在 188 ～ 190 度，即可悶烘至二爆尾。可見關火點因烘焙機而異。當然豆子的含水量與軟硬度也是關鍵因素，不同豆子的最佳關火點會有出入，要經過多次測試勤做烘焙記錄，才能捉出最佳的關火點。原則上會落在一爆中段的密集爆左右，可供參考。

使用威力烘焙，約 14 分左右可烘至二爆尾的深焙，視烘焙機的鎖溫性能而定，愈佳者愈省時，原則上在 12 ～ 15 分鐘可完成深度烘焙。此技法的火控手續遠比傳統小火→中大火→小火→微調，三階段或四階段烘焙法，省事不少，簡單易學。重點是要先捉出關火點，至於風門則從入豆開始就維持全開（或半開，但一爆前務必全開），這也比傳統技法輕鬆多了。更重要是可節省瓦斯，亦不致增加深焙豆的失重比。因此近年來採用此法的歐美業者有增加之勢。上述的威力烘焙節奏旨在拋磚引玉，業者可依自家烘焙機性能，斟酌調整火力配置，完全照著做未必能百分百成功。威力烘焙的概念應可協助業界跳脫傳統的束縛，對烘焙應有更宏觀的視野。

威力烘焙的優點是省時、省工、省事、省燃料，失重比未必更高，但亦有缺點，那就是大火脫水時，必須監控豆表的黑焦點，如果出現頻繁就表示火力太旺。一般而言，在一爆前不致出現過多的黑焦點。另外，採用此法最好選用較硬的豆子，盡量少用不耐火候的軟豆，比方巴西豆就很容易在大火脫水階段出現黑焦點。要注意的是，以威力烘焙來做二爆前出爐的中度烘焙，色差可能較明顯，尖酸味也很強烈，不建議以此技法來做淺焙、淺中焙或中度烘焙，最好用來做二爆中段以後的深焙，效果較佳。

玩烘焙最忌一招半式就想吞吃天下市場，光靠一種固定的烘焙曲線而不知因豆制宜，很難烘出各產地咖啡之最佳風味。另外，也不要偷懶奢想以同一烘焙節奏來完成淺焙、淺中焙、中度烘焙、深度烘焙。不要過於簡化烘焙的複雜度，以為早點出爐就是淺焙，晚點出豆就是深焙。天下沒有四合一的烘焙曲線。淺焙和深度烘焙是不同的世界，理應有不同的曲線才合理，有賴烘焙師耐心嘗試。

重焙死硬派大集合

「畢茲咖啡」雖不曾提及威力烘焙，但「畢茲」產品全是二爆後的重焙豆，拒絕販售二爆前的淺焙豆。從其甘甜順口風味來看，筆者深信「畢茲」也是威力烘焙的信徒，因為此技法不宜淺焙。除了「畢茲」外，美國還有兩家重焙死硬派，那就是西雅圖的「藝術咖啡」，以及加州聖塔巴巴拉的「毛髮悚然咖啡」（Hair Raiser Coffee）。這兩家只賣重焙豆、不屑淺焙豆的名廠，也是威力烘焙的擁護者。美國西岸的確是重焙樂園，功力深厚的重量級深焙業者幾乎分布在西岸城市，相當有趣。

「藝術咖啡」：一九八五年創立於西雅圖、擅長南義烘焙的「藝術咖啡」，在杯測比賽中多次擊敗知名的星巴克、西雅圖最佳咖啡（Seattle's Best Coffee，二〇〇三年已被星巴克購併）和「托利斯咖啡」（Tully's Coffee），屢次贏得西雅圖咖啡烘焙大獎。一九九七年後主辦單位拜託「藝術咖啡」的老闆契波拉不要再參加了，免得每次都獨攬所有獎項，讓比賽失去新意，改而邀請契波拉升任評審，傳為美談。筆者每次去西雅圖度假一定先造訪這家重焙名廠，大口喝下幾杯香甜濃稠的芮斯崔朵「Ristretto」，一大樂也。這家擅長南義烘焙的名店亦難逃重焙豆的宿命，賞味期超短，出爐一週後濃郁香甜的飽滿風味便會「老化」為不討好的鹹味，每次買回喝不到一半就走味了。不妨視為重焙豆的天譴，也是威力烘焙的最大罩門。

「毛髮悚然咖啡」：加州的「毛髮悚然咖啡」是後起之秀，烘焙度比「畢茲」、「藝術咖啡」更深，是筆者至今所見，烘焙度最深又極順口甘甜的重焙豆，比起「畢茲」有過之無不及。「極度重焙，極度順口」（Seriously Dark, Seriously Smooth）是該廠的口號，難怪喝了令人不可思議，毛髮悚然！這就是店名的由來。「藝術咖啡」的烘焙度，全豆的艾格壯數值在 #25 左右，磨成粉後約在 #38 左右，與「畢茲」不相上下；毛髮悚然咖啡的烘焙度則令人咋舌，全豆居然低到 #14 ～ #15，磨粉後也低到 #17 ～ #18，也就是說 80% 以上的豆體已碳化，居然喝來沒焦苦味，甘甜順口。難怪一九九五年開業後，立即獲得美國精品咖啡協會頒贈「年度最佳新產品獎」。這家「嗜

黑如命」的小型烘焙廠只有兩種烘焙度，一為法式烘焙，二為重度法式烘焙（Double French Roast），是重焙迷的新寵。據說其烘焙機經過特殊設計，排煙超強，才能烘出黑得發亮、甘而不苦的超級重焙豆。

再來看看重焙豆的毒舌派戴維茲評語如何。美國杯測界都知道戴維茲偏好較淺的烘焙度，經常撻伐業界「為深焙而深焙」的膚淺烘焙風格。他的批抨一點也沒錯，即使重焙樂園的美國西岸，喝來甘甜順口不咬喉的重焙豆也寥寥無幾。但戴維茲對「毛髮悚然」的重焙咖啡，卻五體投地，恭維有加：

「毛髮悚然綜合咖啡」完成了一件不可能的壯舉：在極度深焙的絕境中，亦能保存豐富的甘甜與龐雜的濃香。星巴克濃縮咖啡的烘焙度已夠深了，但這支豆子竟然比星巴克最深焙的品項還要深上兩倍，風味依然豐郁飽滿，豈能不「悚」然起敬！令人愉悅的煙燻、有深度的濃香與複雜度，西洋杉、花香、鳳梨味、杏仁香、半苦半甜的巧克力味，交織成甘苦平衡、燻香而不苦澀的獨特風味。

很多人常把深焙豆批得一無是處，認為烘得油亮亮的深焙豆，旨在以碳化來掩飾爛豆的惡味（諸如粗壯豆的臭穀物發酵味、輪胎味和土腥味）。罵得確實有理。有許多業者不肯花大錢用好豆，慣以深焙來去除爛豆的壞味道。但我們不可因此一竿子否定所有重焙業者，尤其是少數技藝高超、不惜重金買硬豆、苦心鑽研重焙領域的小型烘焙廠家，就值得我們敬佩。臺灣人喝咖啡，怕酸不怕苦，忌淡不懂濃，理應是深焙豆樂園，但可悲的是，市面上九成以上的深焙豆都不及格，只有焦苦澀的咬喉味，而且連鎖規模愈大，品質愈糟。重焙豆易氧化走味，賞味期很短確實是致命傷，但主事者不長進，對咖啡一知半解，烘焙不得法，配方不對，未貫徹杯測監控品質，才是重焙失敗的最重要原因。

另外，烘焙機性能也攸關重焙成敗，可以肯定的是，小型無溫控的熱氣式烘焙機或俗稱的爆米花機，不可能烘出像樣的深焙豆。熱氣烘焙機比較適合二爆前的烘焙度，因為進入二爆後，豆體吸熱能力已屆極限，細胞纖維已斷裂，爆米花機送出的熱

能不但未減還持續增加，加速咖啡的碳化，難怪爆米花機烘出的深焙豆焦苦乏香。但熱氣烘焙機辦不到，並不表示深焙就是暴殄天物。玩咖啡烘焙的視野必須寬廣，切勿劃地自限，少見多怪，而應多嘗試、多學習多比較，會更有趣。

—— 咖啡的甘甜與燥苦因子 ——

道地重焙豆喝來潤喉甘甜，猶如男低音渾厚低沉嗓音；優質淺焙豆喝來酸香上揚，直撲鼻腔，猶如女高音刁鑽多變的音域，捉摸不定。重焙與淺焙的甘甜與香氣，明顯不同：重焙低沉厚實，回甘重於撲鼻的甜香，主要由舌根或喉頭感受；而淺焙輕盈明亮，上揚甜香重於低沉的回甘，甜香與酸香主要呈現在舌尖、兩側與鼻腔。優質的深焙和淺焙咖啡，給人不同的愉悅享受。

咖啡的甘甜味主要是碳水化合物焦糖化以及與胺基酸產生的梅納反應所衍生的甜感，但甘甜味在淺焙和深焙表現上，為何有如此大的差異？應該是和深焙、淺焙承受不同火候、溫度、烘焙時間與火力曲線有絕對關係，使得醣類發生不同程度的降解、聚合等複雜化學變化。深焙和淺焙截然不同的甘甜成分是哪些，如此令饕客神迷？這有賴科學家早日為大家找出來。但咖啡的苦味因子，最近更精準地被揪出，在此與咖啡迷分享這則最新資訊。

二○○七年八月，美國化學學會（American Chemical Society）在波士頓舉辦的「加熱生成的好味道與壞味道」年度研討會議上，德國與美國化學家共同發表一篇論文，揭露咖啡淺焙至中度烘焙的苦味元凶是綠原酸內酯（Chlorogenic acid lactones），而深焙的苦味元凶則是苯基林丹（Phenylindanes）。寶僑食品、星巴克咖啡等企業資助的這項咖啡致苦因子研究，由德國慕尼黑科技大學的食品化學家霍夫曼（Thomas Hofmann）教授領導的研究團隊，深入探討咖啡的苦味因子，是歷來最詳實、權威的學術資料，值得參考。

報告指出，過去幾年科學家已籠統找出二十五到三十種與咖啡苦味有關的化合物，直到今天，咖啡最重要的苦味成分才被驗明正身。過去大家以為咖啡因是造成咖啡飲料苦口的主因，其實不然。研究發現咖啡因只占咖啡苦味的15%而已，不算嚴重。這足以說明為何低咖啡因喝來一樣苦口，因為主要致苦成分一直被忽視了。

霍夫曼的研究團隊以高科技的色層分析技術、分子感官科技，在一群經過多年訓練的專業測味師助陣下，確認了綠原酸內酯、苯基林丹是咖啡苦味最重的兩大化合物，兩者皆是咖啡生豆的綠原酸在烘焙過程的降解產物，而且兩者生成的火候不同。綠原酸內酯是在二爆之前的淺焙至中度烘焙過程生成的（包括 Caffeoylquinides、Feruloylquinides、Dicaffeoylquinides），如果繼續烘焙下去，挺進二爆後，綠原酸內酯會再降解成焦苦味更重的苯基林丹，這是深焙的濃縮咖啡致苦物。

霍夫曼指出，綠原酸本身並不苦嘴，是有益人體的抗氧化物，但它在烘焙過程的降解物綠原酸內酯與苯基林丹，苦味就很重了。另外，有些即溶咖啡喝來比較不苦，那是因為製程中不知不覺去掉了 30% ～ 40% 的綠原酸內酯，尤其是採用加壓式製程的即溶咖啡，最不苦嘴。科學家已揪出咖啡的最苦成分，目前致力於如何在生豆中先去掉苦味的母體綠原酸，或如何在咖啡飲料中去掉綠原酸內酯或苯基林丹，讓咖啡更順口。然而，一旦成功，表示咖啡有益人體的抗氧化物都喝不到了。究竟是福是禍，仍需斟酌。

霍夫曼的研究報告有一段話對烘焙很重要：「烘焙是咖啡致苦的主要因素，尤其是延長時間的大火烘焙，最易引發一連串複雜化學反應，生成苦味最重的成分……」這也難怪口碑最佳的重焙業者「畢茲咖啡」、「藝術咖啡」、「毛髮悚然咖啡」要採用威力烘焙，期能在 15 分鐘內完成深度烘焙，避免時間拖太長，化學反應失控，衍生太多的致苦成分。不過，這也有個例外，日本少數重焙業者喜歡採用低溫烘焙，一爐花 40 至 50 分鐘。臺灣南部亦有業者跟進，每爐咖啡豆要花 45 分鐘。筆者喝過樣品豆，確實很甘甜，苦味很低。業者表示低溫慢炒的咖啡比快炒深焙豆易於保鮮，賞味期較長。但問題是一爐要花 50 分鐘，人生苦短，一生能烘多少爐？

深度烘焙是個有趣的領域，九成以上業者烘不出甘甜潤喉的重焙豆，只有極少數業者掌握重焙祕訣，讓重焙豆的毒舌派戴維茲五體投地。雖然重焙豆的頭號致苦成分已被揪出，但唯有正確掌握火力與時間節奏，才能大幅減少苦味因子苯基林丹的產生，使得出油豆在新鮮狀態下甘醇潤喉，毫無焦苦味。咖啡進入二爆末段的重度烘焙世界，如何在絕境中合成潤喉的甘醇成分與其生成要件，目前仍無科學家鑽研此一迷霧般的領域。如能早日找出重焙豆迷人的甘醇成分，應會比致苦物更令咖啡迷鼓掌叫好。

硬豆淺焙磨酸之要訣

不容諱言，帶有酸香的淺焙咖啡，比苦香帶甘的深焙市場小很多，臺灣尤其明顯。筆者在課堂上曾做過杯測問卷，每十人中至少有八人喝不慣酸溜溜、香氣上揚的淺焙豆，多半偏好低沉渾厚無酸味的深焙咖啡。美國情況雖比臺灣好多了，但淺焙的嗜酸族市場仍明顯不如深焙的嗜黑市場。近年來，在美國東岸淺焙碩老喬治‧豪爾大力推動下，淺焙莊園豆市場在美國逐步加溫中，愈來愈多咖啡族已能鑑賞淺焙咖啡上揚的活潑酸。假以時日，相信淺焙咖啡的接受度必能和深焙分庭抗禮。

淺焙市場開拓不易，其來有自。由於烘焙時間較短，咖啡容易有尖酸味和穀物味，也就是所謂的半生不熟味，最令消費者卻步。加上業者為了降低淺焙咖啡的酸味，紛紛改以低海拔的豆子或酸味不明顯的老豆來做淺焙配方，殊不知低檔豆的劣質雜味，最易在淺焙中自曝其短，因此形成了「業者不肯用好豆來淺焙，消費者更不可能領悟淺焙酸香美學」之惡性循環。事實上，優質淺焙豆除了酸溜溜風味外，還有深焙豆欠缺的多層次酸香轉化之美，例如淺焙的瓜地馬拉極硬豆，從入口的勁酸，瞬間轉化成青椒香、檸檬皮辛香、煙燻味，最後以巧克力甜香或太妃糖香，精彩收尾，恰似經歷一場會輪動變化的味覺之旅，令人難以抗拒。

治本之道在於淺焙務必捨得用高檔豆，或高海拔的硬豆，如此才容易讓消費者喝

到精緻、明亮的香酸，興起發現新大陸之喜悅。但問題又來了，高海拔極硬豆每平方毫米的單位細胞含量比低海拔軟豆多很多，所以硬度較高，且酸香物和含水量也較豐。烘焙過程不易磨掉硬豆的尖酸，而今要以高檔極硬豆來淺焙，無非自找麻煩，難怪很多烘焙師望之卻步，不喜歡淺焙，寧可不分青紅皂白把豆子一律烘得黑漆發亮，最安全好賣。

極硬豆酸味重、不易烘焙又沒市場，是目前烘焙界普遍存在的反淺焙心態。然而，業界競相賣些重焙豆，或許好賣，但同時也把消費者的味蕾養窄了，限縮精品豆的市場規模。有遠見的業者理應趁早鑽研淺焙領域，用心耕耘這塊淨地。一來易做出產品區隔，增加產品的多元風味；二來競爭者少，容易打出口碑；三來可節省燃料、工時、失重比，提高獲利；四來可減少污煙排放，有益環保。業者若能敞開心胸，改以高檔豆來淺焙，應可提高成功機會，然後再以咖啡熱情教育消費大眾如何欣賞上揚多變的酸香美學。筆者認為淺焙咖啡的果酸味並非不討好，而是一種需透過學習與嘗試才能領悟箇中堂奧的美味（Acquired Taste），有點類似藝術的嗜好，所以只要多接觸淺焙咖啡，就有喝出味道的一天。

很多人以為淺焙很簡單，只要照著深焙曲線操爐，一爆結束至二爆前出豆即為淺焙豆，也就是在深焙豆的中途「下車」就是淺焙豆……難怪你家的淺焙豆喝來半生不熟不好賣！要讓淺焙豆喝來有活潑性與動感，饒富明亮多變的酸香與上揚的甜香，就必須摒除深焙節奏中途下車的烘焙模式。硬豆淺焙的重點在於讓單調的尖酸與生澀味變得更豐富柔和與香甜，讓明亮的香酸與太妃糖香表現出來，決戰點就在一爆附近，要設法延長一爆的風味發展期，一來讓礙口的尖酸成分有充分時間轉化成醇厚度和香酸，免得淺焙豆喝來稀薄如水，二來也可讓淺焙豆有一定程度的焦糖化，減少半生不熟的穀物味。

淺焙豆和深焙豆的最大不同，在於淺焙豆旨在凸顯咖啡產地的「地域之味」，盡量減少烘焙味的加工，免得焦糖化過度而掩飾了豆子本身精緻的香酸。深焙豆則旨在利用烘焙的熱能，盡可能提高豆子的焦糖化，不惜犧牲豆子一部分酸香，以凸顯咖啡

的醇厚度和甘苦平衡美學。兩者恰好相反。也就是說淺焙要盡量保留豆子的「地域之味」，焦糖化不必太過度以減少烘焙味的染指，而重焙豆旨在犧牲豆子一部分的「地域之味」，換取甘甜與醇度。這一點認知對淺焙很重要。

很多人誤以為硬豆不能淺焙，只能深焙，因為高海拔硬豆淺焙太尖酸，會嚇跑消費者，但這絕非事實。只要延長一爆的催香磨酸期，即能降低不討好的尖酸或半生不熟的穀物味，喝出豆子的活潑果酸味與多變層次感。

接下來以兩爐淺焙磨酸實戰曲線來講解，分別以 Probatino 和 Lysander 示範。

波巴特烘焙機詮釋淺焙

附錄二的〔表一〕（參見第 464 頁）是筆者在臺灣大昌華嘉股分有限公司試烘取樣，烘焙機是德國波巴特（Probat）最新型每爐 1.2 公斤的 Tino 店內用半直火式烘焙機。此機造價昂貴，每臺售價 65 萬臺幣，可謂勞斯萊斯級烘豆機，尤其是介面貼心設計，使操爐更為方便，包括計時器、爐溫顯示器、九段火力旋鈕，麻雀雖小五臟俱全。火力控制旋鈕最為特殊好用，不必再加裝瓦斯流量表，火力控制的方便性堪稱同型機種之最，讓初學者易於上手。

附錄二的〔表一〕和〔表二〕採用磨酸的快炒曲線，豆子為瓜地馬拉 5,500 英尺（約 1,680 公尺）的極硬豆，卻能在淺焙中表現出溫柔優雅又活潑的酸香與甜感。

〔表一〕PROBATINO 機試烘記錄表（參見附錄二〔表一〕第 464 頁）

此烘機九段火力旋鈕，1 ～ 3 屬小火範圍，4 ～ 6 為中火，7 ～ 9 屬大火。

附錄二的〔表一〕採快炒模式，爐溫至攝氏 180 度入鍋（如為巴西或海島豆，硬度較低，可在 170 度或 160 度入豆），風門先半開（一爆後開八成），火力設定為 4。

烘至第 7 分鐘，豆表變為黃色，青草味完全消失，豆體稍軟。火力升到 5，第 9 分鐘，豆表出現醜陋的皺摺和黑斑紋，這是極硬豆一爆的前奏，烤麵包味明顯轉為咖啡香。9 分 30 秒時，調小火力為 2，也就是在一爆前就要先調小火力（如等到一爆出現後再調小火力，就不易拉長一爆的催香期）。但調小火力要非常小心，不可小到一爆縮回去，而無爆裂聲。這會讓該有的化學反應發生錯誤的連結，嚴重影響風味。

9 分 40 秒一爆開始，由於事先調小火，掌控了一爆後的放熱不致過劇，爐溫緩緩上升，每分的溫差 2 至 3 度，讓硬豆的尖酸慢慢磨得優雅順口。12 分 30 秒一爆結束，豆表皺摺「拉皮」成功，變得光滑，豆體亦明顯膨脹。13 分鐘，爐溫 193 度出豆。

此機二爆溫約在 200 度左右，但淺焙不需進入二爆。硬豆淺焙的祕訣在於「拖」字訣，即一爆至少要有 2 分 30 秒至 3 分鐘，讓芳香成分有足夠時間發展，同時也可磨掉不討好的尖酸，讓死酸變為活潑的香酸。

此爐為快炒的淺中焙，艾格壯數值全豆為 #59，磨粉為 #65，喝來不會覺得尖酸礙口。因為勁酸很活潑，入口幾秒鐘酸味就轉為烏梅汁的香氣，略帶微微煙燻味，這是瓜地馬拉硬豆淺焙獨有的風味，與重焙的焦燻味不同。

〔表二〕土耳其 Lysander 烘焙機試烘紀錄表（參見附錄二〔表二〕第 464 頁）

附錄二的〔表二〕以土耳其進口的 Lysander 2 公斤烘豆機來試淺焙性能，此機的一爆溫約在攝氏 150 度左右，二爆溫約 168 度左右，這比一般烘豆機一爆溫約攝氏 180 度左右，二爆溫也要 200 度以上，低了數十度，進口業者宣稱，這是鍋爐鋼材較佳，所以出豆溫偏低，並誇說此機具有低溫烘焙的性能。

其實，這只是業者不明就裡的宣傳伎倆。鋼材不同也不可能造就咖啡的低溫烘焙，該烘豆機的一爆溫偏低，完全是溫度計插入位置不同所造成的假象罷了。我的學生江承哲（贏得二〇一三年世界盃烘豆賽亞軍）與張晉銘（贏得二〇一二年臺灣杯測賽冠軍）為此特地做個實驗，將 Lysander 烘機的溫度計再往內部深插一公分，一爆溫

就會升到攝氏180度以上，這與一般烘豆機並無二致，顯然問題出在溫度計的插入點。因為鍋爐內，各部位的受熱高低，不盡相同，愈接近爐門開口處，溫度愈低。這家業者大言不慚，不攻自破。

淺焙採樣豆則以印尼蘇拉維西的矮種鐵比卡，海拔四千五百到五千英尺的極硬豆來試，豆色暗綠豆體精小。這支豆子引種自衣索匹亞，有獨特花香味，喝來不像亞洲豆，整體風味不輸水洗耶加雪菲，甜感十足，熟豆每磅市價三千八百元，比「Toraja」和藍山還要貴，試烘時壓力不小，唯恐暴殄天物。

爐溫120度入豆，火力介於中火與小火之間的中小火（如採慢炒可以小火脫水，本爐為快炒故中小火為之），這支豆子果然超硬，脫水到第八分鐘才變為黃褐色。十分二十秒爐溫149度，一爆前先降為小火，以拉長一爆催香的時間，十分四十秒，150度一爆開始，維持每分鐘升溫二度。十三分半一爆結束，以小火滑行到十四分158度出豆。全豆艾格壯數值為＃57，磨粉為＃64，杯測結果，酸香有勁，花香濃郁，甜味直上鼻腔，一大享受。整體風味的豐富度遠勝於瓜地馬拉豆，喝來不像一般印尼豆低沉的悶香，這支豆子的活潑酸香與花香，較之衣索匹亞頂級「Yirgacheffe」有過之無不及。

另外，「Lysander」的火力很強，以小火或中小火，頂多中火，即可完成快炒或慢炒，無需動用到大火，以免產生焦黑點。

以上兩表係以延長一爆催香期的快炒為範例，有興趣者不妨再以第八章介紹的慢炒法來淺焙，約15至18分出爐，兩相杯測比較，會有不同體驗與驚喜！

● 淺焙檢討

以上兩爐的出豆點約在一爆結束至二爆前，如採用一般快炒烘焙曲線，一爆催香期不到2分鐘就草草結束，而硬豆淺焙肯定尖酸礙口。當然，硬豆不是不能淺焙，問題是會不會以「拖」字訣來延長一爆的催香期，一爆最好能有2至3分鐘，讓死酸熟

成香酸，但又不能失溫。所謂的「拖」字訣，不是關火或以小火苗來延長一爆，造成無爆裂聲或失溫而犯了烘焙大忌。這有需多加練習。

另外，硬豆淺焙前最好先瞭解豆子的軟硬度，因為豆子的硬度攸關火力的配置。如果是極硬豆，卻以小火來脫水，只會無謂延長時間，磨掉芳香成分；如果是軟豆，卻以中大火來脫水，表豆易有焦黑點。軟豆與硬豆多半可從外表分辨出來，原則上愈硬的豆子，豆表扁平面中間的細縫（即豆芯）愈緊密，1,600 公尺（5,300 英尺）以上的極硬豆尤為明顯，且不易受熱。反觀 1,000 公尺以下的軟豆，豆芯的裂縫就明顯較大，熱氣很容易入侵，使一爆提早來到，加速烘焙進程。在此以下表來說明軟豆與硬豆淺焙時的火力配置關係：

海拔	豆性	火力
1,500 公尺以上（或 5,000 英尺以上）	極硬豆	中小火或中火脫水
1,100 公尺至 1,500 公尺（或 3,500 英尺至 5,000 英尺）	硬豆	小火或中小火脫水
1,100 公尺以下（或 3,500 英尺以下）	軟豆	小火脫水

含水量高或高海拔極硬豆並非不能淺焙，唯烘焙技術是問。其實，極硬豆雖然不易淺焙，但若能掌握脫水火候，就成功了一大半，再設法延長一爆的風味發展期，即可烘出香酸四溢的淺焙咖啡。含水量低的老豆或低海拔軟豆，雖然易於焙炒，但軟豆淺焙的風味遠遜於極硬豆。烘焙師必須勇於接受挑戰，最忌專挑軟柿吃，一輩子不會長進。咖啡豆的軟硬度與含水量雖有儀器可測，但一般小型烘焙廠或自家烘焙咖啡館不會有這些配備。這亦無妨，可從海拔、顏色和豆相分別：

（1）顏色暗綠，豆芯緊密，這多半是含水量高的極硬豆，宜以中小火以上的火力脫水。

（2）顏色淺綠或白綠，豆芯緊密，這可能是含水量較低的極硬豆，宜以中小火以下的火力脫水。

（3）豆色泛黃或綠黃，豆體瘦長或瘦短，參差不齊，豆粒瘦小常有缺損，這是葉門或衣索匹亞日晒哈拉、金瑪的豆相，宜以中小火以下的火力脫水。

（4）印度風漬豆、印尼陳年豆、巴西桑多士或豆色泛白、含水量低的老豆，以及小圓豆（豆芯寬大易受熱）和低因咖啡，宜以小火脫水。

（5）新產期的夏威夷柯娜、藍山 No.1、蘇拉維西和新幾內亞，含水量豐，硬度不低，以小火脫水太耗費時間，不妨改以中小火或中火脫水。

── 雙炒與單炒問題 ──

兩次烘焙是個備受爭議問題：為何焙炒一次不夠，要再回鍋炒一次？如此大費周章，划算嗎？雙炒確實增加工時與成本，但在磨酸、提高醇厚度與美化豆相上，收效顯著，至今仍是烘焙師必備的技巧。

很多人以為雙炒是日本人的發明，其實不然，歐洲很早就使用雙炒技術。一八六四年創立於蘇格蘭格拉斯哥（Glasgow）的「馬修艾吉茶與咖啡公司」（Matthew Algie Tea & Coffee），至今仍以二次烘焙見稱，其「Tinderbox Blend」是英國和愛爾蘭家喻戶曉的雙炒濃縮咖啡綜合豆，相當有名。幾年前筆者赴歐旅遊時曾試過，嚇了一跳，喝來毫無悶苦味，居然喝得到柔和的酸香和果香，稠度佳甜感足。該公司的品管與技術總監伊旺‧芮德（Ewan Reid）指出，兩次烘焙會改變咖啡的尖酸成分與油脂結構，衍生更豐的辛香與果香成分，也會使咖啡更濃稠、溫和與順口。從此改變了我對雙炒的歧見。

國內也有業者採用雙炒來磨掉極硬豆的尖酸味，但喝來總覺得悶苦、呆板與乏味，不知哪裡出了差錯，但也有少數雙炒技術不錯的業者。豆性較弱的海島豆也可雙炒，甜味更明顯。可見得雙炒並不侷限於高海拔極硬豆，任何豆性皆可，唯技術好壞是問。

雙炒有幾個要訣：
（1）第一次炒盡量不要進入一爆，豆色呈淡黃或黃褐，且豆表出現皺摺斑紋，即可出爐。

（2）至於要多接近一爆，要看你第二次烘焙時，要採淺焙或深焙而定。如果二炒要淺焙，那麼一炒出爐點可接近一爆點；如果二炒要深焙，那麼一炒出爐點就要距離一爆稍遠，也就是炒淺一點。

（3）海島豆或軟豆一炒時，不妨炒淺一點。反之，高海拔極硬豆或色澤暗綠含水量較高的豆子，一炒時不妨接近一爆點再出爐。

（4）一炒出爐冷卻後立即進行二炒的效果不佳，風味不如隔天再炒，原因不明，但屢試不爽。

　　一炒時為何盡量不要烘進一爆？因為進入一爆就引動焦糖化反應，生成的芳香物會有氧化與走味之虞，且豆體纖維質已受損，很容易在二炒時加劇碳化。如果一炒時不小心烘進一爆，切記二炒時不宜烘太深。我有個友人的黃色波旁烘得太淺，一爆未完全就出爐，喝來死酸澀口，第二天筆者死馬當活馬醫，以臺製「Hop Top 電熱管滾筒烘焙機」回鍋再炒，俟豆表皺摺拉平便隨即出爐，再試泡來喝，死酸居然昇華成甜香，意外「救活」昂貴的咖啡。雙炒雖然麻煩，但有時卻可發揮神奇妙效，相當有趣。但我並不鼓勵雙炒，因為變數多於單炒，容易出錯，除非客戶要求，盡量備而不用。另外，雙炒容易遮掩精品豆的精緻風味與「地域之味」，單炒才是詮釋精品豆香酸與地域之味的最佳炒法。如果擔心極硬豆不易烘焙，不妨採用第八章介紹的幾種慢炒法，即可馴服難炒的硬豆。不過，濃縮咖啡以雙炒為之，可增強稠度與甘甜，不怕麻煩者倒可一試。（以上是傳統的雙炒法，請參考第十三章第 410 頁的歐焙客雙焙法，比較新式的雙焙法，會有驚喜的體驗。）

── 配方淺談 ──

　　再來談談混豆與配方問題。在調配綜合豆前，必須有下列的認知：有個性的莊園豆與其他豆子混合，很可能失去原先特色，除非有把握混合後，發揮一加一大於二效果，否則不鼓勵混豆。不少業者的綜合豆配方，以省錢為最高原則，實不足取。

　　混豆重點為「異質可混，同質不混」，也就是說風味近似者不宜相混，風味互異

者可相混，以收截長補短的綜效。比方說肯亞豆莓酸味重，就不必再與近似的坦尚尼亞或辛巴威混合，可考慮與醇厚優於酸香的印尼豆混合。經典的摩卡爪哇綜合與臺灣最愛的曼巴（曼特寧與巴西）綜合配方，就是採異質相混法。

另外，稠厚度佳與稠厚度稍差的咖啡相混，可中和出絲綢般的醇厚度。日晒豆配水洗豆，也有不錯效果。亦可採用不同烘焙度來配豆，例如肯亞深焙配上肯亞中度烘焙，會有意想不到的層次感。硬豆混軟豆也很有趣，值得一試。

配方問題相當複雜，最好先學好烘焙再來研究配豆，會有更深刻的體悟。鑽研混豆配方而疏於烘焙，是本末倒置的做法。烘焙技術遠比配豆祕方重要。再好的配方也經不起失敗的烘焙，此認知很重要。

── 烘焙機的污煙與保養 ──

污煙是烘焙業者最頭疼的問題，烘焙度愈深，嗆煙味愈重，影響周遭鄰里，尤其是二爆後的嗆煙味，常引起附近住家不悅。如果無法降低烘焙度以減少廢氣排放量，就必須加高煙囪或加裝水處理設備、靜電集塵器或焚化爐（Afterburner），來解決煙害問題。

最經濟省事的解決方案是利用廢氣往上飄的特性，將烘焙廠設於較高樓層，即可把煙害降到最低。某咖啡烘焙廠就設於廠辦區的七樓，即使以 60 公斤機來深焙，亦無需加裝靜電或焚化爐，不但省了一筆大開銷，也不致引起下層居民埋怨。如果當初設於一樓，問題就大了，煙囪不但要拉到頂樓，一樓的污煙也會影響到各層樓民眾。烘焙廠位置務必事前經過縝密規畫與評估，免得日後成了眾失之的，得不償失。

每爐低於 2 公斤的店用烘豆機，污煙不致太嚴重，只要打好鄰里關係，問題不大。但每爐 5 公斤以上，深焙的污煙就夠嗆了，有必要加裝靜電集塵器或配合水處理設備，

才能降低煙害。每爐 15 公斤以上，即使靜電器和水處理並用也不易解決深焙的污煙問題，恐怕就得加裝焚化爐。焚化爐是以攝氏 500 度高溫，將污煙或碳化粒子瞬間火化成二氧化碳以及部分的水蒸氣排出，可大幅減少煙害和嗆煙味，符合環保要求，但仍無法完全去掉重焙豆的嗆煙味，所以大型烘焙廠最好不要設於住家附近，以免衍生不必要衝突。焚化爐是目前解決烘豆煙害最有效的方法，但也是成本最高的一種，由於爐溫超過攝氏 400、500 度以上，瓦斯用量是烘焙機的三倍以上，必須事先列入成本考量中。

如果裝有焚化爐，後段的煙囪就比較乾淨好清理，因為皮屑、碳化粒子等阻塞物已在焚化爐中火化成水氣，因此排入後段煙囪的氣體乾淨多了，但前段的排煙管（即烘焙機污煙進入焚化爐的那小段管線）則需定期勤加清理。如果未加裝焚化爐，那麼烘焙機至集塵器，以及集塵器至煙囪的所有排煙管路都要定期檢查清理、更換，刷除或刮除油垢和阻塞物。集塵器至煙囪的排煙管最好設計成可拆式，以便分段拆卸清理，尤其管線末段最易阻塞，因為排出的熱廢氣到了末端溫度降低很多，油垢易堆積在末端管壁，使得管徑愈來愈窄，造成排煙不暢，嚴重影響烘焙品質。如果你發覺咖啡豆苦味愈來愈重，很可能是管線太久沒清，排煙不暢，燥苦的碳化粒子排不出去，累積於豆表所致。阻塞的煙管清理過後，咖啡就恢復乾淨風味。原則上每月或每烘150 鍋後，務必拆下煙管做好清理工作，亦有更重視品質的業者每烘 30 鍋就清理管線，定期清潔排煙管線是咖啡品管的一部分，輕忽不得。阻塞太嚴重或油垢堆積太厚，烘焙時更易發生火災。為了顧好咖啡品質與避免火災發生，烘焙師必須養成每月清煙管的好習慣。另外，排煙馬達的葉片也要定期拆下清理油污，以免葉片的送風排煙效率大減，嚴重影響烘焙曲線。冷卻盤的小孔也要定期除垢，可提高冷卻效率。

工欲善其事必先利其器。定期清理烘焙機排煙管、馬達葉片、冷卻盤的油垢，排煙通暢了，瓦斯使用效率會提高，亦能確保烘焙品質。在此不吝與業者分享一個心得，如能在集塵器內部的排煙口，加裝一片金屬濾網，即可大大提高集塵器阻卻咖啡皮屑的功能，銀皮全部被擋在集塵器內，無法排入後端管線，進而減少油垢堆積，方便日後的清理工作。

Chapter

— 10 —

咖啡萃取與健康

世人最愛的四種飲料──咖啡、可可、可樂和茶，都含有咖啡因。全球每年要消耗12萬公噸咖啡因，足以供應全球男女老少每人每年喝下兩百六十杯茶或咖啡提神。其中至少有6萬公噸的咖啡因來自咖啡豆，其他則由可可豆、茶葉和可樂種籽獲取，極少部分在實驗室合成。咖啡豆成了人類對咖啡因需求的最大來源。咖啡因致命量大約10公克，每小杯濃縮咖啡含70～100毫克咖啡因，要一口氣喝下一百杯濃縮咖啡或五十大杯卡布奇諾才會喝到掛。但咖啡因具有藥性，切勿酗咖啡，每日勿超過三杯，適量為宜。

──作者的叮嚀

咖啡是最具爭議性的飲料，從《聖經・創世記》的「禁果」究竟是蘋果還是咖啡果，一直吵到千禧年後的「咖啡是否稱得上健康飲料」，不曾稍歇。人世間慘遭醫學「白色恐怖」最烈的飲品，咖啡莫屬。百年來各式檢驗分析堆積如山，有褒有貶，咖啡消費量也因此起伏不定。一九三三年，芝加哥大學藥理學博士霍克（Harald Holck）在權威的《比較心理學期刊》（*The Journal of Comparative Psychology*）發表一篇〈咖啡因對解開棋技難題的影響〉（Effect of Caffeine upon Chess Problem Solving），探討棋士在咖啡因影響下解決二百五十個棋技難題，棋藝表現遠優於未注射咖啡因的棋士。五〇年代，美國咖啡界就以此論文為本，大肆宣傳咖啡是「開智飲料」，拉抬美國咖啡消費量登上歷史高峰，當時 75% 美國人平均每天至少要喝四杯咖啡。但醫學界也在此時展開反擊，頻頻發表喝咖啡易引發心臟病、高血壓、致癌等報告，美國咖啡消費量開始下滑。到了一九八二年，美國咖啡飲用量足足比一九六二年銳減39%，咖啡似乎成了人人喊衰的「毒藥」。直到一九九〇年以後，星巴克、畢茲咖啡、喬治・豪爾帶動精品咖啡熱潮，適逢咖啡有助健康的研究報告爭相出籠，一舉平反咖啡昔日污名，美國咖啡消費量才止跌回升。

─ 洗刷咖啡污名 ─

　　顯見咖啡飲用量與健康議題息息相關，雖然九〇年代後出爐的咖啡研究報告對咖啡有較正面論述，但有些人批評這與歐美咖啡巨擘的資助有關。然而，無論如何，也不能以人廢言。近十多年來的研究報告以更開放的胸襟，從正反兩面檢視咖啡與健康問題，也導正過去偏頗的取樣造成的偏差結果。九〇年代以前的咖啡報告一面倒地認為，咖啡飲用量與心血管疾病、癌症成正相關，但近十年來的研究卻指出，這肇因於取樣的不嚴謹，要知道很多人喝咖啡都習慣添加人造奶精、糖包、果露、奶油來調味，這些添加物才是心血管疾病的幫兇，如果你每天喝三杯咖啡，每喝一杯要加兩顆奶球一包糖，試問一個月下來你喝進多少膽固醇和三酸甘油酯。另外，喝咖啡的人多半也是老菸槍。尼古丁與高脂肪、高糖的結合，對健康的損害更大。如果把這些因素排除，重新取樣的研究結果，就看不出喝濾紙過濾的黑咖啡與心血管或癌症的關聯。甚至有不少報告還指出，黑咖啡可抗癌，預防糖尿病、肝硬化、老人癡呆等慢性病。哈佛大學公共衛生學院營養學教授魏勒特（Dr. Walter C. Willett）在二〇〇一年出版的暢銷書《吃喝和健康》（*Eat, Drink and Be Healthy: The Harvard Medical School Guide to Healthy Eating*）這麼寫道：「如果適量飲用，咖啡是相當安全的飲料。咖啡百年來被視為有礙健康，與其說咖啡本質有問題，不如說是形象被扭曲。」魏勒特教授是美國著名的營養學者和大眾健康的守護神。他指出，雖然沒人料到他會這麼說，但事實就是事實：「過去諸多研究結果都對咖啡不利，而今重新檢視這些研究取樣，發現有重大瑕疵，受測者的健康問題是抽菸所致，而非黑咖啡造成的。」

● 即溶咖啡之害

　　咖啡以什麼方式喝下肚，攸關自身健康，值得咖啡迷關注。研究指出，一杯星巴克 12 盎司的卡布奇諾，添加果露和奶油調味，每杯熱量高達 370 卡路里。反觀等量的星巴克無糖無奶黑咖啡，只含 10 卡路里熱量，所以黑咖啡遠比奶油調味的白咖啡更健康。同理，三合一即溶咖啡或罐裝調味咖啡，與其說是速食咖啡，不如說是化學

咖啡，內容物幾乎是人工甘味、合成油脂、化學香精或防腐劑的混體，遠不如濾泡式黑咖啡健康。日本藥學博士三宅美博、古野純典等多位學者曾對日本人飲用即溶咖啡與濾泡式咖啡對膽固醇的影響，進行長達 6 年、取樣 4,587 人的研究，發現傳統式濾泡黑咖啡不會影響膽固醇濃度，但是喝即溶咖啡卻會明顯提升總膽固醇濃度，以及低密度脂蛋白，也就是俗稱壞膽固醇濃度。此報告載於一九九九年美國流行病學院的《流行病學紀錄》（*Annals of Epidemiology*）。這可能跟即溶咖啡或三合一咖啡，添加有大量糖、奶精或棕櫚油有關。

　　咖啡要喝出健康，就要先拒絕化學咖啡或速食咖啡，反璞歸真改喝現磨現泡的過濾式黑咖啡，不但可濾掉有損健康的咖啡油脂，並可補充大量抗氧化物，修補體細胞。簡而言之，就是貫徹精品咖啡的慢食運動，才是健康之道。以下先探討咖啡與抗氧化物關係，再深談咖啡萃取方式對健康的重要性。

── 咖啡：抗氧化物來源 ──

　　一九八六年，慢食運動（Slow Food Movement）在義大利點燃，向速食說不，改而推行慢工出細活的傳統飲食，讓饕客吃出美味與健康。精品咖啡何嘗不是慢食運動的延伸？講究現磨現泡，不加糖漿不添奶油，先享受磨豆的乾香與沖泡的濕香，最後慢慢品啜黑咖啡的萬般滋味，感受入喉香與鼻腔香，更重要是喝下大量抗氧化物而非油脂與糖。美國賓州史坎頓大學（University of Scranton）化學博士文森（Joe A. Vinson）領導的研究團隊，在二〇〇五年八月於美國化學會第二百三十屆年度會議中探討「抗氧化物對健康的潛在好處」（The Potential Health Benefits of Antioxidants），提出的研究報告指出，咖啡不但是美國人早餐必備的醒腦飲料，更是老美每天補充抗氧化物的最大來源。此報告打開世人對咖啡的新視野，也讓學術界對咖啡有了新評價。

數十年來，學術界一直認為抗氧化物對人體有諸多好處，可抗老化，預防心臟病和癌症等。文森博士的研究團隊破天荒分析一百多種飲食的抗氧化物含量，包括蔬菜、水果、堅果、香料、油脂和飲料，並取得美國農業部最新資料，算出每種受測食物的美國人每年消費量，據此統計出美國人抗氧化物來源的排行榜。文森博士指出，咖啡一路領先，不論每次飲用、食用所攝取的抗氧化物含量或受測物的使用頻率，都領先群雄。咖啡輕易超越一般認為抗氧化物的最大來源，例如茶、牛奶、巧克力和小紅莓。研究顯示，椰棗的果實含有最豐富的抗氧化物，但美國人的食用量很少，所以最後還是從咖啡每天攝取 1,299 毫克的抗氧化物，拔得頭籌。文森博士根據抗氧化物單位含量、每人每天平均飲用或食用量，算出美國前十大抗氧化物來源，以及每日從各種飲食中獲取的抗氧化物毫克量，依序為：

1. 咖啡（1,299 毫克，平均每天 1.6 杯）
2. 茶（294 毫克）
3. 香蕉（76 毫克）
4. 什錦乾豆（72 毫克，包括斑豆、海軍豆、黑豆、大北方豆）
5. 玉米（48 毫克）
6. 紅酒（44 毫克）
7. 啤酒（42 毫克）
8. 蘋果（39 毫克）
9. 番茄（32 毫克）
10. 馬鈴薯（28 毫克）

　　文森博士指出，咖啡含有豐富的抗氧化物，雖然單位含量不如椰棗，但美國人每天都要喝上幾杯，加上蔬果吃得少，咖啡順理成章躍升為老美每日抗氧化物最大來源（如果沒有喝咖啡補充抗氧化物，美國人的疾病不知會增加多少）。此結果不是要鼓勵大家多喝咖啡，仍應適量為宜，每天一至兩杯不為過，因為喝下了抗氧化物也同時喝入咖啡因，過量有礙健康。蔬果才是最健康的抗氧化物來源。

無獨有偶，二〇〇四年挪威奧斯陸大學醫學院的史維拉斯教授（Arne Svilaas）領導的研究團隊也得到相同結果：咖啡是挪威人每日抗氧化物的最大來源。史維拉斯教授根據挪威人從不同食物種類攝取的抗氧化物量，來評估這些攝取量與受測者血液所含抗氧化物量的關聯性。研究團隊取樣 61 名成年人為期 7 天的飲食紀錄，以及對 2,672 名挪威人的飲食問卷普查，結果如下表：

飲食種類	抗氧化物攝取量（毫莫耳）	占所攝取抗氧化物百分比
咖啡	11.1	64
水果	1.8	11
茶	1.4	8
酒	0.8	5
穀類	0.8	5
蔬菜	0.4	2
其他（果汁、脂肪、糕餅）	0.8	5

結果頗令人意外，挪威人每天平均攝取 17.1 毫莫耳的抗氧化物中，咖啡居然高占 64%，是抗氧化物最主要來源。雖然過去就有研究顯示咖啡富含抗氧化物，但以人類不同飲食種類的抗氧化物來做比較，挪威算是首開先河。美國文森博士受到啟發，才於二〇〇五年進行類似研究，也得到雷同結果。另外，日本亦有研究顯示，每日喝咖啡者比不喝咖啡的人罹患癌症機率少了一半。這應該與咖啡的護身抗氧化物有關。

抗氧化物：消除自由基，保護細胞

抗氧化物究竟是什麼，為何對人體健康如此重要？氧氣是維持生命的基本元素，當我們吸入氧氣供細胞使用的同時，也會產生氧化的副產品——自由基。這些不穩定的自由基會搶奪細胞分子的電子，也就是說自由基會肆意攻擊健康細胞，尤其是細胞膜、細胞蛋白質、脂質，並破壞 DNA，造成諸多病變加速老化。人體不斷新陳代謝與氧化，使得自由基不停累積，成了萬病之源。但自由基又是什麼？如何產生的？簡單來說，每個細胞是由原子團構成的，正常原子團的電子都是成雙成對，遇到不當外力或毒物影響就會把成對的電子消滅一個，使正常原子團變成落單電子的不穩定自由基，再去攻擊正常原子團，造成更多自由基，有如惡性循環的連環車禍，體細胞出了問題，百病孳生。

近來醫學界證實自由基造成的疾病包括白內障、心血管疾病、糖尿病、紅斑性狼瘡、肝腎病變、自體免疫性風濕等。而壓力、抽菸、酒精、日晒和毒物都會加速人體的氧化與自由基的累積。人體經過數百萬年演化，已有一套降低自由基破壞體細胞的機制，但每日仍需吃三餐補充抗氧化物，因為抗氧化物帶有大量可供施捨的電子，遇到不穩定的自由基就會提供一個電子給自由基，中和自由基，恢復成正常的原子團。換句話說，抗氧化物具有修補細胞的功效。

不過，專家指出，咖啡泡好後，最好在廿分鐘內喝完，以免咖啡的抗氧化物被氧化，效力大打折扣，結果喝進的全是咖啡因，趁早喝完才是王道。

咖啡的抗氧化物：酚酸與蛋白黑素

植物靠光合作用取得維生養分，但曝晒在艷陽下會加速氧化並產生大量自由基，所幸植物本身富含數百種抗氧化物，包括類胡蘿蔔素、黃酮素、木質素、葉酸、茄紅素、阿魏酸、植物酚等，可用來中和自由基，彌補細胞的傷害。植物所含的抗氧化物

有許多也適合人體細胞，可從蔬果、堅果、香料、花草、穀物、茶、橄欖油、咖啡、紅酒和黑色苦口的巧克力攝取。咖啡含量最多的抗氧化物為綠原酸（植物酚的一種），有報告指出，每 200cc 的阿拉比卡咖啡含有 70 ～ 200 毫克綠原酸；羅巴斯塔的含量更多，高達 70 ～ 350 毫克。咖啡是人類餐飲中綠原酸主要來源。生咖啡豆經過烘焙，綠原酸有一半會降解成咖啡酸和奎寧酸，這兩種衍生物也是抗氧化物。專家認為咖啡是人類攝取植物酚（酚酸類）抗氧化物的最大來源。

科學家也發現，咖啡烘焙後，抗氧化能力劇增，尤其烘焙至 10 分鐘左右，一爆至二爆之間，咖啡去除自由基的能力最強。研究人員取樣六個不同產地的阿拉比卡和粗壯豆對照分析，發現粗壯豆中和自由基的能力優於阿拉比卡，而且烘焙過的咖啡比烘焙前的生豆更具修補細胞能力。科學家在試管內的實驗也證實淺焙至中焙的咖啡萃取物，其抗氧化活力遠比生咖啡豆更活躍。免疫學的研究也發現，有色蔬果、黑咖啡和茶的攝取量，與癌症、心血管疾病、糖尿病和老人痴呆症等慢性病的罹患率呈現負相關，因為破壞細胞的活性氧化物或自由基雖然不斷侵蝕細胞分子，但在造成損害罹病前，酚酸的抗氧化物及時中和過多的自由基，使人體常保健康。

咖啡烘焙時，胺基酸與碳水化合物發生梅納褐變反應，生成蛋白黑素（或稱類黑精素），重量高占熟豆的 25%，也是強效的抗氧化物。科學家也對不同飲料所含的不同植物酚抗氧化物，做了比對研究，並以低密度脂肪蛋白的氧化程度來做比較，結果發現咖啡遠比可可、綠茶、黑茶、花草茶的抗氧化物更為活躍。另外，二〇〇六年科學家也對民眾消費量最大的果汁等飲料所含的酚酸抗氧化物多寡做進一步研究，結果出爐：咖啡、綠茶和黑茶是最佳酚酸飲料，其中咖啡每 100 公克含 97 毫克酚酸，茶每 100 公克含 30 ～ 36 毫克酚酸。科學家指出咖啡在試管中的抗氧化能力比其他飲料傑出，歸因於生咖啡豆富含的綠原酸，烘焙後又衍生成咖啡酸、奎寧酸和蛋白黑素以及其他還無法辨識的抗氧化物相互加持作用。

咖啡與疾病

咖啡因與糖尿病

　　近年來有關咖啡可預防諸多慢性病的研究相當多。過去醫界質疑咖啡會使人體對胰島素產生抗性，延誤葡萄糖的代謝，不利糖尿病患，但近年的諸多研究卻顯示咖啡不但不會造成組織細胞對胰島素的抗性，反而提高細胞對胰島素的敏感度，增強葡萄糖的代謝，有助於糖尿病的預防。荷蘭國家公共衛生研究院的學者范達姆（Rob M. van Dam）和費斯坎（Edith J.M. Feskens）進行長達 10 年，取樣 17,000 人的研究，有了驚人發現：「咖啡喝得愈多，罹患第二型糖尿病（即成年人糖尿病）的風險愈低。」兩人的研究結果顯示，每天喝三到四杯黑咖啡者，罹患糖尿病的比率只有每天喝不到兩杯的 79%；每天喝五到六杯黑咖啡，罹患率降低到 73%；如果每天喝七杯以上黑咖啡，罹患糖尿病風險又比每天喝兩杯以下的人劇降一半。換句話說，咖啡飲用量與糖尿病成明顯負相關。此報告二○○二年登載於權威的《柳葉刀醫學期刊》（Lancet），震撼全球醫學界。芬蘭科學家二○○四年載於《美國醫學協會期刊》的研究也得到相似結果，每天喝三到四杯咖啡的人可降低糖尿病罹患率 30%，而喝十杯以上者，可降低 79% 的罹患率。

　　但科學家目前還無法證實咖啡裡到底哪種成分可預防糖尿病，一般相信不是咖啡因，因為研究同時發現低因咖啡也可降低糖尿病罹患率，顯然是咖啡因以外的成分發揮了保護作用。有些學者懷疑可能是咖啡裡的綠原酸改善葡萄糖的代謝，或消除了胰島素的自由基，使胰島素恢復活性而起了保護作用。由於咖啡預防糖尿病的原因不明，美國醫界至今尚未大力鼓勵糖尿病患多喝咖啡，但不禁止適量飲用無糖的黑咖啡或低因咖啡。

　　不過，二○○八年一月最新的研究報告出爐，證實咖啡因確實不利第二型糖尿病患。這項研究是由美國杜克大學（Duke University）醫學博士連恩（James D. Lane）

主持，他為十名每天平均喝四杯咖啡的糖尿病患加裝血糖監測器，並請這 10 位受測者停止喝咖啡，改以早餐和中餐各服一顆含有 250 毫克咖啡因膠囊，約等同於受測者早餐和中餐習慣喝兩杯咖啡所含的咖啡因劑量。隔天再給相同的受測者不含咖啡因的安慰劑膠囊。研究發現，受測者服下咖啡因膠囊，當天血糖比服下安慰劑膠囊平均升高 8%，而且飯後的血糖值更升高 10 ～ 20%。連恩博士說：「這是臨床實驗上咖啡因造成血糖大幅升高的實例，意義重大。咖啡因拉升血糖的幅度恰好抵消服用降低血糖藥物的功能……糖尿病患飲用含有咖啡因飲料，可能不利於血糖的控制。」但連恩不希望外界過度解讀此研究，因為 10 人的實驗規模太小，尚需進一步印證。然而，此研究足以顯示咖啡因對糖尿病患日常生活的影響力。

　　這項醫學報告與荷蘭學者范達姆長達十年的研究結果相反，這該如何解讀？范達姆接受專訪時表示：「二〇〇二年的研究結果顯示黑咖啡喝愈多，罹患糖尿病風險愈低，也讓我們大為吃驚。而今，連恩的研究卻讓事實更為明朗，那就是咖啡因絕不是降低糖尿病風險的保護成分。咖啡成分極為複雜，顯然是咖啡因以外的成分，長期而言有助預防糖尿病。」筆者認為，這兩項研究並無矛盾處，無非印證了咖啡因對糖尿病患的害處，顯然高於其他抗氧化物的好處。

　　那麼糖尿病患到底該不該喝咖啡或茶？范達姆認為，咖啡有些成分有助人體，也有些不利健康，糖尿病患不妨改喝低因咖啡。至於一般健康的人就無妨，因為咖啡的抗氧化物，長期而言對人體是有保護作用的。換句話說，高血糖或糖尿病患的葡萄糖代謝力較差，最好少喝咖啡與茶，或改喝低因咖啡，正常人就無此顧慮。科學家目前致力找出並分離咖啡預防糖尿病的保護成分，以造福世人。

咖啡降低痛風罹患率

　　另外，咖啡亦可降低痛風罹患率。二〇〇七年六月號的美國《關節炎保健與研究期刊》（*Arthritis Care & Research*）指出，每天喝四杯咖啡的人可降低 40% 痛風罹患率。痛風主要是血液的尿酸濃度太高，致使尿酸結晶破壞關節而產生劇痛。哈佛醫學院的

兩名醫生裘伊（Hyon K. Choi）與庫漢（Gary Curhan）對5萬名男性長達12年追蹤研究，發現每天喝四到五杯咖啡者，血中尿酸濃度平均比不喝咖啡者低了 0.26 mg/dl，可降低 40% 痛風罹患率，每天喝六杯以上咖啡者，血中尿酸濃度平均比不喝咖啡者低了 0.43 mg/dl，可降低罹病率 60 ～ 70%。該研究還發現低因咖啡亦有效，但茶就無此效果。這兩位醫生指出，咖啡飲用量與痛風罹患率成負相關，可能是咖啡因以外的抗氧化物綠原酸發揮作用，使得身體組織提高對胰島素敏感度，降低血糖與尿酸所致。因此痛風患者或高危險群不需因此停止喝咖啡，或許可考慮低因咖啡，減少咖啡因的負擔。

咖啡降低肝硬化機率

至於國人最關心的肝病問題，近二十年來日本、歐洲和美國均有深入研究，不約而同發現咖啡飲用量與肝硬化或肝癌呈現負相關。加州知名的凱瑟醫療集團（Kaiser Permanente Medical Care Program）一九九二年最先提出喝咖啡可抵抗肝硬化的研究，克拉斯基醫師（Arthur L. Klatsky）刊載於《美國流行病學期刊》（*American Journal of Epidemiology*）的首篇報告指出，每天至少喝四杯咖啡的人比不喝咖啡的人罹患肝硬化比率低了 40%。隔年第二篇報告指出，喝咖啡的人死於肝硬化的機會比不喝咖啡的低了 23%。一九九四年，挪威對 51,360 位成年人所做研究指出，共有 53 人罹患肝硬化，結果顯示喝咖啡與肝硬化、酒精性肝硬化呈負相關。

日本東京都國家癌症中心流行病學與預防研究部長津金昌一郎，二〇〇七年公布他主導的三項長期研究結果，首項研究取樣一九八四到一九九七年6.1萬名日本男女，發現每天至少喝一杯咖啡，罹患肝癌的機會比不喝咖啡低了 42%。第二項研究取樣一九八八到一九九九年 11.1 萬人，發現每天至少喝一杯咖啡，死於肝癌的機會比不喝咖啡的人低了 50%。第三項研究取樣一九九〇到二〇〇一年 9 萬人，發現幾乎每天喝咖啡的人，罹患肝癌的機會比很少喝咖啡低了 51%。該團隊以「幾乎可確定」來評定咖啡保肝效果。該研究團隊向來以「確定」、「幾乎可確定」、「可能」、「資料不足」四個等級來評定各種飲食的抗癌效果，咖啡獲得第二高評等。該機構過去不斷

鼓勵民眾多吃新鮮蔬果，黑咖啡是頭一次獲得首肯。

瑞典最大的醫療機構卡洛林斯加（Karolinska Institute）二〇〇七年公布了十一項針對咖啡的研究報告，結果顯示每天喝兩杯咖啡可降低 43% 罹患肝癌風險，主持該研究的營養學家拉森（Susanna C. Larsson）指出，咖啡的保肝效果在生物學上似乎合理：咖啡富含綠原酸等諸多抗氧化物，可抵抗身體組織的氧化壓力，抑制致癌物的形成。另外，動物實驗亦顯示咖啡與綠原酸對肝癌細胞具有抑制效果。

咖啡預防結腸癌

德國一組科學家近來發現濃咖啡所含的甲基吡啶鹽（Methylpyridinium）可預防結腸癌。多年來研究人員懷疑喝咖啡可預防某些癌症，因為咖啡含有高單位抗氧化物。二〇〇三年德國蒙斯特大學食品化學學院（Institute for Food Chemistry at the University of Munster）的湯瑪斯 · 霍夫曼博士（Thomas Hofmann）主持的研究，發現咖啡富含的甲基吡啶鹽可增強動物體內二期酶（Phase II Enzymes）的活性，進而消除腸道有害化學物質，被視為有助預防結腸癌。

這項研究刊載於當年十一月分的美國《農業與食品化學期刊》，有趣的是生咖啡豆並不含甲基吡啶鹽，必需經過烘焙，生豆的胡蘆巴鹼才會生成此一抗氧化物。人類飲食中以熟咖啡豆含量最豐，也是甲基吡啶鹽的主要來源。

霍夫曼表示：「除非進行人體實驗，否則無法瞭解要喝多少咖啡才有預防結腸癌的功效。不過，研究顯示，確實有效，尤其是濃咖啡最佳。深焙的濃縮咖啡比中焙淡咖啡有效。」

老鼠實驗也證實餵以咖啡萃取物的老鼠，其二期酶活性比對照組高出 24 ～ 40%。另外，人體腸細胞實驗也證實，甲基吡啶鹽可明顯提升二期酶的抗氧化活性。

─── 咖啡的營養素 ───

● 水溶性纖維：咖啡比果汁豐富

二〇〇六年，西班牙研究人員狄亞茲・盧比奧（Elena Díaz-Rubio）和索拉・加利克斯多（Fulgencio Saura-Calixto）在《農業與食品化學期刊》（*Journal of Agricultural and Food Chemistry*）專文指出，現泡咖啡所含的水溶性膳食纖維比柳橙汁或紅酒還要高，震驚飲食界。二〇〇七年七月，德國漢堡大學食品化學教授邦吉爾（Mirko Bunzel）領導的研究團隊證實了西班牙學者的發現，並進一步指出腸道裡的益菌可輕易消化咖啡裡的水溶性纖維，轉化為益菌所需的能量，而益菌消化水溶性纖維（即所謂的發酵），所產生的排泄物就是乙酸、丙酸和酪酸，可降低腸道的 pH 值，使某些壞菌無法生存，又為咖啡添加一樁「功德」。

乍看之下，「現泡咖啡富含膳食纖維」，的確有點天方夜譚。但膳食纖維其實有兩種，一為不溶水的粗纖維，如五穀雜糧、根莖葉蔬菜和果皮等，這些不溶水的膳食纖維是腸道清道夫，可軟化糞便，方便排泄。二為水溶性膳食纖維，也就是果肉部分和果膠，以蘋果、香蕉的含量最豐，但肉眼看不到。水溶性纖維對人體很重要，可降低壞膽固醇和脂肪的吸收。咖啡豆的水溶性纖維就藏在細胞壁裡，以熱水沖泡時溶入咖啡液裡。

德國研究團隊以濾紙沖泡咖啡，再將咖啡液冷凍成固態，以化學方法抽取出小到只有顯微鏡看得到的水溶性纖維。這是構成咖啡豆細胞壁的多醣體，人體無法消化，卻成了腸道裡類桿菌的最佳食物。研究發現類桿菌進食咖啡水溶性纖維 24 小時後迅速成長 60%，而且發酵過程釋放出大量短鏈脂肪酸。這對維持腸道健康很重要。類桿菌迅速孳生，布滿腸壁，使得其他壞菌無立錐之地。邦吉爾教授說：「此報告的要旨是，水溶性咖啡纖維是腸道益菌的最佳糧食，所以每天攝取咖啡膳食纖維對健康有莫大好處。」

現泡咖啡含有多少水溶性纖維？科學家以特殊技術測出各種飲料的水溶性纖維，咖啡含量之高，出乎意料，竟然高占咖啡粉重量的 2.5 ～ 20%，有趣的是柳橙的水溶性纖維只占柳橙重量的 0.19%，葡萄酒水溶性纖維也只占重量的 0.14%。而且，即溶咖啡每 100cc 含 0.75 公克水溶性纖維，濃縮咖啡居次，每 100cc 含 0.65 公克水溶性纖維，等量的過濾式咖啡則含 0.47 公克膳食纖維。至於為何即溶咖啡的水溶性纖維最高，是因為製程以高達攝氏 200 度來萃取所致，幾乎把咖啡豆所有可溶物質不論好壞全數榨光了。

咖啡雖富含水溶性纖維，不過，邦吉爾教授指出，每天最好攝取 20 ～ 30 公克水溶性纖維，而水果才是最佳來源。一顆蘋果或一根香蕉的果膠就等於兩大杯咖啡所含的水溶性纖維，但一天喝四大杯咖啡頂多才攝取到每天所需 7% 的水溶性纖維。因此，早餐不要只顧喝咖啡，忘了多吃水果；如果早餐忘了吃水果，咖啡不失為先打底的膳食纖維。邦吉爾與西班牙研究員都無法在紅茶或綠茶中檢驗出水溶性膳食纖維，倒也令人意外。我們或許可以說，早餐喝一杯咖啡比喝茶更健康吧。

● 富含維生素和礦物質

咖啡生豆富含多種維他命，包括葉酸、維他命 B1（0.1 毫克／ 1 公升）、維他命 B2、（0.1 毫克／ 1 公升）、維他命 B3（菸草酸，4.4 毫克／ 1 公升）、維他命 B12 和維他命 C。在烘焙過程，維他命 C 和維他命 B1 會被破壞，但菸草酸卻隨著胡蘆巴鹼降解而增加。咖啡的礦物質在烘焙前後變動不大，約占乾物的 4%，大部分可溶於咖啡液喝下肚，包括鈣（31 毫克／ 1 公升）、磷（1.6 毫克／ 1 公升）、鉀（785 毫克／ 1 公升）、鎂（61 毫克／ 1 公升）、鈉（14 毫克／ 1 公升）、錳（0.44 毫克／ 1 公升）、鐵（14 毫克／ 1 公升）、銅（0.2 毫克／ 1 公升）、鋅（0.09 毫克／ 1 公升）。

── 咖啡三大寇：咖啡因、咖啡醇、咖啡白醇 ──

　　咖啡含有上千種化學成分，科學家目前分離出來的八百多種成分，對人體有好有壞，只要適量飲用，每天不超過三杯，對人體利多於弊。咖啡雖然富含修補細胞的諸多抗氧化物和整腸的膳食纖維，但也含有潛在威脅的「三大寇」，那就是咖啡因、咖啡醇（Cafestol）和咖啡白醇（Kahweol，亦稱咖啡豆醇）。咖啡因過量會讓人失眠、心悸和血壓上升，最有效預防之道是適可而止，每天不超過三杯，將咖啡因攝取量控制在 300 毫克以內，即可無負擔喝出健康與活力。至於咖啡醇與咖啡白醇（又稱咖啡脂）則會提高血清膽固醇，防治之道也很簡單，少喝未經過濾的咖啡，盡量以濾紙來沖泡咖啡，即可濾掉有害健康的成分。接下來就談談三大寇如何影響生理反應。

● 咖啡因

　　人類早在史前就會利用植物所含的特殊成分來提神，但一直到一八一九年，二十五歲的德國年輕化學家隆格（Friedlieb Ferdinand Runge，1794–1867）才從咖啡豆分離出提神的興奮物「咖啡因」，揭開咖啡驅趕瞌睡蟲的千古天機。而此一發現的契機，竟源自他與德國大詩人歌德的一面之緣。隆格是德國天才化學家，20 歲出頭就因以顛茄（具有麻藥成分）萃取液，滴入貓的眼中使其瞳孔放大而聞名。歌德晚年對科學很感興趣，在德國化學家引見下，隆格在歌德面前表演貓眼瞳孔放大秀，歌德嘆為觀止，驅前向隆格致敬時，並以摩卡咖啡豆相贈，請隆格找出咖啡豆究竟有何種成分能讓人詩興大發、倦意全消。隆格受到歌德鼓舞，埋首鑽研摩卡豆，幾月後就從摩卡豆分離出咖啡因，揭開咖啡提神的謎底。一八六六年，隆吉回憶這段往事，特別提及當初是受歌德感召才發現了咖啡因。

　　咖啡因製造興奮，提升血壓：咖啡因會刺激中樞神經，讓血壓上升，心跳、呼吸加速，並可利尿，刺激胃液分泌、腸道蠕動與排便。為何咖啡因有製造興奮的能耐？原來咖啡因的分子結構類似神經傳導物質腺嘌呤核苷（Adenosine，亦稱腺甘酸），

因而干擾人體的鎮定與休息機制。人體疲憊時會釋放腺甘酸，大腦的腺甘酸接受器收到此物質，就會降低神經興奮度，讓人想休息睡覺。換句話說，腺甘酸在我們清醒時不斷在血液裡累積，濃度會愈來愈高，腺甘酸接受器收到的訊息愈強，人就愈疲倦，直到進入夢鄉，此化學物質才停止分泌。然而，結構類似腺甘酸的咖啡因，卻蒙蔽了大腦的腺甘酸接受器，使得正宗腺甘酸無法與接受器結合，人體鎮定機制暫時失效，咖啡因成了腺甘酸接受器的抗拮劑，造成大腦誤判，因而釋放額外的興奮訊息，腎上腺素也開始增加，使得血管收縮 [註1]，血壓上升，心跳加速，肝臟釋放糖分提供體能，疲憊瞬間全消。

　　咖啡因喝下肚 45 分鐘內全被人體吸收，約 4 ～ 6 小時可消化完畢，咖啡因造成的額外興奮逐漸平息。但如果喝太多，咖啡因會累積下去，興奮度也會持續，造成深夜難入眠。由於咖啡因會暫時提升血壓，增加收縮壓 4 mmHg、舒張壓 2 mmHg，並加快心跳，因此心律不整或有心臟病的患者最好少喝一點，尤其平常不喝咖啡又有心臟病的人，突然喝下一大杯咖啡，易引發心臟病，不得不慎。但對於常喝咖啡的人，咖啡因的負效比較不明顯。筆者遇過對咖啡因極為過敏的人，只要喝半杯咖啡，就會心悸、呼吸困難、滿臉通紅，甚至要送醫治療。我也聽過酗咖啡者的拔牙「驚魂記」，因為他們一天喝七到八杯咖啡（頭不疼手不抖，晚上照睡無礙），對麻藥產生抗性，所以拔牙或開刀時的麻藥劑量要比常人多。

　　計算咖啡因：一杯咖啡到底含多少咖啡因，端視咖啡粉多少克、品種、萃取時間長短，以及水溫高低而定。咖啡劑量愈多、研磨愈細、萃取時間愈長、水溫愈高，溶入的咖啡因就愈高。每杯咖啡因含量以毫克為單位，基本計算公式為：

（咖啡因占豆重百分比 × 咖啡粉幾公克）× 1000 ＝一杯咖啡含幾毫克咖啡因

　　以阿拉比卡為例，咖啡因含量約占豆重的 1.1 ～ 1.5%（中間值為 1.3%），其中衣索匹亞、葉門摩卡與巴西豆的咖啡因較低，巴西波旁的咖啡因約占豆重 1.2%，衣索匹亞哈拉的咖啡因約占豆重 1.13%，西達莫約占豆重 1.21%。但瓜地馬拉、哥倫比

亞和肯亞的咖啡因偏高，約占豆重 1.37%。小圓豆咖啡因比扁平豆還要高，坦尚尼亞小圓豆的咖啡因，高占豆重的 1.45%。粗壯豆的咖啡因更高，約占豆重 2.5 ～ 4%。（各產地阿拉比卡咖啡因占豆重百分比，請參考書後附錄）

如以 10 公克咖啡粉沖泡咖啡，咖啡因含量為（1.3%×10）×1000 ＝ 130 毫克（這是溶入最大值，因為咖啡因不可能百分百溶入杯中，實際測得的數據會小於此值）。如果咖啡為粗壯豆，咖啡因占豆重比平均質為 3.2%，咖啡因就提高到 320 毫克，即（3.2%×10）×1000 ＝ 320。醫學專家建議每天咖啡因攝取量最好控制在 300 毫克以內，既不必擔心咖啡的負效，又可補充必要的抗氧化物和膳食纖維。至於自己該喝兩杯或三杯，就看咖啡粉使用劑量而定。不妨以上述公式自行計算每天的咖啡因配額，即可喝出健康。

各式泡法萃出的咖啡因亦有出入。美國佛羅里達州大學抽檢咖啡館各式泡法的咖啡因含量，其中以美式濾泡咖啡機的萃出劑量最高，一杯 230cc 美式濾泡的咖啡因含量在 115 ～ 200 毫克（因為美式濾泡時間最長，約 5 ～ 7 分鐘，溶解出最多咖啡因）。其次是泡煮式咖啡，包括土耳其、法式濾壓、虹吸式等，泡煮時間在 3 分鐘內，一杯 230cc 的咖啡因約在 80 ～ 140 毫克。濃縮咖啡 40cc 的咖啡因約 58 ～ 185 毫克，變動幅度最大，主要是濃縮綜合配方常添加粗壯豆所致。可見市售咖啡的咖啡因含量很難估計，變數非常大。如果是自己在家沖煮，就很容易掌握變數，較精確算出每天喝進多少咖啡因。原則上，每天不超過三杯濾紙沖泡的黑咖啡，百利無害。

咖啡因肥皂與護膚軟膏：咖啡因具有藥性，每天喝下超過 300 毫克咖啡因，可能對人體產生負面影響，但咖啡因並非一無是處的壞小孩，也有不少好處，近年來開始廣泛應用在美容保養品上。俄羅斯人上澡堂常以咖啡渣來擦拭身體，不僅可清潔皮膚、去除角質層、滋潤皮膚、防晒，還可消除蜂窩組織，箇中祕訣就在於咖啡因。皮

註 1：頭痛多半是因腦血管擴張壓迫到神經所致，咖啡因收縮血管可以舒解頭疼。

膚吸收咖啡因，可協助脂肪細胞位移，使凹凸不平的皮膚更為平滑，而且咖啡因促使皮膚血管收縮，可改善靜脈瘤的外觀。目前歐美有不少護膚軟膏或去除蜂窩組織外用藥，均添加咖啡因成分。國外也有人廢物利用，以咖啡渣混合萊姆汁或橄欖油，在洗澡時擦拭患部。甚至有人混合咖啡粉和雞蛋，自製面膜。讀者有興趣不妨詢問醫生如何使用咖啡因保養肌膚，較為妥當。

如果你早上出門上班前，時間只夠洗個澡，來不及泡咖啡，沒問題，因為咖啡因肥皂問世了！不但可洗得香噴噴，皮膚也會自然吸收咖啡因，提神效果猶如喝下兩杯咖啡。這種咖啡因肥皂已在美國和英國上市，取名為「淋浴震撼」（Shower Shock），有原味、薄荷和香草風味。咖啡因的應用面愈來愈多元，連洗澡也可洗出元氣，令人稱奇。

咖啡因促進毛髮生長：中年禿一直是男人心中最大的痛。雄性禿主要是男性睪丸激素產生過多的睪酮，使得頭髮毛囊萎縮，壓抑頭髮生長所致。德國傑納大學（University of Jena）費雪博士的研究發現，咖啡因可抑制睪酮破壞頭皮毛囊，進而促進毛髮生成。費雪的研究載於《國際皮膚醫學期刊》（*International Journal of Dermatology*），他表示：「咖啡因是大家耳熟能詳的物質，但我們對咖啡因促進毛囊健康所知有限，這是值得研究的領域。」

研究發現，要抑制睪酮破壞毛囊並促進毛髮生長的咖啡因劑量很高，每天至少要喝六十杯咖啡才夠，人體難以負荷，因此科學家已開發出塗抹頭皮的高劑量咖啡因營養液，供洗頭後使用。費雪博士採集初期落髮男性的毛囊樣本，置入四種不同營養液的試管內，結果發現咖啡因營養液樣本，以及混合咖啡因與睪酮營養液的樣本，可延緩落髮，促進新髮生長。反觀其他不含咖啡因的營養液樣本與睪酮營養液樣本，則只會加速毛髮脫落。這份報告顯示使用咖啡因營養液治療，頭髮的生命週期可延長40%。醫學界愈來愈重視咖啡因外用塗抹藥對皮膚與毛髮的保健效果。隨著科技進步，咖啡因也逐漸洗刷過去的「壞學生」形象，開始對人類做出貢獻。

● 咖啡醇和咖啡白醇

泡咖啡加濾紙擋掉膽固醇：除了咖啡因外，另兩大寇咖啡醇和咖啡白醇也讓咖啡業嚇出一身冷汗。八○到九○年代，歐美學者對咖啡是否會提高人體膽固醇進行一系列研究，已有 200 多年歷史的英國皇家醫學會（Royal Society of Medicine）於一九九六年刊出一篇總結報告，證實咖啡所含的咖啡油確實會提高人類血清膽固醇，但對其他動物卻無此現象。咖啡油提高膽固醇的成分已被確認為雙萜類的咖啡醇和咖啡白醇，但該報告指出，只要改為濾紙沖泡，即可濾掉有害成分，喝得更健康。[註2]

早在一九六三年就有報告指出，喝咖啡易造成心肌梗塞，後來醫學界進行的研究推翻此說，認為喝咖啡者多半是老菸槍，尼古丁才是幕後兇手，讓咖啡界鬆口氣。但一九八三年風暴再起，一篇名為〈索隆梭心臟研究〉（The Thromso Heart Study）的報告，對挪威 1.4 萬人的研究 [註3] 發現，每天喝九杯以上咖啡，其血清總膽固醇濃度比每天只喝一杯以下的人，高出 10 ～ 12%。然而，醫學界隨後對北歐以外的國民所做的研究卻發覺膽固醇濃度並未與咖啡消費量成正相關，也就是說，喝咖啡並不會造成高血脂。學者進一步分析，發現問題出在咖啡的沖泡方式，北歐人通常不用濾紙沖泡咖啡，習慣以粗研磨咖啡與水煮個十分鐘，或使用浸泡式的法式濾壓壺，倒出來就喝，無法有效過濾咖啡油脂，才會造成膽固醇較高。反觀美國和日本，習慣用濾紙來泡咖啡，有效擋掉咖啡醇和咖啡白醇等有害成分，故血脂並未因喝咖啡而有明顯上升。

註2：最近的研究發現咖啡油脂可使壞膽固醇在血液裡停留時間延長 30%，但只需加張濾紙來泡咖啡即可阻擋咖啡脂進入人體。咖啡中含有植物性咖啡脂即所謂的咖啡醇或咖啡白醇，會使血液的三酸甘油酯和膽固醇濃度增加。研究顯示，每天喝入 60 毫克咖啡脂，就足以使體內低密度脂蛋白和三酸甘油酯上升，因為咖啡豆約含有 1% 的咖啡脂，因此只要喝入六公克以上的無濾紙過濾的咖啡，所攝入的咖啡脂就超出 60 毫克，而不利健康。

註3：挪威平均每人每年咖啡消費量超過 10 公斤，為世界之最。

一九九一年，范達梭多普（Van Dusseldorp）等人的研究報告〈沸煮咖啡提高膽固醇的因子無法滲出濾紙〉（Cholesterol-raising factor from boiled coffee dose not pass a paper filter），以及艾荷拉（Ahola I）等學者所提的報告〈濾紙阻擋沸煮咖啡的高血脂因子〉（The hypercholesterolaemic factor in boiled coffee is retained by a paper filter）不約而同指出，在喝北歐沸煮式或法國濾壓咖啡之前，倒入濾紙中過濾即可過濾掉高血脂因子，喝得更健康。

　　研究指出，濾紙沖泡的咖啡，每杯僅含微量的咖啡醇或咖啡白醇約 0.2 ～ 0.6 毫克，遠低於北歐式水煮咖啡、法式濾壓壺、土耳其壺等無濾紙的咖啡，每杯約含 6 ～ 12 毫克咖啡醇和咖啡白醇。換句話說有濾紙過濾的咖啡，所含的咖啡油脂比無過濾咖啡低了二十到三十倍。另外，濃縮咖啡和摩卡壺以高壓萃取，照講會榨出更多提高膽固醇的成分（而且又未經濾紙過濾），但由於萃取時間只有 20 多秒，溶入的咖啡醇與咖啡白醇每杯約 2 ～ 4 毫克（但若加長萃取時間，就會很可觀了）。

　　至於臺灣常見的虹吸式泡法，國外不多見，故並未列入研究項目內，但筆者懷疑虹吸式的咖啡油含量也不低，因為虹吸式只隔一層粗棉布來過濾，即使加上咖啡渣的過濾效果亦有限，推測虹吸式的咖啡油含量可能比法式濾壓壺稍低，但虹吸式應該比手沖壺或美式咖啡機裝有濾紙的沖泡法更不健康，因為即使金屬或棉布濾材亦難有效過濾咖啡油。為了你的健康，請多採用濾紙來沖泡，少喝未經濾紙過濾的咖啡或即溶咖啡。尤其每天要喝三杯以上的人，更應該使用濾紙來保護自己。

　　研究也指出，喝咖啡不致造成鈣質流失，但孕婦最好少喝，以免咖啡因被胎兒吸收，不利胎兒健康。另外，咖啡因過量亦容易造成孕婦流產。

── 輕鬆泡出好喝咖啡 ──

　　泡出好喝的咖啡，比烘出好豆子簡單多了，因為泡咖啡的變數較單純，容易掌握，不像烘焙常受豆子含水量、軟硬度、氣候、火力、排氣閥、排氣管通暢度所左右。泡出香醇咖啡的變數，不外乎豆子新鮮度、咖啡豆與水的重量比、萃取時間、萃取溫度、研磨粗細度，只要稍加留意就可駕馭這些變數，談笑間泡出香醇好咖啡。精品咖啡最珍惜的酸香物也因水溫、泡煮時間和粗細度，而有不同的萃出濃度。一杯咖啡酸香物的濃度依序為綠原酸約 1,000 毫克／公升、奎寧酸 490 毫克／公升、檸檬酸 460 毫克／公升、醋酸 220 毫克／公升、乳酸 190 毫克／公升、蘋果酸 130 毫克／公升、磷酸 77 毫克／公升。

　　豆子務求新鮮：這是香醇咖啡的先決條件。不論你再會泡咖啡，碰到走味豆也枉然。咖啡出爐後至 7 天內是最佳賞味期，一週後芳香物逐漸老化或消失，甚而走味，二爆末段的重焙豆比二爆前的淺焙豆，更易氧化走味，保鮮不易。筆者向來不喝出爐超過兩週的豆子。新鮮的豆子不論以手沖、法式濾壓、虹吸或義式咖啡機沖泡，咖啡粉輕易隆起膨脹，並有厚實的「泡沫層」（Crema，或稱油沫）。如果豆子不新鮮，咖啡粉就不易隆起，甚至下陷，「泡沫層」變得稀薄，這是因為新鮮咖啡所含的二氧化碳已吐氣完畢，帶走大量芳香物或遭氧化，只剩碳化物、苦澀物和咖啡因，不值得喝。如果烘好的豆子兩週內可喝完，以單向排氣閥袋子或密封罐，室溫下保存即可。如果買太多兩週內喝不完，最好分裝幾個小密封罐（「愛之味」小玻璃罐密閉效果佳），放進冰箱冷藏保鮮，以免高溫高濕孳生赭麴毒菌，有損健康。置入冰箱的小罐，一罐喝完後再開另一罐，可減少受潮與氧化。據美國咖啡專家施維茲（Michael Sivetz）的研究，冷藏確實可延長咖啡賞味期，筆者也有相同經驗。

　　咖啡豆與水的重量比：咖啡濃淡影響風味至鉅。手沖壺、法式濾壓壺、或虹吸式泡法，咖啡豆與萃取水量的比例，應落在 1：10 至 1：17 之間，口味稍重者不妨以 1：10 至 1：12 比例來沖泡，即 15 公克咖啡豆的最佳萃取水量在 150 ～ 180cc 之間，或

150cc 水配上 9 ～ 15 公克咖啡豆，但亦有嗜濃族以 1：8 來沖泡，即 150cc 以 18 公克咖啡豆沖煮。口味較淡者不妨以 1：13 至 1：17 稍加稀釋，超過此限就太稀薄無味了。但美式濾泡咖啡機的咖啡豆與水量萃取比例落在 1：17 至 1：23 之間。

萃取時間與粗細度：咖啡研磨粗細度應和萃取時間成正比，即磨得愈細，芳香成分愈易被熱水萃出，所以萃取時間要愈短，以免萃取過度而苦嘴。反之，磨得愈粗，芳香物愈不易被萃出，故萃取時間要延長，以免萃取不足沒味道。義大利濃縮咖啡以攝氏 92 度高溫與高壓萃取，萃出 30cc 在 20 ～ 30 秒間，是所有泡法中萃取時間最短者，故研磨細度比虹吸、手沖、摩卡壺或法式濾壓壺來得精細。

虹吸和手沖在臺灣很受歡迎，兩者的粗細度差不多（以飛馬磨豆機的刻度，約落在 3 ～ 4 間），雖然虹吸泡煮時間比手沖短了 2 分鐘，照理要磨得更細，但虹吸的萃取溫度卻比手沖高 10 度左右，因此抵消了磨細的因子。手沖壺萃取時間比虹吸壺長約 2 分鐘，但萃取水溫較低，因此抵消了磨粗的因子，相當有趣。國際咖啡組織（ICO）的科學家特為研磨粗細度與沖泡時間、萃取水溫做了一系列實驗，值得參考。〔表一〕顯示粗細度與酸香物萃出濃度的關係，〔表二〕顯示沖泡時間與酸香物的萃出濃度，〔表三〕顯示沖泡水溫與酸香物的萃出濃度。

〔表一〕：粗細度與酸香物萃出濃度的關係（以美式咖啡機 94℃萃取 5 分鐘）

酸香物	粗研磨（毫克／公升）	細研磨（毫克／公升）	超細研磨（毫克／公升）
綠原酸	700	1,065	1,177
奎寧酸	435	495	510
檸檬酸	325	461	440
醋酸	243	226	209
乳酸	110	195	308
蘋果酸	119	137	164
磷酸	68	77	82

＊數據顯示磨粉愈細，萃出愈多酸香物，但醋酸是例外，可能與醋酸屬揮發性酸香物有關，其他則為非揮發性。

〔表二〕：沖泡時間與酸香物萃出濃度的關係（細研磨，以美式咖啡機 94℃萃取）

酸香物	1 分鐘（毫克／公升）	5 分鐘（毫克／公升）	14 分鐘（毫克／公升）
綠原酸	955	1,065	988
奎寧酸	525	495	557
檸檬酸	343	461	355
醋酸	261	226	242
乳酸	57	195	126
蘋果酸	109	137	100
磷酸	75	77	76

＊大部分酸香物濃度沖泡至第 5 分鐘達到最高，但奎寧酸是唯一例外，萃取 14 分鐘溶出愈多，這是綠原酸再度水解為奎寧酸所致。

〔表三〕：沖泡水溫影響酸香物萃出濃度（細研磨，以美式咖啡機萃取 5 分鐘）

酸香物	70℃（毫克／公升）	94℃（毫克／公升）	100℃（毫克／公升）
綠原酸	823	1,065	1,068
奎寧酸	348	495	383
檸檬酸	388	461	332
醋酸	151	226	187
乳酸	121	195	187
蘋果酸	131	137	122
磷酸	86	77	80

＊酸香物以 94℃ 萃取，濃度最高。

萃取溫度與烘焙度：咖啡豆烘焙度應和沖泡水溫成反比，即萃取深焙豆的水溫最好比萃取淺焙豆的水溫低一些，因為深焙豆碳化物較多，水溫過高會凸顯焦苦味，反之，淺焙豆酸香物較豐，水溫太低會使活潑上揚的酸香變成死酸而澀嘴。所以淺焙豆的萃取水溫宜高一點，深焙豆的沖泡水溫要稍低些。另外，水溫愈高，萃取時間就要縮短，這就是為何虹吸壺（萃取溫度約攝氏 90 ～ 93 度）泡煮時間 40 ～ 60 秒，短於手沖壺（萃取溫度約 80 ～ 87 度）約 2 分鐘的原因。

── 萃取方式 ──

濃縮咖啡機：這是連鎖咖啡館最常用的萃取方式，很遺憾，九成以上業者的濃縮咖啡比餿水還難喝。為了降低濃縮咖啡的焦苦味，業者自作聰明，將咖啡粉磨粗一點加快流速，每杯 30 ～ 45cc 萃取時間 15 ～ 20 秒搞定，試圖以萃取不足來降低焦苦的咖啡味，看似聰明，實則自欺欺人。正宗濃縮咖啡萃取時間至少要 23 秒以上，最佳時間在 23 ～ 30 秒之間。至於為何市面上的濃縮咖啡萃取時間不敢拉長到 23 秒以上，問題就出在豆子上。它們不是新鮮度不夠，就是烘焙失敗。咖啡豆只要新鮮度夠且烘焙得當，以 23 ～ 30 秒萃出 30cc 膏稠狀咖啡，入口會是有如「百花盛開」的香醇甘甜，餘韻持久，一點也不焦苦，換句話說，如果你家的濃縮咖啡經不起萃取時間考驗，一定得加快流速才稍能入口，那就是豆子的問題，不是萃取時間的問題。一般業者不求甚解，倒行逆施，製作出稀薄如水的冒牌濃縮咖啡。解決之道，只有換豆子或用心學好深焙工夫，別無他途。

手沖壺：15 年前，筆者迷戀濃縮咖啡入口「開花」的甘醇；今年，年過半百，已改喝較健康的手沖壺。雖然「開花」勁道遠不如濃縮咖啡，但手沖壺愈玩愈覺博大精深，易學難精，是最能展現技巧的萃取方式。舉凡水溫、水量、注水快慢全靠沖泡者自己捏拿，想用 80 度、68 度或 90 度水溫沖泡，只要有根溫度計，以冷熱水來調配，可以全照自己的意思來詮釋，玩咖啡的空間無限大。手沖壺技巧好壞的出入很大，虹吸式則在較固定且狹窄的溫度範圍內萃取，少了一點揮灑空間與挑戰性。

手沖壺的最佳萃取水溫，視烘焙度而定。原則上，愈深焙，水溫可低些；愈淺焙，水溫可高些。我在日本喝過有人以 68 度手沖二爆結束的深焙豆，甘甜潤喉，毫無焦苦味，這就是手沖迷人處。只要豆子夠好，手沖可完美詮釋超深焙豆。如以虹吸壺泡深焙豆，水溫較高時很容易凸顯焦苦味。手沖壺對於淺焙與深焙都能完美詮釋，只要技巧夠好，手沖淺焙豆水溫可高至 83 ～ 87 度，中深焙豆的萃取水溫不妨降低到 83 ～ 85 度，深焙豆則不妨以 83 度以下至 68 度來試泡，端視豆子的條件而定。水溫如果高至 88 度以上，很容易萃出雜苦味。有興趣者不妨多多試泡，體會溫度與豆性的堂奧。

萃取方式可分為斷水法與不斷水法兩種。

所謂斷水法係指：醒豆→一注水→二注水→三注水。醒豆是以細小水注潤濕咖啡粉後便即刻斷水，咖啡粉隆起的同時，杯底有幾小滴咖啡液滲出最佳，表示醒豆均勻徹底。醒豆時間不宜過長，以免悶出焦苦味，約醒個 5 ～ 20 秒就夠了。豆子愈深焙，醒豆時間愈要縮短。接著從中心第一次注水，順時鐘方向從裡往外畫圓，咖啡粉隆至高點再斷水。等濾斗的水快流完，再二注水。如此再重覆一次，完成三注水。萃取時間控制在 2 分 30 秒至 3 分鐘。這需要多加練習，才能體會注水快慢節奏與風味關係。基本上，注水愈慢，拉長萃取時間，咖啡愈濃郁苦香。斷水法適合口味較重者。

不斷水法的風味較淡雅，甘甜味明顯，雜苦味較低。剛開始以極細小水注從中央緩慢而下兼醒豆，初注水要細而慢但不要斷，咖啡粉從中間慢慢隆起逐漸展開至濾斗邊緣，再開始由裡向外畫圓（你會發現深焙豆隆起幅度比淺焙豆佳），再從外圈往內畫，水注不要斷。如此反覆來回，水注可採先小後大，萃取速度先慢後快，時間控制在 2 分 30 秒左右。

同款豆子以斷水法和不斷水法萃取，會有不同的風味，端視個人喜好。原則上，斷水法較濃醇厚實，不斷水法較甘醇淡雅，各有千秋。手沖壺的最大優點是有熱水壺就可沖，不需酒精燈或瓦斯，清理方便，可濾掉咖啡油且咖啡因含量低，是最健康的

沖法，但切記沖泡前先以熱水溫杯並沖潤濾斗裡的濾紙，一方面保溫，另一方面可沖洗掉濾紙可能附上的螢光劑或紙漿味。

手沖壺的咖啡豆與水量比例最好落在 1：10 至 1：13 之間，即 15 公克咖啡以 150 ～ 190cc 萃取，比例超出此限容易偏淡。要注意咖啡粉最好不要超過 25 公克，以免粉層太厚增加阻力，影響及萃取順暢度而增添額外苦味。最重要的是，要有一把細嘴手沖壺，因為出水口太粗將不易控制水量。

塞風或虹吸式：虹吸式亦稱塞風，在臺灣頗常見，是國內最傳統的泡煮法。最先源自歐洲，早在一八三〇年代就在德國出現，經過法國、英國不斷改良，成為上下雙壺，秀味十足的煮法。下壺水加熱，產生上揚的蒸氣壓力。下壺水接近沸點前，即可把熱水透過上壺下插的玻璃管帶入上壺，但火源移開或關火後，下壺的蒸氣推舉力道瞬間消失，上壺咖啡液好像被吸往「真空」的下壺，故歐美慣稱為真空壺（Vacuum Pot，其實並未真空）。目前歐美已很少見這種泡法。塞風或虹吸壺，在日本也逐漸被手沖壺取代，可能與塞風壺易破碎，使用不方便，以及濾布常有異味造成不衛生有關 [註4]。虹吸壺最大缺點是萃取溫度較高，上壺達攝氏 90 ～ 93 度，不適合詮釋深焙豆的甘醇味，很容易煮出焦苦味。由於水溫高，比較適合表現淺焙至中深焙的上揚酸香、花香和甜味，這意味虹吸壺不屬於全能型沖泡法，先天有不小缺陷，難怪逐漸被歐美日淘汰。臺灣和大陸可能是全球最死忠於虹吸壺的國度。

塞風萃取的溫度多半落在 90 ～ 93 度之間，甚至很容易咬住 91 ～ 92 度，缺少揮灑空間的萃取溫度是其最大缺點，但也是最大優點，因為變數遠比手沖壺小得多，發揮穩定的「鎖溫」與「鎖味」效果。淺焙、中焙至二爆初期的豆子，比較適和塞風。但進入二爆中後段或法式烘焙的優質重焙豆，如採用塞風，那就是暴殄天物了。如果你偏好烘焙度稍淺的咖啡，可以考慮塞風壺。但我還是覺得在咖啡豐富度的詮釋上，虹吸不如手沖壺，因你只能在 90 ～ 93 度的狹窄溫度下萃取，難以玩弄各種烘焙度多變風味，而且浸煮式較容易凸顯土味，手沖壺較容易修掉雜味。

北歐賽事與三大名廠

Kaffa　（圖片由 Fika Fika Cafe 提供）

上圖：挪威 Kaffa 首席烘豆師
畢歐納（Bjørnar Hafslund）與
Probat 烘焙機。
下圖：挪威 Kaffa，一塵不染
的明亮烘焙廠。烘豆師以電
腦監控烘豆進程！

北歐賽事與三大名廠

Solberg & Hansen （圖片由 Fika Fika Cafe 提供）

北歐賽事與三大名廠
Tim Wendelboe （圖片由 Fika Fika Cafe 提供）

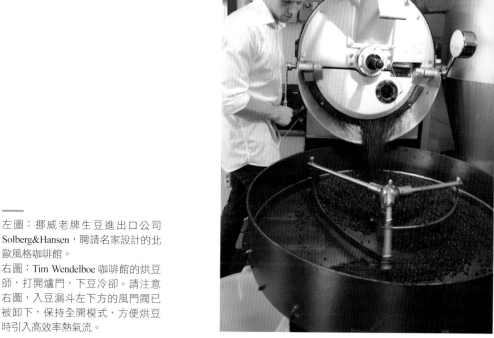

左圖：挪威老牌生豆進出口公司
Solberg&Hansen，聘請名家設計的北
歐風格咖啡館。

右圖：Tim Wendelboe 咖啡館的烘豆
師，打開爐門，下豆冷卻。請注意
右圖，入豆漏斗左下方的風門閥已
被卸下，保持全開模式，方便烘豆
時引入高效率熱氣流。

陳志煌的烘焙廠（圖片由 韓懷宗 提供）

左圖：陳志煌的大半時間都在台北南港的烘焙廠，每天至少烘豆八小時，從咖啡的香氣與豆相，解讀奧妙的豆言豆語。

右上：座落於台北伊通公園旁，鬧中取靜的北歐風格咖啡館 Fika Fika，明亮外觀與潔淨吧台區。Fika Fika 是瑞典語，近似英文的 Coffee Break，但 Fika Fika 更強調與親朋好友一起喝咖啡同樂，每天不只一次的愉快咖啡時光。

右下：獎盤詳載 2007 年至 2013 年的冠軍得主，Fika Fika 來自台灣。

⚱ 江承哲世界盃烘焙賽事紀實 （照片提供：江承哲）

上圖：江承哲 (左) 手握亞軍獎座，與教練林哲豪（右）在閉幕會場巧遇日本
咖啡名人田口護（中），三人合照留念。
下圖：江承哲在法國尼斯世界盃烘豆賽現場，專心操作烘焙機並監控爐溫。

歷史上最早出現「咖啡」兩字官方文獻 （圖片由國立台灣博物館提供）

左圖：撫番開山章程是第一次出現「咖啡」兩字的官方文獻。

♨ 朱苦拉村保有 24 株雲南最老咖啡樹

左圖：當年魯迅經常造訪的公非咖啡館，遺址在上海虹口區多倫路 8 號。
右上圖：萬雪君（左一）欣喜看著朱苦拉古咖啡樹第三代幼苗茁壯中。
右下圖：萬雪君（右一）與研究人員查看朱苦拉的老咖啡樹。

♨ 雲南咖啡接軌國際的關鍵：泰德先生 （圖片提供／雲南咖啡交易中心）

左圖：泰德先生在雲南普文考察，知道當地種植戶如何對抗天牛！
右上圖：泰德先生到保山做杯測培訓。
右下圖：泰德先生到普文加工廠指導後製加工程序。

雲南咖啡沖煮大賽

左圖：近年在全中國辦得有聲有色的雲南咖啡杯沖煮大賽，總決賽在昆明舉行，作者（中）與香港評審李健明，台灣評審陳嘉君合影。
右圖：退而不休的董廠長，是雲南咖啡產區的活字典，圖為指導咖啡農後製加工技巧。

雲南冠軍莊園巡禮

上圖：共語咖啡園的劉浩然總經理（左二）陪我和江承哲巡視莊園。

左圖：西雙版納共語咖啡園的冠軍卡蒂姆，短小精幹。
右圖：西雙版納共語咖啡園鮮紅欲滴的冠軍咖啡果。

上圖：我在西雙版納共語咖啡園考察贏得兩屆冠軍的品種 P4。
下圖：雲南普文的曼干納莊園負責人蘇蘇，陪我和江承哲參訪霧
氣瀰漫的園區。

🔥 海南島福山咖啡

左1：海南島福山咖啡示範糖炒羅布斯塔豆的古老技藝，師傅在一爆後掌握時機加糖混炒。
左2：福山杯國際咖啡師冠軍賽的國外貴賓體驗古法咖啡焙炒法。
左3：糖炒羅布斯塔豆在鐵盤上進行冷卻。
右4：冷卻後再以古老的石臼研磨咖啡。
右5：師傅示範海南島獨有的沖泡咖啡古老絕技。

♨ 畢茲咖啡創始店

左1：畢茲老店有個房間陳列創始人艾佛瑞・畢特的照片與生前用過的美製烘豆機。
右2：位於舊金山柏克萊的畢茲咖啡創始店，外觀典雅，朝聖者絡繹於途。
右3：畢茲老店的熟客多半為上了年紀的老客人。
右4：畢茲老店至今仍吸引很多老嬉皮流連忘返，看到來自台灣的畢茲迷，高興得起身歡呼。

塞風的萃取時間約 40 ～ 60 秒。有人採 40 秒完成萃取，也有人慢煮到 60 秒甚至 75 秒。基本上萃取時間愈長，就要磨得粗一點，只要掌握此要點，要泡 40 秒或 75 秒就沒有對錯問題。我個人較偏好快煮，盡量在 40 ～ 45 秒完成，以免拖太長增加變數，煮出雜苦味。快煮法的祕訣在於下壺水揚升注滿上壺後，先不急著倒入咖啡粉，調小火讓下壺的蒸壓力足以支撐上壺水，不至下沉為準。此時水溫還不到 90 度，先熬煮 20 秒，讓上壺水溫更穩定在 91 ～ 93 度，然後迅速下咖啡粉，攪拌手腳要快，有謂畫圈、畫 8 字、畫井字或採下壓法，故弄玄虛的花招一堆，並無對錯問題，以你自己最習慣且快速的手法攪拌即可，盡速讓咖啡粉溶入，再順時針畫 2 ～ 4 圈，讓咖啡粉充分與水混合，靜待 40 秒。其間要不要再攪拌並不重要，因為水會對流。最上層為最輕的銀皮屑沫，與空氣接觸，故溫度最低約 82 ～ 84 度，此層並無風味，就讓細沫留在上層。第二層為有風味的咖啡粉，溫度約 87 ～ 90 度；第三層即底層，最厚，為溶入的咖啡液，溫度最高約在 91 ～ 93 度。第二層與第三層會自動對流，翻動它似乎多此一舉。萃取 40 秒或 45 秒後，關火並快速畫幾圈攪拌，再以濕布擦拭下球上半部，加速咖啡液下沉，以免過度萃取。快煮法風味較乾淨香甜，如果以此法慢煮 60 秒，就很容易萃出雜苦味。

法式濾壓壺：此法在歐美最常見，也是擅長重焙的畢茲咖啡招牌泡法。法式濾壓壺能充分詮釋淺焙和重深焙咖啡，是一種既簡單又全能的泡法，由於採用浸泡萃取法，最能喝出無修飾的咖啡原味，向來是歐美咖啡專家的最愛。但在亞洲或臺灣就不受歡迎，最大缺點是金屬粗濾網過濾咖啡渣效果差，咖啡液濁度高，容易喝到渣渣。此法的咖啡油保存最豐，醇厚度與香氣是所有濾泡式之冠。

濾壓壺很容易上手，咖啡粉與水的重量比，視個人口味以 1：12 ～ 17 即可，咖啡粉與手沖壺的粗細度相近或更粗，如採手沖壺粗細度，浸泡約 2 分至 2 分半；如採

註 4：濾布沖洗後最好泡在水裡置入冰箱冷藏，以免孳生細菌以及油脂氧化和酸化現象，造成濾布之異味。

粗研磨，萃取時間就要 3 分鐘以上。磨粉置入壺內，以少許熱水潤濕咖啡粉攪拌後醒個 10 秒鐘，再倒入 85 ～ 92 度熱水，視個人口味而定，原則上烘焙度愈深，水溫宜低；烘焙度愈淺，水溫宜高。攪拌後靜置。水溫高低及磨粉粗細度看個人口味決定，玩弄空間不小。萃取 2 分 30 秒左右，押下金屬濾網，好沖又好喝，但前提是你已喝慣了有渣渣的濁咖啡。

最新另類泡具「愛樂壓」（AEROPRESS）：這是一種新奇的泡具，堪稱法式濾壓壺的升級版，狀似一枝特大號針筒，以活塞的壓力提高萃取效率，只需 30 秒即可壓出一杯咖啡。咖啡粉置入柱型泡具，加入熱水預浸 10 秒，再套上活塞，往下壓約 20 秒，即可把咖啡壓榨到底部容器。不同於法式濾壓壺的金屬濾網，「愛樂壓」附有專用的圓型濾紙，可以完全濾掉殘渣，咖啡風味相當乾淨，不輸手沖和虹吸壺。此泡具的水溫不必高過 90 度，可用稍低水溫來萃取，大幅降低苦味，濃度也不低，咖啡風味的詮釋比預料中好，至少優於美式咖啡機。缺少玩咖啡的手感，但頗適合喜歡喝咖啡卻不肯用心學習泡咖啡的懶人，因為此泡具不需技術亦可壓出不錯的好咖啡。

註 5：如採手沖壺粗細度，浸泡約 2 分至 2 分半；如採粗研磨，萃取時間就要 3 分鐘以上。

Chapter

— 11 —

北歐烈火輕焙，煉出水果炸彈

半世紀來，歐美慣以不同烘焙技法與焙度，彰顯不同風味，諸如肉桂烘焙、北義烘焙、南義烘焙、法式烘焙、維也納烘焙、畢茲深度烘焙、威力烘焙、慢炒與快炒……二〇一〇年以降，咖啡界又出現一個新名詞：斯堪地納維亞烘焙或北歐烘焙——正牽引美國第三波咖啡進化，甚至有可能演化成第四波咖啡新時尚！

探究北歐烈火輕焙，練出水果炸彈的烘焙手法前，請先瞭解半世紀以來，全球烘豆時尚由重焙轉趨淺焙的軌跡，進而對北歐的尚淺風格，約一爆初、密集爆或一爆末的烘焙度，有更深刻體認。老一代烘豆師經常質疑，烘這麼淺，尖酸礙口，能喝嗎？那可能要怪自己淺焙不到位，如果喝到的淺焙咖啡，如同千香萬味的水果宴，你會對斯堪地納維亞烘焙肅然起敬。烘深焙淺不是問題，重點在於烘豆技藝到位與否！我們由「深」入「淺」，先從經典的畢茲重焙談起……

美國已故精品咖啡教父艾佛瑞·畢特（Alfred Peet）擅長歐陸重焙，也就是荷蘭、法國和德國擅長二爆尾深度烘焙，烘焙度遊走於 Agtron Number 23 ／ 43 之間，雖然已進入二爆密集，甚至大膽挺進二爆結束後，但喝來濃而不苦，酒氣醇厚，甘甜潤喉。一九六六年畢特創辦的畢茲咖啡，專攻藝高人膽大的重焙豆，不屑販售他所謂「二爆前的半生不熟豆」，在二〇〇〇年以前，畢茲咖啡一直是第二波重焙爭相學習的榜樣，可惜市面九成以上的重焙咖啡，僅僅學到皮毛，只有焦嗆苦，沒有甘醇甜，稱得上狗尾續貂的失敗重焙豆。

豐富、渾厚、乾淨、甘甜，不焦苦的畢茲重焙豆，絕非泛泛之輩仿效得來，已成為臺灣四年級、五年級甚至六年級咖啡玩家魂牽夢縈的美味。然而，重焙排放大量污煙，重焙豆保鮮不易，千禧年後，全球環保意識抬頭，重焙失勢，淺中焙接棒，加上二〇〇七年畢特辭世，他的嫡傳大弟子，畢茲咖啡首席烘焙師約翰·偉弗（John Weaver）因理念與新股東不合而出走，畢茲咖啡棄守重焙路線，改走大肆展店的連鎖

路線，新一代畢茲咖啡為迎合第三波淺中焙美學，不惜打破家規，降低烘焙度，早年畢茲咖啡油滋滋，甘甜醇厚的重焙美學，已成老一代咖啡迷的追憶。

二○○三年後，崇尚淺中焙的美國第三波崛起，知識分子（Intelligentsia Coffee）、樹墩城（Stumptown Coffee Roasters）、反文化（Counter Culture）、藍瓶子（Blue Bottle）等第三波名店，降低烘焙度，倡導淺中焙美學，Agtron Number 多半在 55 ／ 75 之間，約略在一爆結束至二爆前。甚至有些第三波業者的烘焙度訂在杯測的區間，即 Agtron Number 58 ／ 63。全球精品咖啡界也掀起了第三波淺中焙時尚，強調柔和明亮的酸甜水果韻，迥異於無酸、濃厚、甘醇、酒氣與悶香巧克力韻的第二波重焙時尚。

淺焙到位否，風味差很大

然而，淺中焙似乎還有「探淺」的空間，北歐更大膽前衛，烘焙度比美國第三波更淺、味譜振幅更寬廣的斯堪地納維亞烘焙技法，二○一○年以後，又成為美國第三波咖啡取經對象，開始影響第三波的進化，但北歐烘焙師不屑以淺焙或極淺焙稱之，習慣以「北歐之道」（Nordic Approach）、「斯堪地納維亞風格」（Scandinavian Style）或「北歐風格」（Nordic Style）名之，原因很簡單，淺焙容易讓人聯想到半生不熟、風味發展不足、酸澀礙口、穀物草本等……不雅味譜。然而，盛行於挪威、瑞典、丹麥和冰島的「北歐之道」，擅長烈火輕焙，即使以 Espresso 入口，勁酸僅滯留一秒，瞬間羽化，迸出多層次花果香甜韻，猶如吞下一顆水果炸彈，接著舌兩側拉動唾液的生津感浮現，營造典型的「酸甜震」感官，如同在口腔裡施放五彩繽紛的水果煙火，柑橘、柚子、莓果、瓜果、青蘋果、草莓、鳳梨、芒果、百香果、甘蔗、茉莉花的香氣圖騰，閃過腦海，這與一般極淺焙，死死尖酸、呆板不活潑、去化不開、無振幅、酸澀難入口的負向味譜，迥然不同。

斯堪地納維亞風格與一般極淺焙，在味譜鋪陳上，判若天堂與地獄。北歐式烘法能讓勁酸一入口，瞬間去化，順利轉成千姿百態，上揚飄逸的水果香甜韻，喝到的是成熟水果萬般風情的「酸甜震」與生津感。然而，技藝不到位的極淺焙，喝到的卻是未成熟水果的死酸、呆板、乏香、草本與澀感！

── 北歐烘豆技法，神似威力烘焙 ──

半世紀以來，北歐國家的咖啡烘焙度，偏好二爆後的中深焙或重焙，亦採用歐美大宗商業豆慣用的粗暴型威力烘焙技法，入豆時風門與火力全開，爐溫拉升至 180℃左右，接近一爆點，立即關火，利用一爆的放熱與爐內蓄積的熱動能來完成一爆後至二爆後的烘焙進程。優點是操作簡單，缺點是容易有焦嗆味。

但千禧年後，挪威知名咖啡館 Java、Mocca、Kaffa、Solberg & Hansen、TimWendelboe 轉進改良型威力烘焙，入豆時風門全開，初期火力較大，但仍需以機種與鎖溫性能而定，隨著進程，火力逐漸調小，也就是改良型的收斂式威力烘焙，但不是用來深焙而是專攻淺焙，風味分外乾淨，很容易詮釋精品咖啡的「酸甜震」味譜。近年在挪威帶動下，瑞典、芬蘭、冰島和丹麥，見賢思齊，也有不少業者降低烘焙度，改採收斂式威力烘焙技法。

其實，淺焙或極淺焙並不難，困難的是，成品不應該有礙口酸澀或草本味，必須喝得到成熟水果豐美的「酸甜震」與厚實感，才稱得上北歐風格。北歐烈火輕焙的技法、選豆偏好與濃縮咖啡的呈現方式，我個人觀察與實作，歸納出以下特點：

北歐之道

（一）入豆溫偏高，經常在 165℃～200℃的區間入豆，即入豆溫接近一爆溫且風門全開。在豆子含水量與密度最高，亦即豆體最耐火候的初期，給予烘焙過程所需的較大火力，約 45～60 秒觸抵回溫點，故稱之為「烈火」。烘焙所需熱動能務必在入豆初期建立，前幾分鐘的升溫幅度很大，隨著烘豆進程，逐漸降低火力，借助爐內累積的熱能來烘豆，增溫幅度逐漸縮小，所以我稱之為「輕焙」。如果採用傳統滾筒式烘焙機，宜選用鎖溫性能佳，能提供高效率熱對流（Convection）協助金屬導熱（Conductive）的優質烘焙機。

（二）確認一爆來臨前，風門已全開，引入大量熱氣，加速梅納反應與熱解，一爆乍響 26 秒至 2 分鐘出爐，端視咖啡豆條件與用途而定。濾泡式咖啡豆可在一爆 20 多秒至 50 多秒出爐，義式豆可延長一爆時間至 2～3 分鐘左右出豆。

（三）北歐濾泡式肯亞咖啡豆，烈火輕焙的時間約在 9 分半至 10 分鐘內，焙至一爆初至密集爆出豆，因此稱不上快炒，應該是不急不徐的輕焙。以北歐烘焙廠慣用的高性能烘焙機而言，欲在 6 分鐘以內焙至一爆乍響至密集爆出並非難事，但火力太大，太急促的淺焙，易有燥苦、草腥或咬喉感，未蒙其利先受其害。切莫以為北歐烈火輕焙就是火力愈大，時間愈短愈好，過於極端的烘法並不可取。

（四）全豆表面與磨粉後所測得的 Agtron Number 落差甚大，即磨粉的 Agtron Number 減掉全豆的 Agtron Number，是為 Roast Delta。北歐之道的 Roast Delta 較大，可達 20 以上，Roast Delta 遠比畢茲重焙或第三波淺中焙來得大，優點是味譜振幅極大、層次很跳 Tone，但缺點是風味容易失衡或太極端。

（五）北歐濾泡式咖啡豆，烘焙度多半落在 Agtron Number 75（全豆）／100（磨粉）的區間，Roast Delta 超出 20 以上，頗為常見，即使是濃縮咖啡豆，也烘得很淺，北歐濃縮咖啡豆的烘焙度約在 Agtron Number 65（豆表）／80（磨粉）的區間，這比義大利和美國的濃縮咖啡豆淺很多，甚至比 SCAA 杯測豆的標準烘焙度 Agtron Number 58（豆表）／63（磨粉），還要輕淺。北歐烘這麼淺，旨在保留咖啡豆酸甜水果韻的最大值，盡量減少烘焙味的干擾。

（六）北歐輕焙的濃縮咖啡，萃取毫升量較長且稀，Crema 薄而不稠，不若義式濃縮那麼膏稠綿密，但北歐濃縮入口，上揚飄逸的「酸甜震」水果韻，令舌鼻感官飄飄欲仙。

（七）北歐烘焙名廠偏愛質地堅硬，經得住烈火淬煉的優質生豆，更愛花韻與酸甜水果韻明顯的產地與品種，諸如肯亞（S28、S34）、衣索匹亞（古優品種）、巴拿馬（藝伎）、瓜地馬拉（波旁）、哥斯大黎加（卡杜拉）、哥倫比亞（卡杜拉）……其中以肯亞豆的使用頻率最高，堪稱北歐最愛。濃縮咖啡則常用巴西或衣索匹亞日晒豆。

（八）烘焙九分半至十分鐘，約一爆密集處下豆，是北歐濾泡咖啡豆的主流派，旨在保留最大值的酵素作用味譜，花韻與水果韻，但酵素作用較不順口的草本韻與死酸，則要盡量降低或裂解，這有賴高效率的熱對流來達成，此乃北歐烘焙的最大難處。換言之，技術不到位的北歐淺焙，常有酸澀燥苦與不雅的草腥味，這並不符合「北歐之道」所強調成熟水果韻的標準。

（九）二〇一二年全球有 10 位烘焙師參加丹麥哥本哈根舉行的北歐烘焙者杯大賽（Nordic Roaster Cup 2012），贏得冠軍的挪威名店索柏與韓森（Solberg & Hansen）使用肯亞單一產區 Nyeri 咖啡豆；亞軍是加拿大的社交咖啡與茶（Social Coffee & Tea Co）使用巴拿馬翡翠莊園的藝伎；季軍是挪威的提姆溫德柏（Tim Wendelboe）使用衣索匹亞古優品種；第四名臺北的 Fika Fika 也使用肯亞豆；第五名挪威的卡法（Kaffa），亦採用肯亞 Nyeri 咖啡豆。換言之，前五名有三位使用肯亞豆。有趣的是，使用巴西、印度、瓜地馬拉和宏都拉斯多國複方豆的丹麥業者 Kontra Coffee，卻只拿到最後一名。義式複方濃縮咖啡豆在北歐並不吃香。北歐烘焙者重視地域之味，偏好咖啡豆本質的酸甜水果味譜，因此，濃縮咖啡或濾泡咖啡，多半採用單一產區的烈火輕焙，以彰顯各莊園的地域之味。Single Origin Espresso 或 Single Origin Filter Coffee 在北歐才是王道。

（十）北歐烘焙者早在二〇〇〇年左右，倡導斯堪地納維亞輕焙風格，啟蒙了二〇〇三年以後，美國第三波淺中焙時尚，換言之，斯堪地納維亞風格是美國第三波的導火線，雖然北歐偏愛的烘焙度仍比第三波還要輕淺，而且名氣亦不如美國第三波響亮，但斯堪地納維亞風格卻是美國第三波的先驅，如同畢茲咖啡是第二波龍頭星巴克的啟蒙老師一般。這在近代咖啡發展史再明顯不過了。

── 斯堪地納維亞烘焙的開山始祖 ──

斯堪地納維亞風格與美國第三波淺中焙，有著承先啟後的關係，挪威奧斯陸三家知名咖啡館兼烘焙廠──卡法（Kaffa）、提姆溫德柏（Tim Wendelboe）以及索柏與韓森（Solberg&Hansen）──是斯堪地納維亞風格的塑造者，進而影響到瑞典、芬蘭、丹麥、冰島、愛爾蘭、德國甚至美國的烘豆方式，這三家名店的簡介如下：

卡法烘焙廠旗下的 Java 與 Mocca 咖啡館傳奇

曾在美國舊金山擔任建築師的挪威人羅勃‧索瑞森（Robert W. Thoresen），對大都會的咖啡文化知之甚詳，但千禧年以前，挪威仍找不到一家像樣的咖啡館，一九九七年星巴克總裁霍華‧蕭茲的傳記《Starbucks：咖啡王國傳奇》問世，羅勃有意將書中「老家與公司之外，第三個好去處」的咖啡館文化，介紹給奧斯陸市民，一九九七年羅勃返回家鄉，如願在奧斯陸精華區的 Sankthanshaugen 開設一家名為 Java 咖啡館，頓時成為市民喝咖啡交誼的好去處，聲名大噪，生意興隆。

二〇〇〇年羅勃代表挪威，參加蒙地卡羅舉行的首屆世界咖啡師大賽（World Barista Championship），贏得冠軍殊榮，返國後又在奧斯陸繁華區 Briskeby，開了第二家咖啡館 Mocca，並在館內設置一臺烘焙機，採店內烘豆，提供 Mocca 與 Java 兩家門市鮮豆，這在當時挪威咖啡館是一大創舉。羅勃以現場烘焙、單品黑咖啡和拉花，準備和雀巢咖啡在奧斯陸開設的全自動化咖啡館，進行殊死戰。

但他想改變烘焙方式，希望讓消費者喝到更細膩的咖啡味譜，而不是烘焙過度的碳化味。他請來舊金山傑出女烘焙師崔許‧蘿絲格（Trish Rothgeb），兩人費時數月，將中深焙義式咖啡豆修正為中度烘焙，並杯測每爐的風味，終於開發出最佳的中焙曲線，向中深焙說再見，兩人為嶄新的烘焙法取名為「Slow Medium」，也就是不疾不徐的中度烘焙，並推出中焙義式濃縮咖啡 Caffè Crescendo，成為當時挪威烘焙度最淺的 Espresso，同時也是 Java 咖啡館的招牌豆。

二〇〇二年歲末，崔許有感而發，將這場新鮮烘焙與咖啡師手藝卯上雀巢全自動咖啡機的殊死戰，取名為「挪威與咖啡第三波」，「第三波」一詞最先出自她的手筆，有別於「第一波」的即溶咖啡，以及「第二波」的重焙咖啡。然而，二〇〇三年初，崔許的精品咖啡三波進化論，在美國「咖啡烘焙者學會」（The Roasters Guild）發表後，引起很大回響，但美國精品界並不存在咖啡師與全自動化咖啡館的競爭問題，精品咖啡界的唯一死對頭是星巴克，於是美國又將崔許的「第三波」修正為美國「三大」與

星巴克的戰爭，「三大」是指放棄深焙改採淺中焙的新銳咖啡館 Intelligentsia Coffee、Stumptown Roasters 和 Counter Culture，也就是說「三大」為了與第二波龍頭星巴克競爭，改走星巴克沒走過的路，轉而主攻淺中焙、拉花、杯測、手沖、賽風、重視產區的地域之味與各產國不同的產季。美國第三波咖啡館終於殺出一條康莊大道。

二○○五年，Mocca 店內的烘豆量供不應求，羅勃決定將 Mocca 烘豆業務獨立出來，另成立 Kaffa 烘焙廠，供應 Java 與 Mocca 兩家咖啡館並擴展批發業務，這兩家知名咖啡館的包裝袋均冠上 Kaffa 字樣，Kaffa 成為斯堪地納維亞風格的先聲與奠基石。Java 與 Mocca 兩家咖啡館除了濃縮咖啡飲品外，也提供日本 V60 手沖、賽風、美國 Chemex 手沖、AeroPress 愛樂壓咖啡，成了美國第三波學習榜樣。

二○○八年崔許離開挪威後，畢歐納（Bjørnar Hafslund）接任 Kaffa 首席烘豆師，第二度降低下修 Caffè Crescendo 的烘焙度為淺中焙，羅勃與畢歐納一起調整烘焙曲線，反覆試喝，為 Caffè Crescendo 開發出「清爽酸甜」的新味譜。Caffè Crescendo 目前仍是 Java 的招牌豆，而 Caffè Tenore 則是 Mocca 的招牌 Espresso，烘焙度略深於 Caffè Crescendo。Kaffa 旗下的兩家名店各擁一款鎮店名豆，相當有趣。

很多咖啡迷對「酸甜震」的 Espresso 一喝上癮，但有也不少人對薄薄金黃色 Crema 的另類濃縮咖啡，嗤之以鼻，認為這款離經叛道的咖啡，經不起市場考驗，大夥等著看 Java 和 Mocca 關門。然而，這兩家咖啡館的人氣愈來愈旺，戰勝了雀巢全自動化咖啡館。挪威咖啡界吹起尚淺風潮，愈烘愈淺，甚至一爆乍響 20 多秒就出豆，成為北歐獨到的烘豆特色！

可以這麼說，羅勃、崔許、畢歐納、Java 與 Mocca 咖啡館，點燃千禧年後，北歐的尚淺烘焙風，進而成為二○○三年以降，美國第三波背後的影武者。

事業有成的羅勃，已退幕後，奔波於三大洲咖啡產國，扮演尋豆師角色，為 Kaffa 物色「酸甜震」好豆，並不時出任中南美 CoE 杯測賽評審，同時也是 Best Of

Panama 杯測賽的長年主席。而曾在 Mocca 與 Kaffa 擔任首席烘豆師的崔許,於二〇〇八年重返美國發展,目前在美國咖啡品質協會(Coffee Quality Institute)擔任教學與精品級咖啡認證推廣總監(Director of Q and Educational Services),同時也是加州鐵鍊球咖啡烘焙廠(Wrecking Ball Coffee Roasters)創辦人。

● 提姆溫德柏贏得三屆北歐最佳烘焙師頭銜

國內玩家對提姆溫德柏的威名,不會陌生,他的發跡過程,近似羅勃,善用世界咖啡師大賽來成就自己,他多次代表挪威參賽,曾贏得二〇〇一、二〇〇二亞軍,終於在二〇〇四年奪下世界咖啡師冠軍。二〇〇七年他在奧斯陸開一家同名咖啡館,採用德國 Probat 烘焙機,烘焙度比 Kaffa 更輕淺,從二〇〇七年起,每年參加北歐烘焙者杯大賽,蟬連二〇〇八、二〇〇九與二〇一〇年三屆最佳烘焙師殊榮,與挪威老字號咖啡品牌索柏與韓森並列為得獎最多的咖啡館。

有趣的是,他有今日的成就,老東家索柏與韓森功不可沒。一九九八年才 19 歲的提姆溫德柏,在奧斯陸的 Stockfleth's 咖啡館謀得第一份吧檯工作,當時這家咖啡館是索柏與韓森所有,發覺提姆溫德柏調製咖啡手法利落,兩年後推舉他參加世界咖啡師大賽,表現不俗。二〇〇四年他拿下咖啡師桂冠後,被提拔為 Stockfleth's 系列咖啡館的顧問,但他一直想要開一家自己的咖啡館,苦於資金不足,二〇〇七年他得到老東家索柏與韓森的資助,得以圓夢在市區開出同名的 Tim Wendelboe 咖啡館,挾著冠軍咖啡師與烘豆師榮銜,Tim Wendelboe 一躍成為全球咖啡迷朝聖地。近年,他常到肯亞、哥倫比亞和巴西與咖啡農探討改善品質之道,並出席北歐咖啡論壇,無私分享他的咖啡經驗。

● 索柏與韓森:生豆商、烘焙廠與時尚咖啡館

創立於一八七九年的索柏與韓森,是挪威重量級老字號咖啡品牌,最初以生豆進出口為業,馳名世界,一九八〇年後轉進咖啡館與烘焙廠業務,至今仍是挪威

Stockfleth's 系列咖啡館的大股東，培育好幾名冠軍咖啡師。

　　近年進軍精品咖啡館業務，開設同名的 Solberg & Hansen 咖啡館，從商標、紙杯、T 恤、咖啡杯，均聘請名家設計，使得百年老品牌有了新貌。二〇一〇年十月開設直營概念咖啡館，首創北歐不供應牛奶只有黑咖啡的咖啡館。索柏與韓森歷經第一波、第二波與第三波洗禮，擅長重焙與北歐烈火輕焙，烘焙技術多元，除了提供北歐盛行的輕焙產品，重焙技術不輸畢茲咖啡，販售重焙、中深焙、中焙與輕焙各款熟豆。烘焙廠有三臺 Probat 120 烘焙機以及數臺 35 公斤的 Loring Smart Roaster。不難想像該烘焙廠的產量有多大。

　　索柏與韓森曾贏得二〇〇七、二〇一一與二〇一二北歐烘焙者杯冠軍，與提姆溫德柏並列為烘豆桂冠最多的名店。

── 北歐烘焙名家實戰參數 ──

二〇一二年十月，北歐烘焙者論壇（Nordic Roaster Forum）舉辦「北歐烘焙理念」（Nordic Roasting Philosophies）研討會，邀請北歐四家知名烘焙廠參加，與全球咖啡迷分享北歐烘焙技法。四位北歐烘焙師，毫不藏私公開自家烘焙肯亞豆的溫度與時間配置，一新玩家耳目，這與華人或義大利人視咖啡烘焙為傳家祕笈，不肯分享的保守心態，大異其趣。

參與討論的北歐名家包括蟬連二〇〇七、二〇一一與二〇一二年三屆北歐烘焙賽冠軍的索柏與韓森，以及連霸二〇〇八、二〇〇九和二〇一〇年冠軍的提姆溫德柏，還有二〇一一年季軍與二〇一二年第四名的卡法，和二〇一一年第四名與二〇一二年第八名的瑞典烘焙廠強生與尼斯壯（Johan & Nyström），以下是各家烘焙肯亞豆的參數與曲線，協助大家瞭解北歐烈火輕焙的技法。

〔表 11–1〕：北歐濾泡咖啡烈火輕焙參數

烘焙者	每爐載量	入豆溫	烘焙時間	出爐溫	一爆起始	一爆持續時間
索柏與韓森	20 公斤	155℃	09：28	209℃	09：02	26 秒
提姆溫德柏	12 公斤	136.8℃	09：54	167℃	09：07	47 秒
卡法	30 公斤	146.1℃	12：40	169.1℃	10：42	118 秒
強生與尼斯壯	5 公斤	225.6℃	09：24	208.4℃	07：21	123 秒

數據資料：Cropster

說明：

以上是北歐淺炒濾泡式咖啡的重要參數，全豆與磨粉的 Agtron Number 介於 75 ～ 100 之間。

表 11—1 的索柏與韓森使用美製 Loring Smart Roaster，是熱氣爐烘焙機，而提姆溫德與卡法皆採用德製 Probat UG 系列的半直火滾筒爐，至於強生與尼斯壯用的烘焙機則不詳。這四家雖然都以肯亞豆示範，亦採北歐式烈火輕焙，但所用的烘焙機性能與載量都不同，因此入豆溫、出豆溫和一爆持續時間，不盡相同，不過，數據很有參考價值。

索柏與韓森

北歐三屆烘豆冠軍索柏與韓森分享的參數，9 分 2 秒一爆始，9 分 28 秒出豆，一爆僅持續 26 秒就出爐，這對慢炒派，甚至美國第三波淺中焙的烘豆師而言，期期以為不可，認為一爆不到 30 秒就趕著出豆，豆表皺紋太多，容易出現生澀、草本或穀物味譜，大多數的烘豆師會等到一爆結束至二爆前，豆表皺褶「拉皮」成功，較為光滑才出豆。但北歐烘豆師擅長大火脫水，善用風門，引入高效率的熱對流來協助烘豆，即使一爆只有短短 20～50 秒，豆表皺摺遠比一般傳統烘焙手法少了許多，北歐烈火輕焙的豆表，甚至有些許光滑的觸感。索柏與韓森採用高效率熱氣爐，烘焙頂級肯亞豆，如果操作得宜，一爆時間很短，豆表亦不致太皺褶，豆色也不致不均，這與坊間一般極淺焙的豆貌大不相同。

耐人玩味的是，索柏與韓森一爆持續時間最短，卻蟬連三屆冠軍，這似乎與美國某些第三波烘豆師極力延長一爆時間的手法，背道而馳。這說明了烘豆絕非一言堂，唯烘機性能與不同技巧是問，好喝才算數。不斷嘗試新的烘豆手法，從失敗中累積經驗並做出必要修正，才是傑出烘豆師必備的人格特質，一味墨守成規，進步有限。

提姆溫德柏

接著看看二〇〇四年贏得世界咖啡師冠軍的提姆溫德柏，於二〇〇七年在奧斯陸開設同名咖啡館的輕焙參數。他用的是 Probat 滾筒爐半直火式烘焙機，鎖溫與熱對流均佳，很適合烈火輕焙。請不要太在意他的入豆溫僅 136.8℃，出豆溫僅 167℃，誤

以為是低溫烘焙，要知道低溫烘焙只是個假象，這與溫度計插入的位置有絕對關係，據我使用 Probat L25、Probatino 1.2 的經驗，一爆溫約 180 ～ 190℃，但如果移動溫度計的位置，一爆溫有可能變動數十度，因此，入豆溫與出豆溫會隨溫度計所插位置，而有不小的差異。

提姆溫德柏分享的濾泡咖啡烘焙時間，很接近索柏與韓森，均在 9 分半至 10 分鐘之前下豆，一爆持續時間亦短，約 26 ～ 47 秒，Agtron Number 在 75 ～ 100 之間，烘焙度非常輕淺，但以 9 ～ 10 分鐘來完成這麼淺焙的咖啡，烘豆時間並不算短，有充足時間完成諸多「香變」的化學反應，以 Loring Smart Roaster 和 Probat 此二烘機性能，要在 6 分鐘以內完成 Agtron Number 80 ～ 100 的極淺焙，並非難事，但問題是過於倉促的大火快炒，有機酸、蛋白質、脂肪、碳水化合物的降解與聚合反應太超過或不完全，過猶不及，成品容易有礙口的尖酸、生澀、燥苦、草本或咬喉味譜，未蒙其利先受其害，因此，「北歐之道」的烘豆時間並非愈短愈好，千萬不要誤會了。這兩大名家均以 9 分 30 秒至 10 分鐘，完成 Agtron Number 75 ～ 100 的烘焙度，也經過烘焙賽嚴格考驗，很值得玩家參考。

卡法、強生與尼斯壯

卡法的烘焙時間較長，12 分 40 秒才出豆，一爆時間也較長，達 118 秒，算是北歐較罕見的中焙慢炒派，旗下兩家咖啡館是奧斯陸名店，咖啡迷絡繹不絕。卡法的炒法在美國和亞洲較為常見。據我喝過 Kaffa 的經典綜合豆 Caffè Crescendo，焙度在 Agtron 65 ～ 75 左右，味譜平衡、乾淨、柔酸清甜、水果韻明顯，較之提姆溫德柏、索柏與韓森的 Espresso，有過之無不及。Caffè Crescendo 的配方每季不同。二〇一三年暑假，Fika Fika 負責人陳志煌送我的 Caffè Crescendo，甚至加入巴拿馬翡翠莊園的 Geisha，花果韻明顯，非常好喝！

最後看看瑞典赫赫有名的強生與尼斯壯，烘焙時間是四家受邀烘焙廠最短者，只有 9 分 24 秒，一爆也來得最早，7 分 21 秒一爆，但一爆時間卻拖最久，達 123 秒，

在近兩年的北歐烘豆賽中，未曾打進前三名，可能與北歐人較偏愛一爆時間稍短的活潑「酸甜震」有關吧。

── 比較各家烘焙曲線：豆溫曲線與升溫率曲線 ──

瞭解各家參數後，進階探討他們的烘焙曲線，可分為豆溫與升溫率兩曲線。

豆溫曲線：是指插在爐內最接近豆子的溫度計，從入豆至出豆，每分鐘所測得的溫度繪成的曲線，可掌握豆溫在某特定時間內，是否太高、偏低或適切，以便修正火力。重視品質穩定性的烘豆師均器重此曲線。豆溫曲線的橫軸為時間，縱軸為豆溫。

升溫率曲線：入豆抵回溫點後，每 30 秒記錄豆子的升溫幅度，橫軸為時間，縱軸為每 30 秒的豆溫增幅。升溫率曲線是記錄每 30 秒的豆溫上升幅度，因此敏感度遠勝於豆溫曲線，也比豆溫曲線更容易提早發現火力是否異常，協助烘焙師在最短時間內，調整火候，維持穩定的烘焙進程，不至發現太晚而手忙腳亂。

● 索柏與韓森的烘焙曲線

〔表 11-2〕				
豆溫曲線（上）：				
入豆溫	回溫點	出豆溫	一爆時間	烘焙時間
155℃	62℃、45 秒	209℃	09：02	09：28
升溫率曲線（下）：				
最大值在 01：15 至 01：45，上升 18℃				

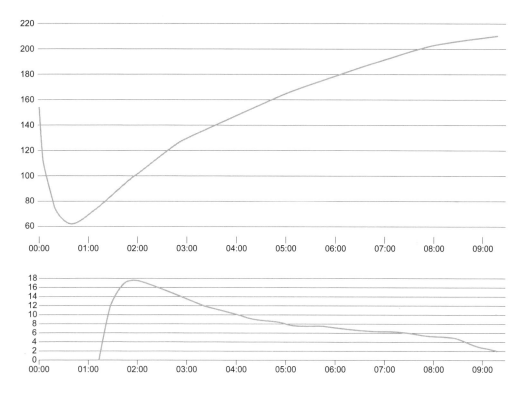

圖表取材自 Cropster

說明：索柏與韓森採用熱氣爐烘焙機 Loring Smart Roaster，以較大火力脫水，從豆溫曲線可看出，入豆 45 秒左右抵回溫點，在 62℃ 掙扎了幾十秒才往上升溫，在每 20℃ 一間隔的豆溫曲線中，以 60℃ ～ 100℃ 最為陡峭，此後愈來愈平坦，也就是說烘焙初期以較大火力為之，但火力與升溫幅度隨著進程而遞減。依據的原理是，生豆入鍋初期最硬，最耐火候，最有本錢接受烈火淬煉，但隨著纖維受熱，愈來愈脆弱，不耐火候，火力順勢降低，以免碳化過度。

這從下圖的升溫率曲線看得更清楚，1 分 15 秒至 45 秒，短短 30 秒，豆溫劇升 18℃，是烘焙過程中，豆溫增幅之最，隨後每 30 秒的升溫幅度，一路遞減，平順下滑，未見顛簸起伏。在一爆來臨前，升溫幅度再降，此乃北歐烈火輕焙的特色，這與威力烘焙的收斂式升溫模式雷同。請注意威力烘焙不是一路大火到底，而是整個烘豆過程，較大火力僅出現在入豆的初期，隨著生豆纖維遇熱受創，而逐漸收火。一路大火到底的暴力烘焙，易有燥苦味與咬喉感，得不償失。

　　索柏與韓森的升溫率曲線，從最高點穩定下滑，顯示火力與時間掌控得宜，難怪連霸三屆北歐烘豆冠軍！

● 提姆溫德柏的烘焙曲線

〔表 11–3〕

豆溫曲線（上）：

入豆溫	回溫點	出豆溫	一爆時間	烘焙時間
136.8℃	72℃、48 秒	167℃	09：07	09：54

升溫率曲線（下）：

最大值在 01：30 至 02：05，上升 7.2℃

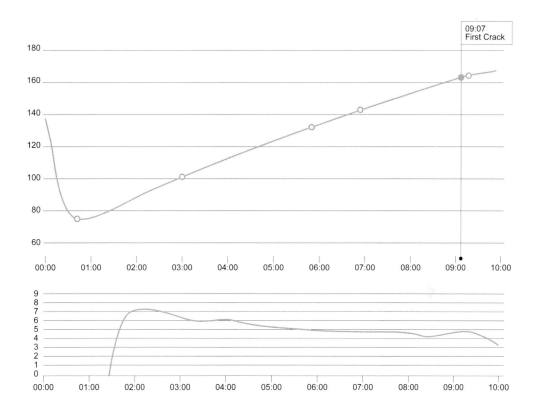

圖表取材自 Cropster

說明：提姆溫德柏使用 Probat 半熱風烘焙機，亦採較大火力脫水，從上圖豆溫曲線可看出 48 秒抵回溫點，在 72℃附近抵抗數十秒才往上升溫，1 至 3 分鐘的豆溫曲線很陡，此後逐漸平坦。下圖的升溫率曲線更為明顯，01：30 至 02：05，溫度上升7.2℃後，是升溫幅度之最，而後增溫幅度逐漸下降，但在 04：00 處，又見小幅增溫，並維持每分鐘升溫率在 6℃至 4℃的狹幅區間，直到一爆前稍微增溫，進入一爆，增溫收斂。提姆溫德柏的升溫率曲線明顯比索柏與韓森更為顛簸不平整。

咸信愈少顛簸的升溫率曲線，烘豆品質愈佳，北歐烈火輕焙尤然。如果你的升溫率曲線起伏不定，時上時下，表示火力控制不當，不斷修正，這不利烘豆品質。

卡法的烘焙曲線

〔表 11-4〕				
豆溫曲線（上）：				
入豆溫	回溫點	出豆溫	一爆時間	烘焙時間
146.1℃	100℃、145 秒	169.1℃	10：42	12：40
升溫率曲線（下）：				
最大值在 06：00 至 08：00，上升 5.2℃				

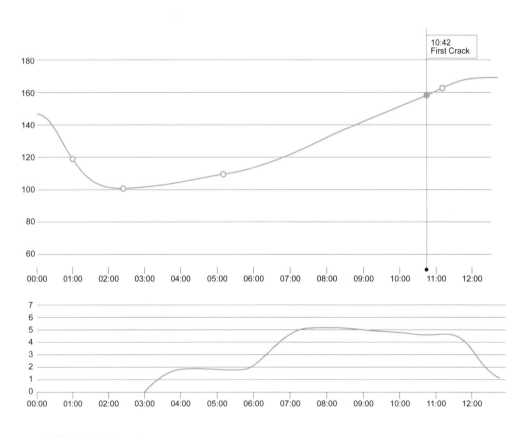

圖表取材自 Cropster

說明：就北歐烘焙技法而言，卡法屬於老式慢炒派，兩曲線的走勢迥異於前面介紹的北歐烈火輕焙。

卡法的豆溫曲線，入豆後以較小火力脫水，2 分 25 秒才抵回溫點 100℃，持續溫火烘豆，約 5 分 30 秒，生豆的花青素因脫水關係，轉為淺黃色，開始催火增溫，約莫 6 分鐘爐溫較大幅揚升，維持火力，直到一爆密集，調降火力，12 分 40 秒出豆，就 Agtron Number 75 ～ 90 的淺焙豆而言，已屬於慢炒派了。卡法自名為 Slow Medium 烘焙。

從升溫率曲線更易看出卡法採用溫火脫水，豆色變黃才加火升溫催爆，進入密集爆再降火力，這是經典的歐陸三段火操爐法，這與索柏與韓森以及提姆溫德柏以較大火力脫水後，再逐漸降火的威力烘焙，截然不同。不過，日本烘豆師亦擅長卡法採用的三段火烘焙法，特點是厚實度優於烈火輕焙，但也抑制了上揚的酸香振幅。快炒與慢炒並無對錯問題，而是市場定位與業主偏好問題。

強生與尼斯壯的烘焙曲線

〔表 11-5 〕

豆溫曲線（上）：

入豆溫	回溫點	出豆溫	一爆時間	烘焙時間
225.6℃	65℃、43 秒	208.4℃	07：21	09：24

| 升溫率曲線（下）： | | | | |

最大值在 01：20 至 01：50，上升 18℃

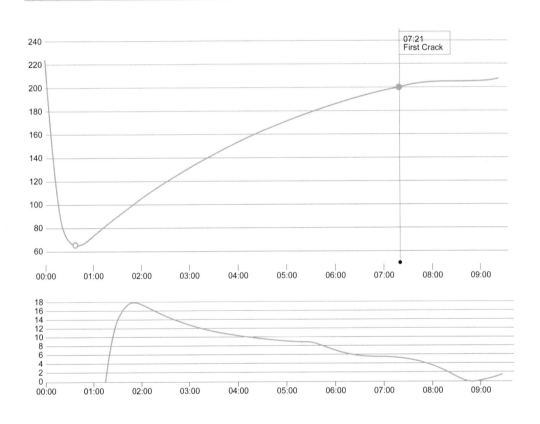

說明：瑞典的強生與尼斯壯亦採北歐烈火輕焙，但與索柏與韓森以及提姆溫德柏最大不同處，在於他的一爆持續時間最久，長達 123 秒，顯然是延長一爆派的信徒。另一特點是在出爐前還稍微拉升爐溫才出豆。不過，強生與尼斯壯至今尚未打進北歐烘豆賽前三名，可能與一爆太長，磨鈍了酸香振幅有關，較不符一般北歐人口味。

杯測用豆的烘焙參數

　　前述的北歐烈火輕焙，Agtron Number 介於 75 ～ 100 之間，大約一爆初始至密集爆出豆，如果用來杯測，烘焙度又太淺，豆子密度仍高，咖啡粉浸泡熱水，咖啡渣幾乎全部沉入杯底。因此，北歐名廠辦杯測時，會刻意烘深一點，直到一爆停止或一爆持續 1 分 30 秒至 2 分鐘才出豆，俾更接近 SCAA 要求 Agtron Number 58 ～ 63 的杯測烘焙度。二〇一一年十一月，索柏與韓森、提姆溫德柏出席北歐烘焙者論壇，與全球咖啡迷分享杯測豆的烘焙參數，很有參考價值。

● **索柏與韓森** | 烘焙機 Loring Smart Roaster | 生豆：衣索匹亞耶加雪菲

〔表 11–6〕：杯測豆烘焙參數

時間（分鐘）	0	1	2	3	4	5	6	7	8	9	10
溫度（攝氏）	202	79.4	111.7	133.9	151.1	169.4	183.7	196.7	207.8	212.8	216
溫　　差			32.3	22.2	17.2	18.3	14.3	13	11.1	5	3.2
一爆始											0807
一爆止											0941
一爆持續											0134
一爆始溫度											208.3
一爆止溫度											216
溫差											7.7
失重率											12.8%

說明：

　　請與表 11–2 索柏與韓森烈火輕焙的參數做比較，表 11–6 的杯測豆入豆溫、出豆溫均比表 11–2 為高，且一爆的時間也拉長，達 1 分 34 秒。請注意表 11–6 的溫差，

即第 2 分鐘後，每分鐘與前 1 分鐘的豆溫差，基本上一路遞減。第一分鐘內已觸抵回溫點，第 2 分與第 1 分的溫差達 32.3 度，到了第 8 分，溫差降至 11.1 度，一爆後，溫差再降到 5 度以下，一爆持續 1 分 34 秒，爆聲停止才出豆，這也是典型的威力烘焙，但烘焙時間與烘焙度均甚於表 11–2，以符合杯測標準。

● 提姆溫德柏｜烘焙機 Probat 半直火｜生豆：衣索匹亞耶加雪菲

〔表 11–7〕：杯測豆烘焙參數

時間（分鐘）	0	1	2	3	4	5	6	7	8	9	10
溫度（攝氏）	138	92	103	113	123	133	143	151	161	169	216
溫　差		11	10	10	10	10	8	10	8	5	
一爆始						0835					
一爆止						0950					
一爆持續						0115					
一爆始溫度						166					
一爆止溫度						174					
溫差						8					
失重率						12.5%					

說明：

　　請與表 11–3 提姆溫德柏大火輕焙的參數做比較，表 11–7 的杯測豆入豆溫、出豆溫均比表 11–3 為高，且一爆的時間也拉長，達 1 分 15 秒。提姆溫柏亦採威力烘焙來侍候杯測豆，入豆一分鐘內即觸抵回溫點，第 2 分與第 1 分的溫差達 11 度，接下的每分鐘溫差幾乎維持在 10 度，直到第 8 分一爆後，溫差明顯下降，出爐前降至 5 度。

── 淺焙風有可能扭轉嗎？ ──

　　主攻二爆密集階段出爐的第二波重焙美學，烘焙度約莫在 Agtron Number 23 ／ 43，從一九六六年至二〇〇〇年已走到盡頭，非變不可。啟蒙於北歐的美國第三波淺中焙美學，烘焙度約在 Agtron Number 55 ／ 75，於二〇〇三年接棒演出，成為全美乃至全世界精品咖啡的主流烘焙度，然而，第三波的精神領袖斯堪地納維亞烘焙，卻烘得更淺，濾泡式約在 Agtron Number 75 ／ 100。二〇一〇年以後，美國加州有不少第三波咖啡館參訪挪威知名咖啡館 Soberg & Hansen、Tim Wendelboe、Kaffa 和瑞典有名的 Johan & Nyström 以及丹麥的 The Coffee Collective，頓悟美國第三波的焙度還有「探淺」空間，於是埋頭探索 Agtron Number 75 ／ 100 的「酸甜震」水果味域，或有可能演成第四波咖啡時尚。

　　在北歐影響下，美國第三波的焙度有日趨輕淺之勢，就連第二波的星巴克與畢茲咖啡，也被迫打破家規，賣起二爆前的中焙咖啡，美國精品咖啡界這波淺中焙風，不知伊於胡底？我認為淺焙已觸底，再淺不可能淺過 Agtron Number 75 ／ 100，為此我趁著二〇一三年五月三十一日在臺中朝陽科技大學主持國際咖啡論壇的機會，請教與談的貴賓美國精品咖啡協會前任理事長彼得‧朱利安諾（Peter Jiuliano）：「美國咖啡愈烘愈淺，二爆末的深焙豆似乎快絕跡了，難道重焙技巧已被丟到歷史的灰燼了嗎？」

　　彼得回答說：「不會的，重焙只是暫時退流行，當眾人喝膩了淺焙，自然會懷念起優質重焙渾厚甘醇的古早味，深焙與淺焙的流行，亦適用物極必反的道理！」

　　我個人的看法是，流行半世紀的重焙，只是暫時失勢，但不會失傳，未來的烘豆師必須深諳豆性，花韻與水果韻強烈的豆子，譬如肯亞（S28、S34）、衣索匹亞（古優品種）、巴拿馬（Geisha）、哥倫比亞（卡杜拉）、瓜地馬拉（Pacamara、波旁）或薩爾瓦多（波旁），以及 Ninety Plus 系列產品，最好以淺焙或中焙為之，以免減損

酵素作用育成的好風味。至於花果韻不明顯但硬度佳的豆子，則較適合中深或重焙，彰顯甘醇、厚實與巧克力韻。過於堅持某一特定烘焙度，無助於發掘各種豆性的最佳味域，極端的烘焙方式，只能滿足小眾，唯有執兩用中，適材適焙，才是王道，更能迎合普羅大眾的多元要求。

Chapter

— 12 —

臺灣新銳烘豆師：

陳志煌──北歐烘焙者杯冠軍

二〇一三年堪稱臺灣烘豆師名揚四海的豐收年，六月底，歐焙客負責人江承哲代表我國參加法國尼斯舉行的世界盃烘豆賽，贏得亞軍。九月初，Fika Fika創辦人陳志煌，遠征挪威，參加強敵環伺的北歐烘焙者杯（Nordic Roaster Cup）烘豆賽，無畏橫逆，勇奪冠軍。江承哲與陳志煌，年約30至40出頭的新銳烘豆師，共通點是任事勤奮，正派執業，抗壓性高，勤讀歐美資料，重視科學分析、測味、歸納與研究，以提升經驗值可靠性，絕不人云亦云。特以兩章篇幅，詳述兩人的烘豆理念，並解析他們的烘焙曲線。先從陳志煌談起……

── 打破挪威不敗神話 ──

挪威赫赫有名的 Kaffa、Solberg & Hansen 以及 Tim Wendelboe 帶動烈火輕焙的北歐技法，引出豐富水果味譜，進而成為北美「第三波咖啡」的影武者，北美第三波咖啡館見賢思齊，仿效北歐烘焙手法，Nordic Style 一躍成為近年最火紅的名詞。二〇〇七年北歐烘焙者杯烘豆賽舉辦以來，冠軍榮銜幾乎全被挪威壟斷，Tim Wendelboe 蟬連了二〇〇八、二〇〇九和二〇一〇年冠軍，而 Solberg & Hansen 包辦了二〇〇七、二〇一一和二〇一二年冠軍，其他來自北美、西歐、東歐、俄羅斯、日本和韓國的烘豆高手，無不鎩羽而歸。烈火輕焙發源於挪威，北歐烘豆賽冠軍寶座，肥水不落外人田，似乎成了多年來的潛規則。

然而，二〇一三年九月五日至八日，北歐烘焙者杯烘豆賽，經過激烈競爭，以及九日至十日的重新驗票，六連霸的挪威不敗神話，終於被臺灣新銳烘豆師陳志煌打破了，名聞遐邇的 Solberg & Hansen 以及 Tim Wendelboe 伏首稱臣。保留在挪威的冠軍獎盤，七年來首次遠離北國，安置在陳志煌位於臺北市伊通公園旁的 Fika Fika 咖啡館展示一年，見證他的烘豆技藝，超歐美更勝日韓。

陳志煌不曾花大錢應考美國精品咖啡協會（SCAA）、歐洲精品咖啡協會（SCAE）

的各種證照，他也沒有半張烘焙師、杯測師、咖啡師、Q Grader 證照或其他嚇死人的頭銜，全憑十多年來，自我苦學，巡訪歐美咖啡館，開闊視野，提升實務、理論與經驗值，與其拚虛名，不如一步一腳印拚實力，一舉擊敗世界級的北歐名家！

我有位臺大國際企業系畢業，在丹麥任職的臉書朋友，十月下旬赴冰島旅遊，與友人走進雷克雅未克咖啡烘焙坊（Reykjavík Roasters）喝咖啡，店員竟然興奮問道：「你們來自臺灣，有去過 Fika Fika 嗎？」友人在臉書感慨萬千寫道：「出國走走才知道臺灣咖啡人的厲害！」北歐烘焙者杯的冠軍獎盤，破天荒由非北歐國家，尤其是備受打壓的臺灣抱走，已引起北歐乃至全球精品咖啡界不小震波。

不過，北歐咖啡人大可寬心，陳志煌擊潰歐美日烘豆高手的技法，既非日本派，亦非義大利派，更非美國派，而是以夷制夷的大火大風門，純粹北歐手法，烘出繽紛水果韻，驚豔北國。

引出最大值的揮發性與水溶性芳香物

北歐烘豆手法迥異於傳統慢炒法，也不同於日本和臺灣最盛行的三段火炒法，即：1. 小火脫水→ 2. 中大火催爆→ 3. 小火安度爆裂期。開業十多年的陳志煌，不曾上過正規烘豆課程，全憑自我學習與修正，他從來不提「脫水」、「悶蒸」、「均質」或是「生豆剛進爐，要關火以免燙傷豆表……」一般烘豆師常掛嘴邊的行話術語。

陳志煌早期的烘豆模式很簡單，生豆入鍋即以中大火侍候，不管什麼小火脫水的論調，他先以中大火力進行至 150°C 轉較小火力，170°C 再轉中大火力，直到一爆再調小火。他經過測味後，發覺此法較能突顯咖啡鮮明的地域之味，讓味譜振幅較大，而不是坊間常見的溫順鈍甜，沒有個性的風味。他早期的烘豆節奏，在一般烘豆師看來，屬於離經叛道的技法。因為臺灣烘豆師深受日本影響，習慣在生豆入鍋抵達回溫點或豆色變黃之前，宜小火因應，甚至入豆時，關火以免燙焦豆表。但他並未受到傳

統教條的束縛，所以才能烘出味譜豪放的咖啡。

不斷調整與改變是陳志煌烘豆技術不停進化的動力，他早期的中大火催香烘焙法，進化到中期的義式烘法或西雅圖式炒法，一直無法滿足他挑剔的嗅覺與味覺，總覺得不管怎麼用心烘焙，咖啡聞起來總比喝起來更有味道。

二〇一〇年，他著手實驗新的烘焙節奏，期使咖啡「喝起來跟聞起來一樣香」，換言之，就是找出一種烘焙技法，能夠保留最大值的揮發性與水溶性芳香物，讓咖啡一入口，除了味覺能感受到咖啡優質的水溶性酸甜滋味外，亦可透過鼻後嗅覺，即口腔裡的嗅覺，鑑賞咖啡稍縱即逝的萬千香氣。

為何咖啡聞起來比喝起來更香醇？

這與鼻前、鼻後嗅覺合擊，可辨識數千種不同香氣有關，但味覺只能感受酸、甜、苦、鹹、鮮，五種水溶性滋味。不過，SCAA並未把鮮滋味列入咖啡風味輪裡的水溶性滋味，因此，咖啡的水溶性滋味以酸、甜、苦、鹹為主，其中的苦與鹹純屬水溶性滋味，喝得到卻聞不到，為較負向的滋味，但是酸與甜則為正向滋味。值得留意的是，有些酸味與甜味具有水溶性與揮發性，聞得到也喝得到。

咖啡850多種芳香化合物，大部分只有揮發性，所以只能靠嗅覺辨識，另有一部分具有揮發與水溶的雙向性，因此可用嗅覺與味覺感受，但咖啡純屬水溶性的芳香物最少，有賴味蕾辨味。咖啡的芳香物大部分具有揮發性，因此常讓人覺得咖啡用聞的，似乎比用喝的更過癮。再者，揮發性花果芳香物的分子量，較低且輕盈，最容易在烘焙過程中裂解殆盡，原則上，不急不徐的淺焙，會比快速淺焙或慢火淺焙，更易留住咖啡迷人的花果韻。

咖啡還有一部份芳香物屬於雙向性，也就是具有揮發性與水溶性，諸如甲酸、乙酸（醋酸）、丙酸等有機酸以及焦糖甜味，這些芳香物均可靠味覺與嗅覺感受。相對而言，咖啡僅有少部份芳香物屬於水溶性，咖啡的有機酸中，蘋果酸、檸檬酸、乳酸、草酸，以及無機的磷酸，不具揮發性，因此聞不到，只能靠味覺辨味。

綜合上述：

1.嗅覺感官遠勝味覺。

2.咖啡氣化芳香物多於液化芳香物。

3.烘豆師不諳北歐式不急不徐的淺焙，造成咖啡聞起來會比喝起來更香醇的印象。

經過反覆測試與精簡烘焙手續,他發覺生豆入鍋時維持較大火力且風門一路全開,直到一爆前調降火力,烘至一爆密集或一爆結束,再出爐的炒法,最能夠將頂級生豆的柑橘、莓果、花韻和蜜糖……諸多迷人的前驅芳香物,最大值融入熟豆裡,讓芳香物聞得到也喝得到,二〇一〇年後,他改以大火大風門的烘焙法,生產淺焙豆,然而,當時陳志煌還不知道這就是北歐風格。

──北歐賽制非窠臼,高度認同去參賽──

二〇一一年,他品嘗到捷克知名咖啡館 Doubleshot 的熟豆,很類似自己大火大風門的淺焙,所引出輕盈飄逸水果味譜,他開始關注北歐烘焙者杯烘豆賽的動態。北歐是全球國民所得最高,也是咖啡消費量與品管最嚴的地區,自視甚高,因此,北歐烘焙者杯的競賽規則,自成一格,不同於 SCAA 主導的 Roasters Guild 或世界盃烘豆賽(World Coffee Roasting Championship)的規章。

其實,北歐烘焙者杯舉辦七年以來,堪稱國際咖啡烘焙賽歷史最久,影響最深遠的賽事。比賽辦法很有北歐極簡風格,摒除生豆評等、烘焙計劃表等紙上作業的評鑑,改以烘豆師的熟豆用兩種不同萃取法,進行風味評鑑,即濃縮咖啡和濾泡式咖啡(Bunn 美式咖啡機),編碼測味後,獲得業界 200 位評審,一人一票,總票數最多者奪冠,也就是百分百以風味定輸贏。

報名參賽的每名烘豆師需繳交大約臺幣三萬元規費,不需要到場烘焙,只需攜帶事前烘妥的熟豆到場,並抽籤決定由北歐哪個國家代表隊的咖啡師,代替參賽烘豆師萃取濃縮咖啡與濾泡式咖啡,但萃取參數必須聽從參賽烘豆師的指示去做。換言之,烘豆師除了要有絕佳的烘豆與配豆技藝外,還必須深諳熟豆特性與各項萃取參數才行,參賽壓力之大,可以想見。

北歐賽制不是僅由幾位杯測師以浸泡式測味定輸贏，而是由 200 位業界人士，分三階段鑑賞濃縮咖啡和濾泡式咖啡，票選出冠軍。陳志煌認同北歐賽制的公平性。二〇一二年，他決定參加丹麥的北歐烘焙者杯大賽，同時也注意到任職挪威奧斯陸，歐普拉軟體公司 (Opera Software) 的徐沛源，在部落格所寫參訪 Solberg & Hansen 等諸多精彩文章，於是請徐沛源替他買幾款北歐熟豆，寄回臺北測味，驚覺挪威 Espresso 咖啡豆或濾泡式咖啡豆的烘焙度均淺，多半介於 Agtron 65 ～ 100 的區間，而且風味也很接近自己採用大火大風門引出的「酸甜震」飄逸水果韻，這時陳志煌才明瞭二〇一〇年後，他自我進化的大火大風門炒法，就是 Nordic Style 或稱 Scandinavian Style，更加深他與北歐名家爭香鬥醇的意志。

二〇一二年，他單槍匹馬在北歐初試啼聲，濃縮咖啡項目就拿到冠軍，但濾泡式咖啡，他手忙腳亂，參數來不及校正，只拿到第四名，加總的成績是第四名，表現不俗了。

經過一年檢討與進化，二〇一三年九月，陳志煌信心滿滿，再戰北歐，這回多了一名幫手，挪威歐普拉軟體公司，感官很敏銳的友人徐沛源一同赴賽，協助萃取參數的調整。然而，好事多磨，計票人員作業疏失，將投給陳志煌的票，錯計給挪威名人 Tim Wendelboe，成績揭曉，陳志煌意外跌到第四名，經過我國駐挪威辦事處表達關切，並申訴驗票，終於大翻盤，九月十二日挪威主辦單位調查後，坦承疏失並公開致歉，更正比賽結果，陳志煌的濃縮咖啡豆獲得 55 票，排名第一，濾泡咖啡豆獲得 19 票，名列第四，總票數 74 票，終於擊敗 Tim Wendelboe 的 73 票，贏得總冠軍，換言之，陳志煌這次是贏得濃縮咖啡以及加總得票數的雙料冠軍。這也創下國際性咖啡賽事，訴請驗票，逆轉勝的首例。消息傳回國內，人人叫好。

陳志煌烘豆技藝的進化與多元性，要從大學時期說起……

── 情定咖啡攜手打拚 ──

　　國內咖啡玩家對六二年次的陳志煌應該不陌生，一九九九～二〇〇〇年他在世新平面傳播科技系攝影組，念大四時，創立煌鼎咖啡事業有限公司，是國內第一個引進精品咖啡生豆，並成立每日新鮮烘焙精品豆的郵購網站「煌鼎咖啡生活館」，提供精品咖啡教育資訊，還開設了「煌鼎咖啡異言堂」，這是國內精品咖啡網路論壇濫觴之一。他常以筆名 James Chen 在網路上發表咖啡文章，為咖啡迷解惑。「煌鼎咖啡異言堂」與十多年前政治大學應用數學系蔡炎龍教授在舊金山攻讀博士，為解悶而設立的網路咖啡論壇「爾灣咖啡小站」齊名，紅極一時。相信早期的咖啡玩家記憶猶新。

　　二〇〇七年他開設了「屋頂上的烘焙手」（Roaster On The Roof）部落格，分享許多烘豆理念。在這十多個艱辛的烘豆寒暑，一路挺他的，是老婆黃玉緣，兩人最初也因咖啡香，而結下良緣。

　　大學還未畢業，陳志煌已投入咖啡事業，應該與熱愛咖啡的黃玉緣有關。他回憶說，兩人是大學同班同學，有一回黃玉緣要搭他的便車，一上車她就說「咖啡好香喔」，兩人異口同聲說「是我背包裡的咖啡」，且很有默契同時從各自的包包掏出一包咖啡粉來，兩人從此情定咖啡，成了咖啡江湖的神鵰俠侶，還沒畢業就從美國 Sweet Marias 進口精品級生豆，以爆米花機烘豆子，就這樣開始瘋咖啡，愈玩愈發燒，家人也支持，借用資金成立咖啡網站，做起精品豆生意。

— 參訪名店，歸納熟豆數據，蓄積烘焙能量 —

陳志煌是國內最早以直接貿易（Direct Trade）引進哥斯大黎加拉米妮塔莊園（La Minita）精品豆的業者，因此二○○○年他獲拉米妮塔邀請，出席該莊園水洗廠落成典禮，他至今仍享有 CoE（Cup Of Excellence）機構在大中華區唯二的終身先鋒會員，另一位是臺中歐舍的許寶霖先生。

除了引進精品豆外，他早在十年前也進口一些另類咖啡，包括印度馬拉巴的風漬豆，以及印度有名的塞瑟拉曼莊園（Sethuraman Estate）所產的皇家羅布斯塔（Robusta Kaapi Royale），二○一二年這支昂貴的羅巴斯塔已通過美國咖啡品質協會（CQI）的精品級羅巴斯塔認證（R Certificate），是目前唯一獲此殊榮的羅巴斯塔，足見他當年的眼光。

然而，陳志煌漸漸發覺，光賣生豆沒啥技術門檻與附加價值，很容易陷入削價競爭，決定自我提升，鑽研烘豆技藝，轉型為精品熟豆供應商，藉此瞭解國人對咖啡風味有何偏好，為十年後的咖啡館 Fika Fika，預做準備。他很早就對開咖啡館與烘豆子有濃厚興趣，一九九九年他大學還沒畢業，就到義大利旅遊一個月，從北部的米蘭一路喝到威尼斯，和中部西恩納以及中南部的羅馬。他的姊夫是義大利人，也成了他日後和義大利咖啡館和烘豆師溝通的橋樑，從而獲得老義烘豆技術的諸多資料。

直到今天，他每年定期購買義大利多款名豆，諸如知名大廠意利咖啡（Illy Caffe）的中焙與深焙豆，西西里島的米賽多羅咖啡（MISCELA D'ORO），義大利西北部杜林的 Caffe Vergnano 1882，以及國內買不到的義大利小烘焙廠 Caffe Platti……等，均列入長期追蹤研究。這些買回來測示的國外熟豆，各項參數均入檔備查，他隨機從智慧手機叫個 MISCELA D'ORO 的檢測檔案給我看：

Miscela D'oro Aroma 47.5/55.3（8.3）
有細粉、不算很黏
Roasted on 2011-7-15（7 月 30 測量）

Miscela D'oro Aroma 43.4/55.4（12）
細粉多、黏性高
Roasted on 2010-7-12（Tasting on 2010-9-23）

47.5／55.3 是指熟豆烘焙度的 Agtron Number，一般而言，熟豆未研磨的豆表色澤，會比磨成粉來得深，因此豆表的 Agtron Number 47.5，會比磨粉後測得的讀數 55.3 更低，而 8.3 則是兩者相減的差異，也就是焙度差（Roast Delta）。基本上，愈淺焙的 Roast Delta 愈大，尤其是北歐烘法，差異可達 20 以上。反之，愈深焙的 Roast Delta 愈小。

Miscela D'oro 位於西西里島，屬於南義重焙風格，但從焙度數值來看，並不太深，約在二爆初段的中深焙範圍，可見南義未必全是二爆末的重焙豆。另外，陳志煌還會檢測磨粉的特性，細粉多不多、粉末黏性高不高，也是觀察重點。他認為細粉的多寡並不全是磨豆機的問題，更重要的是烘焙方式以及烘焙度都有關係。

為了瞭解美國咖啡館的烘豆品質，他於一九九九至二〇〇九年多次考察的西雅圖咖啡館包括 Espresso Vivace、Caffe D'arte、Zoka Coffee、Stumptown Coffee Roasters、Victrola Coffee Roasters；二〇〇八年造訪洛杉磯的 Intelligentsia Coffee 和 Caffe Luxxe，或郵購 Counter Culture 多款濃縮咖啡和產地單品豆，研究各家名廠深淺焙味譜，知己知彼，是他十多年來不曾間斷的樂事。

以西雅圖經典的重焙名店 Caffe D'arte 為例，售有北義、中義和南義烘焙的綜合豆，北義稍淺，南義最深，陳志煌也有深入研究，Agtron Number 均介於 25 至 40 左右。Caffe D'arte 最深的義式豆，以西西里島東部小鎮 Taormina 命名，特色是焙度這

麼深卻很甘甜、醇厚、酒氣、橡樹辛香、迷人煙燻味但不苦澀。他測得的焙度數值為28／35。不過，觀察入微的陳志煌，擦掉豆表上厚厚的黑色油沫與粉層，再磨粉測量，發覺讀數上升到接近40了，因此他高度懷疑這支重焙豆的燻香味，可能是在出爐後進行熟成時，另外加工進去的，爐內不可能自然衍生出這麼迷人的風味。

這不禁讓我想起美國有些地區性小廠的焙度不深，但常帶有股迷人的燻香味，我早就懷疑是加工進去的，好比煙燻鮭魚一般。而且我記得十多年前破例參訪 Caffe D'arte 的烘焙廠，也聞到木屑的味道。我跟陳志煌提及這段參訪經驗，他立刻回簡訊說：「哈哈，咱們聯手破案了，Caffe D'arte 的招牌煙燻味，水落石出！」

他也多次造訪舊金山的美國精品咖啡教父艾佛瑞‧畢特（Alfred Peet）的畢茲咖啡（Peet's Coffee），對精品咖啡第二波「濃而不苦，甘甜潤喉」的優質重焙豆，鑽研頗深。二〇〇七年畢特仙逝後，畢茲咖啡人事重整，棄守重焙路線，降低烘焙度，首席烘焙師約翰‧偉佛（John Weaver）出走。陳志煌不忘繼續追蹤轉型後的畢茲咖啡，品質是否有變，買了兩次後決定放棄這家經典名店，因為首席烘焙師出走，昔日迷人的重焙味譜蕩然無存。不過，陳志煌仍努力研究畢茲深度烘（Deep-roasted style）絕技，目前已能烘出媲美「濃而不苦，甘甜潤喉」的畢茲經典風味。

日本也是咖啡消費大國，二〇〇四至二〇〇五年，他安排四趟日本咖啡之旅，走訪東京、大阪、北海道咖啡館，包括號稱西雅圖 Espresso Vivace 的日本分店 Machinesti（但數年後與 David Schomer 拆夥）、日本咖啡名人堀口俊英的 HORIGUCHI、田口護的巴哈咖啡、大阪珈琲道，以及很多小型自烘店也在考察之列。二〇一〇年拜訪東京銀座關口一郎先生的琥珀咖啡館。不過，他還是不太習慣日本慢炒派，偏好悶厚的苦香調甚於飄逸的酸香調。

烘焙廠靈異事件

大半時間守在烘焙廠的陳志煌，烘過不少奇門怪豆，只要豆子條件不太差，均可找出最佳的烘焙節奏，引出千香萬味。不過，五年前他踢到鐵板了，遇到科學無法解釋的靈異事件。

當時連續一兩週，不管烘什麼豆子，香氣就是出不來，以各式沖具萃取，也是缺香乏醇，怎麼喝都不像自己親手烘出的咖啡。他也請老婆和友人試味，大家都覺得平淡無味，不像他的風格。「這根本不是我要的品質！」只好一爐爐的報廢，不得出貨。他檢視氣壓、氣候、失重率、火力等各項參數，均正常無異，百思不解，為何香氣消失了？訂單持續進來，但烘一爐毀一爐，無法如期交貨，壓力愈來愈大，他急得快發狂，過去不曾發生這種怪事，這該如何是好！？

友人認為此現象，無法以撞牆期來解釋，於是介紹他認識隨緣堂的通靈人士，陰陽眼姑邢渲。陳志煌一五一十詳述情況，邢渲問道：「你多久沒拜烘焙廠的地基主了？」陳志煌回答：「我從不曾拜過，也不知如何拜。」邢渲指點他，烘焙廠的地基主一胖一瘦，喜歡吃雞肉。陳志煌謝過邢渲的開釋，返回烘焙廠，和老婆準了兩份雞腿飯來拜地基主。

第二天他進廠烘咖啡，出爐後漸漸聞到久違的香氣了，幾天內所有的咖啡品項恢復該有的氣味與滋味。他和老婆至今仍對這樁超乎自然的靈異事件，津津樂道。

── 烘焙廠如實驗室，生豆低溫保鮮 ──

二〇一三年十月十四日，陳志煌邀我進入南港重陽路的烘焙廠，陪他烘幾爐，他很大方將這次北歐烘豆賽奪冠的濃縮咖啡配方與烘焙曲線交給我，獨家在《新版咖啡學》公布。「這是最高機密，你不怕業界偷學嗎？」我問道。他以陽光的口吻回答：「我期許自己，烘焙技術每年要進步兩倍，我不怕人家學，因為別人學會了，我又進化了，我無需藏私，更樂於分享，這是好事！」

我走進他的烘焙廠，猶如置身咖啡實驗室，各種檢測儀器應有盡有，氣壓計、濕度計、水分儀、溫度計、昂貴的艾格壯咖啡焙度檢測儀（Agtron Coffee Analyzer）、美製烘焙機 SanFranciscan Roaster SF25，以及各式萃取、磨豆與咖啡機具，目不暇給。有趣的是，烘焙廠竟然看不到麻布袋生豆，堪稱奇聞。

原來生豆一進廠，他為了保鮮，立刻以鋁箔紙分裝成 20 公斤的密封小包裝，尤其是香氣見長的精品豆，搶時間置入 4 坪大的冷藏庫，或 4 至 5 坪大的冷凍庫，如果是短期內就可用完的豆子，則存入冷藏庫，如果預期保存期較長，則放進零下 20℃ 的冷凍庫，均標明品名、到貨日期以及冷凍或冷藏日期。「為了生豆品質，不惜下重本，電費漲了，也省不得……」他堅定的說。

他很重視烘豆當天的氣壓高低，「氣壓低於正常值，香氣易在爐內揮發殆盡，造成熟豆香氣不足，反之，在較高壓的天氣烘豆，香氣不易流失。哈哈，我還真想在烘焙室加裝增壓設備，可保有較多的咖啡香氣。基本上，氣壓較高的艷陽天，會比氣壓較低的陰雨颱風，更容易烘出香氣逼人的好豆！」陳志煌很肯定的說。

我也發覺陳志煌極重視烘焙記錄卡，細目包括年月日、生豆品項、室外陰晴氣候、室內氣壓、溫度、濕度、入豆重、出豆重、失重比、120℃時間、130℃時間、爆裂時間與溫度、出爐溫度與時間、風味評語……琳瑯滿目。十多年來，每爐都有記錄與參

數可考，另外還有編號與出爐數，每烘 25 至 30 鍋，就要清理烘焙機具與管線，以免碳化粒子或油垢堆積風管爐壁，影響品質。這些記錄卡如同醫生診斷用的病歷表，諸多數據日積月累，歸納整理，成了陳志煌最佳的烘豆百科全書。想參考某年某月某支豆的數據與評語，均有「文獻」可考。

杯測盲點多，改採三重鑑味法

有些烘焙廠為了趕流行，增設杯測室，但要求更高的陳志煌，卻對杯測的盲點與可靠性，存有疑慮，改採自認更精確的三重鑑味法，「我從不做所謂的杯測，因為咖啡細緻的味道，在逐漸降溫的浸泡式杯測，是出不來的，我們的標準更高，豆子都是用三種以上的方式測試。」

例如 Espresso 熟豆，先用：
（1）聰明濾杯以 93℃以上的高溫，以中度研磨和細研磨，各自浸泡檢測。
（2）再用義式濃縮咖啡機萃取 Espresso。
（3）調整濃縮咖啡機水溫與流量的參數，進行濾泡式測味，每支豆子出廠前，至少要通過浸泡、高壓濃縮咖啡以及濾泡式三道鑑味關卡，任何不雅或優雅的味道，無所遁形，這是時興的杯測，力有未逮處。

每烘完一爐，他老婆就忙著測味，並提供意見，相互討論，因此烘焙廠的生產量不高，每小時平均只烘兩爐而已，而非一般的四爐。

北歐式淺焙，沖煮水溫要高

要以濃縮咖啡或愛樂壓，泡出一杯嘴裡施放水果煙火的北歐咖啡，水溫最好拉高到 93℃以上。這與烘焙度有絕對關係。陳志煌表示，咖啡粉的 Agtron 讀數在 90 ～ 99，適用攝氏 95 度沖煮水溫；Agtron 80 ～ 89，適合攝氏 94 度沖煮；Agtron70 ～ 79，適合攝氏 93 度沖煮。Fika Fika 以及挪威知名的 Kaffa, Tim Wendelboe 均採用類似的萃取水溫。

杯測有盲點嗎？

這是個超敏感卻值得思考的話題。對於必須快速大量樣品檢測的場合，杯測仍是目前最佳方式，但並非萬無一失。

記得幾年前 SCAA 舉辦的「年度最佳咖啡」（Coty）杯測賽，由九到十位杯測師評分，依序選出前 10 名產地咖啡，並在稍後的年度展覽會場，以美式咖啡機沖煮給民眾試喝前 10 名咖啡，並請他們投票選出最喜歡的一支，也就是「民選獎」，結果名次大翻盤，杯測師稍早選出的冠軍豆，跌出五名之外。美國媒體嘲諷到底該信誰的？二〇一一年以後，SCAA 停辦「民選獎」，以免有損杯測師的權威性。

這不難理解，因為杯測與美式咖啡機的萃取參數並不相同，所萃出的芳香物多寡與濃淡度也不同，而且杯測師與民眾的喜好，不盡相同，造成排名大挪移，是可預期的。另外，可別小看美式咖啡機，尤其是有信譽的品牌，一樣可泡煮出風味萬千的好咖啡。「世界盃杯測師大賽」不就是以美式咖啡機，以相同參數泡煮黑咖啡，供參賽者三角杯測之用。半世紀前，美國麻省理工學院的洛克哈特博士，也是以美式咖啡機來制定濃度與萃出率的「金杯準則」，而不是以杯測來制定。

近年我偕幾位杯測師，經常下鄉為農友鑑味，也發覺杯測並非萬靈丹，偶爾會失準，最近一例是一支 300 公尺的低海拔日晒豆，在一輪的杯測中，以乾淨度、水果韻、酸度與厚實度佳，壓倒性勝出，成了該輪的冠軍豆，但編碼解密後，我大為驚訝，因為這支豆是採果後，隔夜才處理的低海拔豆，理應有明顯的雜味，為何其它幾支的瑕疵味都被揪出，唯獨這支日晒豆無法在浸泡式的杯測中顯現出來？於是請杯測師帶回臺北再以濾泡式（手沖）鑑味，果然很輕易喝出泥味、濕木味以及過度發酵的味道，但邪門的是，杯測當天不知何故，卻蒙蔽了我和幾位杯測師。某些不明原因，使得杯測查驗不出雜味，需靠其它萃取法再做確認的情形不止一次了，但我們不能視而不見，或許未來的杯測，可考慮增加一項濾泡式，來輔助鑑味，讓結果更精準。

杯測濫觴於一八九〇年，當時美國舊金山的罐頭咖啡大廠席爾斯兄弟咖啡（Hills Brothers Coffee）為了檢測產區寄來的生豆樣品是否與進港的生豆品質一致，在生豆進港時，將新舊兩個樣品，以相同烘焙度與粗細度，浸泡在同溫度的熱水，並列測味，流程迅速簡便，旨在預防產地送假貨，並檢測運途中是否染上瑕疵味，換言之，早期的杯測，防弊重於賞味。

不容諱言，杯測所萃出的咖啡較粗糙，最接近原味，但論美味度，杯測遠不如（金屬濾網）美式咖啡機、手沖、賽風或義式咖啡機那麼細膩、豐富與舒展。若要捉瑕疵味，杯測雖足以勝任，但是，如果要提升到賞味層面，杯測遠遜於上述的萃取法。然而，與其說杯測有盲點，不如說各式萃取法都有盲點，如何協力補足，是值得深思的問題。

我蠻認同他打破框架的三重鑑味法，以不同沖具與萃取參數，檢測熟豆的好壞風味與可塑性，讓出廠的產品更有市場性，助使消費者以最常用的沖具，也能輕易泡出好咖啡。他認為咖啡有些好味與惡味，單靠杯測是檢驗不出的，還是多幾道手續，雖然麻煩卻更讓人放心。

── 完美配方，精湛烘焙，北歐名家，倒戈卸甲 ──

北歐賽事雖然出現逆流，經過申訴，終獲正義，但仍有溫馨的一面。陳志煌透露內幕說，事後得知，有好幾位參賽的挪威知名烘豆師，並未投票給自家的豆子，竟然臨陣倒戈，心悅誠服把票投給配方完美，烘焙精湛的 1 號，來自臺灣的 Fika Fika。咖啡人喝到感動處，常會有超越敵我的真情流露，紛紛跑來問他濃縮咖啡的配方與烘焙之道。其實，陳志煌的冠軍配方與烘焙曲線，非常北歐，他也樂於分享。

北歐很重視咖啡輕盈飄逸，酵素作用（Enzymatic）的花果酸香韻，陳志煌參賽的濃縮咖啡配方，以花韻、柑橘、莓果和蜜糖……高階味譜見長的肯亞豆占 80％，巴拿馬藝伎占 20％：

濃縮咖啡冠軍配方						
咖啡名稱	生產者	產區	海拔	品種	處理法	占比
Kenya AA Mirundi	Dorman	Nyeri	1500M	S28,S34	水洗	80%
Panama La Esmeralda Geisha ES－04	Peterson	Boquete	1650M	Geisha	水洗	20%

他的濾泡式咖啡配方則綜合水洗豆與日晒豆，包括 55％的衣索匹亞水洗 Kochere、30％的巴拿馬日晒 Ninety Plus Gesha Estates 以及 15％的巴拿馬水洗 La Esmeralda Geisha ES-04：

濾泡咖啡配方						
咖啡名稱	生產者	產區	海拔	品種	處理法	占比
Ethiopia Kochere	Teklu Dembel	Kochere Woreda	1800M	古優	水洗	55%
Ninety Plus Gesha Estates Peric Red N2 Estate29	Joseph Brodsky	Volcan, Panama	1600M	Geisha	日晒	30%
Panama La Esmeralda Geisha ES–04	Peterson	Boquete, Panama	1650M	Geisha	水洗	15%

　　這些配方花了他將近五十萬臺幣，反覆試烘、測味、報廢與調整，才配出來，他以北歐大火大風門的技法，引出最大值的揮發性與水溶性芳香物。冠軍濃縮咖啡配方豆的烘焙曲線與參數如下：

〔表 12—1〕：翡翠莊園藝伎烘焙曲線

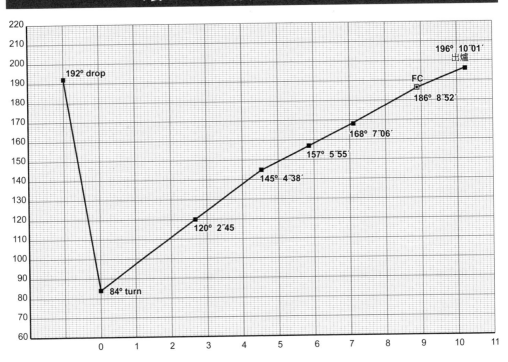

相關參數：

- 比賽日期：二〇一三年九月五日至八日
- 烘焙日期：二〇一三年八月三十日
- 室內氣壓：1000 hPa
- 室內溫度：31.9℃
- 烘焙機滿載 12 公斤，只入生豆 5.5 公斤
- 自來瓦斯火力：入豆瓦斯壓 130，約最大火力的 72.22%，一爆前降至 85，約最大火力的 47.22%
- 出爐熟豆重 4772 公克
- 失重率：13.26%
- Agtron Number：豆表 72.3，磨粉 92.9，Roast Delta：92.9－72.3 ＝ 20.6
- 入豆溫：192℃
- 回溫點：84℃
- 一爆點：186℃，8 分 52 秒
- 出爐點：196℃，10 分 1 秒（若加上入豆至回溫點約 1 分鐘，總烘焙時間為 11 分 1 秒）

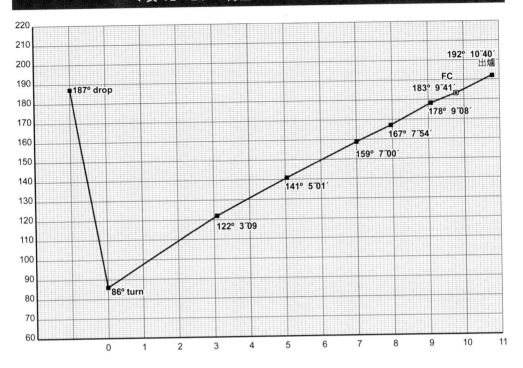

〔表 12—2〕：肯亞 AA Mirundi 烘焙曲線

相關參數：

- 比賽日期：二〇一三年九月五日至八日
- 烘焙日期：二〇一三年九月二日
- 室內氣壓：1010 hPa
- 室內溫度：29.1℃
- 烘焙機滿載 12 公斤，只入生豆 5 公斤
- 自來瓦斯火力：入豆瓦斯壓 130，約最大火力的 72.22％，一爆前降至 85，約 最大火力的 47.22％
- 出爐熟豆重：4418 公克
- 失重率：11.64％
- Agtron Number：豆表 67.7，磨粉 93.5，Roast Delta：93.5 − 67.7 ＝ 25.8

- 入豆溫：187℃
- 回溫點：86℃
- 一爆點：183℃，9 分 41 秒
- 出爐點：192℃，10 分 40 秒（若加上入豆至回溫點約 1 分鐘，總烘焙時間為 11 分 40 秒）

—— 參數解析 ——

（一）自來瓦斯火力、風門與 SanFranciscan SF25 烘焙機

陳志煌使用的 SanFranciscan 烘豆機，滿載量為 25 磅（約 12 公斤），是美國內華達州 Coffee Per Inc. 生產的高效率半熱風機種，在火排下方有個小風口，機器外的冷空氣是由火排正下方小風口吸入，並強制通過火排火焰加熱成熱空氣，才被導入爐內。直接導入烈焰熱氣，不致混入低溫空氣，很適合北歐烈火輕焙，即使烘焙度較淺，但導入的高效率熱氣，助使豆色的均勻度與風味發展，優於熱對流效率較差的烘焙機。陳志煌一再強調北歐式烘焙，必須善用高效率熱對流，品質才會好。適合北歐炒法的烘焙機還包括德製 Probat、美製 Loring Smart Roasters、美製 Diedrich，以及臺製的 Kapok……等。

我也注意到陳志煌的烘焙廠是用自來瓦斯，他為了拉管線還花了一筆開銷。臺灣的自來瓦斯火力，明顯小於液化或筒裝瓦斯，因此，在參考他的烘焙曲線與火力前，先要瞭解此一變數。

習慣上，他每爐只入豆 5 至 5.5 公斤，約滿載量的 45％左右，熱機後，在接近一爆溫的 190℃附近進豆，並以較大火力，瓦斯壓 130，大約是最大瓦斯壓 180 的 72.22％來烘豆，由於自來瓦斯火力較弱，因此，在一爆來臨前，他只收斂火力一次，降至瓦斯壓 85，這是最大瓦斯壓的 47.22％，烘至密集爆或一爆結束。他的經驗值極為豐富，既然自來瓦斯的火力較弱，降低載量來烘焙，不失為最佳解決之道。至於風門，

一入豆就全開，俾引進高效率熱對流，直到出豆，不需再調整。

如果他用的是液態瓦斯，我預估一爐80％載量，以瓦斯壓60％至70％的較大火力，執行北歐式烘焙，綽綽有餘。國人較常用的某廠牌烘豆機，我試過一次，1公斤機載量60％，熱機後入豆，瓦斯壓170還太大，需多次收斂，不到7分鐘就一爆了，這樣太快了。我預估此1公斤機的載量60％，入豆後的瓦斯壓需再降低至140至150左右，至一爆前可能只需收斂一次即可。但問題是，此一臺製機的火排，距滾筒仍有不小的間距，引入的熱氣流，參混冷空氣，溫度較低，換言之，需借助更多的金屬導熱（Conductive）來烘豆，而非北歐式烘焙所強調，較多的熱對流導熱（Convective），這可能不利於北歐式烘焙的均勻度與風味。

北歐式烘焙，說穿了就是化繁為簡，入豆時施以較大火力，此時豆體含水量最高，密度與硬度也最高，最耐火候，是施以較大火力，蓄積熱動能的最佳時機，隨著烘豆進程，水分蒸發，豆體密度降低，在一爆來臨前，有必要再收斂一次火力，但風門維持敞開，不像日本烘焙法，風門開開關關，火力小小大大的，轉速變來變去，手續繁雜，製造不少麻煩。

這可能和日本人偏重咖啡的口感甚於香氣，有所關係，換言之，日本咖啡人較重視咖啡風味輪左側的水溶性滋味（Tastes）與厚實感，而歐美則偏好咖啡風味輪右側的揮發性香氣（Aroma），尤其是酵素作用所衍生的飄逸花果香氣，因而採行不同的烘豆理論與節奏，這是可以理解的，兩者實無對錯，端視需求而定。

陳志煌比賽結束後，參訪Tim Wendelboe和Kaffa烘焙廠，他也注意到Tim Wendelboe烘豆師的操爐法，進豆到出爐前，也只收斂一次火力，風門維持全開，有趣的是，Tim Wendelboe甚至把Probat的風門閥給折了，固定為全開模式。風門全開的好處是，可引進充裕的熱氣，提高烘豆效率與均勻度，另外，日晒豆的銀皮很多，維持全開的風門，有助銀皮迅速排出，不致在爐內燃燒，增加雜苦味。

（二）烘焙時間與焙度

很多人以為北歐式烘焙就是火力愈大愈好，時間愈短愈佳，這是天大的誤會！其實，挪威名廠 Tim Wendelboe 與 Solberg &Hansen，從入豆算起，至一爆密集點出豆的烘焙時間，約在 9 分 30 秒到 10 分鐘之間（請參第十一章），而 Kaffa 的時間更長，要到 12 分 40 秒才出爐，因此，這稱不上快炒，應該是不急不徐的淺焙，才有足夠時間發展豐富繽紛的味譜，暴力式的疾火淺焙，味譜容易失衡。反之，時間拖太久的慢炒，風味呆鈍，過猶不及。

習慣上，陳志煌入豆後，到達回溫點才開始計時，我為了與挪威名家接軌，做個對比，我也測了陳志煌入豆至回溫點，需時 1 分至 1 分 20 秒，因此，他的競賽豆烘焙時間應該在 11 分至 12 分左右，這也比北歐名廠的淺焙時間稍長，或許因此而引出更豐厚、平衡的味譜，拿到冠軍。

再看看陳志煌競賽豆的焙度，翡翠莊園的 ES—04 藝伎，豆表測得的 Agtron 為72.3，磨粉為 92.9，兩者的焙度差為 20.6；肯亞 AA Mirundi 的豆表 Agtron 為 67.7，磨粉為 93.5，兩者的焙度差為 25.8。看得出兩支豆的焙度差，均超出 20，這無疑推翻了老一代烘豆師告誡再三的論點：「熟豆裡外不能有色差，務必色澤均一才是好的烘焙技術。」

第三波咖啡，尤其是北歐式烘焙，強調熟豆裡外，出現色差，反而是好事，這是味譜有層次，振幅迷人的好預兆。反之，如果熟豆裡外色差極微或一致，你可能烘出一爐鈍呆無奇的乏味豆。

更耐人玩味的是，這兩支冠軍配方豆的焙度在 Agtron 67.7 至 93.5 之間，明顯淺於杯測的標準區間 Agtron 58 至 63，遑論一般義大利濃縮咖啡豆的焙度區間 Agtron 35至 60，所幸北歐烘焙者杯烘豆賽，勇於打破框架，採用咖啡館、餐館和居家最常用的濾泡式美式咖啡機以及高壓式濃縮咖啡機，雙重檢測參賽豆的味譜表現，票選所產

生的冠軍豆，也最能體現熟豆的市場性與可塑性。

我常在想如果按照 SCAA Coty、CoE 或世界盃焙豆賽的框架來比賽，陳志煌恐怕要永遠被埋沒了！

陳志煌揚名北歐的案例，說明了世上並不存在最佳的烘焙度區間，SCAA 杯測豆的最佳焙度 Agtron 58 ～ 63，充其量只能說是在 SCAA 框架下的標準，但拿掉 SCAA 的框架，就不再是金科玉律了。不論深烘或淺焙，其實並無對錯問題，味譜好壞，唯技術是問。

── 冠軍烘豆師，數字會說話 ──

一名冠軍烘豆師的養成，並非三年五載可為功，陳志煌汗流浹背，操爐十三年的火候，終於在咖啡品管最嚴苛的北歐，爭到萬人景仰的冠軍頭銜。十三年來，他烘壞或汰換的烘焙機包括德製 Probat L5、臺製楊家 1 公斤與 4 公斤機、美製 San Fransican SF–6，以及目前使用中的 San Fransican SF–25。

慢工出細活，是維持高品質的不二法門。他不像一般烘豆師，邊烘豆邊辦事，入豆後就離開烘焙機，不問入豆溫、不管烘焙時間，請員工留守，聽到爆裂聲或冒煙了，再請烘豆師進來做出豆的操作，同款豆每爐的火力與時間也很隨性，只要把生豆烘成熟豆即可，烘壞了再與其他熟豆混合，照樣可出售。這都不是陳志煌的做法，他每爐守在烘機旁邊，記錄相關參數，觀豆色聞其味，揮汗如雨解析個中的豆言豆語，只希望能在甜蜜點出豆，維持品質的一致性。

不符合品管的熟豆不是倒掉，就是充當員工訓練用，據他保守估計，練功測試的報廢豆，以及未通過品管的豆子，每月至少一百公斤，十多年累積約有一萬五千多公斤熟豆被淘汰，無法出貨。報廢豆居高不下，與他採用多種烘焙技法有關，包括義大

利式、西雅圖式以及北歐式，在切換過程容易出差錯，烘壞豆子。但二〇一三年他已統一為大火大風門的北歐技法，希望能提高產量並降低報廢率。

年僅四十，烘焙時數高達 28,700 小時，每月過不了品管的報廢豆達 100 多公斤，十三年已淘汰 15,000 公斤咖啡豆……攤開此一血淚數據，相信不只臺灣，即使歐美烘豆師，也是個不易超越的「貝蒙障礙」（Beamonesque），然而有捨才有得，陳志煌的烘豆技藝，就在時間、金錢與鑽研的龐大成本灌溉下，逐年熟成進化，一戰成名天下知，也讓全球咖啡人進一步見識臺灣無所不在的軟實力。

「打破框架是我的人生觀，走自己的路，海闊天空，我只要跟自己比就好，我期許自己的烘焙技術每年要進步兩倍，時時修正調整，進化再進化，因此我不怕別人學我的烘焙曲線，因為你學會了，我又進化了。只有故步自封，不求上進的人，才會把烘豆技藝視為最高機密！」陳志煌很豪爽的說。

他玩香弄味，豁達開朗，樂於分享的烘豆人生觀，很值得後進學習與深思。

Chapter
— 13 —

臺灣新銳烘豆師：
江承哲——世界盃烘豆賽亞軍

二○一三年剛滿三十歲的江承哲,二月與王詩如連袂贏得世界盃烘豆賽臺灣區選拔賽冠軍,六月底兩人代表我國飛往法國尼斯角逐世界盃榮銜,江承哲與王詩如,再下一城,分別拿下亞軍與季軍,僅次於日本。江承哲烘豆理念,首重平衡,淺焙酸香調,融合中焙醇厚感,他的咖啡喝來有多重奏的繽紛感。他表示初次參加國際賽事,設備不太熟悉,失誤連連,扣了不少分數,要不,拿冠軍並不難!

我和江承哲因二○○八年拙作《咖啡學》而結緣。
二○一○年十一月,他從上海返回臺北,找我上課,他話不多卻言而有物,提問頗有深度,很重視數據、歸納與分析,與一般插科打諢的學生不同。早在三年前,我就看好他的潛力。這幾年來,我倆建立亦師亦友的關係,魚雁不絕,探討咖啡包羅萬象的問題,諸如分子量、極性、萃出率、濃度、味譜、處理法與新趨勢。我雖然長他近三十歲,但也從他身上學到不少化學知識,應驗了教學相長的真諦。

—— 玩咖啡義無反顧 ——

每逢接到大案子,我都會請他返臺助拳,他也樂於相助。比方說,二○一三年二月,我有幸主持東山咖啡評鑑會,邀他加入杯測評審團,擬從二十五支東山咖啡選出前三名,由臺南市府出資送評美國加州的咖啡品質協會(Coffee Quality Institute)爭取精品級認證(Q Certificate)。六月初,送評結果出爐,我們投三中二,有兩支東山咖啡過關,取得精品級認證,為臺灣咖啡爭取國際認證跨出重要第一步,東山農友普天同慶。六月底,江承哲贏得世界盃烘豆賽亞軍,東山農友於有榮焉說:「評審團的老師好厲害喔,為國爭光!」

雖然評審委員每日只領區區的二千元酬勞，根本不夠支付他的機票，但玉成美事的成就感，遠超乎金錢能衡量。江承哲從小就懷著「玩咖啡義無反顧的衝勁」。

一九八三年出生的他，小學已開始喝罐裝咖啡或即溶咖啡，就讀師大附中，變本加厲，囂張地在教室以法國濾壓壺沖咖啡來喝，偶而蹺課到文具部找阿姨練習賽風煮法。考進清華大學化學系，他進階玩咖啡烘焙，在牛奶罐打洞，烘起他的「洞洞鍋」咖啡，卻薰得焦香滿宿舍，驚動教官進來捉違規。

接著升級買爆米花機、Fresh Roast 熱氣導熱的克難式烘豆機，所有化學系同學都知道他嗜咖啡如命，笑稱：「你被微分後只會剩下咖啡渣！」因此，大學時代他的綽號就叫咖啡渣。

── 公司小巧，出了兩個臺灣冠軍 ──

大學畢業服完兵役，他到大陸浙江嘉興的一家臺資有機顏料化工廠，從負責廢水處理等環保業務到生產管理。工作滿兩年到了自己設定的時間點，於是毅然決然辭職，邁向下一階段的咖啡創業之路。二〇一〇年十一月，他回臺北找我上課，並與我深談築夢踏實的咖啡之路。二〇一一年五月，他成立歐焙客精品咖啡，利用大學時期旁修的電子商務知識，在淘寶網販售生豆與熟豆。

不到一年，人手不足，江承哲開始網羅好手助陣，二〇一二年四月，感官超靈敏的張晉銘正式加入歐焙客，同年五月張晉銘返臺參加首屆杯測賽，贏得冠軍殊榮。二〇一三年三月，江承哲返臺休假，意外得知臺北即將舉行世界盃烘豆賽臺灣區選拔賽，他在報名截止前搶到最後一個參賽名額。當時我還告訴他：「我有預感，你會奪冠，如能為歐焙客抔第二個臺灣冠軍，雙喜臨門也不錯嘛！」果然一言中的。

江承哲萬沒想到，在毫無準備倉促上陣情況下，竟然拿下臺灣烘豆賽冠軍，取得參賽法國尼斯世界盃烘豆賽資格。六月二十八日晚上，我又有預感，他會贏得前三名，於是緊盯「世界咖啡賽制組織」（World Coffee Event）的網路現場轉播，第一時間看到 WCE 網頁打出的快訊：「臺灣王詩如第三名，臺灣江承哲第二名，日本……第一名。」沒想到首屆世界盃烘豆賽前三名，全被亞洲囊括，而臺灣高占兩名。今後恐怕再也沒有人敢說：「臺灣沒有傑出烘豆師，所以要從國外進口熟豆……」這種自欺欺人的外行話了。

他接連拿下臺灣烘豆賽冠軍以及世界盃烘豆賽亞軍，我並不感意外，這絕非「福將」所能解釋，他早在大學時期已開始烘咖啡了，加上自己的化學專業背景，烘豆理論與經驗值皆備。這次陪江承哲前往尼斯參賽的教練，同時也是東山咖啡評鑑會評審之一，在檔紅老闆林哲豪誇讚說：「『咖啡渣』臨危不亂，沉穩老練是致勝關鍵！」

── 世界盃烘豆賽，選豆與烘焙策略 ──

這次世界盃烘豆賽主辦單位提供三款生豆，供參賽者自由選擇，江承哲靠著專業直覺，捨棄酸而不香的兩支薩爾瓦多水洗與半水洗豆，單選水果韻豐富的衣索匹亞耶加雪菲科契爾（Kochere）日晒豆應戰。他的烘焙策略是先烘一爐中焙，再烘一爐淺中焙，然後，一比一混合兩種焙度不同的科契爾日晒豆，因為淺中焙的優點是凸顯花果酸香韻，但缺點是厚度較薄，而中焙的優點是厚實感佳，但缺點是酸香水果韻稍遜，如果能融合兩者，截長補短，即可讓咖啡的香氣、滋味與滑順口感，三者取得最佳平衡。

如何讓咖啡喝起來有明亮水果調，同時也有撐腰的厚實感，一直是他多年來的烘豆哲學，也充分反應在比賽策略中。然而，人算不如天算，江承哲第一爐約九分鐘出爐，完成他要的中焙，但第二爐誤觸大會提供的輔助烘豆軟體按鈕，爐溫消失數十秒，致使出豆延誤，未能如願烘出滿意的淺中焙，也就是說第二爐的烘焙度與第一爐中焙差不多，折損了花果酸香韻，這也反應在杯測分數上。他無奈地說：「如果淺中焙能

順利達陣，再混入中焙豆，味譜振幅更寬廣，很可能就拿下冠軍了。但比賽就是這回事，比誰失誤少，誰就贏。」

—— 解析世界盃烘焙曲線 ——

以下是江承哲在世界盃烘豆賽第一爐，中焙日晒科契爾的曲線與相關參數。烘焙機是 Giesen W6，滿載量 6 公斤，只入豆 2.1 公斤。

〔表 13—1〕：Giesen W6 烘焙時間與溫度對照表

時間	0	1.5	2.5	3	4	5	6	7	8	9
溫度	170	158	146	146	153	165	177	185	198	203

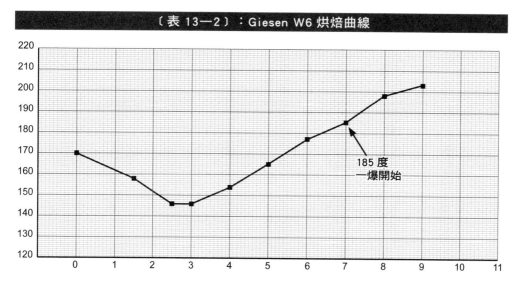

〔表 13—2〕：Giesen W6 烘焙曲線

185 度
一爆開始

參考資料：
- 生豆：衣索比亞耶加雪菲科契爾日晒處理法
- 重量：2.1kg ／ Agtron：64.3（磨粉）

熱機後，170℃倒入科契爾生豆 2.1 公斤，約滿載量 35％，由於並非滿載量，只需以 70％火力就夠大了，整個烘焙過程以前四分鐘的火力最大，兩分半至三分鐘抵達回溫點，四分鐘左右，爐溫升幅加大，收斂火力至 40％，七分鐘抵 185℃一爆，火力降至 10％，讓一爆完整又不至太快，約九分鐘一爆結束，目測豆表顏色約 Agtron 60，抵達中焙目標，立即出豆。

Giesen 的風門為全自動操制，因此只需掌控火力與出豆時間，江承哲的操爐法與火力配置，很類似北歐式烈火輕焙，即改良式的威力烘焙，初始階段以較大火力為之，直到一爆再收斂火力，九分鐘一爆結束出爐，烘豆節奏比陳志煌約十一分鐘出爐，稍快一點。

另外，江承哲與張晉銘還有一招獨門烘法，可改變淺焙尖酸的調性，使之更為適口，更有市場性，是將傳統的雙炒法加以改良而成。

── 歐焙客雙焙法：焦糖檸檬汁 ──

淺焙咖啡的飄逸花果酸香韻最為迷人，但欠缺中焙或中深焙的厚實度、滑順感和膠質感，也就是杯測所稱的 Body，江承哲和他的夥伴張晉銘，每天都在討論咖啡香氣、平衡感與配豆問題。有一天，張晉銘沉迷在煲仔飯的鍋巴香氣，福至心靈，想出新的雙炒法，於是兩人多次試烘與杯測，發覺此法可改變淺焙或中焙的調性和口感，又能兼顧平衡感與香氣，成了歐焙客的祕笈烘焙法。

江承哲最初為此技法取名為「歐焙客 Core-Shell」烘焙法，Core-Shell 是材料科技的術語，意指在核－殼結構中，摻雜的元素溶解到晶格之中，形成了一個將核心的區域包裹起來的外殼。外殼部分往往是由雜質引起的畸變結構，而核心部分仍然是原結構。但我覺得「歐焙客核殼烘焙法」太饒口且不討喜，他聽我建議改名為「歐焙客雙焙法」。

一般的雙炒法是在一爆來臨前，豆子尚未進行大規模梅納反應和焦糖化之前，必須先出爐，然後收藏隔夜或幾天後，再入鍋回炒。但「歐焙客雙焙法」則是進入一爆初、密集爆或一爆末，皆可先行出爐冷卻，視你所要的焙度而定，然後催火將爐溫升至 250°C 至 270°C（臺製楊家烘焙機），再將剛才冷卻的淺焙熟豆入鍋快炒 30 至 40 秒即可出爐。這不禁讓我想到油炸物要好吃，會先進低溫油鍋，然後再進高溫油鍋，兩者頗有異曲同工之妙。

這種改良式雙焙法，既可保留淺焙豆的飄逸水果韻，也可補入中深焙的 Body，讓淺焙咖啡喝起來更有骨架，焦糖味更明顯，也不致太尖酸，很討好感官。

江承哲託張晉銘帶了衣索匹亞水洗耶加雪菲沃卡合作社 G1（Worka Coop G1）兩種不同炒法的豆子，請我比較單炒與雙焙的味譜。沒錯，淺焙單炒沃卡的酸度較銳利，柑橘味明亮飄逸，但缺了 Body。另一袋的歐焙客雙焙沃卡，喝來更為厚實有腰幹，勁酸轉成柔酸，柑橘水果韻依舊但焦糖味更突出，猶如一杯焦糖檸檬汁，可能是 Body 出來了，讓酸質更為圓潤適口。這是個值得開發的新技法。

世界盃烘豆賽紀實

江承哲參加二○一三年世界盃烘豆賽，過程曲折緊張，發生不少失誤，但他臨危不亂，沉著應戰，最後拿下亞軍。以下是我請江承哲筆述參賽的經過，頗值得後進參考。

● 二○一三世界盃烘豆大賽

文／江承哲

　　帶著興奮與期望的心情，六月二十四日我從上海搭上法國航空的飛機經巴黎轉機法國尼斯。抵達巴黎機場時，還在想要怎麼跟我今年才剛認識但卻已經很要好的朋友、在欉紅總經理林哲豪見面，這次比賽我特別邀請哲豪以教練身分協助比賽。沒想到才剛走過一排精品免稅店就看到他，兩個人很高興地就開始聊起對比賽的前期研究與策略，而我也在候機室的 Paul 點了第一次親身到法國喝的 Espresso，雖然平衡但風味還是不及我們整天在喝的那些精品豆。

　　次日一早八點，我們就提早到會場想盡早瞭解狀況，順便參加中午的選手說明會，不過很顯然會場一點都還沒準備好，難以想像這一天結束後，下一個太陽升起比賽就要開始，展場上就要展出各種最新的咖啡器具和新知識。由於時間還早，我們隨手拿起 iPad 查看附近的咖啡店，想要來嘗嘗尼斯的咖啡如何，好不容易找到一家剛開門的店，為了預防地雷咖啡的無預警攻擊，我特別點了一杯卡布奇諾，哲豪很勇敢地點了一杯 Espresso。果不其然地，杯子一端上來我們就聞到濃濃的羅布斯塔味，同是 Q Grader 且對味道很敏感的哲豪皺了下眉頭後，很快地加了店主附的方糖一飲而盡，我則是很驚訝於這日晒羅布斯塔的味道居然難以被牛奶味壓過，最後我還剩下三分之一杯實在喝不下去。就這樣我們在尼斯的第一杯咖啡沒想到是這麼悽慘，之後在會場上跟法國選手聊天時，他還很直截了當地告訴我們在尼斯是喝不到好咖啡的，最好喝的就是在比賽會場裡啦。

中午，我們準時地到現場聽賽前的選手說明會，日本選手、韓國選手和其他選手都很熱情地跟我們寒暄打招呼，大家都顯得很有禮貌很希望能有一場公平的君子之爭，不禁讓人覺得非常愉快，能夠與各國的高手在一個舞臺上切磋，冠軍是人人都想要，但就算沒有，能有這樣的經驗我就已經無敵開心了！

選手說明會主要是對比賽規則做更進一步的解說，並且讓選手們提出各自的疑問，譬如說日本選手就提問：「是否烘焙前能對生豆挑選瑕疵豆？」出乎意料之外的，與臺灣比賽不同，大會明確告知可以挑豆，似乎這並不是什麼大不了的事。除解釋規則之外，還請設備商先教選手們如何使用這些即將用到的儀器設備，例如水分儀使用的是 Sinar BeanPro、樣品烘豆機使用的是 Toper 1kg 燃氣式，烘焙度檢驗當然不能少了 Agtron 檢測儀，跑完一輪覺得真不錯，還有專人解釋設備使用注意事項，也算是經驗寶貴。可是重頭大戲，正式烘焙所用的 Giesen W6 現場卻尚未裝好，看來要弄懂這臺機器只能上場摸索了！

六月二十六日，世界盃烘豆賽第一天。

早上九點半就要開始比賽，選手們幾乎都提早到場準備，只見現場多了幾個麻袋的生豆，桌上也分別裝好了一些，選手們已經開始對生豆眼觀、手摸、鼻嗅，做初步判斷了，這似乎是所有烘焙師的職業病，咖啡的好壞從生豆狀態就已經可以略知一二。本次比賽所選用的三款豆子分別是：

薩爾瓦多 El Majahual 莊園，水洗處理法
品種：Bourbon,Pacas
海拔：1450 ～ 1700 公尺
產區：Los Naranjos,Santa Ana

薩爾瓦多 El Majahual 莊園，去果皮日晒法

品種： Bourbon, Pacas

海拔： 1450 ～ 1700 公尺

產區： Los Naranjos, Santa Ana

衣索比亞耶加雪菲科契爾 G3，日晒處理法

品種： Various Heirloom

海拔： 1900 ～ 2250 公尺

產區： 耶加雪菲基迪歐區（Gedeo）

這一天，各國選手同樣被分組分別進行「樣品豆烘焙」、「生豆分級」、「正式烘焙機練習」三個項目，我依序被分配到：

09:30 ～ 10:30 樣品豆烘焙

10:50 ～ 11:50 正式烘焙機練習

12:45 ～ 14:45 生豆分級

樣品豆烘焙：

與臺灣賽不同，工作人員一開始先問我們是否三款樣品豆都需要，聽起來真的非常尊重選手，畢竟有些很有經驗的烘焙師看到生豆就早有定見了，例如我印象聽到挪威的選手就很乾脆說只需要日晒科契爾，雖然我不確定他之後究竟用了哪些豆子。

雖然從經驗來看，我也很想要只用日晒科契爾，不過時間還算充裕，我還是希望盡可能都品嘗過再下結論，因此三款樣品豆各取了 500 克，其中有 300 克是要做為生豆評鑑之用，所以實際只能烘 200 克樣品豆。

烘焙前我特別又去確認 1 公斤 Toper 樣品烘焙機的狀況，發現一開始居然設定180 度就會自動關火，馬上調整參數以免影響後面烘焙狀況，沒想到後來實際開烘，與我同組的烏克蘭選手似乎就被這問題苦惱到了，畢竟各家烘法不同，在 180 度豆子正要爆的時候斷火，可不見得很合乎每個烘焙師的習慣呢。與臺灣賽不同，世界盃樣品豆烘焙時間只有三十分鐘，又要烘焙三支豆子，所以只能想也不想地就把豆子丟進鍋內烘了再說，每鍋都在十分鐘內烘完，非常考驗臨場調整烘豆機的能力。

正式烘焙機練習：

結束樣品烘焙，馬上又開始 Giesen W6 烘焙機的練習時間，這是非常寶貴的演練時間，在來法國比賽前，我曾跑到臺灣的 Giesen 總代理，想先瞭解烘機的性能，但代理商竟然說，根據大會的要求不提供選手預先練習使用，雖然我們真的是有點弄不懂這個邏輯，所以在比賽前還真的壓根兒沒碰過這臺全自動版的 W6。

所幸現場工作人員協助我們很快地瞭解這臺烘豆機的控制，原本以為只能全自動的它，出乎意料之外地其實能夠手動調整火力的百分比，風門則是全自動。我們可以選擇讓機器自動調節火力到我們設定的溫度值，或是手動控制火力狀態來烘焙咖啡。想當然爾，我還是選擇手動控制火力囉！

為何設定 180℃自動關火？

歐美有不少咖啡烘焙廠為了簡化操作手續，入豆時即大火烘豆，直到接近一爆點再關火滑行，利用爐內累積的餘溫，烘至二爆初或二爆末再出豆，因此，刻意將爐溫設定在接近一爆點的 180℃，自動斷火，此乃規格化的操作模式，算是較粗糙的威力烘焙，但此法較適合商業豆，如果用來烘精品豆，風味容易失衡。

練習時間有 9kg 的「未知咖啡」可以使用，看起來就像是使用上述三支咖啡豆不均勻地混在一起，這一招可真讓人之後想杯測確認節奏狀況都有點不太容易（一致性不足）。由於我的策略是「烘焙前先挑除瑕疵，為節省時間用最少的烘焙量烘出可提交的咖啡熟豆」，所以我設定每鍋只烘焙 2.1kg 生豆，並趁這個機會趕快用我自備的筆記本紀錄下來自己的烘焙曲線。

事實上，烘焙練習階段，除了可以看 Giesen 機器上的溫度顯示，還有 Cropster 的烘焙曲線紀錄軟體可以參考，但是兩邊的溫度卻相差 8 ～ 10 度以上（大會工作人員一直說 Cropster 的會比較準），基於相信機器的立場，我選擇只紀錄機器上的溫度值，不料卻成為次日比賽的小敗筆。

生豆分級：

烘焙賽用的生豆分級表與 SCAA ／ CQI 約略有不同，貝殼豆是不列為瑕疵豆的，除了這點以外其他都一樣，只不過我們不需要計算有幾個瑕疵點（Defect），只需要分別填上各瑕疵豆的數量。與臺灣賽不同的是，我們是從自己拿到的樣品裡秤 300 克來做分級，填完表後連同豆子一起交出去給大會評分。由於前面已經烘完樣品豆，從初步「吃」豆子來判斷，我發現還是只有日晒科契爾香氣口感最佳，基於簡單原則我決定還是只用這支豆子應戰，因此生豆分級就直接捨棄兩支薩爾瓦多。

杯測樣品：

下午三點半，幾乎所有選手當天的行程都已結束，大會開放給我們自由杯測當天烘焙的豆子，我和哲豪很快地擺好杯測陣勢，拿出自己的杯測匙（現場只提供杯子、磨豆機和熱水，未提供杯測匙）開始檢視這次比賽的豆子。果不其然地，水洗薩爾瓦多有酸度，但香氣無趣；半水洗薩爾瓦多有甜度，但是香氣和口感都不太有趣；只有日晒科契爾一比較就顯得風味太獨特有變化，藍莓果乾、熱帶水果、柑橘酸通通都有，看來生豆分級時決定只用一支豆子應戰是正確的選擇！

六月二十七日，正式烘焙！

按理說應該要是很緊張的一個日子，大概因為我被排在下午三點至四點才要烘豆子，所以早上顯得特別悠哉。趁著空閒，接近中午，我和哲豪拉著一大堆主辦單位「世界咖啡賽制組織」（WCE）的紀念品找到郵局，想把它們分別寄回上海和臺灣，無奈本來悠閒地計劃，到了郵局才發現居然要下午兩點才開始營業，這下可讓我們有點緊張了！不管怎樣，事情還是要做好，於是幫哲豪弄好一部分郵包，我先趕在兩點四十到會場，讓哲豪繼續把剩下的紀念品打包好寄出。趁著還有二十分鐘時間再去摸索烘焙機暖身一下，這時才忽然驚覺烘焙計劃有點不對勁！

由於原先擬定的烘焙計劃初始溫度，是根據我前一日練習烘焙時紀錄的 Giesen 機身顯示的溫度值對應 Cropster 軟體顯示的溫度值而設定的，然而當下重新再確認，才發現初始溫度的數值不太對勁，應該再低十度左右，臨陣匆忙之下趕快修改烘焙計劃表的數字，怎知後來才發現自己居然把必得分的初始溫度值忘了一併改掉，卻去改了完全不計分的烘焙計劃表格內的溫度值，讓我在這一項目大大失分。

事後我們檢討，哲豪開玩笑地說，這次比賽根本是因為買紀念品而丟掉了冠軍，不然要是有他在現場先檢查一下，也許就不會出這個狀況了！這應該是史上最好笑的丟冠理由吧，哈哈。

與我同場烘焙的是西班牙帥哥選手 Joaquin，我們兩邊都很快地秤好需要的豆子，待雙方秤好豆子，一聲「Go」我們兩個都很快地動起來，不同的是，Joaquin 迅速地將桶子裡的生豆倒入烘豆機，而我卻把生豆慢慢地倒在桌子上，開始我的瑕疵豆挑選動作！事實上，這次我的計劃是同樣使用日晒科契爾，但烘一鍋八分半鐘左右出鍋的中淺焙（2.1kg 生豆，Cropster 紀錄值 207 度）加上一鍋九分鐘左右出鍋的中焙（2.1kg 生豆，Cropster 紀錄值 211 度），並且藉由挑選瑕疵豆將可能的不良風味產生風險降到最低，時間我也算得剛剛好，兩鍋足矣！

但千算萬算，沒想到平時烘豆的好習慣卻讓自己出了一個小狀況！當我烘中淺焙那一鍋時，也許是稍微鬆懈了，一爆開始我居然無意識地按下了 Cropster 軟體上的 Stop 按鈕（平時我們烘豆時都會在一爆時按下烘焙曲線紀錄軟體的按鈕，所以很習慣這個動作），導致紀錄中止，溫度數值也看不到，我趕忙地讓工作人員過來幫忙，並解釋這是不小心按到的，怎知當他一幫我恢復時，卻已經超過我預期要的出豆溫度四度，只好趕緊開啟出豆閘門，看著豆子的顏色，簡直跟上一鍋中焙的差不多，心幾乎要涼了一半。

　　不管如何，還是要把該提交的提交出去。我心裡想著，於是繼續我的節奏，將 Quaker 好好地挑除，把豆子按照原訂的比例配好混好直接提交出去。這裡我也發現大會計分的漏洞，當我們秤豆和烘完後，都沒有工作人員來紀錄我們實際秤量的初始生豆與烘焙後的熟豆重量，結果我很單純地將豆子混和好全部提交出去，事後才發現，計分表上大會填寫我的熟豆秤重每個批次都只有 1.6kg，以我投料 2.1kg 來看，失重是 24% 左右，以這個烘焙度根本不可能，就算扣除我挑掉的 Quaker 也不可能差異如此之大，就這樣變成離我預估的 1.73kg 差異過大，居然連這個必得分項目也被扣分，實在讓人感到可惜但卻無從追溯。

六月二十八日，杯測與結果

　　早上十點，評審們已經校正完畢，各選手們也就位準備一起品嘗大家烘焙的作品，在這裡每個烘焙師又成為了杯測師，互相交流彼此的心血結晶，也順便猜猜到底哪一組會是自己費盡心力烘出來的美味咖啡！

　　不出所料的，幾乎大家都選用了日晒科契爾做為主要配方，很多組喝起來就是只有單一豆而已，但也有幾組不太一樣的選擇。例如：有一組喝起來就有種深焙豆獨有的煙燻感和重焦糖氣息，當然，很可惜的，因為缺乏明亮的酸質和有趣的香氣，甚至還有點不舒服的苦味冒出頭，自然不受大家喜愛（看哪一組杯測杯裡剩最多就知道大家都不想碰它）；另一組，幾乎沒有日晒科契爾的豐富果香，但卻有很突出的酸質，

甜感不錯，但可惜終究複雜度和香氣相對平庸，我猜想應該是主要用了那支水洗薩爾瓦多和半水洗處理的豆子吧，跟其他人一起杯測確實有獨特，但這個獨特卻是特別不有趣。

下午兩點半，我跟哲豪原本還在展場逛著，突然同行的臺灣拉花冠軍志恩和 Tata 找到我們，叫我們趕快去聽結果宣布，我們還在納悶著剛剛不是說下午三點才公布嗎？不管那麼多，先衝過去再說，當我到場的時候，我們臺灣的另一位選手王詩如已經在受獎了，原來 LuLu 拿到了第三名！

緊接著螢幕上秀出第二名的烘焙曲線，我一看那圖形就直覺好像是我的，這時候 LuLu 也對我暗示叫我往前準備領獎，她已經看到上面顯示我的名字！下一秒鐘，第一次在國際比賽上聽到自己的英文名字，我真的做到了！

臺灣區選拔賽，我是在報名截止前搶到最後一個參賽名額，未料拿到冠軍，至於世界盃也是跌跌撞撞，挺進亞軍，連自己都感到萬分意外，感謝諸多長輩和朋友們的協助，才能獲得這份殊榮。

Chapter
14

中國咖啡史與
雲南咖啡展望

世上最早迷戀咖啡因的國家不在中東、歐洲或美洲，而是中國！
——韓懷宗

　　千三百年前，中國人已愛上咖啡因飲料，藉由喝茶攝取提神醒腦又助興的咖啡
因，堪稱世上最早推廣咖啡因飲品的民族。唐朝陸羽（西元 733 － 804）所著
《茶經》，開啟中國獨步全球的茶藝文化。但遲至十九世紀末葉，另一種咖啡因作物
——咖啡樹——才引進中國。雖然華人喝茶歷史長達一千多年，但喝咖啡卻僅有百年
歲月。中國官方最早的咖啡文獻距今不過一百多載而已，這比起十五至十八世紀，非
洲、阿拉伯半島、印度、印尼、中南美和歐美興盛的咖啡產業，晚了二至五百年。

　　據西方史學家考證，世界最早的咖啡文獻出自一五五八年阿拉伯咖啡史學家兼伊
斯蘭法律專家賈吉裡（Abdal-Qadiral-Jaziri, 1505 － 1569，參第一章註 5、10）所著的《讚
成咖啡合法使用之辯證》（Umdat al safwa fi hillal-qahwa，英譯為 Argument in Favor of
the Legitimate Use of Coffee）。

　　可喜的是，第一位將阿拉伯文學作品《一千零一夜》翻譯為歐洲語文的法國東方
學家安東尼‧加朗（Antoine Galland，1646 － 1715），於一六九九年將《讚成咖啡合
法使用之辯證》有關咖啡演進的內容，摘譯為法文版《咖啡演進始末》（ De l'origine
et du progrès du café），這兩部史料成為今人研究古代咖啡演進必讀文獻。

　　歐美學界認為咖啡遲至十五世紀以後，才逐漸從北非、東非和阿拉伯半島，世俗
化為普羅大眾的享樂飲料，在此之前，咖啡在回教世界僅供醫療或宗教祈禱之用，老
百姓不得暢飲。而歐洲遲至十七世紀中葉才出現咖啡館，換言之，世界的咖啡館文
化距今至少三百年歷史。但中國的咖啡館文化遲至一九二○～三○年才風靡上海、廣
州、昆明，距今不到百年。

最早咖啡文獻在台灣

　　中國最早的官方咖啡文獻較之世界最古老咖啡文獻，也晚了三百年。就我蒐集的資料，華人最早咖啡文獻很可能出自晚清一八七七年，福建巡撫丁日昌頒定的《撫番開山善後章程》，原版珍藏在台灣的國立台灣博物館的人類組，這卷章程首見兩岸慣用的「咖啡」二字，可能是最早出現「咖啡」字眼的官方文獻。

　　時空背景是一八七一年十一月，琉球的日本船隻遇暴風雨飄流到台灣屏東的牡丹鄉海岸，數十名日本人登陸，其中 54 人遭牡丹社原住民殺害。日本派員到北京交涉，清廷以殺人的是原住民而非漢人為由，未積極回應。一八七四年日本派兵攻台，並在今屏東縣車城鄉登陸，清廷不敢一戰，最後外交解決，賠償日本黃金五十萬兩，日軍撤出台灣，是為牡丹社事件。

　　這起風波差點釀起戰端，促使清廷重視台灣邊防與原住民的管理，試圖透過教育與農耕，加速原住民漢化，一八七七年福建巡撫丁日昌擬定《撫番開山善後章程》，其中一條破天荒列舉輔導原住民栽種「茶葉、棉花、桐樹、檀木以及麻、豆、咖啡之屬……」取代遊獵，減少殺戮之氣，原文如下：

　　靠山民番除種植芋薯、小米自給之外，膏腴之土，栽種無多，以致終多貧苦。應選派就地頭人，及妥當通事，帶同善於種植之人分投各社教以栽種之法。令其擇避風山坡種植茶葉、棉花、桐樹、檀木，以及麻、豆、咖啡之屬，俾有餘利可圖，不復以遊獵為事，庶幾漸底馴良。所有各項種子，由員紳赴郡局領給。俟收成後，將成本按年繳還，以示體恤。其某某處種植某項若干？次年發生若干？收成若干？責令該員紳稽查冊報，分別有無成效，以定賞爵。

● 晚清咖啡譯名惹人笑

　　有趣的是「咖啡」兩字在清末仍不是慣用的漢字或用語，明朝更不可能有「咖啡」字眼或語音。成書於一七一六年的康熙字典查不到「咖」字，但「啡」字卻查得著。「咖啡」一語應該是在十九世紀中葉以後，道光帝、咸豐帝、同治帝以及光緒帝，相繼經歷第一次、第二次英法聯軍、八國聯軍，以及洋務運動，由外國人隨著西餐帶進中國的提神飲料，當時並無統一譯法，奇名怪語如「高馡」「磕肥」、「加非茶」、「考非」、「黑酒」…令人莞爾。

　　譬如一八六六年（同治五年）美國傳教士高丕第夫人（Mrs. Martha Foster Crawford），為中國西餐廚師所寫的教材《造洋飯書》（Foreign Cookery in Chinese）寫道：

　　猛火烘磕肥，勤鏟動，勿令其焦黑。烘好，乘熱加奶油一點，裝於有蓋之瓶內蓋好，要用時，現軋。

　　當年竟然把烘咖啡譯成「烘磕肥」，更有趣的是，烘妥的熟豆要趁熱加些許奶油攪拌，除了起到隔絕氧氣有助保鮮外，亦有調味功能，且當年不叫磨豆而叫軋豆，用的是槌子或棍棒吧。書中還有不少令人噴飯的怪譯名，譬如巧克力當年譯為「知古辣」，雞肉沙拉譯為「雞菜」。

　　《造洋飯書》由美國北長老教會在上海設立的美華書館（The American Presbyterian Mission Press）於一八六六年首發印行，共 29 頁，但序文與附錄為英文，此後多次再版，包括一八八五年、一八九九年、一九〇九年，此後未再印行，直到 1986 年中國商業出版社因應中國國務院一九八一年十二月十日發出的《關於恢復古籍整理出版規劃小組的通知》，整理出版《中國烹飪古籍叢刊》，才收錄了這本《造洋飯書》，於一九八七年出版，第一次印刷 5000 冊。

再來看看一八八七年印行的《申江百詠》中有這麼一段竹枝詞，寫道：

幾家番館掩朱扉，煨鴿牛排不厭肥；一客一盆憑大嚼，飽來隨意飲高馡

這首竹枝詞顯示一八八〇年以後，上海已流行吃西餐，此詩的「番館」指的是西餐館，而「高馡」就是咖啡。據上海市歷史博物館學術委員會副主任薛理勇考證，認為這是中國最早出現近似「咖啡」語音的文獻。然而，前述國立台灣博物館所珍藏福建巡撫丁日昌「撫番開山善後章程」原稿，不但是以「咖啡」書寫，且書寫年代一八七七年也早於一八八七年的《申江百詠》！

除了「磕肥」、「高馡」外，清末還將咖啡譯為「黑酒」，譬如明清時期編撰的《廣東通志》，有一段描述道光年間的外國酒，寫道：

外洋有葡萄酒，味甘而淡。紅毛酒色紅，味辛烈。廣人傳其法，亦釀之，與洋酒無異。洋酒有數十種，惟此二種內地能造之，其餘不能釀也。又有黑酒，番鬼飯後飲之，雲此酒可消食也。

文中的飯後飲之可消食的「黑酒」，一般認為就是今日的咖啡或巧克力，但以咖啡的可能性較大，因為巧克力在當時的歐美仍不如咖啡那麼流行。

另外，清末民初大詩人兼畫家潘飛聲（1858 － 1934），也在詩作《臨江仙》提到「加非」兩字，寫道：

第一紅樓聽雨夜，琴邊偷問年華。
畫房剛掩綠窗紗，停弦春意懶，儂代脫蓮靴。
也許胡床同靠坐，低教蠻語些些。起來新酌加非茶，卻防憨婢笑，呼去看唐花。

這是小夫妻體驗西方文化的寫照，夫妻靠在床邊，夫君教娘子幾句外語，還喝

了咖啡，怕婢女譏笑，於是使喚出去看花卉。茶向來是中國傳統飲品，早年在「加非」後頭加個茶字，頗有入境隨俗的味道，但今人看到「加非茶」肯定猜不透是啥。一八八七年潘飛聲曾應聘到德國柏林大學講授中國文學，旅居海外四載，回國後仍有喝「加非茶」的習慣，並不意外。

晚清詩人毛元征的《新豔詩》也提到喝加非茶的情境，寫道：

飲歡加非茶，忘卻調牛乳；牛乳如歡甜，加非似儂苦。

這首詩顯示當時的文壇已流行喝「加非茶」添牛奶調味，但他忘了加牛奶，喝來又濃又苦的，顯見當時黑咖啡仍不流行，應與咖啡品質或沖煮不當有關。

清末民初的上海灘有兩首與咖啡有關的竹枝詞，很有意思，這首是晚清年間名為《考非》的竹枝詞寫道：

考非何物共呼名，市上相傳豆製成。色類沙糖甜帶苦，西人每食代茶烹

白話文為，大家所稱的「考非」到底是什麼東西？市面上的說法是用豆烘製而成，顏色像黑沙糖，甜中帶苦，洋人飯後以之代茶，烹煮來喝。

另外，李異鳴所著《中國歷史的驚鴻一瞥》收錄一首一九〇九年清末嘉興人朱文炳的《海上竹枝詞》寫道：

海上風行請大餐，每人需要一洋寬，主人宴客殷勤甚，坐定先教點菜單。主人獨自坐中間，諸客還須列兩班，近者為尊卑者遠，大清會典全可刪。大菜先來一味湯，中間餚饌難敘詳，補丁代飯休嫌少，吃過咖啡即散場

詩中描述當時上海人開始學吃西餐的有趣情境，還沒吃到飯菜就先來一大碗湯，

接下來端上難以解釋的奇菜怪餚，柔軟甜嘴的布丁竟然取代米飯，喝完咖啡，一頓飯就此結束。這首詩已將「考非」改稱為咖啡了，顯見愈接近民國，譯名漸統一。

一九一五年中華書局出版的《中華大字典》將外來語 Coffee 的譯法，統一為「咖啡」，之前的奇名怪語「磕肥」、「高馡」「黑酒」、「考非」或「加非茶」，已成趣史。

然而，早在一八七七年丁日昌的《撫番開山善後章程》，即出現「咖啡」一語，這比《中華大字典》早了 38 年。民國以後編撰的《中華大字典》是否以之為本，這不無可能。至今我尚未找到比《撫番開山善後章程》更早書寫「咖啡」兩字的官方文獻或中文字典。據此推論，一八七七年丁日昌擬定的章程，有可能是中國最早出現「咖啡」字眼的官方文獻。

● 咖啡最遲同治年間流通市面

可以確定，同治年間（1861 － 1875），最遲一八七〇年以後，大陸或台灣已買得到焙製好的咖啡熟豆。台灣出版中英文對照的《美國油匠在台灣》，是一八七七～七八年間美國鑽油技師絡克，到台灣苗栗出磺坑鑽取石油，建設台灣所寫的日記，這也是中國第一座機械探鑽的油井，正逢巡撫丁日昌推動現代化建設。這本絡克在台灣鑽油日記曾寫到，他在台灣府（今台南市）和臺北大稻埕買餅餌、牛奶和咖啡充饑的情景，足以證明當時的寶島已有咖啡交易。

另一本台灣出版的《福爾摩沙及其住民：十九世紀美國博物學家在台灣的調查筆記》，作者美國博物學家史蒂瑞（Joseph Beal Steere）在書中提及一八七四年冬季搭船從台灣到澎湖馬公，下船看到一名久咳不止的老婦，於是拿出傳教士送的咖啡粉給老婦，並教她加糖煮熱來喝，果然治好了咳嗽。

從這兩本老外所寫的台灣遊記，以及上述清末民初的詩詞，足以證明兩岸最遲在

一八七〇年以後，市面上已有咖啡熟豆或咖啡粉的商業買賣。這應歸功於晚清在列強壓迫下，設廣州、上海、福州、天津、廈門和台灣等通商口岸，洋貨源源而入，以及沿岸官員或商賈趕流行吃西餐，咖啡才逐漸滲進中國人的餐飲中。

● 大明王朝無咖啡

不過，大陸和台灣有些人認為，早在明朝時期，中國人可能已接觸咖啡了。台灣最盛行的說法是，一六二四～六二年荷蘭人統治台灣的 38 年期間，已將咖啡熟豆甚至咖啡樹引進台灣。大陸也有人猜測早在一六〇〇年左右，明神宗萬曆年間，義大利神父、學者利瑪竇已把咖啡帶進大明王朝。

但我認為這些臆測幾無可能發生，原因很簡單。荷蘭東印度公司直到一六九六～九九年才從印度西部馬拉巴移植咖啡苗至印尼爪哇島試種成功（請參第三章），換言之，在此之前的荷蘭治台與利瑪竇傳道中國期間，東南亞是沒有半株咖啡樹的，何來引咖啡入明朝的可能！

再者，一六四五年以後，英國倫敦、法國巴黎和義大利威尼斯才出現咖啡館，咖啡全由葉門或奧圖曼土耳其帝國進口，是極為昂貴的商品，法王路易 14 的宮廷每年要花費現值 50 萬台幣購買咖啡為公主解咖啡癮，當時的咖啡如此珍貴，荷蘭人絕不可能早於歐洲搶先引進咖啡到喝茶的中國或台灣。我認為咖啡遲至清朝道光帝、咸豐帝、同治帝以降，列強侵略下隨著鴉片、西餐與國外商品一起進入中國的可能性最大。

明朝亡於一六四四年，而咖啡到了一六九六～九九年才擴散到東南亞，從時序來看，大明王朝引進咖啡熟豆或荷蘭人一六二四～六二年統治台灣期間，從印尼引進咖啡樹到台南，是不可能發生的，況且荷蘭東印度公司的史料不曾提及此事，且明朝文獻也尋不著近似「咖啡」發音的隻字片語。

然而，中國的茶文化卻在一四〇五～一四三三年鄭和七次下西洋期間，引動了咖

啡普及化進程。鄭和下西洋最遠航至東非與阿拉伯半島，順便將中國的茶磚、茶具與沖泡方法介紹給回教國家，當時的咖啡在回教世界尚未世俗化，僅限於宗教與醫療用途。耐人尋味的是，鄭和完成七次遠航的十五世紀以後，咖啡在中東地區發起波濤洶湧的世俗化運動，老百姓打破禁忌開始暢飲咖啡，這與鄭和的寶船艦隊，引進交誼功能的中國茶藝文化，刺激咖啡往民生需求大步邁進，不無關聯，研究咖啡飲料史的西方學者認為中國茶藝文化確有可能促進咖啡世俗化的腳步，這應該是大明王朝無心插柳柳成蔭的貢獻吧（請參閱第一章）。

◉ 台灣早於雲南種咖啡

至於咖啡樹引進中國的時間，也落在晚清時期，但最早栽種咖啡的地方不在雲南朱苦拉，而是在台北近郊的三峽山區。日據時期（1895 － 1945）的台灣總督府技師田代安定考證後，一九一六年編寫的《恆春熱帶植物殖育場事業報告》（第一輯P.200）寫道：「一八八四年德記洋行的英國人布魯斯（R.H.Bruce）從馬尼拉引進 100株咖啡苗，由楊紹明種植於臺北三角湧（今新北市三峽）。」

任教美國哈佛大學的喬 · 溫生托夫斯基博士（Dr. Joe Wicentowski）所著的《台灣咖啡史：從出口導向的生產端到消費導向的進口端》（History of Coffee in Taiwan from Export-Oriented Production to Consumption-Oriented import）也採用台灣咖啡栽植肇始於一八八四年的說法。因此，台灣種咖啡的歷史，較之雲南朱苦拉咖啡始於一八九二年、一九〇二年或一九〇四年的三種說法都還要早，是有根據的。

── 雲南種咖啡始於何年，版本有三 ──

十九世紀中葉法國在中南半島的勢力穩定後，開始北望好山好水的雲南，中法戰爭結束後，一八八七年十月清廷被迫開放雲南的蒙自為通商商埠，法國勢力進入雲南。法國田德能神父，奉大理教會之命，到現今大理濱川縣平川鎮朱苦拉村傳教並蓋

一座天主教教堂，田神父有喝咖啡習慣，於是引進一株阿拉比卡咖啡樹，來源不祥，有說從越南引進但實已不可考，田神父就栽種在教堂旁邊，從而成為雲南咖啡的始祖。

然而，田神父在教堂旁種下咖啡樹究竟是何年？目前有三種版本。

1）據一九八一年雲南省農業科學院熱帶亞熱帶經濟作物研究所的馬錫晉副所長實地考察與訪問一九〇三年出身，當時年高 78 的老社員杞永清，老先生回憶，曾聽過田神父僕人的高齡社員提及，咖啡樹是傳教士種在教堂旁側，收穫後除了自己加工飲用外，還送到大理總教堂。屬小粒種，來源不祥，推算約為一九〇二年（光緒二十八年）所植。

2）然而，二〇〇八年三月雲南一家公司召集近百家的報紙、雜誌、電視、廣播、通訊社和網路媒體，齊聚朱苦拉採訪中國最古老的咖啡樹，並鋪天蓋地發表千餘篇文章，「朱苦拉是中國咖啡活化石」、「發源地」的辭語密集曝光，更將田神父在朱苦拉種下咖啡的年代往前挪了十年，界定在一八九二年。至今仍有許多文章採用一八九二年的說法。

3）二〇一〇年四月，海南省科協委員陳德新在《熱帶研究科學》月刊發表文章「賓川朱苦拉咖啡最早引種史考」，他引經據典，證實朱苦拉引進咖啡的年代是一九〇四年，而非一九〇二與一八九二年。

《賓川縣誌》載道：「清光緒三十年（1904），法國天主教傳教士田德能，受大理教區教會派遣，帶法國人魯鴻儒，四川人鄧培根，到賓川地區傳教…」另外，《雲南天主教史》第 428 頁記載：「教堂名及地址：天主教堂，賓川州平川朱苦拉，創建時間：光緒三十年（1904）。」史料證明，田德能神父確實在一九〇四年首次踏上賓川州，到了朱苦拉才出資興建教堂，並種下第一棵僅供自己飲用的咖啡樹。

但仍有人質疑此論，雲南保山咖啡農番啟佐告訴我，當地咖啡農均認為保山潞江壩，新城的土司，早在一八九二年以前就從邊境引進咖啡樹，甚至流傳土司吞下咖啡果而便秘的笑話，如果傳言屬實，那將是咖啡史上，人體腸胃道發酵咖啡的首例。但這只是傳說並無史料佐證。截至目前史料，台北三峽早在一八八四年就有種咖啡的事實，仍是華人最早栽種咖啡的地方，然而當年種下的老咖啡樹已不知去向，殊為可惜。可喜的是雲南朱苦拉村一九○四、一九○八以及一九一二年間種下的百年老咖啡樹，有 24 株存活至今，成為中國最古老的咖啡樹。

● 抗戰前後，咖啡文化曇花一現

中國第一家咖啡館出現於何時何地，已不可考，咖啡飲品初期附屬於西餐廳是必然的，但獨立開業的咖啡館可能早在十九世紀晚清時期，已在上海灘租界區營業，主客群是國內外的水手。據上海師範大學陳文文所著的論文《一九二○～一九四○上海咖啡館研析》指出，一八八六年上海公共租界的虹口區開了一家虹口咖啡館，供應航海人員咖啡與啤酒。但咖啡館風靡上海，應該是一九二○年以後的事。

一九一八年的「上海指南」寫道：「上海有西餐廳 35 家，咖啡館只登錄一家。」一九二○年以後，獨立開業的咖啡館才湧現大街小巷上，20 年代至 40 年代短短 30來年，是中國咖啡文化初吐芬芳期，接受歐美思潮洗禮的中產階級、歸國學人、左翼人士、洋人、文藝圈或憤青，流連上海北四川路、霞飛路和南京路上的咖啡館，在千香萬味與咖啡因助興下，交誼議事，批評時局或著書立論，盛況空前。一九二八年在北四川路開業的名店上海咖啡館，掀起不小風潮。林徽音的《花廳夫人》、田漢的話劇《咖啡店的一夜》、曹聚仁的《文藝復興館》，溫梓川《咖啡店的侍女》以及董樂山的《舊上海的西餐館和咖啡館》均是研究老上海咖啡文化的珍貴史料。

當年位於上海四川北路 998 號的公非咖啡館，更是文藝界和革命憤青最愛的去處。公非咖啡館是猶太人開在日本租界裡的小型咖啡館，較之霞飛路上跟風法國巴黎的露天氣派咖啡館，自是低調許多，成為左翼人士最佳的開會地點。魯迅的日記多次

提及在公非咖啡館啜飲咖啡，這裡是魯迅與「左聯」和中共地下黨代表密會商談的場所。另外，一九三四年俄羅斯在上海南京東路外灘開設東海咖啡館，是抗戰前知名咖啡館。

然而，當年霞飛路、南京路與北四川路上，作家、雅士、洋人和憤青聚集的咖啡館，已不復存，刻留在老上海人的記憶中。公非咖啡館 95 年因拓路工程被移除，但遺址保留在今日的多倫路 8 號。

一九三五年上海咖啡鼻祖張寶存在老上海靜安寺路（今南京西路）創辦德勝咖啡行，是最早的咖啡烘焙廠，從國外進口咖啡生豆，進行焙炒，有罐裝與散裝，並以 CPC 註冊商標，銷售給上海的西餐廳、飯店和咖啡館，同時在南京西路設有門市 CPC Coffeehouse。

一九三七年抗日戰爭前，上海租界地雨後春筍的咖啡館對文壇和政壇，均有不小影響力，但抗戰爆發後，萌發不久的咖啡文化，並未因此停滯不前，主要是猶太人為了躲避德國屠殺而逃至上海，以及俄國人因十月社會主義革命，或因日本占領東北，而逃到上海避難，開設咖啡館成為猶太人和俄國僑民最佳的謀生工具，也帶旺了上海的咖啡時尚。一九四五年抗戰勝利後，百廢待舉，但久遭壓抑的社會卻出現享樂與補償心態，縱情消費，戰爭期間歇業的餐館與咖啡館，爭相復業，生意興隆。咖啡館在抗戰前後遍地開花，連內地的昆明也飄香，三〇年代越南人阮明宣在昆明金碧路開設新越咖啡館，即是知名老字號「南來盛」的前身。

● 改革開放，即溶當道

然而一九四九年以後，政治與社會風氣丕變，儉實簡約取代奢靡揮霍，咖啡館生意一落千丈，咖啡文化遁入三十年空窗期，咖啡成為民眾陌生的字眼，直到一九七九年中共改革開放後，才加緊跟上世界咖啡時尚的腳步。

432

中華人民共和國建立之初仍有克難式咖啡可喝，上海老牌的德勝咖啡行於一九五九年，收歸國營，更名為上海咖啡廠，鐵罐裝的上海牌咖啡，成為一九六〇至一九八〇年中國唯一的咖啡名牌，舉凡餐館、高級賓館，或南京路上知名咖啡館，所用的咖啡均來自上海咖啡廠，調理法很簡單，咖啡粉以紗布包裹，入鍋煮沸，講究點再以濾紙過濾一遍。但價格不菲，每罐三塊五毛，這在當時平均工資幾十元的上海上班族眼裡，是高貴的奢侈品，咖啡文化已不復抗戰前後那麼炫麗，大陸的咖啡文化與消費量停滯不前，提神醒腦的飲料又回到老祖宗的茶飲為主。

八〇年改革開放後出現轉機，一九八八年雀巢公司決定支持雲南咖啡產業發展，一九九二年雀巢咖啡農業服務部在中國成立，並在東莞投資設立即溶咖啡廠，部份原料採用雲南豆。在雀巢強力促銷下，大陸的即溶咖啡市場迅速崛起，老牌的上海咖啡廠風光不再，因為沖泡後有咖啡渣，飲用不甚方便。即溶咖啡和三合一調味咖啡成為改革開放至二〇〇〇年以前，大陸咖啡文化的主流。

一九九七年台灣上島咖啡進軍海南島，至今已有一千多家門市分佈大江南北，上島以複合式經營為主，賣餐也賣虹吸咖啡，可抽菸並設有麻將間，適合上年紀的老菸槍，但一九八〇年後的新生代卻更喜歡時尚感的美式咖啡館，二〇一〇年以後上島不復昔日盛況。

研析》指出，一八八六年上海公共租界的虹口區開了一家虹口咖啡館，供應航海人員咖啡與啤酒。但咖啡館風靡上海，應該是一九二〇年以後的事。

● 精品咖啡加溫，即溶市占下滑

一九九九年美國星巴克在北京中國國際貿易中心開出第一家門市，星火燎原，迄今已在中國展店二千多家，二〇一五年十二月星巴克總裁霍德華 · 蕭茲訪問中國後宣佈，看好大陸精品咖啡市場的動能，未來五年內，每年要在中國開設五百家門市，遍及 100 個城市。

另外，義大利意利咖啡（illycaffè）、老爸咖啡（Lavazza）、奧地利小紅帽咖啡（Julius Meinl）、英國 Costa Coffee、日本真鍋以及韓國連鎖咖啡館，千禧年後，相繼進軍中國推廣現煮鮮咖啡，加上台灣咖啡職人和烘焙師，到大陸授課，宣達精品咖啡理念，以及方興未艾的自家烘焙咖啡館遍地開花，吃香中國二十餘載的即溶咖啡市占率，開始下滑。

二○一五年二月，中國即溶咖啡龍頭雀巢咖啡，在東莞將市值近千萬人民幣的400 噸未過期即溶咖啡銷毀，這是一九九二年雀巢在中國設廠以來最大規模的銷毀行動，引起市場側目。雖然雀巢回應是為了保持產品新鮮度而為之，但食品飲料戰略定位專家徐雄俊認為：「是行業成長減緩，產能卻提前加大，形成供過於求的情況，為了維護市場價格只能銷毀……」。

獨立市場研究諮詢公司英敏特（Mintel）指出，原因或許是咖啡館的盛行及即飲市場（瓶罐裝液態調味咖啡）的快速增長。根據英敏特二○一五年發佈的報告，近年中國的即溶咖啡、現磨咖啡和即飲咖啡的市場份額分別為 71.8%、10.1% 和 18.1%，即溶咖啡將繼續主導中國的咖啡市場。不過，隨著現磨咖啡和即飲咖啡市場更為迅速地增長，預計這兩個細分市場將獲得更多的市場佔有率。英敏特預計，截至二○一九年，即溶咖啡的份額將下降超過 5 個百分點至 66%。

從這份最新的報告，可瞭解大陸現泡鮮咖啡市場佔有率已達 10.1%，且會逐年提升，反觀即溶市場則從高峰逐年走衰。不容諱言，現磨鮮咖啡有一大部份是商業豆而非精品豆，但可喜的是，現磨商業咖啡向來是精品咖啡的培養皿，每年總會有一定比率的咖啡人口從商業豆升級到精品殿堂，因此現磨鮮咖啡的市占率愈大，預示著高端精品咖啡的潛能與動能愈大。雖然中國精品咖啡的市占率只有個位數，但逐年加速成長是可期的。

另外，英敏特高級研究分析師茅瑋的報告寫道：「二○○七～二○一二年中國零售袋裝咖啡以 18.4% 的年均複合增長率成長，市場價值達 92 億元人民幣。市場不

斷增長，即溶咖啡的複合年均增長率為 17.3%，研磨／現煮咖啡的年均複合增長率為 41.4%，即飲咖啡的年均複合增長率為 18.7%……咖啡豆和研磨／現煮咖啡等非液體現磨咖啡的銷售額增長最快，達 41.4%……原因在於現磨咖啡日益受歡迎，並且其價格增長始終快於其他兩類咖啡……不斷提高的消費者收入，有望繼續推動高端市場的成長。」

● 中國咖啡市場，16 年後躋身三強

據國際咖啡組織（International Coffee Organization）一九九〇年以來的統計，發現亞洲國家咖啡消費量增長最快，二〇〇〇年以後亞洲地區每年的咖啡消費量以 4.9% 增幅成長，遠高於世界平均的 2% 增幅。而亞洲國家成長最速的是中國，近十年來中國每年咖啡消費量平均增長 16%，名列前茅，加上中國 14 億人口以及國民所得增長的相乘效果，咖啡市場龐大潛能已引起咖啡產國以及國際咖啡企業高度矚目，爭相投資中國。

二〇一五年國際咖啡組織發表一篇研究報告《咖啡在中國》（Coffee In China）指出，二〇一三／二〇一四年中國咖啡消費量達 1,900,000 袋（每袋 60 公斤），約 11 萬 4,000 噸，是世界第 17 大咖啡消費國，已超越澳洲。但中國高達 14 億人口，因此人均量只有 88 公克。中國咖啡飲用量以沿海高度都市化的城市最多，香港人均量高達 2 公斤，台灣超過 1.3 公斤，日本達 3.5 公斤，韓國也有 2.5 公斤，美國為 4.4 公斤，歐盟 4.9 公斤，北歐最多，人均量超出 9 公斤。

國際咖啡組織預估中國咖啡的人均量只有 88 公克，而星巴克卻預估超過 100 公克，兩者相差不遠。但重點是中國的 14 億人口，若未來 20 年中國咖啡消費量每年仍保持 16% 增長，我預估 16 年後，中國咖啡的人均量將達 1074 公克，突破一公斤大關，這意味著 14 億中國人每年至少要喝掉 1,400,000 噸咖啡，這相當於美國二〇一四年的咖啡消費量 1,426,020 噸，並超過巴西的 1,216,260 噸，屆時中國可望躋身世界咖啡三大消費國之列，與美國和巴西並駕齊驅！

另外，據中國調研報告網二○一六年最新資料指出，與全球平均2%的增速相比，中國的咖啡消費正在以每年15%的驚人速度增長。中國二○一五年的咖啡銷量大約為700億元人民幣，而全世界咖啡市場規模為12萬億元人民幣。以每年15%以上成長來看，到二○二○年中國咖啡市場就有3000億元，到了二○二五年更是成長到1萬億元咖啡市場，成長潛力巨大，前景樂觀。

● 台灣咖啡人前進中國

大陸咖啡文化歷經一九四九至一九八○年的空窗期，急需外界能量挹注，同文同種的台灣咖啡人捨我其誰，近十多年來絡繹於途，前進大陸開拓咖啡市場或傳授咖啡知識。近百年來，台灣咖啡文化積漸發展，不曾間斷，最早有日本統治台灣時期，於一九二七年起，在雲林古坑鄉、高雄、屏東、花蓮和台東，企業化栽種咖啡，締造台灣咖啡栽植業的第一高峰期。接著是台灣光復後，美國經濟援助台灣時期（1951－1965），扶植台灣咖啡產業，締造第二高峰期。二○○九年阿里山李高明栽種有機咖啡，以83.5分贏得世界一百多個莊園參賽的SCAA「年度最佳咖啡」（Coffee Of The Year）12名金榜的世界第11名，台灣咖啡邁向第三高峰期。

台灣咖啡年產量不到1000噸，產量雖小但品質不差，台北平均每萬人擁有的咖啡店密度，也高出上海六倍，這與台灣經歷日本統治與美援時期，很自然吸取日本和美國的咖啡能量，有絕對關係，對於虹吸、手沖、美式咖啡、義式咖啡、拉花、杯測、中深烘焙、第三波淺焙時尚，以及SCAA、CQI和CoE的評鑑標準與運作模式，知之甚詳，再將之傳播到大陸，補足大陸失落的咖啡文化，早日接軌國際，做出不小貢獻。

約莫千禧年前後，在大陸求學、工作的台灣人或咖啡職人，看好大陸未來發展，搶灘咖啡市場，這批咖啡急先鋒包括電影人莊崧冽在北京、西安和上海開辦的雕刻時光咖啡館、廣告人鄭松茂在上海開設的質管咖啡、咖啡師周廣津在上海創辦的純粹咖啡、老咖啡師游啟明在蘇州的嵐山咖啡、老咖啡師傅蔡清洲在重慶的尚穎烘焙坊、杯測師林秋宜在廈門的32How創意院落和香投咖啡學院、冠軍咖啡師林東源在上海的

Gabee、世界盃烘豆賽亞軍江承哲在上海經營的奧焙客精品咖啡，以及世界盃烘豆賽冠軍賴昱權、2016 世界盃咖啡大師賽冠軍吳則霖、烘焙老手郭毓儒、咖啡品質協會導師（Q Grader Instructor）陳嘉峻、國際賽評審許寶霖、胡元正……奔波大陸各大城市授課。

這批優秀的咖啡人將最新的咖啡知識與技術帶進中國，激勵中國精品咖啡的正向發展。

● Ted Lingle 調和鼎鼐，雲南咖啡奮進飄香

近年雲南咖啡質量大為精進，美國精品咖啡協會與咖啡品質協會（CQI）的共同創辦人泰德 • 林格（Ted Lingle）鼎力相助，接軌國際起了很大作用，他於二○一四年三月參與普洱生豆賽的評鑑工作，並與普洱的曼老江農業開發有限公司積極交流。

年逾七十的泰德接任新職後，不辭辛勞走訪普洱、保山、臨滄等僻遠的咖啡莊園，並與咖農和咖企一起杯測，品香論味，檢討得失並提出建言，協助改善栽植與後製加工流程，他說：「精品咖啡的基礎在咖農，唯有從源頭嚴加把關，才能做出真正的精品咖啡。」泰德對精品咖啡的見解迥異一般狹隘的看法，也就是精品咖啡不僅僅在產業鏈末端提升烘焙與萃取技術而已，他反而更重視如何改善咖啡源頭的質量，因為你再會烘焙與沖煮，如果拿到不好的咖啡豆，絕對做不出精品咖啡。

泰德擔任二○一五與二○一六年兩屆雲南生豆大賽主審要職，賽豆的件數與評分，一年比一年高。二○一五年生豆賽，有來自 51 家企業的 62 支咖啡豆參賽，按照美國精品咖啡協會杯測標準，對咖啡的香氣、味譜、餘韻、酸質、厚實度、一致性、平衡感、乾淨度、甜度等進行綜合評分。62 支參賽豆中，杯測分數達到 80 分以上的精品級只有 31 支，佔全部參賽豆的 50%，冠軍來自西雙版納的共語咖啡，拍賣價高達每公斤 2600 元，令人咋舌。剩餘參賽豆，杯品分數也都在 75 分以上，屬於高級商業豆。

更令人振奮的，在泰德與 CQI 協助下，二〇一六年四月十七日，雲南生豆賽前6 名的咖啡企業：共語咖啡發展有限公司、普洱市龍科咖啡有限公司、孟連縣娜允鎮芒掌咖啡場、孟連縣芒畔咖啡農民專業合作社、普洱精品咖啡品鑑中心、景洪普文綠友咖啡種植場，代表雲南咖啡到美國亞特蘭大參加第 28 屆美國精品咖啡協會大展暨年會，首度將雲南咖啡帶進世界最大的精品咖啡平台。我當天也在 CQI 歡迎雲南咖啡的午宴上，聽著雲南咖啡交易中心常務副總經理舒洋，以英文演說和精美圖片介紹雲南咖啡，而且每桌均有雲南精品咖啡可喝，當天其他會場還辦了數場雲南咖啡杯測會，吸引不少國外買家。泰德擔任雲南咖啡交易中心高級顧問一年多以來，對提升雲南咖啡的質量與聲譽，貢獻卓著。

● 不忮不求的董廠長

另位不遺餘力為雲南咖啡把脈，做出貢獻的是六十七歲，退而不休，不忮不求的雲南咖啡廠老廠長董志華。他一九八九年參與雲南咖啡廠的建置工程，幹了 20 年廠長，〇九年退休後，老驥不伏櫪，志在千里，仍四處奔波致力改善雲南咖啡品質，而且是無賞奉獻，令人感佩。共語咖啡這兩年在生豆賽的搶眼表現，有部份功勞要歸董廠長在後製加工上的指導。

我是在二〇一五年參訪海南島行程認識了滿頭白髮的董廠長，談到雲南咖啡，他如同一部百科全書，舉凡品種、每年產量、栽植面積、每公斤成本、各產區莊園海拔與品質如何，無不倒背如流。雲南最具精品潛力的產區，他最看好保山、版納、臨滄、普洱。雖然近年雲南生豆產量爆增，預估二〇二〇年可達 20 萬噸，約占全球總產量的 2.3%，這已超越肯亞、哥斯大黎加、薩爾瓦多、巴拿馬、牙買加等知名產國的年產量，但雲南咖啡的名氣卻遠不及這些國家，即使雲南每年出口上萬噸生豆到歐洲供拼配使用，但歐洲咖啡廠牌不曾在產品介紹中提及雲南豆，這與宣傳不足以及品牌魅力不夠，有絕對關係，因此想靠著擴大雲南豆的產量，來爭取世界的話語權，是不靠譜的，要在世界咖啡舞臺有一定知名度，唯一捷徑是提升品質，贏得口碑，老外才會

尊敬你。

　　雲南省咖啡行業協會副秘書長胡路說：「外國企業收購雲南咖啡的訂價，是按照27年來的慣例，從紐約期貨的報價減去 10 － 20 美分，目前全世界只有雲南咖啡收購價是低於紐約期貨的。反觀越南 Robusta 咖啡收購價格，一般高於倫敦期貨交易所70—100 美元 / 噸報價，哥倫比亞的報價基本上高於紐約期貨價格 40—50 美分 / 磅，巴西則按照紐約期貨價格報價。以雲南咖啡 27 年來平均年產量為 6 萬噸計算，所謂的『慣例』帶給雲南咖農的損失已在 34 億元以上。」換言之，雲南咖啡農這些年來並沒有賺到什麼錢。

　　為何哥倫比亞、越南和巴西咖啡的收購價均高於紐約期貨價，唯獨雲南咖啡需向下減 10 － 20 美分？雲南豆質量不穩定，是原因之一，但咖農在資訊不足的情況下，急於脫手求現的心態，也助漲了低價成交的歪風。而今，雲南咖啡交易中心、重慶咖啡交易中心陸續成立，資訊公開透明，並有輔導咖農提高品質的措施，將有助改善低價歪風。

　　我也請教董廠長，雲南咖啡每公斤的生產成本，以及要賣到多少錢才有利潤？他說每公斤至少要 15 元人民幣農友才能獲利。我以六月十二日，紐約期貨報價每磅133.95 美分試算，先減去「慣例」的 20 美分，即以每磅 113.95 美分來換算，得到每公斤人民幣報價是 16.42 元，此價格對咖農是有錢賺的，這要歸因於近月期貨上漲。可以這麼說，紐約期貨每磅報價只要高於 125 美分，即使扣掉「慣例」的 20 美分，雲南農友仍然賺得到錢，反之紐期報價低於 125 美分，咖農就要賠錢了，利潤空間遠低於其他產國。然而，這一年來紐約期貨多半徘徊在 120 美分，咖農幾乎賺不到錢。

　　如何扭轉此一不公平待遇？在雲南咖啡產量爆增的同時，很值得大家深思，早日謀得解決之道

● 卡蒂姆勝藝伎

　　雲南咖啡報價低於紐約期貨，這還不夠離奇，國際生豆賽的常勝軍藝伎，移植雲南初試啼聲，二〇一六年雲南生豆大賽，有一支雲南藝伎首披戰袍出征，與其她 119 支賽豆爭香鬥醇，國色天香的藝伎竟然未討到便宜，敗給了精品咖啡界惡名昭彰的卡蒂姆，雲南藝伎在 120 支賽豆，只排到 30 多名，連前 10 名的邊都碰不著，爆了全球生豆賽的最大冷門。

　　但看在專業人眼裡，這很正常，因為巴拿馬藝伎移植到雲南，未經足夠年資的馴化，水土不服是必然的，而且栽植海拔也不高，約 1100 米，這種海拔即使種卡蒂姆也不易有令人驚豔的高階味譜，再加上藝伎不易照顧以及後製加工尚待優化，雲南藝伎首次出征，鎩羽而歸，不令人意外。預料未來海拔更高的雲南藝伎仍將出賽，這可提供更好的評估。

　　另外，二〇一六年也有一些風味取勝的傳統品種鐵比卡和波旁參加比賽，但還是打不進前 10 名榜單，優勝的全是卡蒂姆品種，卻不見鐵比卡或波旁。這不禁讓人懷疑，難道卡蒂姆經過多年馴化，已適應雲南水土，風味較之老品種有過之無不及？這種情形在中南美洲是很是罕見，各大生豆賽的優勝名單幾乎全是清一色的傳統品種，諸如 Bourbon, Caturra, Catuai, Pacamara, Typica, Geisha，雖然卡蒂姆品系亦曾挺進 CoE 優勝榜，但極為罕見。

　　放眼各產國，大概只有印尼有類似雲南的情形，記得一九八〇年以前，印尼的曼特寧幾乎全是鐵比卡天下，此後荷蘭人引進帶有 Robusta 基因的混血品種 Timor，即印尼俗稱的 Tim Tim，同時也引入 Catimor，即印尼慣稱的 Ateng，以及從印度引進的 S795，即俗稱的 Jember（S288×Kent）。由於產量與抗病力強，咖農爭相搶種，逐漸取代老邁的鐵比卡。有趣的是，歐美精品咖啡的尋豆師，對 Ateng、Tim Tim、S795 帶有羅豆或賴比瑞卡（Liberica）基因的混血品種風味評價甚高，照買不誤，並未指明非鐵比卡不買，因此印尼的鐵比卡爭不過混血品種，在印尼已不多見，我們目前所

喝的曼特寧多半是混血的 Tim Tim、Ateng 或 S795。

但是我個人還是有些疑慮待化解，雖然雲南卡蒂姆拜栽植管理或加工技術逐年改善之賜，味譜的豐富度大為提升，已非昔日阿蒙，但我總覺得雲南卡蒂姆仍有些許去化不開的草腥與澀感，雖然已比以前降低很多，但卡蒂姆的魔鬼尾韻久為國際知名杯測師詬病，究竟卡蒂姆的草腥、蔬菜味和澀感，該如何評分，一直有不小爭議。

二〇一四～一五年，美國的天主教救贖組織（Catholic Relief Services，簡稱CRS）為此邀請世界咖啡研究院（WCR）、全球知名咖企與杯測師，為哥倫比亞最新一代的卡蒂姆，也就是哥國所稱的卡斯提優（Castillo），以及哥國的傳統主力品種 Caturra，進行長達一年半的風味評鑑，這項名為哥倫比亞咖啡感官檢測（Colombia Sensory Trial）旨在解決爭議多年的問題：卡蒂姆風味真的不如傳統品種嗎？這項嚴謹的評比結果頗值得雲南參考。

● 世紀大對決：Caturra vs. Castillo

這場世紀大對決的背景是這樣的，二〇〇六年哥倫比亞預料葉鏽病終將席捲中南美，因此大力推廣費時十二載培育出的最新一代卡蒂姆，並取名為卡斯提優，以紀念執行本項品種改良的哥國知名植物學家。哥國的咖啡生產者協會（FNC）對卡斯提優信心滿滿，認為新品種的產量、抗病力與風味，不但優於老一代的卡蒂姆，也就是 Colombia，甚至風味還勝過哥倫比亞的主力品種 Caturra，FNC 有意以卡斯提優取代老舊的 Colombia 和 Caturra，此舉引起咖農和國外精品咖啡買家疑慮，期期以為不可，畢竟 Caturra 是經過市場考驗的品種，產量不低，風味優雅，各國接受度頗高，而 Castillo 則是未經沙場考驗的混血新品種，有能耐取代 Caturra 嗎？CRS 主辦的世紀大評比應運而生。

參與風味評鑑的名嘴杯測師多達 20 多人，包括喬治‧豪爾（George Howell，George Howell Coffee）、提姆‧溫德柏（Tim Wendelboe）、肯尼斯‧戴維斯（Kenneth

Davids，Coffee Reviews）、喬夫・瓦茲（Geoff Watts，Intelligentsia）、提姆、希爾（Tim Hill，Counter Culture）、史蒂夫・蔻巴（Steve Kirbach，Stumptown）、詹姆士・霍夫曼（James Hoffmann，Square Mile）、阿列揚卓・卡狄納（Alejandro Cadena，Virmax）……。

待評的樣本來自哥國南部精品咖啡產區 Nariño 的 22 座風土不同的莊園，但單一莊園提供 Caturra 與 Castillo 的海拔與加工條件務必相同，以求公平。過去只要是卡蒂姆與傳統老品種的風味評比，絕對是一面倒的偏好傳統品種，卡蒂姆向來不是對手。但這次長達一年半的盲測評鑑結果，跌破專家眼鏡，20 多位杯測師對 Caturra 與 Castillo 評分竟然成五五波，勢均力敵，不分上下。

向來對卡蒂姆魔鬼尾韻不假辭色的喬治・豪爾評測後，表示他低估了混血品種風味進化的潛力，Castillo 比想像中好太多了，幾乎喝不出魔鬼尾韻。但是反文化咖啡的尋豆師希爾與哥國精品咖啡出口商 Virmax 的杯測師卡狄納，依然死咬 Castillo 的蔬菜味與澀感，認為 Caturra 不該被取代。

雖然各有堅持，但細看 20 多位杯測師的評分表，並未發覺 Castillo 與 Caturra 任何一方享有壓倒性勝出，此二品種的分數極為接近，差距不具有統計學意義。Castillo 已顛覆精品咖啡界對卡蒂姆系統的刻板印象，是不爭的事實。此案甚至拿到二〇一五年美國精品咖啡協會的年會上進行研討。有些專家認為 Castillo 是經過多代回交的進化版卡蒂姆，魔鬼尾韻已洗得很乾淨，喝不出草腥、蔬菜和礙口的澀感，但有些則認為魔鬼尾韻依然存在，很容易辨識。孰優孰劣難有共識。

最後，美國堪薩斯大學（Kansas State University）感官研究中心（Sensory Analysis Center）的科學家提出總結，認為影響咖啡味譜的三個要因是基因（Genotype，先天遺傳）、栽植環境（Environment，海拔、氣候）、田間管理（Management，營養、後製加工），三者缺一不可。但可以肯定的是基因的影響力，小於栽植環境與田間管理的交互作用，也就是 G < E ＋ M。

換言之，品種的基因無法獨力決定咖啡風味的好壞，尚需搭配栽植環境和田間管理，才能決定味譜的精彩度。此一持平之論，消弭了雙方爭執不下的論戰。就我所知，Castillo 至少有 6 個品系，以配合哥倫比亞不同的海拔、氣候與水土，方便咖農擇其所適而栽之。多年來哥國優化咖啡品種的努力，很值得雲南借鏡。

● 優化品種，勢在必行

　　除了哥倫比亞外，中美洲的哥斯大黎加、瓜地馬拉、薩爾瓦多、宏都拉斯、巴拿馬、尼加拉瓜，亦不遺餘力優化品種，提高產量、抗病力與杯測分數。然而，中國的咖啡栽植業，直到一九八八年雀巢投資雲南咖啡產業以後，才有較大規模的產出，不過雀巢避開傳統的鐵比卡與波旁，獨鍾混血品種，一九九〇年以後，雀巢陸續從葡萄牙咖啡鏽病研究中心（CIFC）、哥斯大黎加和泰國引進產量高且抗鏽病的卡蒂姆品系，包括 7960（P1）、7961（P2）7962（P3）、7963（P4）、P5、Pt、T8867⋯，近年發展下來，保山、德宏、臨滄、普洱和西雙版納已成為雲南五大卡蒂姆產區。

　　20 多年來，雲南抑仗著卡蒂姆打天下，然而，引起鏽病的真菌是會進化的，致使雲南若干卡蒂姆逐年失去抗鏽病力，大陸老邁的卡蒂姆品系，一直未見更新優化，這如何跟中南美強勢新品種在產量、抗病力與杯品上比高下？

　　選拔優勢的新品種，費時耗工，不花個十載硬工夫，難有成績，但雲南今日不做，明日後悔。建議雲南的咖啡研究機構多派專家考察中美洲的新品種培育機構，包括哥斯大黎加的 ICAFE、薩爾瓦多 PROCAFE、瓜地馬拉 ANACAFE、宏都拉斯 IHCAFE、尼加拉瓜 INTA，以收知己知彼之效。

　　這些機構在世界咖啡研究院（WCR）、美國國際開發署（USAID）、法國國際農業發展中心（CIRAD）協助下，八年來推出幾款三好品種，即產量豐、抗病力強、杯品優的強勢新品種，我粗分為三大系統，值得雲南高度關注：

（1）卡蒂姆／莎奇姆（Catimor/Sarchimor）進化版

- Parainema：選拔自 T5296，IHCAFE 培育。杯品近似 Caturra。
- Obata Rojo：Timor832×Villa Sarchi CIFC971/10，從巴西引進哥斯大黎加。杯品近似 Caturra。
- Marsellesa：Timor832×Villa Sarchi CIFC971/10，豆粒大於 Obata Rojo，由法國 CIRAD 培育。杯品近似 Caturra。

（2）衣索比亞 × 卡蒂姆／莎奇姆

- Centroamerica H1：T5296×Rume Sudan，中美洲產國聯合培育的秘密武器，親緣之一是美味的汝媚蘇丹，抗鏽病且對炭疽病（CBD）有抗力！
- Mundo Maya EC16：T5296×Ethiopia "ET01"，這也是美味品種對鏽病和炭疽病有抗力。CIRAD、CATIE、ICAFE、IHCAFE 聯合培育。

（3）衣索比亞 ×Caturra

- Casiopea：Caturra×Ethiopia "ET41" 野生咖啡，杯品不輸藝伎，但對鏽病無抗力，法國 CIRAD 與中美諸國聯合培育。
- H3：Caturra×Ethiopia "ET531"，美味品種但對鏽病無抗力。CIRAD、CATIE、ICAFE、IHCAFE 聯合培育。

近年中美洲產國推陳出新的品種不止上述，僅例舉一些而已，雲南年產量突破 10 萬噸的同時，卻在優化品種的進度，落後中南美一大截，雲南目前的主力品種卡蒂姆，均是九〇年代引進的過氣品種，不論產量、風味與抗病力，均有待升級優化，未來與他國競爭才不致吃悶虧。

莫忘朱苦拉，萬雪君呵護老品種

　　二十年多前雀巢引進卡蒂姆後，雲南的鐵比卡與波旁老品種，旋被打入冷宮，乏人問津，儘管鐵比卡與波旁每公斤收購價高出卡蒂姆一元以上，但兩品種的產量與抗病力低且杯測分數未必高過卡蒂姆，因而落到爹不疼娘不愛的下場。

　　所幸大陸咖啡產業近年蓬勃發展，有識之士開始重視中國咖啡發展的歷程，經過專家考證，法國傳教士田德能一九○四年到雲南大理市賓川縣偏僻的朱苦拉村傳教，順便將東南亞帶來的鐵比卡或波旁種在一座教堂周圍，至今仍存活著 24 株百餘年的古咖啡樹，已經被當地有關部門掛牌保護。而朱苦拉村 13 畝林地共有 1000 多株六十多歲的老咖啡樹昂首成長著。這些古來稀的老咖啡樹是中國珍貴的咖啡遺產與觀光資源。

　　據一九八一年馬錫晉教授的調查，古老咖啡林裡的品種，鐵比卡（紅頂）占 31%，波旁（綠頂）占 69%，這與雲南一般咖啡園，鐵比卡多於波旁的情況相反，而且就亞洲產國而言，鐵比卡向來壓倒性多過波旁，這和鐵比卡早於波旁傳入亞洲有關，為何朱苦拉的波旁反而多於鐵比卡，內情值得探索。

　　更可貴的是朱苦拉咖啡百年來均採有機栽種，因此一甲子以上，甚至百年以上的老咖啡，樹勢依然健壯，因為有機栽種的咖啡，樹體不易弱化，朱苦拉提供最佳見證；而且朱苦拉較為僻遠，氣溫較涼爽，少見病蟲害。反觀雲南其他產區，多半採用農藥化肥栽植法，樹體十多年後即弱化走衰，質量劇減。朱苦拉老當益壯的有機古樹，發人省思。

　　朱苦拉村的彝族百年來，養成喝咖啡習慣，咖啡磨粉後，倒入大壺煮沸，頗為粗獷豪邁，迥異於都會區的沖煮法。朱苦拉是彝族語音，意指「彎彎曲曲的山路」，山高路險，猶如世外桃源，中國咖啡發跡於此，更添增傳奇色彩。

二〇一一年，以燈具照明設備發跡的女企業家萬雪君從北京到大理旅遊，愛上這裡的田園、農趣和老咖啡樹，不顧親朋好友的勸阻，毅然決然投入咖啡栽植業，二〇一二年入主賓川高原有機農業發展有限公司，全力呵護朱苦拉珍稀的老咖啡品種，並為朱苦拉咖啡打造完整的產業鏈，包括添購三台哥倫比亞脫皮脫膠設備，以及一套巴西去殼及重力篩選設備，和一套日本色選機。除了初加工外，也進階到深加工的烘焙領域，推出朱苦拉莊園單品咖啡以及拼配咖啡，進軍熟豆市場。近年還規劃朱苦拉咖啡夢莊園的旅遊觀光行程。她個人六年來已投下 1.3 億元人民幣，協力與縣府宏揚朱苦拉咖啡文化。

凡事起頭難，萬雪君六年來吃盡苦頭。朱苦拉基礎建設不足，栽植咖啡的海拔在 1450 － 1650 米。她回憶說：「從基礎設施：路、水、電、土地開墾、育苗、種植、田間管理，以及為了基地物種多樣化，套種各種水果和一些花草植物，大部分都是親力親為，當然在六年發展的過程中，乾旱、水澇、寒害都有遇到過，也因這些經歷，鍛煉了我對問題來了的應變能力及執行力。二〇一三年政府完成水利工程，將二十多公里的山泉水引入村莊後，幾乎再沒缺過水。幹一行，愛一行，無論怎樣，我都要想盡一切辦法保住一顆顆生命！同時老天也不負我和團隊的努力，陪同我扛過了許多六年前從沒想到過的問題，目前看到一顆顆生命力旺盛的咖啡樹及漂亮的果樹及花草，之前所有的付出辛勞都轉化成幸福，我把一片荒山變成綠地，感覺好極了！」

朱苦拉咖啡的栽種面積與產量逐年增加中，目前的面積有 1300 畝（老咖啡品種種植區域：朱苦拉村、鐘英鄉、老海田基地）。掛果面積 900 畝，年產（生豆）100 噸左右。全部採用人工採摘及有機方式種植。未來計畫在賓川範圍擴展種植有機老品種咖啡面積 2000 畝，合計面積：3300 畝，全部投產生豆預計量為 400 噸左右。就雲南而言，朱苦拉產量不高，但看在台灣眼裡就很可觀了，台灣年產生豆不過 800 噸，朱苦拉全部投產的產量將近是台灣之半。

這六年來萬雪君忙著為朱苦拉的千秋大業奠基打底，二〇一六年各款進口的咖啡

加工設備駕輕就熟後，二〇一七年她有信心將滿意的產品帶出去，參加比賽或申請 CQI 的精品級認證（Q Certificate），增加朱苦拉品牌知名度。

生產端之外，二〇一五年她也推出文化端的旅遊項目「中國咖啡尋根之旅」已接待了兩百多業內及咖啡愛好者和客戶。今年規劃在縣城附近基地完善一個命名為「朱苦拉咖啡夢莊園」的專案，內容有：世界級咖啡博物館（展示各國咖啡文化圖文並茂、設備及製作方式、產品展示）、各國不同風情咖啡屋、會議室、餐飲、各種民宿及接待的配套設施。

萬雪君的咖啡大業還不僅此，她還計劃進軍都會區，開設「雲南特色咖啡國際連鎖店」，完成產業鏈上中下游垂直整合，初步計畫二〇一七年的下半年在北京、上海先開兩個旗艦店，如順利，在二〇一八年赴美計畫就可以落地了。

她回憶這段艱辛歲月，說：「六年前從照明工業轉入農業，從生豆到一杯咖啡，從頭學起，從不會到會，從無到有，從荒煙變綠意，在當地第一個帶領老百姓上山開荒的人，並帶百姓用咖啡增收入。六年前朱苦拉咖啡文化從無人知曉，到六年後今天，業內人士和消費者都了解了朱苦拉是中國咖啡的源頭，而今已發展到第三代老品種咖啡。從最初不懂得用咖啡換人民幣，到現在一公斤最高賣到一千多元，變化太大了！還蠻慶幸當初自己的選擇是明智的。同時，也證明給當初許多關心又擔心我選擇咖啡行業高風險的朋友們，看到這一幕，為我安心下來，也是一件令我很開心的事情。」

二〇一六年國家質量監督檢驗檢疫總局公告，賓川縣的朱苦拉咖啡、賓川縣柑桔正式成為國家地理標誌保護產品，將大幅提高朱苦拉的品牌價值，朱苦拉老品種終於苦盡甘來。

海南島飄濃香：糖炒羅布斯塔

東南亞流傳一句順口溜：「潮州粉條福建麵，海南咖啡人人傳！」

這兩年來我走訪了大陸十五座城市，分享咖啡經，從南到北包括海南島海口市、廈門、福州、深圳、香港、上海、蘇州、青島、昆明、普洱、版納、重慶、西安、北京、哈爾濱，最令我眼界大開的是海南島糖炒咖啡風情，這裡是中國低海拔咖啡物種羅布斯塔（Robusta）大本營，迥異於精品玩家所熟悉的阿拉比卡。

二〇一五年六月，我出席海南澄邁縣福山鎮舉行第四屆福山杯國際咖啡師冠軍賽，順道參訪了知名的福山咖啡園，這裡栽種的全是羅布斯塔以及少量的賴比瑞卡，由於氣候悶熱，不適合種阿拉比卡。講到羅布斯塔，精品玩家會想到高端的印尼水洗羅布斯塔（WIB Robusta）以及印度有名的皇家羅布斯塔（Robusta Kaapi Royale）。

數年前我曾烘過這兩支赫赫有名的精品羅豆，來做併配之用，風味較之一般羅豆乾淨多了，但海南島的羅豆文化我是第一次深度體驗，饒富異國情趣。海南的羅豆是一九九三年印尼華僑陳顯彰從印尼引種到海南澄邁縣福山鎮，七〇年代徐秀義老先生在福山鎮創辦福山咖啡種植園及加工廠，成就了今日福山咖啡的威名，北京國宴常以福山咖啡招待貴賓。

福山咖啡第二代負責人，同時也是海南省咖啡行業協會會長徐世炳跟我說，福山的原味羅豆（未加糖混炒）是北京招待國外貴賓專用的「國宴咖啡」，當年經過產官學界試飲後，票選出來的國宴豆，選秀會的名豆包括牙買加藍山、巴西、印尼曼特寧、衣索匹亞等三大洲阿拉比卡與羅豆，但在加入煉乳調味後，咖啡味就不見了，只有福山羅豆最能穿透煉乳，譜出咖香與乳味平衡之美，故而獲得「國宴咖啡」殊榮，朱德、周恩來、江澤民等中國政要，均造訪過福山農場，連義大利政要，喝過福山咖啡也讚賞不已！

另外，徐會長還告訴我一則有趣的真實故事，前陣子中國國家主席習近平造訪雲南，官員告知中國九成以上的咖啡產自雲南，習近平聽後很不悅的說：「雲南產這麼多咖啡，為何我只知道海南島的福山咖啡？」於是下令撥款二千萬人民幣供雲南咖啡做好文宣工作。這就是近年雲南杯舉辦許多賽事，且媒體曝光率大增的前因與善果。

參訪福山咖啡園最精彩的是欣賞糖炒羅豆的古老技法，將日曬羅豆置入大鐵鍋，底下以碳火加熱，焙炒師傅執起大鏟子，不停翻炒豆子，還需忍受撲鼻遮眼的煙嗆，待一爆後，師傅捉緊時機，加入大把的白砂糖入鍋，與羅豆混炒，焦糖熔化，鍋內的羅豆烏黑油亮，多名師傅執鏟把高溫的羅豆撥進旁邊的大鐵盤冷卻，畫片驚心動魄。過去還要加入奶油混炒，但衛生單位擔心會產生對人體有害的成份，已禁止添加奶油。

豆子冷卻後，師傅將油滋滋的羅豆倒入石臼以手工磨成咖啡粉，香氣四溢，沒想到古老的焙炒與研磨法竟然在海南島保存了下來。

海南島是中國唯一的以白砂糖焙炒咖啡，但咖啡豆與砂糖混炒卻是海南島繼承自西班牙的傳統，西語系稱之為 Torrefacto，據考證最早以糖混炒咖啡的是墨西哥礦工，目的是隔絕氧氣，可延長豆子保鮮期，20 世紀初此技術引進西班牙，隨著西班牙殖民東南亞，又將加糖混炒的技術傳進亞洲產豆國，而當時在西班牙機構做事的多半是馬來西亞和海南島人，因此又傳進海南省。

海南島的羅豆有兩種口味，一為不加糖混炒的原味羅豆，另一為加糖混炒，豆表較為烏黑油亮，沖煮法也很特殊，壺水燒開後，咖啡粉入壺沸煮數秒，再倒入濾布去掉咖啡渣，入杯後只加糖的黑咖啡稱之為 Kopi 烏，亦可加煉乳調味。海南島偏好重口味咖啡，歐美的淺焙阿拉比卡在此沒市場，即使是藝伎他們也認為雲淡風輕沒味道，這沒有對錯，咖啡文化使然。

海南島羅豆主產於北部福山鎮、東南部萬寧縣興隆，以及中部白沙縣，年產量不

多約五、六百噸，供島民飲用尚且不夠。過去我以為全球最佳的羅豆是印尼的 WIB 或印度的 Robusta Kaapi Royale，但喝過海南羅豆，覺得品質不輸印尼與印度的精品羅豆，尤其是產自白沙縣隕石嶺海拔 600 米的日曬羅豆，乾淨度、甜感、杏仁、花生味與微微柔酸，令我和同行的學生江承哲驚豔不已，如果送到 CQI 評分，有可能高出印度和印尼的精品羅豆，海南羅豆不容小覷。

── 中國咖啡市場崛起 ──

二〇〇六年我到北京授課，這是生平首次踏上中國，三合一即溶或進口的熟豆是主流，市面上只見星巴克，卻看不到自家烘焙咖啡館，直覺大陸咖啡文化至少落後台灣三十年，此後未再進出大陸，直到二〇一四年密集走訪大陸，兩年來我跑了 15 座城市，驚見自烘咖啡館遍地開花，取代進口熟豆，年輕人對黑咖啡的接受度大為提升，且咖啡館自烘熟豆與出杯品質頗高，真有點驚訝，十年一個樣，與台灣的差距愈拉愈近。

我與大陸咖啡人交談中，深深覺得大陸職人與台灣有很大不同，大陸咖啡師較為急功近利，只想馬上學到萃取與烘豆的絕招，一戰成名天下知，因此匠氣很重，但對於咖啡歷史、基本常識、物理化學理論、產國文化、產業鏈、服務精神以及處世之道等諸多內在修為較欠缺，少了這些涵養，根基不夠，咖啡技能無法融會貫通，技術層面難有重大突破。

反觀台灣二〇一三年以來，出了不少世界級咖啡人，包括二〇一六年贏得世界杯咖啡師大賽（WBC）冠軍吳則霖、二〇一四年世界杯烘豆賽冠軍賴昱權、同年贏得世界杯杯測賽冠軍劉邦禹、二〇一三年世界杯烘豆賽亞軍江承哲、二〇一三年北歐烘豆賽冠軍陳志煌……他們入行都不是三年五載，而是十年磨一劍，從高中就開始玩咖啡，勤於閱讀國內外咖啡資訊，習藝多半在七、八年以上，甚而超過十年，有了紮實基本功、厚度與內在修為，很容易突破技術瓶頸，開花結果贏得世界級尊銜。

台灣這些傑出咖啡人的特質是，廣泛吸收、整合咖啡各領域知識，勤跑各大產國咖啡園，了解咖啡品質與水土、品種和後製加工的關連性以及各莊園的優缺點，據以挑選最適合自己的賽豆，並經常造訪日本、美國、歐洲各大都會咖啡館，領悟咖啡文化與飲品的差異，知己知彼，掌握最新趨勢，回國後再修正自己的缺失，由於見識廣了，頓覺自己的不足，因此為人都很謙和，樂於分享交流，與同業一起進步，提升消費者的鑑味能力，把餅做大，也就是說接軌國際，而非坐井觀天，閉門造車。這是台灣傑出咖啡人慣有的人格特質。

台灣咖啡人早年也和大陸一樣，只關注技術面的皮毛，而忽視內在修為的基本功，相信大陸職人過幾年後，視野擴大，涉獵更廣，各領域知識融會貫通，贏得世界冠軍榮銜，指日可待。

我預估只要國民所得持續成長，二十年以內中國的人均咖啡消費量會從目前 100 克，大幅成長到 1000 克，乘上 14 億人口，屆時中國咖啡總消費量將高達 140 萬噸以上，將與美國和巴西成為世界三大咖啡大國，在咖啡市場動能拉升下，咖啡師、烘豆師、杯測師、後製加工師、園藝師和尋豆師的需求與年俱增，中國逐步邁向咖啡史上的黃金歲月。雲南咖啡交易中心，重慶咖啡交易中心以及上海咖啡交易中心，陸續掛牌運作，產業動能蓄勢待發。

問題是各大學餐飲科系或職業學校準備好了嗎？能為咖啡產業培養足夠的人才嗎？走訪大陸期間，不少咖啡人說要制定中國自己的咖啡標準，包括杯測、烘焙、賽制和各種評鑑制度，立意甚佳，但我覺得時機還不成熟，等到中國的咖啡人均量突破 1000 公克，或贏得幾座世界盃冠軍，有了話語權，最談不遲，在此之前都只是喊爽的。

但各大專院校或咖啡研究機構，不妨先調研中國各大都會民眾對咖啡濃淡度的偏好值，究竟是 1.15%（11500ppm）、1.2%（12000ppm）、1.3%（13000 ppm）、1.4%（14000ppm）、1.55%（15500ppm），更高或更低？這與各地飲食習慣、文化有何關連性？結果可向各國媒體公布，將贏得世人刮目相看，中華民族不再是只愛喝茶的民

族。

　　兩年來跑了 15 座中國城市，咖啡香貫穿大山大海和古都，夜遊長安古城牆、重慶賞夜景、青島觀大海、哈爾濱逗東北虎、北京紫禁城、蘇州太湖畔、福州三坊七巷、深圳華僑城……，咖啡香無所不在，中國咖啡市場即將崛起，咖啡萬歲，多喝無醉！

結語

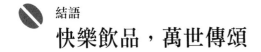

結語
快樂飲品，萬世傳頌

小咖啡豆猶如一座化學倉庫，目前已知含有八百五十多種成分，其中的綠原酸是強力抗氧化物，是人類攝取酚酸或植物酚的主要來源，可保護細胞。咖啡亦含爭議性成分——咖啡因、咖啡醇和咖啡白醇——久遭醫界質疑，但可透過沖煮技巧規避其負效。只要盡量以濾紙沖煮咖啡，不加糖不添奶精，多喝黑咖啡，少碰三合一化學咖啡，就可有效防阻壞膽固醇成分（咖啡醇與咖啡白醇）。再者，每日咖啡因攝取量勿超過 300 毫克（約三杯咖啡），即可無負擔攝取有益的抗氧化物、礦物質和維生素，喝出健康。切忌酗咖啡，因為過量的咖啡因，非但無助提神醒腦，反而更讓人疲憊、沮喪、失眠與頭疼，未逢其利先受其害。

因此，低咖啡因處理法應運而生，目前最常用二氯甲烷化學溶劑與非化學製劑的瑞士水（以活性碳和水）來萃出咖啡因，可去除 95% 至 98% 的咖啡因。美國食品暨藥物管理局（FDA）規定，必須去除 97% 的咖啡因，僅容許 3% 咖啡因殘存，才符合低因咖啡標準。換句話說，咖啡因含量占咖啡豆重量百分比，需介於 0.032%（生豆）至 0.036%（熟豆）[註1]，才符合美國的低因咖啡標準。一般阿拉比卡的咖啡因，占豆重百分比介於 1.1% 至 1.5% 之間。

然而，瑞士水或二氯甲烷低因處理法雖去除 95% 至 98% 的咖啡因，同時也萃出大量芳香物，致使人工低因咖啡喝來單調乏味，更糟的是容易殘留化學溶劑有損健康，可謂有一好沒兩好。

但無須擔心，天然低因咖啡已悄然登場，初吐芬芳，為精品咖啡開啟新紀元。在法國與日本農業專家協助下，波旁變種尖身咖啡復育成功，二○○七年四月破天荒在

日本限量銷售，盛況空前，創下每單位 100 公克熟豆，折合新臺幣 2,080 元（每公克 20.8 元）的天價。波旁尖身的咖啡因含量只有一般阿拉比卡的一半，即咖啡因僅占豆重的 0.4% 至 0.75%，雖然含量仍比人工處理法高出一、二十倍，但已讓人工低因業者嚇出一身冷汗，因為天然低因咖啡風味更佳，且符合保健的潮流。無獨有偶，衣索匹亞官方二○○七年八月宣布，天然低因咖啡樹已開始商業栽培，預計二○○九年底問世。資料顯示衣索匹亞天然低因咖啡樹的咖啡因含量僅占豆重 0.07%，比波旁尖身更低因，也很接近 FDA 對低因咖啡的定義，只比美國低因標準 0.032% 至 0.036% 多出兩倍，更應驗了衣索匹亞是阿拉比卡基因寶庫的說法。

二○○七年天然低因咖啡又發動第三波攻勢，這回是巴西國寶級的達泰拉莊園集團（三年前開發「甜蜜總匯生豆」，吃香全球），又推出咖啡因含量比一般阿拉比卡低了 30% 的「奇異一號」（Opus 1 Exotic），並於二○○七年十一月在西雅圖的安卓旅館（Hotel Ändra）舉行全球試飲發表會，濃郁的焦糖香、堅果味與花香，驚豔全場。目前已在美國限量銷售，8 盎司（約 248 公克）賣到 16.95 美元，註定成為二○○八年風雲豆之一。

「奇異一號」的咖啡因含量占豆重的 0.8 ～ 1%，高於尖身波旁的 0.4% 至 0.75%，更遠超出衣索匹亞的 0.07%，稱不上是低因咖啡，卻贏得全中南美洲咖啡因最低的奇豆美譽，而且冠上「達泰拉」大名，身價非凡。此豆的身世頗為曲折，值得一述。

註 1：美國 FDA 以咖啡因占生豆重 1.05% 與占熟豆重 1.32% 為基數，換算公式如下：
　　生豆：1.05%×（100.0% － 97%）/ 100 = 0.032%
　　熟豆：1.32%×（100.0% － 97%）/ 100 = 0.036%

一九五四年，馬達加斯加島將新發現咖啡品種「蕾絲摩莎」（Racemosa）送往衣索匹亞。一九六四年，巴西透過衣國取得蕾絲摩莎進行研究。它屬於二倍體的染色體，與粗壯豆相同，但蔗糖含量豐富，硬度高，咖啡風味佳，且產量多、抗病力強，可惜不屬於阿拉比卡的四倍體。幾年後，一株蕾絲摩莎與巴西波旁自然混血，染色體從二倍體變成四倍體的「阿拉摩莎」（Aramosa），雖有了阿拉比卡血統，但產能大減，於是被打入冷宮。一九九三年，「達泰拉」老闆諾貝托與研究單位合作，將阿拉摩莎植入自家農場，每年培植 470 株，再篩選出 17 株產能最大者與 17 株風味最優者進行混血，如此反覆五代，費時十二年半，終於培育出今日咖啡因含量低於一般阿拉比卡三成又美味的「奇異一號」，二〇〇七年首批僅生產 132 袋。

天然低因咖啡在二〇〇七年就發動了三波攻勢，臺灣和大陸尚未感受這股方興未艾的新趨勢，但健康意識高漲的今天，非基因工程改造的天然低因咖啡已蓄勢待發。一般阿拉比卡咖啡兩杯下肚，咖啡因就可能超出建議量的 300 毫克，但天然又味美的低因咖啡，喝下四杯都還不致超出咖啡因「額度」，預料將成為一股沛然莫之能逆的新潮流，值得業界關注。

筆者認為，咖啡對人類的最大貢獻在於製造快樂與幸福感。適量飲用，瞬間改變情緒，鼓舞士氣，激發腦力與巧思，樂觀解決棘手問題。統計資料亦顯示，常喝咖啡的人自殺率遠低於不喝咖啡者。據此標榜咖啡為幸福濟世飲品絕不為過。

人類在壓力與沮喪下，血液的腎上腺皮質素（即俗稱的「壓力賀爾蒙」）濃度會上升，進而抑制免疫系統，成了萬病之源。唯有常保愉悅之心，懂得適時紓壓，才能保持免疫系統的健康，遠離病痛。精品咖啡符合慢食運動的精義，從研磨的乾香，沖泡的濕香，啜飲的入喉香和鼻腔香，循序而現，加上適量的咖啡因作用，幸福感浮現，身心壓力得到紓解，「壓力賀爾蒙」因此降低，免疫系統恢復正常。我們難道不該冊封咖啡為開心飲料嗎？走進咖啡館只見人開懷，未見人惆悵。咖啡是世間最安全的提神助興飲品，幾杯下肚，讓人更清醒豁達，不像烈酒令人弱智昏沉，不省人事。咖啡促進人類文明與進化，多少曠世鉅作在咖啡的催化下完成。而烈酒誘人退化與沉淪，

多少邪惡敗德因它而起。交際應酬若改以芳香的咖啡代替烈酒，不知可規避多少人間悲劇與憾事！

葉門咖啡教父夏狄利與達巴尼，早在十五世紀首開先河，倡導咖啡飲料，十七世紀以降，咖啡香征服歐洲，協助歐人擺脫爛醉如泥的頹廢，加深文藝復興的廣度，並激發革命與民主思潮。亞當與夏娃因小魔豆而開智，人類文明史因咖啡香而加速邁進。幸福飲品——咖啡，賜福全人類，萬世傳頌永垂不朽！

附錄一
烘焙記錄表

〔表一〕歐美咲炒烘焙記錄表（美製 Ambex 烘焙機，每爐最大烘焙量 5 公斤）

豆子品項	日期	氣候	室溫 °C	濕度 %	密度	含水量 kg	失重比 kg	出豆重 kg	入豆重 kg
南義綜合豆	7月11日	晴天	34℃	75%		11%	18.8%	3.65kg	4.5kg

編號：970711　第 2 爐

	一爆初爆	二爆初爆	出爐
時間（分）	10分15秒	13分50秒	15分32秒
爐溫 °C	177	204	215

時間（分）	入豆溫	回點溫	1	2	3	4	5	6	7	8	9	10	11	12	13	14	15
爐溫 °C	200	75	85	100	112	124	134	144	154	164	174	184	192	199	205	211	215
溫差 °C	10	15	12	12	10	10	10	10	10	10	10	8	7	6	6	6	4

◆ 本表以每爐尾出爐 5 公斤的美製安貝斯（Ambex）烘焙機為採樣，樣樣 15 分鐘快炒節素。

◆ 杯測結果與檢討：醇厚度佳，甘甜潤喉，略帶煙燻。

◆ 烘焙風門安排：第 5 分鐘，轉大火風門全開。

◆ 烘焙火力安排：1～5 分鐘中火；5 分 1 秒～10 分大火；10 分 10 秒小火；15 分微火滑行。

◆ 烘焙程度：Agtron Number #35（全豆）、#39（咖啡粉）。

說明：

1. 烘至二爆尾出爐屬南義烘焙，失重比 18.8%。

2. 入鍋約 1 分鐘回溫。5 分鐘後全開風門排出皮屑，轉大火。

3. 前 5 分鐘為脫水期，不均豆體彼此磨蹭，穩定平衡前，每分鐘溫差不定。第 5 分後，溫差穩定為 10 度，豆體稍軟。每分鐘爐溫＋溫差＝下一分鐘爐溫。緊盯每分鐘溫差，操爐游刃有餘。

4. 5 分鐘脫水完成，火力全開製造熱衝力。第 10 分鐘預期一爆來臨，再度確認風門是否全開，方便排出廢氣減少咖啡雜味與苦味。

5. 本機 12 分即可烘出艾格壯數值 #57 的淺中焙，但考慮臺灣消費大眾不習於太酸口味，故稍加延長時間，磨掉尖酸味，同時提高焦糖苦香味。

（表二）日式一火到底烘焙記錄表（美製 Ambex 烘焙機，每爐最大烘焙量 5 公斤）

第5爐	項目	一爆	二爆	出爐
	時間（分）	19分20秒	22分10秒	24分15秒
	爐溫℃	177	204	215

入豆重 kg	4.5kg
出豆重 kg	3.6kg
失重比 kg	20%
含水量 kg	10.5%
密度	—
濕度 %	70%
室溫 ℃	36℃
氣候 ℃	晴天
日期	7月20日
豆子品項	哥倫比亞、巴西、曼特寧、瑰卡綜合豆

時間（分）	入豆溫	回點溫	1	2	3	4	5	6	7	8	9	10	11	12	13	14	15	16	17	18	19	20	21	22	23	24
爐溫℃	200	75	84	97	107	116	123	129	135	140	144	149	153	158	162	167	172	178	184	190	196	201	205	212	215	217
溫差℃		9	13	13	9	7	6	6	5	5	5	4	5	5	4	5	6	6	5	6	6	5	4	4	7	3

◆ 烘焙風門安排：第 5 分鐘前開 1/3，第 5～6 分鐘全開，第 7 分以後開 1/2，第 19 分鐘全開。

◆ 烘焙火力安排：介於小火與中火之間，至第 24 分關火滑行。

◆ 烘焙程度：全豆 #36，粉狀 #40。

◆ 杯測結果與檢討：醇厚度佳，無焦煙味，苦香。

說明：

1. 這鍋混合四種含水量與硬度不同的豆子一起炒，故以慢炒方式來增加均勻度，混合豆炒如以慢火為之。原則上，混合豆炒如以慢火炒之，豆色與豆相會比快炒更為勻稱，但苦味相為通常比快炒燒重。筆者發覺並非所有烘焙機都適合一火到底的慢炒，排煙效能較差者尤其不宜採用此法，以免烘出一鍋燜苦豆。另外，每爐 1 公斤的小烘機，烘焙進程比 5 公斤以上機子還要快，因此 2 公斤以下小烘機每爐最好不要拖過 16 分鐘以上，一來不合經濟效益，二來苦味明顯。20 分鐘以上的曼炒較適合 5 公斤以上的烘豆機，故本機以美製 Ambex 5 公斤烘機為取樣。

2. 第 6 分鐘後豆色轉為淡黃，豆體稍軟，每分溫差逐漸穩定。慢火烘焙時間拖長，最忌風門全關，最好隨著時間延長逐漸開大風門，通暢排煙，減少碳粒子堆積豆表，亦可有效降低燜苦味並增加咖啡的明亮感。

3. 本鍋烘至一爆中後段才出豆，方便記錄整個過程的溫度變化，亦可在一爆結束或二爆初出豆，可與歐式快炒的風味作比較。

（表三）（A）日式三段火慢炒（土耳其進口 Lysender 2 公斤烘焙機）

第 5 爐

豆子品項	藍山 NO.1
日期	8 月 20 日
氣候℃	陰天
室溫℃	36℃
濕度%	85%
密度	
含水量 kg	11%
失重比 kg	14.7%
出豆重 kg	1.28kg
入豆重 kg	1.5kg

	時間（分）	爐溫℃
一爆	11 分 46 秒	177
二爆	14 分 0 秒	204
結束	14 分 5 秒	215

時間（分）	入豆溫	回點溫	1	2	3	4	5	6	7	8	9	10	11	12	13
爐溫℃	160	125	130	133	134	135	138	141	144	147	150	155	160	165	166
溫差℃	5	3	1	3	3	3	3	3	3	5	5	5	1		

◆ 烘焙風門安排：第 5 分鐘前開 1/2，第 5 分鐘後全開。

◆ 烘焙火力安排：前第 5 分鐘介於小火與中火之間，第 6 分調升中火直到一爆，第 11 分 50 秒調小火至出爐。

◆ 烘焙程度：全豆 #55，粉狀 #59。

◆ 杯測結果與檢討：甜感佳，焦糖香濃，果酸輕盈明亮。

說明：

1. 此機一爆約 150 度上下 5 度，二爆約 165 度上下 5 度，比一般來得低，是因為溫度計插入的位置所致，如果再深入 0.5 至 1 公分，一爆溫為攝氏 180 度左右，與一般無異。

2. 此機以中火和小火，15 分鐘烘至二爆乍響立即出豆，算是慢炒了，最快 8 分鐘內亦可出豆，但速度太快只會加重生澀與燥苦味。如以 5 公斤機或 60 公斤機，三段式慢炒約 20 至 30 分可烘至北義至南義烘焙度（其間有十分鐘落差，可能北義亦可能南義，視豆子軟硬度和含水量）。大機子烘焙進程，明顯比小機子慢許多。

〔表四〕(B) 日式四段火慢炒（泰國製 Boloven 5 公斤烘焙機）

第2爐	一爆	二爆	結束	入豆重 kg	出豆重 kg	失重比 kg	含水量 kg	密度	濕度 %	室溫 °C	氣候 °C	日期	豆子品項
時間（分）	15分40秒	17分45秒	19分26秒	5kg	4.1kg	18%			70%	34℃	晴天	8月20日	深焙綜合
爐溫℃	177	204	215										

時間（分）	入豆溫	回點溫	1	2	3	4	5	6	7	8	9	10	11	12	13	14	15	16	17	18	19	20	21	22	23	24	25	26
爐溫℃	180	98	100	109	118	126	132	139	143	148	152	156	162	170	177	185	194	200	207	214								
溫差℃										9	8	9	7	5	4	4	6	8	7	7	2							

◆ 烘焙風門安排：前第 10 分鐘開 1/3，第 10 分鐘後全開。

◆ 烘焙火力安排：前第 10 分鐘中小火脫水，第 10 分調升中火或中大直到 190 度一爆，再小火烘至 206 度，再降為微小火，利用爐內熱量滑行至 216 度出爐。即中小火→中火（有些機子要中大火才行）→小火→微小火，四段火力。

◆ 烘焙程度：全豆 #38，粉狀 #40。

◆ 杯測結果與檢討：甘醇香濃，無嗆煙焦苦味。

說明：

1. 這臺泰國烘焙機曲線類似美製 Ambex，卻與土耳其 Lysnader 烘焙機出入很大。Lysander2 公斤烘焙機進程較快，故以泰製機的曲線來補充四段火慢炒。此機的曲線與一般烘焙機較接近。

2. 前 10 分鐘以中小火脫水，10 分鐘後調升到中火或中大催一爆，190 度一爆確實再調小火，至二爆後降為微小火，共四段火力很容易操爐。火力配置為中小火→中大火→小火→微火。

（表五）改良式三段火

第2爐	一爆	二爆	結束	入豆重 kg	出豆重 kg	失重比 kg	含水量 kg	密度	濕度 %	室溫 ℃	氣候 ℃	日期	豆子品項
時間（分）	16分45秒	19分25秒	20分10秒	5kg	4.15kg	17%			70%	32℃	晴天	8月20日	北義綜合豆
爐溫℃	177	204	215										

時間（分）	入豆溫 回點溫	1	2	3	4	5	6	7	8	9	10	11	12	13	14	15	16	17	18	19	20	21	22	23	24	25	26
爐溫℃	180 105	96	107	116	125	130	136	142	147	152	157	162	167	172	178	184	193	200	208	216							
溫差℃	11 13	9	9	5	5	6	6	5	5	5	5	5	5	6	6	9	7	8	8								

◆ 烘焙風門安排：第5分鐘前開1/3，第5分鐘後全開，排出銀皮，第6分恢復風門1/3，15分風門全開。

◆ 烘焙火力安排：前第15分鐘以中小火脫水，第15分調升中火催一爆，直搗204度為微小火滑行到出爐。

◆ 烘焙程度：全豆 #44，粉狀 #48。

◆ 杯測結果與檢討：清甜焦苦，稠度佳，乾淨無瑕。

說明：

1. 改良式三段式慢炒節奏，先慢後快，中小火脫水15分後調升至中火催一爆，直到一爆尾204度才調微小火，如果到了二爆再調微火就求不及了，恐有烘焦之慮。此法的咖啡喝起來比傳統三段慢炒的雜苦味低許多。原因可能與爆裂充分有關，但拿捏分寸較困難，有待練習。

2. 不要小看這臺來自中南半島的廉價烘焙機，以此法烘出的咖啡甚至優於日本名貴的富士機。筆者認為烘焙機不一定要昂貴的富士機，端視操爐者是否用心鑽研機子的特性，找出最佳烘焙節奏，達到人機合一境界。

附錄二
烘焙機試烘紀錄表

〔表一〕波巴特 PROBATINO 試烘記錄表

	一爆點	二爆點	結束	入豆重/溫	出豆重/溫		失重比	氣候		室溫		豆子種類		表一			
時間	09:40		13:00	1kg		865g	13.5%					瓜地馬拉					
鍋溫	185			180		193											
排溫																	
火力	4	4	4	4	4	4	4	5	5	2	2	2	2				
時間	1	2	3	4	5	6	7	8	9	10	11	12	13	14	15	16	17	18	19	20
鍋溫	98	116	129	139	147	154	161	169	177	186	189	191	193				
溫差	18	13	10	8	7	7	8	8	9	3	2	2					

〔表二〕Lysander 烘焙機試烘記錄表

	一爆點	二爆點	結束	入豆重/溫	出豆重/溫		失重比	氣候		室溫		豆子種類		表二			
時間	10:40		14:00	1.6kg		1.38g	13.80%					蘇拉維西					
鍋溫	150			120		158											
排溫																	
火力	中小	中小	中小	中小	中小	中	中	中	中	小	小	小	小				
時間	1	2	3	4	5	6	7	8	9	10	11	12	13	14	15	16	17	18	19	20
鍋溫	106	107	112	116	120	125	129	135	142	148	152	154	156	158			
溫差	1	5	4	4	5	4	6	7	6	4	2	2	2				

附錄三
阿拉比卡相關品種咖啡因含量表

阿拉比卡咖啡因含量排行榜	
產地咖啡名稱	咖啡因含量（字代表占豆重百比）
葉門摩卡（馬塔利）	1.01
辛巴威	1.10
衣索匹亞哈拉	1.13
墨西哥（Altura Pluma）	1.17
摩卡爪哇綜合	1.17
巴西波旁	1.20
印尼爪哇	1.20
衣索匹亞西達莫	1.21
蘇拉維西	1.22
牙買加藍山（Wallenford）	1.24
印尼曼特寧	1.30
新幾內亞	1.30
瓜地馬拉安地瓜	1.32
夏威夷柯娜（Extra Prime）	1.32
巴拿馬有機	1.34
哥斯大黎加塔拉珠	1.35
肯亞 AA	1.36
哥倫比亞（Supremo）	1.37
哥倫比亞（Excelso）	1.37
印度邁索	1.37
坦桑尼亞小圓豆	1.42

說明：

1. 葉門摩卡和衣索匹亞咖啡因含量較低，中南美除墨西哥與巴西外，含量均不低，市面上阿拉比卡以坦桑尼亞小圓豆咖啡因含量最高。

2. 瑞士水低因豆（Swiss Water Process）的咖啡因約占豆重 0.02%

新版咖啡學——
秘史、精品豆、北歐技法與烘焙概論

作者	韓懷宗
責任編輯	莊樹穎
封面設計	頂樓工作室
內文版型	林曉涵
行銷統籌	吳巧亮
行銷企劃	洪于茹

出版者	寫樂文化有限公司
發行人	韓嵩齡
行政發行	蕭星貞

發行地址	106 台北市大安區光復南路 202 號 10F 之 5
電話	02-6617-5759
傳真	02-2772-2651
總經銷	時報文化事業股份有限公司
地址	台北市和平西路三段 240 號 5F
電話	02-2306-6600
傳真	02-2304-9302

第二版第一刷 2016 年 10 月 1 日
第二版第七刷 2022 年 7 月 20 日
ISBN978-986-90280-1-1

國家圖書館預行編目資料

新版.咖啡學：秘史、精品豆、北歐技法與烘焙
概論 / 韓懷宗著. -- 第一版. -- 臺北市：寫樂文化,
2014.03
　面；　公分
ISBN 978-986-90280-1-1(平裝)

1.咖啡 2.栽培

434.183